工业和信息化部“十四五”规划教材

教育部高等学校航空航天类专业教学指导委员会推荐教材

科学出版社“十四五”普通高等教育本科规划教材
航空宇航科学与技术教材出版工程

航空发动机结构与工艺

Aero Engine Structures and Manufacturing Processes

朱继宏　蔡　晋　曲敬龙　高　彤　张卫红　编著

科学出版社
北　京

内 容 简 介

本教材深入分析了航空发动机主要零部件结构研制的历程和特点，共6章：第1章对航空发动机进行了全面概述，介绍了推进系统与方式、主要指标参数、设计制造和维修特点等；第2章论述了风扇和压气机的零部件特点及其制造和装配工艺；第3章论述了航空发动机燃烧室与加力燃烧室的工作原理、组成及其制造和表面处理工艺；第4章论述了涡轮原理、分类及结构，介绍了制造、表面处理和装配工艺；第5章论述了航空发动机主要部件的装配工艺过程；第6章结合重点介绍航空发动机设计制造协同仿真技术、航空发动机智能制造及智能装配技术等。

本教材可作为高等院校航空发动机设计与制造相关专业学生的教材，也可作为发动机设计制造厂所的参考用书。

图书在版编目(CIP)数据

航空发动机结构与工艺 / 朱继宏等编著. — 北京：科学出版社，2023.7

工业和信息化部"十四五"规划教材 航空宇航科学与技术教材出版工程 科学出版社"十四五"普通高等教育本科规划教材

ISBN 978-7-03-075871-2

Ⅰ. ①航… Ⅱ. ①朱… Ⅲ. ①航空发动机—结构—高等学校—教材 Ⅳ. ①V23

中国国家版本馆 CIP 数据核字(2023)第 114822 号

责任编辑：胡文治 / 责任校对：谭宏宇
责任印制：黄晓鸣 / 封面设计：殷 靓

科学出版社 出版
北京东黄城根北街 16 号
邮政编码：100717
http：//www.sciencep.com
南京展望文化发展有限公司排版
广东虎彩云印刷有限公司印刷
科学出版社发行 各地新华书店经销

*

2023 年 7 月第 一 版 开本：787×1092 1/16
2024 年12月第六次印刷 印张：18 3/4 插页 4
字数：445 000

定价：100.00 元

（如有印装质量问题，我社负责调换）

航空宇航科学与技术教材出版工程
编写委员会

丛书序

我在清华园中出生,旧航空馆对面北坡静置的一架旧飞机是我童年时流连忘返之处。1973年,我作为一名陕北延安老区的北京知青,怀揣着一张印有西北工业大学航空类专业的入学通知书来到古城西安,开始了延绵46年矢志航宇的研修生涯。1984年底,我在美国布朗大学工学部固体与结构力学学门通过Ph. D的论文答辩,旋即带着在24门力学、材料科学和应用数学方面的修课笔记回到清华大学,开始了一名力学学者的登攀之路。1994年我担任该校工程力学系的系主任。随之不久,清华大学委托我组织一个航天研究中心,并在2004年成为该校航天航空学院的首任执行院长。2006年,我受命到杭州担任浙江大学校长,第二年便在该校组建了航空航天学院。力学学科与航宇学科就像一个交互传递信息的双螺旋,记录下我的学业成长。

以我对这两个学科所用教科书的观察:力学教科书有一个推陈出新的问题,航宇教科书有一个宽窄适度的问题。20世纪80~90年代是我国力学类教科书发展的鼎盛时期,之后便只有局部的推进,未出现整体的推陈出新。力学教科书的现状也确实令人扼腕叹息:近现代的力学新应用还未能有效地融入力学学科的基本教材;在物理、生物、化学中所形成的新认识还没能以学科交叉的形式折射到力学学科;以数据科学、人工智能、深度学习为代表的数据驱动研究方法还没有在力学的知识体系中引起足够的共鸣。

如果说力学学科面临着知识固结的危险,航宇学科却孕育着重新洗牌的机遇。在军民融合发展的教育背景下,随着知识体系的涌动向前,航宇学科出现了重塑架构的可能性。一是知识配置方式的融合。在传统的航宇强校(如哈尔滨工业大学、北京航空航天大学、西北工业大学、国防科技大学等),实行的是航宇学科的密集配置。每门课程专业性强,但知识覆盖面窄,于是必然缺少融会贯通的教科书。而2000年后在综合型大学(如清华大学、浙江大学、同济大学等)新成立的航空航天学院,其课程体系与教科书知识面较宽,但不够健全,即宽失于泛、窄不概全,缺乏军民融合、深入浅出的上乘之作。若能够将这两类大学的教育名家邀集一处,互相切磋,是有可能纲举目张,塑造出一套横跨航空和宇航领域,体系完备、详略适中的经典教科书。于是在郑耀教授的热心倡导和推动下,我们得聚22所高校和5个工业部门(航天科技、航天科工、中航、商飞、中航发)的数十位航宇专家于一堂,开启"航空宇航科学与技术教材出版工程"。在科学出版社的大力促进下,为航空与宇航一级学科编纂这套教科书。

考虑到多所高校的航宇学科，或以力学作为理论基础，或由其原有的工程力学系改造而成，所以有必要在教学体系上实行航宇与力学这两个一级学科的共融。美国航宇学科之父冯·卡门先生曾经有一句名言："科学家发现现存的世界，工程师创造未来的世界……而力学则处在最激动人心的地位，即我们可以两者并举！"因此，我们既希望能够表达航宇学科的无垠、神奇与壮美，也得以表达力学学科的严谨和博大。感谢包为民先生、杜善义先生两位学贯中西的航宇大家的加盟，我们这个由 18 位专家（多为两院院士）组成的教材建设专家委员会开始使出十八般武艺，推动这一出版工程。

因此，为满足航宇课程建设和不同类型高校之需，在科学出版社盛情邀请下，我们决心编好这套丛书。本套丛书力争实现三个目标：一是全景式地反映航宇学科在当代的知识全貌；二是为不同类型教研机构的航宇学科提供可剪裁组配的教科书体系；三是为若干传统的基础性课程提供其新貌。我们旨在为移动互联网时代，有志于航空和宇航的初学者提供一个全视野和启发性的学科知识平台。

这里要感谢科学出版社上海分社的潘志坚编审和徐杨峰编辑，他们的大胆提议、不断鼓励、精心编辑和精品意识使得本套丛书的出版成为可能。

是为总序。

2019 年于杭州西湖区求是村、北京海淀区紫竹公寓

前　言

坚持党的领导，深入贯彻落实党的二十大精神，明确科教兴国战略在新时代的科学内涵和使命任务，发挥集中力量办大事的制度优势、加快建立现代化的创新研发体系，是推动我国航空发动机事业实现由"大"到"强"跃升的必要条件。当前，作为飞机"心脏"的航空发动机已成为衡量国家科技水平、国防实力和综合国力的重要标志。航空发动机的发展很大程度上依赖于材料和制造技术的发展，因此，新材料和现代制造技术是航空发动机技术发展的重要基础，而新材料的应用与制造技术密切相关。我国航空发动机技术与发达国家相比存在较大差距，其中主要原因之一就是制造技术的落后，除了在基础理论研究、应用研究、型号工程设计、新材料、试验和测试技术等方面努力之外，还需在现代航空发动机制造工艺方面有所突破和创新。

21 世纪以来，先进飞机不断攀升的速度、航程、机动性、经济性、可靠性对航空发动机推力、油耗、推重比等指标提出了更加苛刻的需求，特别是对新结构、新材料、新工艺的应用提出了更高要求。为了在航空发动机设计与制造相关专业本科生和研究生课程教学中全面反映近年来航空发动机结构与工艺技术的发展，我们提出编写航空发动机结构与工艺相关教材，主要思路一是让教材内容贴近最新型号研制需求，包括先进结构设计方法理论、先进工艺技术的应用进展等；二是充分体现航空发动机结构设计与制造工艺的融合，使工艺过程能够充分实现设计意图。

为此，本教材聚焦航空发动机结构与工艺关键技术的研究进展，结合国内主机厂所型号研制现状，并参照国外罗罗、NASA、普惠等机构的技术报告及相关文献资料以及英国布里斯托大学、美国哈佛大学等高校文献资料，以航空发动机零部件的制造工艺为主线，根据航空发动机零部件结构和服役状态，分析结构设计与制造工艺需要解决的基本问题，体现了航空发动机设计制造技术在"需求—可能—现实"的矛盾中取得的进步和发展。

教材编写组还深入航空发动机主机院所研制一线，与从事航空发动机典型部件设计和制造的相关专业毕业生长期交流，了解到以往教材存在的内容陈旧、功能机理性内容少、设计制造不融合等缺点，有针对性地进行内容编写，较系统、全面地介绍了航空发动机结构及其制造工艺的基本知识，列举了压气机、燃烧室、涡轮等主要部件的功能、设计要求、结构分析、制造工艺要求、装配工艺要求、材料性能，特别是融合了发动机结构系统整体式优化设计、叶片机匣等复杂薄壁曲面多柔性切削、面向增材制造的航空发动机结构设计等全新内容以及教材编写团队近年来获得的国家自然科学二等奖、国家技术发明二等奖、中国青年科技奖等在航空发动机结构设计与制造领域的应用成果。参与本书编写的还有李丹、张哲铭、姜宁、邓爱明、吴秀宽、吴昊、闫雪等同志。

本教材为高等院校航空航天类专业的学生提供了航空发动机结构设计与制造的相关专业知识,帮助学生掌握航空发动机结构与工艺特点。通过教学,使学生具备扎实的结构设计和制造理论基础及全面的航空发动机专业知识,对航空发动机零部件结构功能意图与制造加工及装配有更加透彻的理解。

作者
2023 年 3 月

主要符号表

A	振幅
d	配合直径
f	频率
F	推力
$F_{进}$	扩压器进口面积
$F_{出}$	扩压器出口面积
M	维修度
M_L	静力矩
n	扩压比
P_f	焊接压力
P_u	顶锻压力
R	可靠度
q_m	空气质量流量
t	加热和冷却温度
t_0	装配环境温度
v_1	进气速度
v_2	排气速度
Y	有效度
α	余气系数
$\alpha 10^{-6}$	线膨胀系数
δ	实际配合过盈量
τ	维修时间
$\mu(\tau)$	修复率
ρ	维修系数
θ	当量扩压角
Δ	最小装配间隙

目　　录

第1章 绪 论

航空发动机作为飞机的心脏,是飞机飞行的动力来源,也是促进航空事业发展的重要推动力。人类航空史上的每一次重要变革都与航空发动机的技术进步密不可分。航空发动机是固定翼飞机和直升机的主要动力装置,为飞机提供推进力,为直升机提供升力。在涡轮喷气、涡轮风扇发动机中,发动机的推力是飞机前进的推进力,在带螺旋桨的发动机(涡轮螺旋桨发动机与活塞式发动机)中,发动机输出的是轴功率,通过推进器(即螺旋桨),将功率转变为推进飞机的拉力。航空发动机是飞机性能及可靠性的决定性因素,评定航空发动机品质的主要指标有性能参数、可靠性和耐久性等。性能参数主要包括推力(或功率)、推重比(发动机推力与发动机重量的比值)或功重比(发动机功率与发动机重量的比值)以及耗油率等。航空发动机的可靠性与耐久性不仅影响全寿命周期的成本,还影响飞行器的出勤率与飞行安全。本章从航空发动机类型、结构和需求等方面入手,重点介绍航空发动机推进系统、推进方式、设计参数及要求、制造特点、试验方法和维修特性等内容。

1.1 航空发动机推进系统

航空推进系统按其组成和工作原理可分为两大类:一类是直接反作用推进系统;另一类是间接反作用推进系统,如图1.1所示。

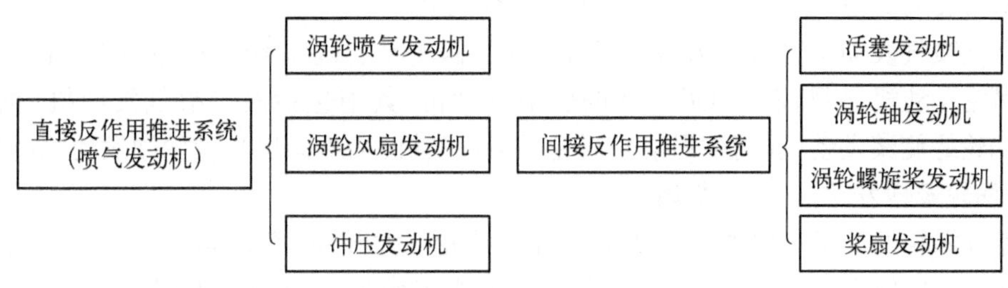

图1.1 航空推进系统分类

直接反作用推进系统中,发动机直接加速产生反作用推力。属于这一类航空发动机有涡轮喷气发动机、涡轮风扇发动机和冲压喷气发动机。在这一类系统中发动机本身即构成飞行器的推进系统。火箭发动机也属于直接反作用推进系统,但它自带推进剂(包括燃料和氧化剂),不依赖外界空气,因而可以在大气层以外的空间工作,主要用于航天器和导弹。

间接反作用推进系统中,发动机只将燃料燃烧产生的化学能转换成有效功率,以轴功率形式输出,推力则要靠专门的推进器产生,例如飞机的螺旋桨和直升机的旋翼,属于这类的发动机有活塞式发动机、涡轮轴发动机、涡轮螺旋桨发动机和桨扇发动机。在这一类系统中,发动机与推进器组合成飞行器的推进系统。

1.2　航空发动机推进方式

航空发动机以化学燃料作为能源,将化学能转化为机械能为飞行器提供动力,是飞机的心脏和动力之源。航空发动机因其极高的技术难度和复杂性,被称为"工业皇冠上的明珠"和"工业之花"。按照机械做功形式,航空发动机分为2种类型,即活塞式发动机和空气喷气发动机,如图1.2所示。

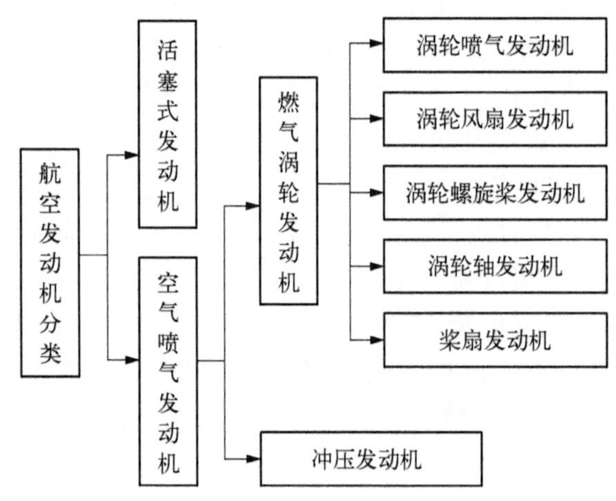

图1.2　航空发动机的分类

活塞式发动机应用在轻型固定翼飞机和直升机上,用活塞发动机带动飞机螺旋桨或直升机旋翼做功。后来逐渐被功率大、高速性能好的燃气涡轮发动机所取代。目前,小功率活塞式发动机还广泛应用在轻型飞机和直升机上。

空气喷气发动机又可分为带压气机的燃气涡轮发动机和不带压气机的冲压发动机。燃气涡轮发动机是目前应用最广泛的航空发动机,其中包括涡轮喷气发动机(简称涡喷)、涡轮螺旋桨发动机(简称涡桨)、涡轮风扇发动机(简称涡扇)、涡轮轴发动机(简称涡轴)和涡轮桨扇发动机(简称桨扇)。

燃气涡轮发动机均包含压气机、燃烧室及涡轮三大部件,其中高压压气机、主燃烧室、高压涡轮构成航空发动机核心机。在航空发动机工作时,进入发动机的空气经压气机压缩增压后,流入燃烧室并与喷入的航空煤油混合后燃烧。燃料中的化学能转化为热能,形成高温、高压的燃气,再进入涡轮中膨胀做功,驱动涡轮高速旋转并输出驱动压气机及发动机附件所需的功率。经过涡轮的燃气,仍具有一定压力和温度。航空发动机的动力及产生的推力或输出功率都来源于这股具有高温、高压的燃气。根据这股燃气能量的不同利用方式,衍生出多种不同类型的发动机。

不同类型的发动机由于其结构和产生推力原理的不同,适合不同的速度和高度范围,图 1.3 所示为各类发动机的适用范围情况。

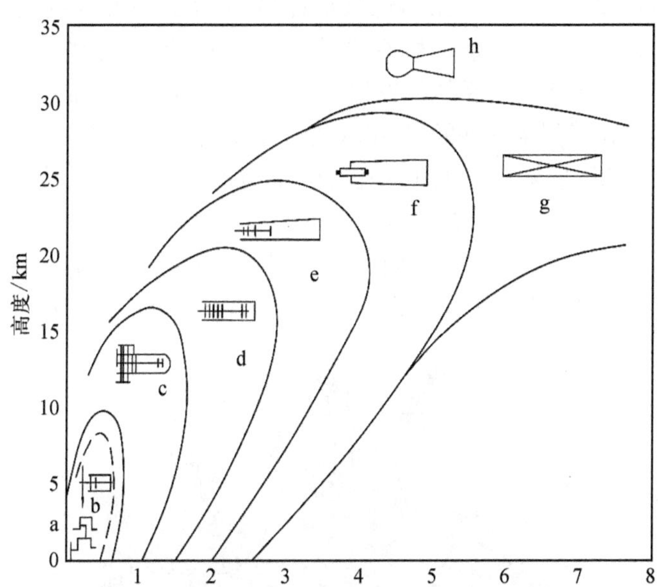

图 1.3 不同发动机所适用的速度和高度范围

a. 活塞发动机(虚线);b. 涡轮螺旋桨发动机;c. 涡轮风扇发动机;d. 涡轮喷气发动机;e. 带加力燃烧室的涡喷/涡扇发动机;f. 冲压喷气发动机;g. 超声速燃烧的冲压发动机;h. 火箭喷气发动机

1.2.1 活塞发动机

活塞发动机是利用一个或者多个活塞将压力转换成旋转动能的发动机。活塞式发动机主要由气缸、活塞、连杆、曲轴、气门机构、螺旋桨减速器和机匣等组成。活塞式航空发动机由汽车的活塞式发动机发展而来,大多是四冲程发动机,即一个气缸完成一个工作循环,活塞在气缸内要经过四个冲程,依次是进气冲程、压缩冲程、膨胀冲程和排气冲程,如图 1.4 所示。发动机除主要部件外,还须有若干辅助系统与之配合才能工作。

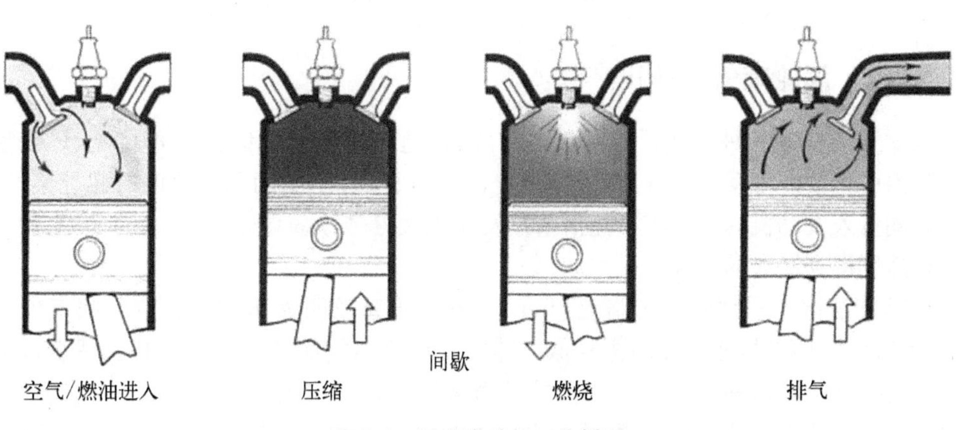

图 1.4 活塞发动机工作循环

星形发动机(图 1.5)采用周向均布的星形排列方法,一排有 5 缸、7 缸、9 缸等,并可以沿轴线布置多排(最多有 4 排),最多可以布置 28 个气缸(7 缸×4 排)。星形发动机一般采用气冷方式,但与旋转气缸发动机不同,气缸并不旋转,而是利用外界空气冷却发动机,其主要优点是无须外带冷却系统和冷却液,结构简单,重量轻,维护方便。在喷气式发动机出现之前,第二次世界大战期间,活塞式飞机发动机大多采用星型设计,因其曲轴短、战场生存性强,再因其结构紧凑占用飞机空间小而被舰载机广泛使用。例如普惠 R - 2800 是盟军广泛使用的星型发动机,共计 18 个气缸,功率为 1 500 kW。星形发动机迎风面积大,随着飞行速度的提高,气缸的外阻也越来越大,为了减小飞行阻力,最早采用减阻环,后来又发明了圆形整流罩,既减小了空气阻力,又保持了较好的冷却性能。

图 1.5　星形活塞发动机

1.2.2　涡轮喷气发动机

涡喷发动机是一种直接反作用推进装置,低速工质(空气和燃料)经增压、燃烧后以高速喷出而直接产生反作用推力。由于喷气发动机没有了限制飞行速度的螺旋桨,而且单位时间流入发动机的空气流量比活塞式发动机大得多,从而能产生很大的推力,使飞机的飞行速度得到极大的提高。

1913 年法国工程师勒内 · 洛兰(René Lorin)研究发明无压气机式空气喷气发动机(图 1.6),该发动机与冲压发动机相似。冲压发动机结构简单、推力大,特别适合高速飞行,可用做导弹、靶机和超声速飞行器的动力装置。1937 年惠特尔(Whittle)研制出世界上第一台离心式涡轮喷气发动机(图 1.7),该发动机成了现代燃气涡轮发动机的基础。

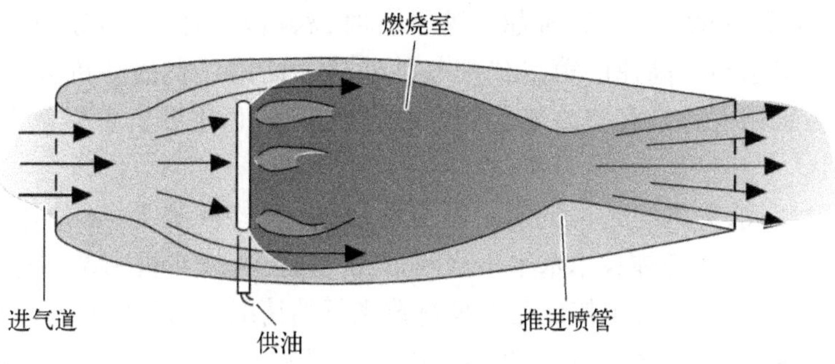

图 1.6 René Lorin 喷气发动机

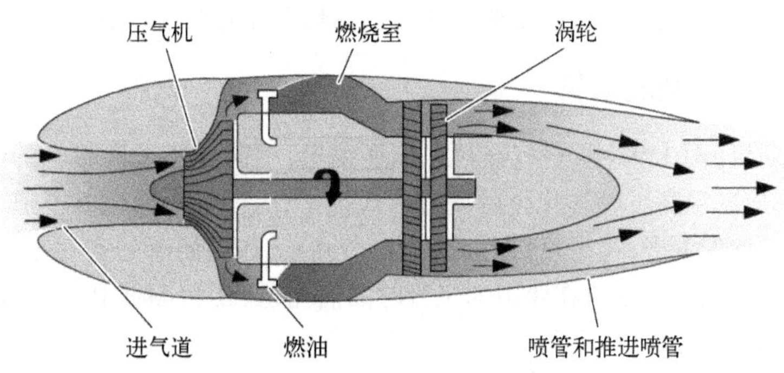

图 1.7 Whittle 涡喷发动机

涡喷发动机(图 1.8)中,空气通过进气道进入发动机,经压气机增压后,在燃烧室内与燃油混合燃烧,燃烧产生的高温燃气先经过涡轮膨胀做功再从尾喷口高速喷出。根据作用力与反作用力原理,高速喷出的空气对发动机产生向前的作用力,也就是推力。在这个过程中,压气机压缩空气需要能量输入,这部分能量就来自由高温燃气推动旋转的涡轮。为了传输能量,压气机与涡轮之间由一根轴连接,因此,两个部件的转速总是相同的。

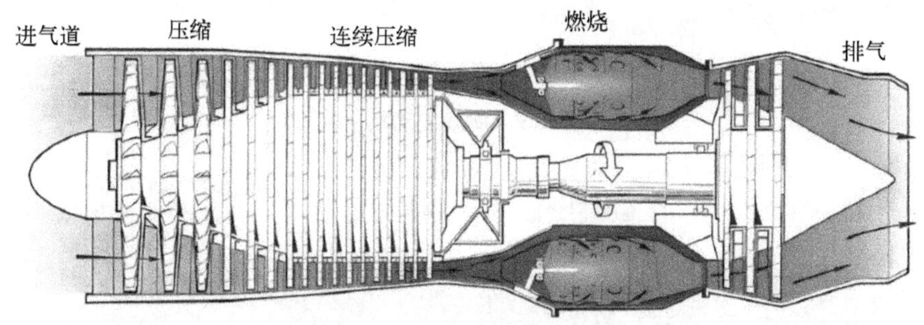

图 1.8 涡轮喷气式发动机

在 20 世纪 50 年代,GE(General Electrical)公司研制出著名的 J79 涡轮喷气发动机。J79 作为第二次世界大战后美国第一代高空高速战斗机的标配,与苏联米格-21 战斗机所使用的 R-11F-300 是同时代的发动机。当飞机的速度超过声速后,涡喷发动机的推进效率会迅速提升,当马赫数超过 2.5 时,推进效率高达 90%,即发动机喷口速度达到进气口速度的90%。在这种超声速飞行时,涡喷发动机比同等的涡扇发动机耗油率还低,适合追求高空高速的第二代喷气战斗机。而第二代战斗机分为前线战斗机和截击机,后者采用的就是高空高速性能好的涡喷发动机,主要负责拦截入侵的敌方超声速作战飞机。

20世纪60年代,美国的战斗机使用涡喷发动机,F-104和F-4使用的是J79,F-105使用的是J75。对于整体技术水平不高的第二代超声速战斗机来说,涡喷发动机结构相对简单,迎风阻力比较小,尤其是在大马赫数飞行的情况下,耗油率低、单位推力大、超声速性能好,有利于空中拦截作战。然而涡喷发动机在亚声速飞行时耗油量大、推力不足,不适应亚声速状态下的空中格斗。针对现代空战绝大多数发生在亚声速和中低空的特点,美国决定为第四代战斗机研制亚声速飞行性能更好的涡轮风扇发动机。

1.2.3 涡轮风扇发动机

在涡扇发动机(图1.9)中,空气经过风扇压缩后,一部分通过核心机的内涵道,和燃料混合燃烧,形成高温高压燃气并向后喷射形成推力;另一部分通过外涵道,直接和喷射出来的高温高压燃气混合,在尾喷口形成合力。外涵道和内涵道的空气流量之比称为涵道比,涵道比越大,涡扇发动机在亚声速飞行时的油耗越低。小涵道比及大涵道比涡扇发动机原理如图1.10、图1.11所示。

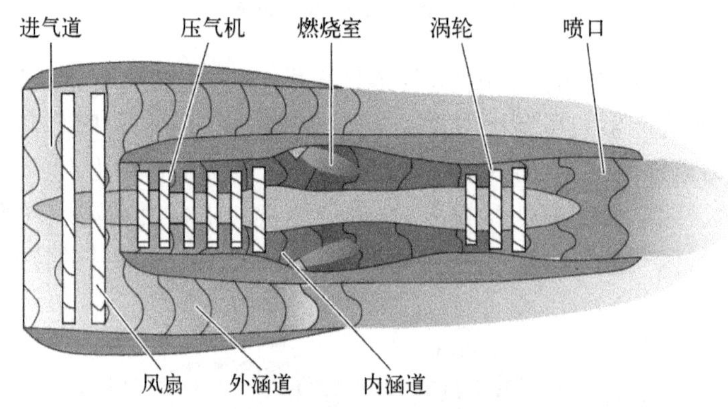

图1.9 涡扇发动机

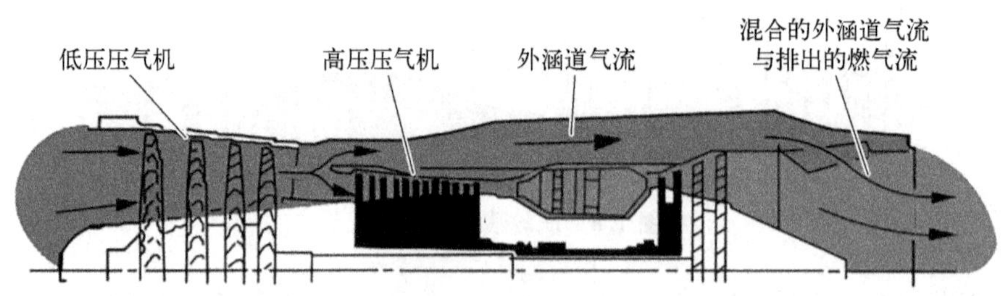

图1.10 小涵道比涡扇发动机原理示意图

涡扇发动机中的压气机和涡轮均为叶轮机械结构,但在气动性能和结构上具有明显的区别:压气机中转子叶片在前,对气流做功,静子叶片在后,减速扩压;而涡轮中,静子

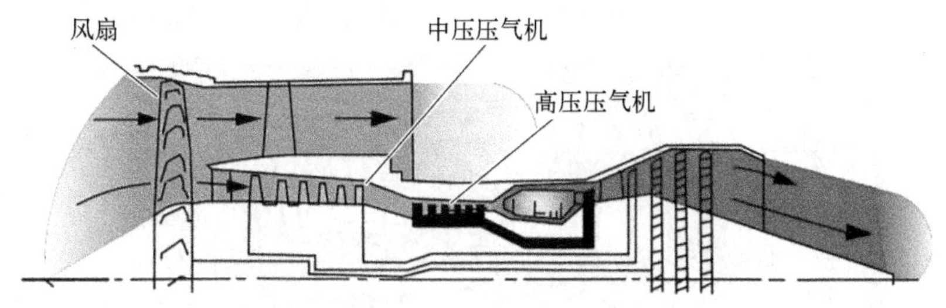

图 1.11 大涵道比涡扇发动机原理示意图

叶片在前，对高压高温燃气流动导向，转子叶片在后，将燃气能量转化为轴功。由叶身形状看，涡轮叶片厚，且从叶尖到叶根叶片扭转较大；由级数看，压气机级数多，而涡轮级数少。

与涡喷发动机相比，涡扇发动机不仅推力更大，单位推力小时耗油率也更低。大涵道比涡扇发动机的迎风阻力大，尾喷气流速度低，不利于高速飞行。战斗机使用的涡扇发动机通常都采用小涵道比，以达到在低油耗、大推力、迎风阻力低之间的平衡。这不仅可以使战斗机在亚声速和中低空环境中的飞行性能提高，还可以有效提高战斗机的作战范围。

1. 压气机结构

现代航空发动机多采用轴流式压气机，轴流式压气机由静子和转子两部分组成。静子又称整流器或导向器，与机匣固定在一起；转子与涡轮轴相连接，并由涡轮带动高速旋转。压气机部件一般位于发动机的前端，压气机的作用是提高流过空气的压力，为燃烧室供给所需要的压缩空气。图 1.12 为典型压气机部件，由转子（叶片、盘、轴及连接件等）、静子（整流或扩压器叶片、机匣、承力系统等）和辅助功能系统（如防喘、防冰和空气系统）等组成。

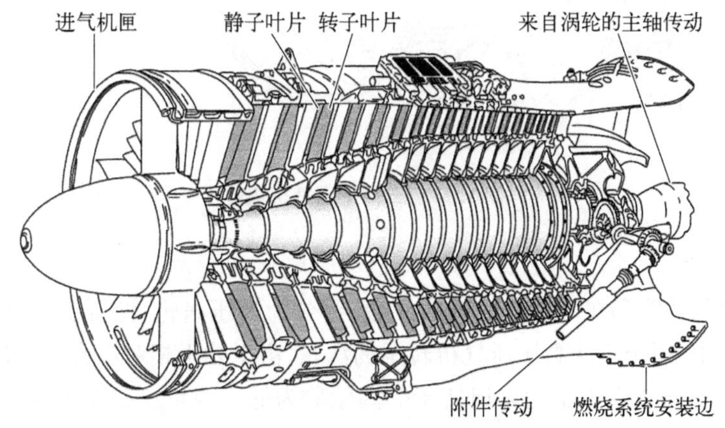

图 1.12 单转子压气机组件

根据压气机转子数目发动机可以分为单转子（图 1.12）、双转子（图 1.13）和三转子（图 1.14）三种。在双转子发动机中，处于前端进口压力较低的称为低压压气机，处于后端进口压力较高的则为高压压气机；在三转子结构中，则分别称为低、中、高压压气机。

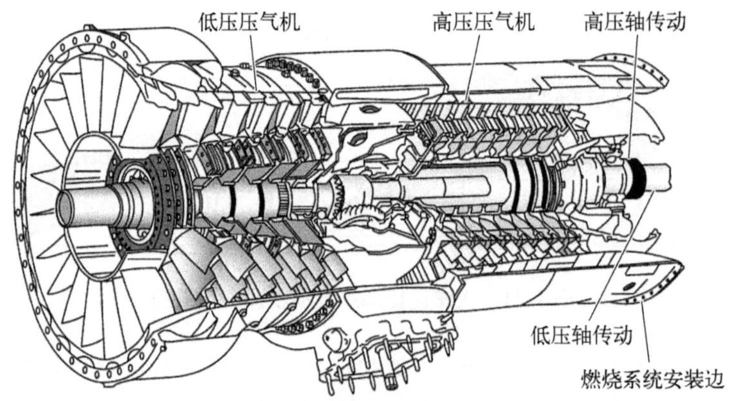

图 1.13　双转子压气机组件

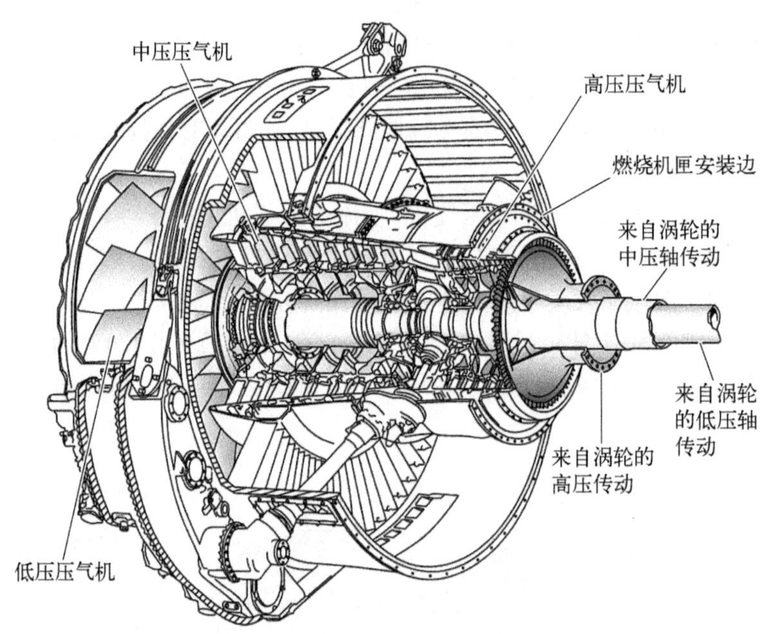

图 1.14　三转子压气机组件

2. 涡轮结构

根据涡轮的功能和在流道中的轴向位置，可分为高压涡轮、低压涡轮和动力涡轮等。在涡扇发动机中，用于驱动高压压气机转子的涡轮，由于处于相对压力和温度较高的流道位置，称为高压涡轮；用于驱动风扇转子的涡轮称为低压涡轮。在涡桨或涡轴发动机中，用于驱动螺旋或向直升机旋翼输出轴功率的涡轮称为动力涡轮或自由涡轮。根据涡轮中燃气的流动方向进行分类，可分为轴流涡轮和向心涡轮，除了少数小功率的涡轮外，现代航空燃气涡轮发动机的涡轮多数采用轴流式。在双转子发动机中，处于前端进口温度较高的称为高压涡轮，处于后端进口温度较低的称为低压涡轮，如图 1.15 所示；在三转子发动机中，则分称为高、中、低压涡轮，如图 1.16 所示。

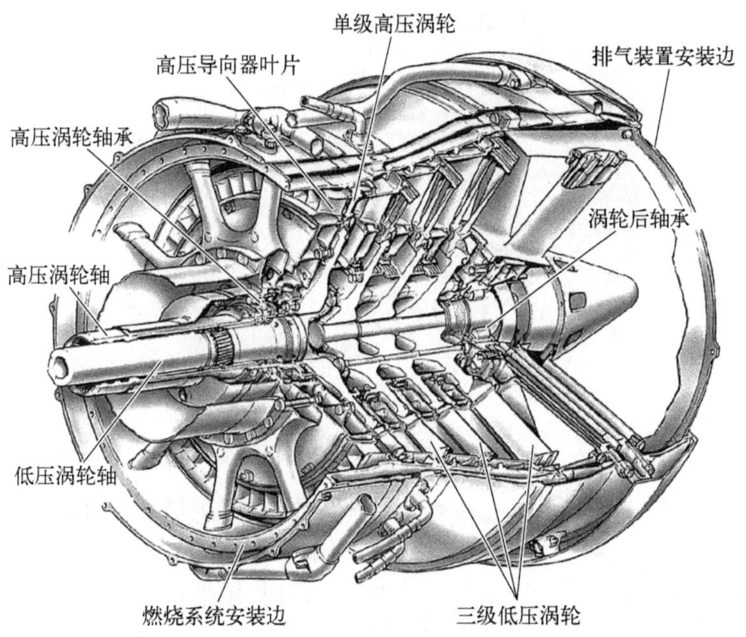

图 1.15 双转子涡轮

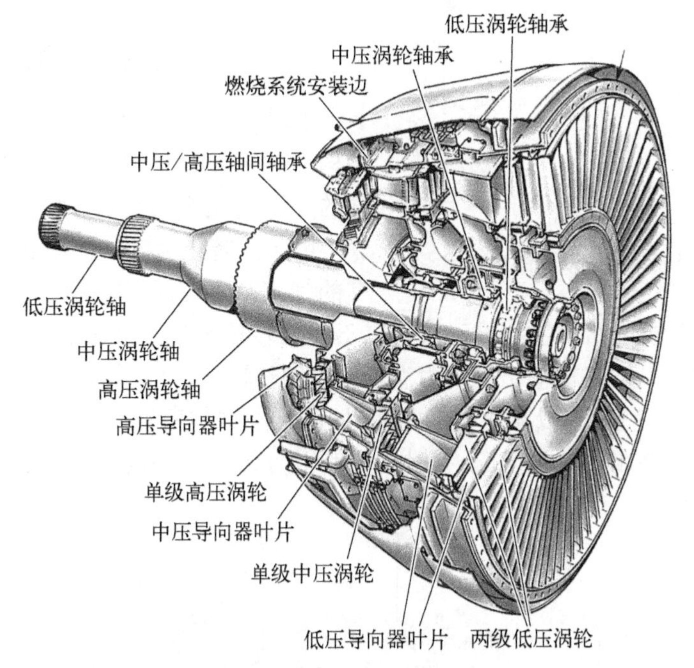

图 1.16 三转子涡轮

3. 尾喷管

尾喷管是发动机的排气系统。不同的燃气涡轮发动机,尾喷管的设计也有所不同。尾喷管一般由中介管和喷口组成,如图 1.17 所示。中介管在涡轮后由整流支板组成,起

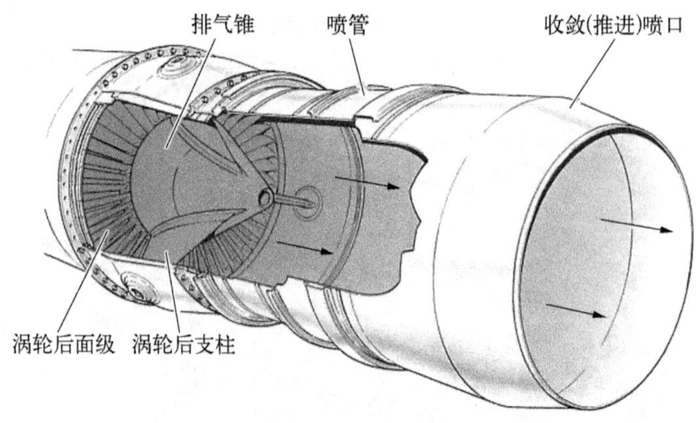

图 1.17　排气系统

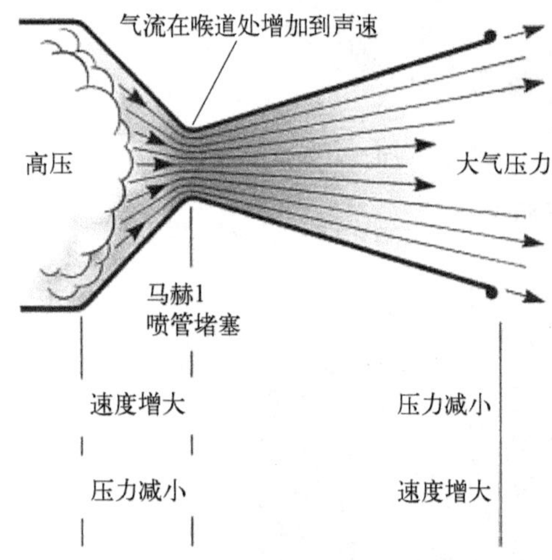

图 1.18　流过收敛扩散喷口的燃气流

整流的作用,否则燃气会在涡轮后形成强烈涡流,影响推力。喷口一般为收敛形,但当飞行速度较高时,尾喷口出口处的压力超过当地大气压力,为了提高发动机的工作效率获得更大的推力,会采用超声速喷管(拉瓦尔喷管),如图 1.18 所示。

1.2.4　涡轮轴发动机

涡轮轴发动机(图 1.19)常用于直升机,其结构组成和布局上与涡桨发动机基本相同,不同的是燃气发生器排出的燃气能量在动力涡轮中膨胀并转化为轴功率输出,尾喷管排出燃气的气流速度较低,几乎不产生推力。涡轴发动机的动力涡轮与燃气涡轮是分开的,且以不同的转速工作。由于涡轴发动机结构尺寸小和总体布局限制,对于前输出的动力涡轮轴为细长转子,为了保证能传递大功率及可靠性,一般采用高转速设计,以减小传动扭矩,同时减小结构质量。由于功率输出轴的转速较高,为了与转速较低的旋翼匹配,有时需要使用两级减速器减速。

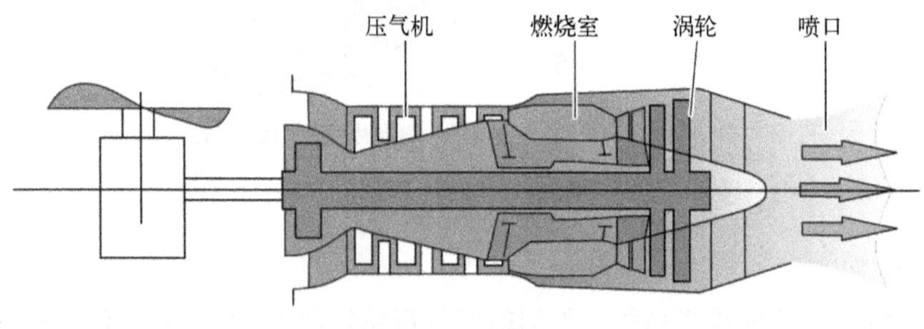

图 1.19　涡轴发动机

1.2.5 涡轮螺旋桨发动机

涡轮螺旋桨发动机(图1.20)核心机排出的燃气,在动力涡轮中膨胀做功,转化为轴功率输出,通过减速器将转速降为1 000~2 000 r/min后,再驱动螺旋桨;燃气中剩下的很少能量在尾喷管中膨胀,产生小部分推力。因此,涡轮螺旋桨发动机除输出轴功率外,还输出少量推力。涡轮螺旋桨发动机的螺旋桨直径较大,限制了飞行速度,一般用于马赫数为0.5~0.7的飞机上。但是,由于它的排气能量损失小,推进效率高,所以耗油率低。20世纪50年代研制的客运机、运输机上采用涡轮螺旋桨发动机较多,由于推力和噪声的问题,部分运输机采用涡扇发动机。但针对起飞特性和耗油率有较高要求的运输机,涡轮螺旋桨发动机依然具有重要的作用。

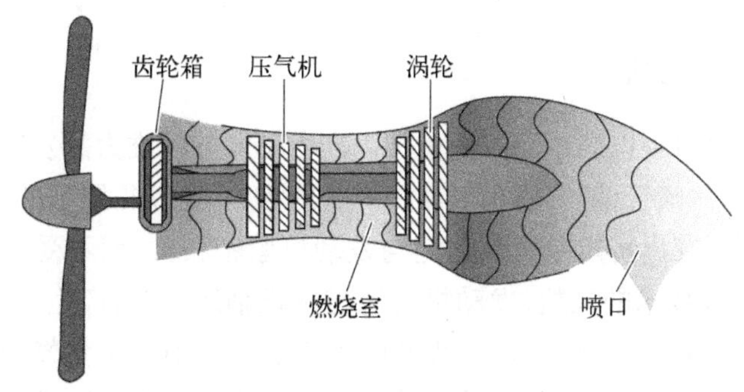

图1.20 涡轮螺旋桨发动机

1.2.6 桨扇发动机

20世纪80年代出现一种新型低油耗燃气涡轮发动机,称为无涵道风扇发动机或超高涵道比涡扇发动机,近年来也称为开式转子发动机。它兼有涡桨发动机耗油率低和涡扇发动机适应高飞行速度的优点,既比现有的涡扇发动机省油,经济性接近涡桨发动机的水平,又可以通过接近涡扇发动机的飞行马赫数巡航。GE公司研制的无涵道风扇发动机于1986年开始进行台架试车,其耗油率比CFM56低25%。桨扇发动机采用了宽弦长、大后掠的多片桨叶,不仅缩小了桨叶直径,而且也提高了在大飞行马赫数下的巡航效率,例如,常规螺旋桨发动机的巡航马赫数不超过0.7,而桨扇发动机在马赫数为0.8~0.85时仍有较高的桨叶效率。

桨扇发动机结构设计中,按螺旋桨位于发动机的位置可分为置于前方的拉进式[图1.21(a)]及置于后方的推进式[图1.21(b)]两种;按桨叶排数可分为单排和双排对转两种(图1.21中两种方案均为双排对转桨扇);按有无减速器又可分为桨叶通过减速器由动力涡轮驱动的(图1.21中两种方案)以及不带减速器、双排桨叶分别由动力涡轮转向相反的各级导向器叶片及各级工作叶片直接传动的两种。带减速器的方案要解决传动功率大(14 900~22 370 kW)的减速器设计问题,但桨叶与动力涡轮均能工作于最佳的高效率转速下;而直接传动的方案,通常需要采用两级扇对转的方式,虽然不需要减速器,但是设计对转的动力涡轮(包括导向器叶片和动叶)也很复杂。

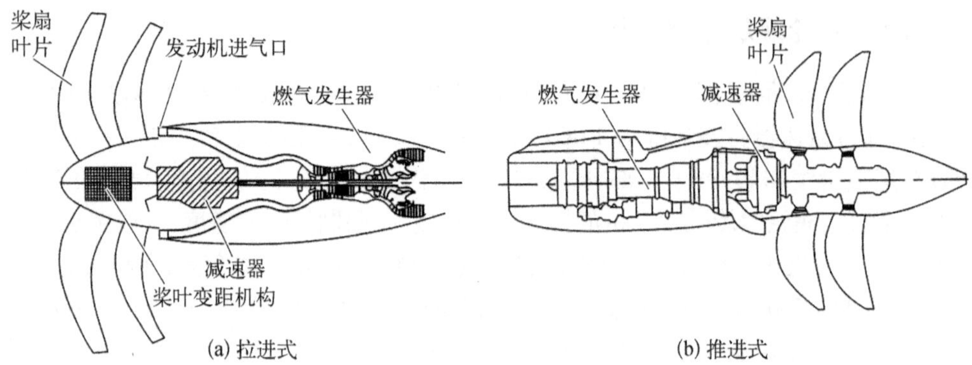

图 1.21　桨扇发动机分类

1.2.7　矢量发动机

矢量发动机是喷口可以向不同方向偏转以产生不同方向推力的发动机。采用推力矢量技术的飞机,通过尾喷管偏转,利用发动机产生的推力,可获得附加的控制力矩,实现飞机的姿态变化控制。突出特点是控制力矩与发动机紧密相关,而不受飞机本身姿态的影响。不采用推力矢量技术的飞机,发动机喷流与飞机轴线重合,产生的推力沿轴线向前,发动机推力只用于克服飞行阻力,为飞机加速提供动力。因此,矢量发动机可以保证在飞机作低速、大攻角机动飞行而操纵舵面接近失效时利用推力矢量提供的额外操纵力矩来控制飞机机动。

2018 年 11 月 6 日,第十二届中国国际航空航天博览会在广东珠海拉开帷幕。在此次珠海航展中,国产歼- 10B TVC 验证机首次亮相,凭借推力矢量发动机作出“眼镜蛇”“落叶飘”等过失速机动,引发了公众对国产推力矢量发动机的关注。

利用改变喷气方向而产生不同作用力的原理,可将发动机喷管设计成可转向的。“飞马”发动机(图 1.22)采取两侧对称分叉排气,前后各装一对可转向喷管,前端两个转向喷口排出风扇出口的外涵气流,后端两个转向喷口排出涡轮后的燃气。用作动筒操纵 4 个喷管同步旋转,根据喷管不同排气位置,可产生推力、升力、偏推力或反推力。该发动机装

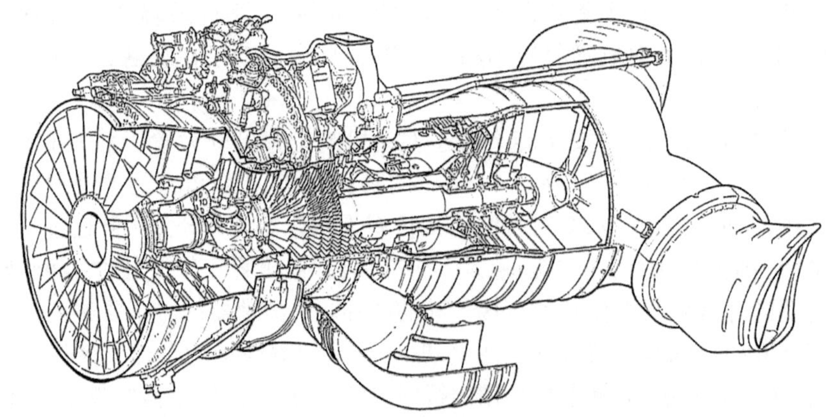

图 1.22　具有 4 个转向喷管的“飞马”发动机

在垂直短距起落"鹞式"战斗机上，增加了飞机的机动性，是最早的矢量发动机。

由于推力矢量技术对飞行器机动性的显著作用，近年来国内外对矢量推进进行了大量研究，再对推力矢量技术经过理论研究、风洞试验、地面试车和成效评估，并解决一系列技术难点后，推力矢量技术已成为军用涡扇发动机的标准配置。第 4 代战斗机（F－22）的型号设计和第 3 代战斗机（苏－27）的改型中均有矢量推力设计。在矢量喷管的发展过程中出现了多种方案，如折流板式矢量喷管、二元收-扩式矢量喷管、圆柱段轴线偏转矢量喷管、球面收敛调节片式矢量喷管、俯仰/偏航平衡梁矢量喷管、轴对称矢量喷管和气流控制矢量喷管。下面对几种典型结构设计方案进行介绍。

1. 折流板式矢量喷管

该方案是在飞机的机尾罩外侧加装 3 或 4 块可做向内、向外径向转动的折流板，相当于尾桨或尾舵。该方案的特点是：发动机不需要改装，结构简单，成本较低；但对飞机增重较多，外围尺寸较大，进行推力矢量工作时效率较低，对飞机隐身和超声速飞行存在不利的影响。

2. 二元收-扩式矢量喷管

图 1.23 为二元收-扩式矢量喷管工作示意图，通过可转动的收敛调节片进行推力矢量控制。在工作中矢量喷管既要改变喉道截面积，来适应发动机性能要求，又需要控制推力方向，因此，在二元矢量喷管结构设计中，转动上下两块扩散调节片时既可改变排气面积，又可实现推力转向。其优点是：它是一种多功能的推进装置，容易实现推力矢量化，而且对红外隐身、超声速巡航等都有很大的好处，同时由于后部外围尺寸扁平，因此降低了尾阻和后机身阻力。其缺点是：结构较笨重，内流特性差，推力损失约 1%，现役机种的改装量大。

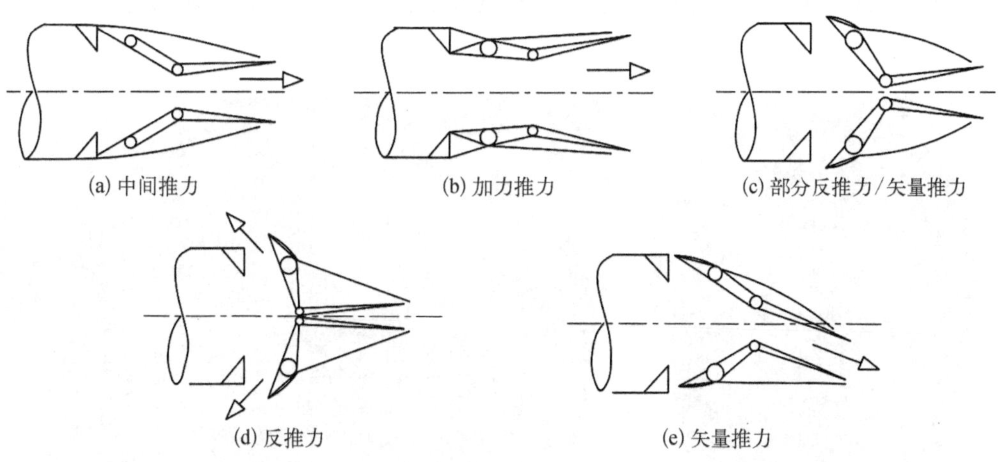

图 1.23　二元收-扩式矢量喷管

3. 轴对称矢量喷管

图 1.24 为轴对称矢量喷管示意图，GE 公司的轴对称矢量喷管由 3 个喷口截面调节作动筒、4 个收敛截面面积调节作动筒、3 个调节环支承机构、喷管控制阀以及 1 组位于调节片之间涂有耐热涂层的扩散密封片等构成。

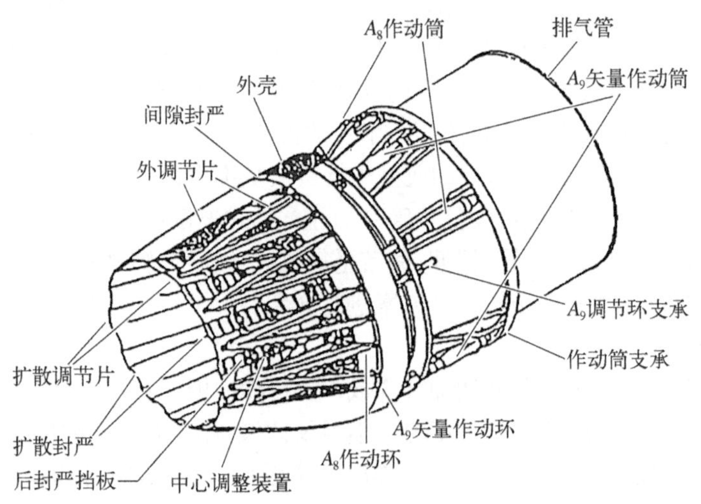

图 1.24　轴对称矢量喷管示意图

轴对称矢量喷管结构设计的主要特点：完全保留了轴对称收-扩式喷管的良好气动性能（包括内流和外流），只是在结构上扩大了扩张段的功能，使发动机既产生超声速气流，又能按飞机的需要偏转气流方向。由于气流偏转是在扩张段内实现的，与前面方案相比，该喷管气动负荷小，可以在出口截面实现偏转，新增偏转力矩大，降低了操纵机构强度方面的要求，使操纵作动系统的重量增加较小。

轴对称矢量喷管方案的运动机构主要是可操纵的转向环出口面积，出口面积是单独控制的，因此容易得到最佳的超声速部分膨胀比，可以充分发挥喷管的潜在能力。针对轴对称矢量喷管，飞机/发动机不需要进行大程度改装，图 1.25 为 EJ200 轴对称矢量喷管发动机。

图 1.25　EJ200 轴对称矢量喷管发动机

无论哪种形式的矢量喷管，在设计中必须解决好转子部件与静子部件间在各种工况下的热匹配性问题，既不能在某一工况下出现大的缝隙造成热燃气泄漏，又不能在某一工况下卡死,造成喷口不能按要求转动,导致飞机失控。为实现良好的热匹配性能,仅靠计算分析是不够的,还需通过大量试验予以调整。

1.2.8 变循环发动机

变循环发动机(图 1.26)可以在涡扇状态下,把喷流的动能大量转换成驱动风扇的能量,在涡喷状态下可以减少喷流动能损耗,将动能转换成驱动转子风扇的能量。在亚声速巡航状态,低压涡轮获得更多的功率,带动低压转子风扇以较高功率输出,使得风扇产生较大比例的推力;在超声速巡航状态,绝大部分通过低压转子风扇的气流将通过高压转子风扇进入高压压气机,只有极少部分气流进入外涵道用来冷却发动机,此时,发动机的工作状态近似涡喷发动机。

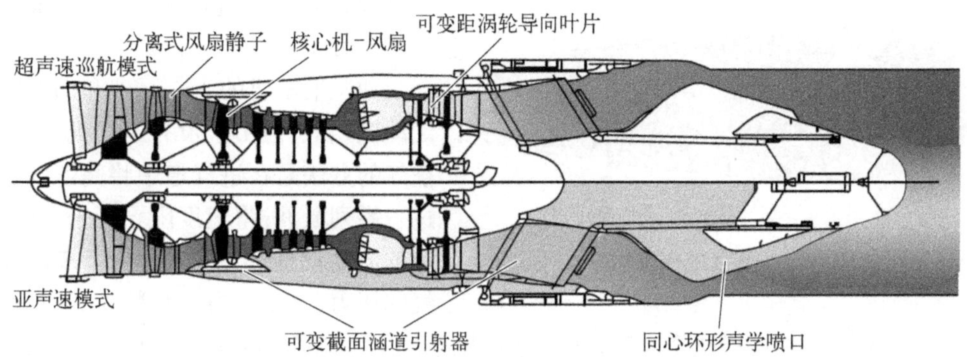

图 1.26 变循环发动机原理示意图

常规涡扇发动机的涵道比是固定的,想要改变涵道比,只能在已有核心发动机的基础上,发展出适应于不同用途的改进型号。如果要改善亚声速性能,就要采用较大的外涵道,即增加涵道比,以增大外涵道推力,这样不仅会增大迎风面积,影响超声速飞行性能,驱动风扇的低压涡轮也会承受更大的载荷。如果要适应超声速飞行,就要采用较小的外涵道,即减小涵道比,以减小迎风阻力,增加尾喷口的推力,增加发动机的耗油量。

2014 年美国通用电气 ADVENT 自适应变循环发动机(图 1.27)试车成功,可以控制

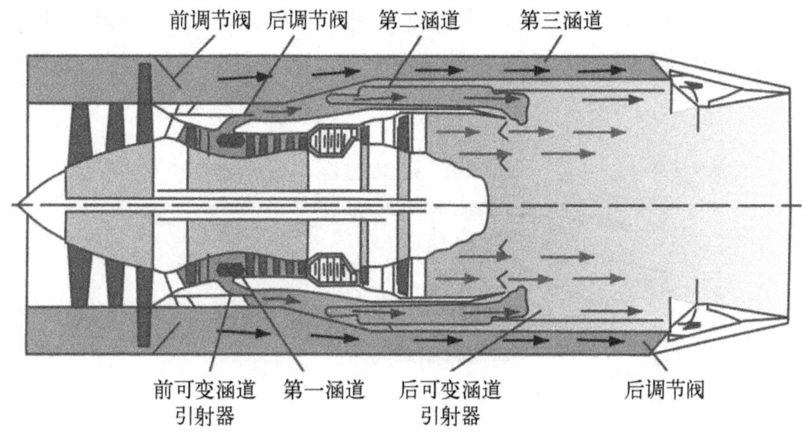

图 1.27 自适应变循环发动机模型

气流分配在三个涵道,这三个涵道还可以根据工作状态变换口径,通过不同组合达到最佳的工作模式。在需要经济巡航时,2 块调节板向下调节,挡住通过燃烧室的气流,使发动机处在涡扇模式;当需要跨声速飞行时,2 块调节板运动,使发动机工作处在涡喷模式;当需要超声速巡航时,两块调节板均向上偏,使发动机变成一台冲压发动机,在计算机控制下,发动机的运作可以达到最佳状态。

1.2.9 冲压发动机

冲压发动机属于无压气机结构,是靠飞行器高速飞行时的相对气流进入发动机进气道后减速,将动能转变成压力能,使空气静压提高的空气喷气发动机。冲压发动机通常由进气道(扩压器)、燃烧室和尾喷管三部分组成,其结构组成和工作原理如图 1.28 所示。

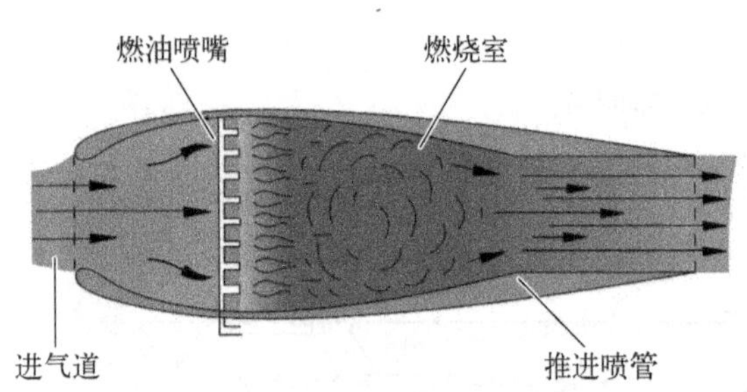

图 1.28 冲压式喷气发动机

冲压发动机的工作原理和涡轮喷气发动机相似,但由于没有压气机,其压缩空气的方法是在进气道中将高速气流经过一系列激波,将速度阻止下来,并将气流的流动动能转变成压力能,来提高空气的压力(例如:当马赫数为 2 时,如果没有能量损失,当速度滞止为零时,其压力可提高 7 倍左右;当马赫数为 3 时,其压力可提高 37 倍;当马赫数为 5 时,其压力可提高 53 倍)。减速增压后的气流在燃烧室与燃油进行混合、燃烧,产生高温高压燃气,然后经尾喷管排出从而产生推力。

冲压发动机按飞行速度可分为超声速和高超声速冲压发动机。超声速冲压发动机采用超声速进气道和收敛形或收敛扩散形尾喷管,以航空煤油或烃类为燃料,适应的飞行速度为 1~6 倍声速,常用于超声速靶机和地对空导弹,如图 1.29 所示。高超声速冲压发动机使用碳氢燃料或液氢燃料,燃烧室入口的气流为超声速,燃烧在超声速气流中进行,尾喷管的形状为扩张形,飞行马赫数可达 5~16,如图 1.30 所示。高超声速冲压发动机燃烧室中静温静压都较低,所以减轻了热传导和结构负荷,构造简单,重量轻,但其在燃烧室稳定燃烧比较困难,热防护也比较难。2004 年,美国高超声速无人飞行器 X-43A 进行的试验飞行中,以 *Ma*9.8 的速度飞行了十几秒,用的就是高超声速冲压发动机。

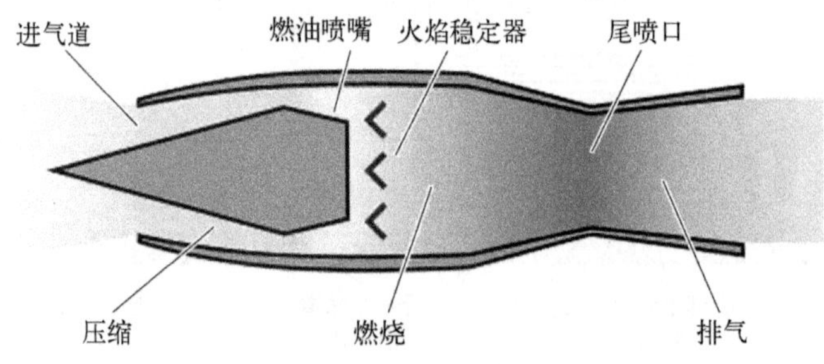

图 1.29 超声速冲压发动机

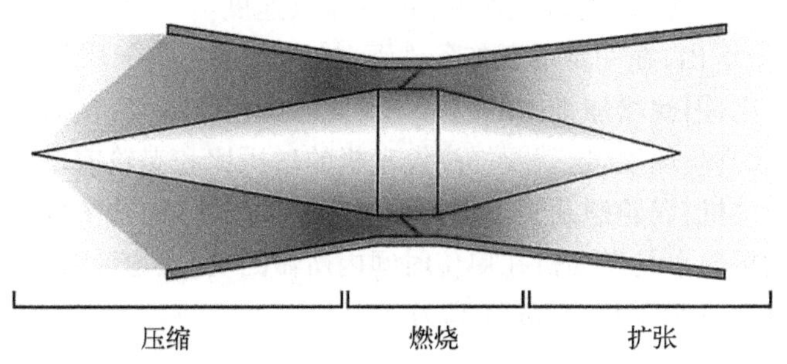

图 1.30　高超声速冲压发动机

冲压发动机产生的推力与进气速度有关。飞行速度越大，冲压越大，产生的推力越大，所以冲压发动机适合高速飞行。在低速飞行时冲压作用小，压力低，经济性差。由于冲压发动机在静止时不能产生推力，要靠其他动力装置将其加速，达到一定速度后才能正常工作，所以冲压发动机通常要和其他发动机组合使用，形成组合式动力装置。冲压发动机与涡轮喷气发动机的组合动力被称为涡轮机组合动力组合（turbine-based combined cycle, TBCC），冲压发动机与火箭发动机的组合动力被称为火箭基动力组合（rocket-based combined cycle, RBCC）。

冲压发动机与涡轮喷气发动机相比，其构造简单，质量轻，推重比大，成本低，高速飞行状态下（马赫数 $Ma>2$）经济性好、耗油率低。但由于其低速时推力小、耗油率高，静止时根本不能产生推力，因此不能自行起飞，必须要有助推器助飞。另外，冲压发动机对飞行状况的变化敏感，例如飞行速度、飞行高度、飞行迎角（迎角大，进气受到影响，能力损失大）等参数都直接影响发动机的工作性能，冲压发动机工作范围较窄。目前冲压发动机常用于靶机和飞航式战术导弹，也可用作高超声速飞行器的动力装置。

1.3　航空发动机设计参数及要求

1.3.1　设计参数

航空燃气涡轮发动机的主要性能参数有推力（功率）、推重比（功重比）和耗油率等；设计参数主要有增压比、涡轮前燃气温度和涵道比等。

1. 推力

气体经过航空发动机时，燃料燃烧产生的热能转变为燃气的动能增量，高速喷出，产生推力。当发动机排气速度大于进气速度时，说明发动机给予气体在加速方向（反飞行方向）一个作用力，与此同时气体则给发动机一个相反方向（飞行方向）、大小相等的反作用力，即推力，法定计量单位为 N，常用单位有 daN。它等于气流作用在发动机内、外表面上各种力的合力的轴向分量。在尾喷管完全膨胀和不计燃油质量流量的情况下，推力 F 可由下式计算：

$$F = q_m(v_2 - v_1) \tag{1.1}$$

式中，q_m 为空气质量流量；v_1 为进气速度；v_2 为排气速度。

从式(1.1)可以看出，在一定的工作条件下，推力直接与空气质量流量和排气速度与进气速度之差成正比，因此增加推力的办法一种是增大空气流量，从而增大发动机尺寸和重量；另一种是增大排气速度，这就要提高发动机的增压比和涡轮前燃气温度。

对于活塞式发动机、涡轮螺旋桨发动机和涡轮轴发动机，用功率作为衡量发动机工作能力的指标。发动机功率是发动机在单位时间内所做的功，法定计量单位是 W，常用单位有 kW，常见的非法定计量单位有 hp*（马力）。

2. 推重比(功重比)

推重比是推力与重量之比的简称，即发动机在海平面静止条件下最大推力与发动机重量之比，是无量纲单位。它是发动机重要性能指标之一，直接影响飞机性能和有效载荷。对活塞式发动机、涡桨发动机和涡轴发动机则用功重比（功率与重力之比的简称）表示，即发动机在海平面静止状态的功率与发动机重力之比，单位是 kW/daN。

3. 耗油率

耗油率是发动机每小时的燃油质量流量与推力或功率之比。对于产生推力的喷气发动机，它表示产生 1daN 推力每小时所消耗的燃油量，单位是 kg/(daN · h)，对于活塞式发动机、涡桨发动机和涡轴发动机来说，它表示产生 1 kW 功率每小时所消耗的燃油量，单位是 kg/(kW · h)，发动机的耗油率是影响飞机航程和经济性的最主要因素。

4. 增压比

增压比通常指压气机增压比，是压气机出口总压与进口总压之比。它对发动机的做功能力和效率有重要影响，基于一定的涡轮前燃气温度，根据热力计算可求得一个最佳增压比（即产生最大做功能力的增压比）和一个最经济增压比（即耗油率最低的增压比）。在其他条件相同时，最佳增压比小于最经济增压比。设计发动机选取增压比时应根据发动机用途权衡考虑。例如，战斗机发动机追求大推力和高推重比，而且飞行速度也较高，因而选用的增压比较低，而运输机发动机追求低耗油率，就选用较高的增压比。

5. 涡轮前燃气温度

涡轮前燃气温度是第一级涡轮导向器进口截面处燃气的总温，也有不少发动机用涡轮转子进口截面处总温来表示。提高涡轮前燃气温度能增大发动机做功能力，提高热效率，降低耗油率，是发动机技术水平高低的重要标志之一。

6. 涵道比

涵道比是涡扇发动机外涵道和内涵道的空气质量流量之比，又称流量比。涵道比是涡扇发动机的重要设计参数，它对发动机耗油率和推重比有很大影响，不同用途的涡扇发动机应选取不同的涵道比，如远程运输机和旅客机使用的涡扇发动机，其涵道比为 4~8，GE90 涵道比为 8~9；战斗机使用小涵道比发动机，主要是因为截面积与常用飞行速度与民用飞机不同。大涵道比的发动机截面积过大，在超声速的飞行阻力过大、效率低，所以战斗机发动机皆选用小涵道比。

* 1 hp = 745. 700 W。

1.3.2 设计要求

对航空发动机的一般要求是在推力满足飞机需求的前提下,推重比高、耗油率低、操纵性好、可靠性高、维修性好和环境特性满足有关条例,但具体发动机的设计要求是按所装飞机的特点和要求来确定的。

1. 军用航空发动机

对于军用发动机来说,通常军方根据飞机的战术技术要求,拟定发动机使用要求,作为发动机总体方案设计和型号规范制定的基本依据。对军用航空发动机的要求主要有以下几条:

(1) 性能要求,包括地面台架性能和空中飞行性能(推力和耗油率)、起动性能、加减速性能、引气量、功率提取和过载;

(2) 适用性要求,包括发动机在飞行包线内稳定工作和油门杆使用不受限制,加力接通,切断不受限制,飞行状态变化、极限机动状态和吸入机载武器的排气时发动机稳定工作;

(3) 结构和安装要求,包括安装节位置、外廓尺寸、重量和重心位置;

(4) 可靠性要求,包括发动机寿命和工作循环、发动机各状态连续工作时间和平均故障时间;

(5) 维修性要求,包括发动机可达性、可检测性、防差错性、难易度等,衡量维修性的主要技术指标有外场可更换件的更换时间、每飞行小时的平均维修工时和更换发动机时间等;

(6) 其他要求,如满足飞机隐身要求的红外信号和雷达反射横截面,以及飞行控制的矢量推力。

2. 民用航空发动机

对于民用航空发动机来说,在满足适航性条例的前提下,要根据飞机制造部门或航空公司的要求,进行发动机总体方案设计,以满足用户的要求。对民用航空发动机的要求主要有以下几条:

(1) 推力和推重比,要满足要求;

(2) 巡航耗油率,尽可能低;

(3) 发动机结构和安装,包括安装节、外廓尺寸、重量和重心位置;

(4) 可靠性、寿命和维修性,包括空中停车率、航班准点率、计划外返修率、机上寿命和每飞行小时维修工时等;

(5) 污染物排放,满足机场当地环境保护局的规定;

(6) 噪声,满足国际民航组织(International Civil Aviation Organization, ICAO)的规定。

1.4 航空发动机制造特点

航空发动机性能对制造技术提出了越来越高的要求,发动机部件结构不断向轻量化、整体化、复合化方向发展;材料不断向着耐高温、高比强度、复合化方向发展;制造技术也不断向高效、低成本、高精度、精益化方向发展。主要表现在以下几个方面。

（1）材料耐温能力、强度水平的不断提高，推动先进制造技术不断进步。如涡轮叶片结构由实心发展到空心；冷却形式由简单冷却发展到复合气膜冷却及双层壁超级冷却；叶片工艺由高温合金等轴晶铸造发展为单晶精密铸造；压气机盘发展为阻燃钛合金盘等。

（2）新型整体结构、高可靠性轻量化结构使制造技术朝着精密、高效、低成本方向发展，如发展了空心风扇叶片超塑成形/扩散连接技术、风扇/压气机整体叶盘和整体叶环、五轴数控加工技术、复杂结构激光快速成形技术等。

（3）复合材料将是第五代发动机及未来先进发动机的主流技术，如树脂基、钛基、碳-碳基、陶瓷基复合材料等结构件制造技术。

（4）新型热障涂层等防护涂层制备技术和特种制造技术得到了广泛应用，成为未来先进发动机的主要发展方向，如整体叶盘线性摩擦焊技术等。

（5）数字化制造技术将成为占主导地位的重大关键制造技术，提升了航空制造业的整体水平。

以 CFM56－3 发动机（图 1.31）为例，风扇直径仅为 1.55 m，长度为 2.5 m，需要产生 86 000 N 的推力，加工工艺复杂。单晶涡轮叶片精铸工艺要求 0.1 mm 的误差，这样才能保证每个叶片都可以正常工作。让各种合金材料放在一起加工，需要掌握高温合金的加工技巧和焊接工艺。同时，发动机转子、叶片在工作时处于高速运转，工艺不达标就意味着发动机磨损快，寿命降低，直接影响经济性。

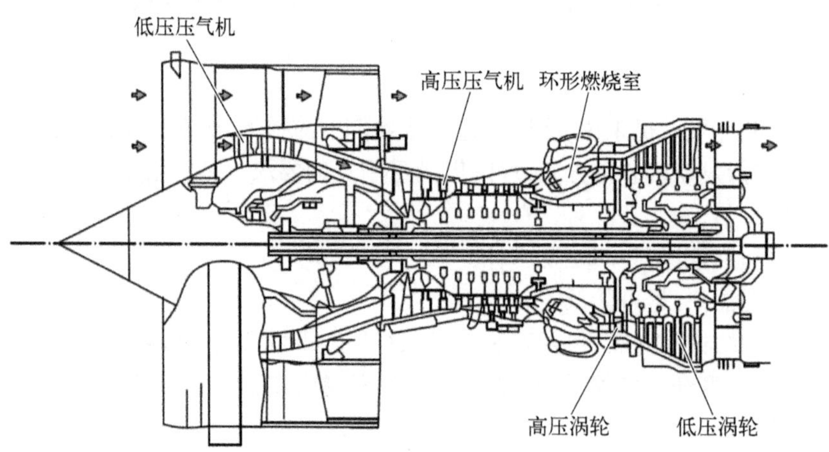

图 1.31　CFM56－3 发动机剖面图

1.5　航空发动机试验方法

新型航空发动机的研制以及现役发动机的改进、改型均离不开试验。航空发动机内部复杂的气动、热力、结构和控制现象，决定了其研究是一个设计、制造、试验、失败和修改设计的反复迭代的过程。

研制一台航空涡轮发动机需要 10~20 台,个别达到 50~60 台发动机进行 10 000~20 000 h 的整机地面试验(含 2 000~4 000 h 地面模拟高空试验)和 4 000~5 000 h 的飞行试验,以及 40 000~100 000 h 的零部件试验。国外部分航空发动机试验数据见表 1.1。

表 1.1 国外部分航空发动机试验统计数据

型号	制造公司	飞机	试验用发动机台数(地面+飞行)/台	试验用发动机台数(地面)/台	试验用发动机台数(飞行)/台	地面试验时数/h	飞行试验时数/h	总试验时数/h
F119	普惠/通用	F-22	42(9+33)	9	33	>8 000	588	>11 670(含改进型号)
F135	普惠	F-35	约 30	—	—	10 030.2	60.8	10 091
JSF120/F136	通用/罗罗	F-35	10(3+7)	3	7	—	915	>1 900
AL-31F	土星发动机设计局	苏-27 等	57(49+8)	49	8	16 625	6 275	22 900
M88	斯奈克玛	阵风	22(8+14)	8	14	>8 000	>2 000	>10 000
EJ200	欧洲喷气发动机	EF2000	28(21+7)	21	7	>8 000	>2 000	>10 000
F414	通用	F/A-18E/F	35(14+21)	14	21	>11 000	>9 000	20 500

航空发动机试验的种类很多,试验目的主要有包括几个方面: ① 验证所提出的新概念、新技术是否可行;② 考核所设计的零组部件是否达到设计要求;③ 通过试验修正调整设计中选用的参数,使产品最终调整到满足设计要求;④ 暴露问题,对原设计不合适之处进行修改,使其最终达到可工作的状态;⑤ 排除故障时,通过试验,验证所采取的排故措施是否合适;⑥ 积累试验数据,掌握设计经验,验证计算程序;⑦ 发展新的试验技术、试验方法和测试手段,为设计人员提供更多、更详细、更有用的数据等;⑧ 考核发动机的可靠性、耐久性,包括强度、疲劳、极限工况等。

航空发动机试验按最终目的可以分为科学研究试验、型号研制试验和批生产发动机试验。

(1) 科学研究试验的目的: ① 研究发动机、部件和各系统的通用特性,探索新发动机方案和关键技术;② 积累资料,寻找通用计算机关系式和经验关系式,供设计用;③ 发展测试系统自动化,寻找更完善的测试方法。

(2) 型号研制试验包括调整试验和定型试验: ① 调整试验在研制过程中对发动机进行试验、验证和分析,旨在改进发动机工作过程和调节系统以达到所要求的参数,检查发动机元件、结构、材料和工艺以保证发动机的强度和可靠性,修正在不同环境条件下发动机的强度和可靠性,修正在不同环境条件下发动机的使用特性;② 定型试验是在提交定型的发动机和部件上进行的试验总和,以验证本型号发动机用于生产和使用的适用性。试验项目在发动机通用规范和型号规范中有详细规定。

(3) 批生产发动机试验。对按工厂现行的目录、图样和技术条件批量生产的发动机所进行的各类试验，包括工厂试车、附加试车、检验试车和各种长期试车。在研究试验中按不同技术指标可分为性能试验、适用性试验、耐久性试验和环境试验。

(a) 性能试验是在设计条件下测量发动机的推力和耗油率等性能指标，以及空气流量、压力、温度和各部件的性能，这些参数对飞机的航程、有效载荷和机动性有直接的影响。

(b) 适用性试验是测定发动机工作特性对油门杆和进气流场条件变化的响应，这种响应特性对发动机和飞机的工作稳定性、加速性、操控性、机动性和安全性有很大影响，其重点是进气道-发动机-喷管匹配。

(c) 耐久性试验包括低循环疲劳寿命、应力断裂或蠕变寿命、抗外来物损伤和包容能力等机械结构强度试验，它们决定着发动机和飞机的可靠性、耐久性、维修性、安全性和成本。

(d) 环境试验是检验发动机和环境之间互相影响的试验，包括：恶劣大气条件试验(高低温、潮湿、霉菌、电磁、核辐射)、吞咽试验(风、烟、鸟、冰、水、沙、尘、机械硬件)、噪声试验、排气发散试验和特征信号试验(红外信号和雷达横截面)，它们影响到发动机和飞机可靠性、安全性、隐身性和环保性。

如果以研究设备和研究对象为标准，还可以将航空发动机试验简单分为五大类：① 零部件试验；② 整机地面试验；③ 整机高空模拟试验；④ 环境与吞咽试验；⑤ 飞行试验，如图 1.32 所示。

1. 航空发动机零部件试验

1) 进气道试验

研究飞行器进气道性能采用风洞试验，一般先进行小缩比尺寸模型的风洞试验，主要验证和修改初步设计的进气道静特性。然后还需在较大的风洞上进行 1/6 或 1/5 的缩尺模型试验，验证进气道全部设计要求。进气道与发动机是共同工作的，在不同状态下都要求进气道与发动机的流量匹配和流场匹配，相容性要好。

2) 压气机/风扇试验

风扇/压气机试验包括叶栅吹风、缩尺或大尺寸低速模型和全尺寸实物试验。在全尺寸实物试验中包含单转子单级、单转子多级、单转子双涵和双转子双涵几种形式。随着压气机性能的不断提高，出现进口加温加压的压气机试验台，随着涡扇发动机的出现，全尺寸双转子双涵风扇/压气机试验必不可少。

压气机性能试验主要是在不同的转速下，测取压气机特性参数(空气流量、增压比、效率和喘振点等)，以便验证设计、计算是否正确合理，找出不足之处，便于修改，完善设计。压气机试验可分为：① 压气机模型试验：用满足几何相似的缩小或放大的压气机模型件，在压气机试验台上按任务要求进行的试验；② 全尺寸压气机试验：用全尺寸的压气机试验件在压气机试验台上测取压气机特性，确定稳定工作边界，研究流动损失及检查压气机调节系统可靠性等所进行的试验；③ 在发动机上进行的全尺寸压气机试验：在发动机上试验压气机，主要包括部件间的匹配和进行一些特种试验，如侧风试验、叶片应力测量试验和压气机防喘系统试验等。典型的压气机试验器见图 1.33。

- 航空发动机试验体系
  - 性能试验
    - 进气装置试验(含离子分离器)
    - 风扇/压气机试验
    - 燃烧室试验
    - 涡轮试验
    - 加力燃烧室试验
    - 排气装置试验(含反推力装置和矢量推力装置)
    - 控制系统试验
    - 燃油和点火系统试验
    - 传动和滑油系统试验
    - 防火系统试验
    - 第二动力系统试验
    - 直升机动力传动系统试验
    - 螺旋桨试验
    - 发动机地面性能试验
    - 发动机模拟高空试验
  - 适用性试验
    - 压气机稳定性试验
    - 发动机起动和再起动试验
    - 发动机推力瞬变试验
    - 进气道/发动机/尾喷管匹配试验
  - 耐久性试验
    - 材料性能试验
    - 零部件强度试验
    - 振动试验
    - 疲劳试验
    - 包容试验
    - 陀螺力矩试验
    - 加速任务试验
  - 环境试验
    - 大气环境试验(高低温、潮湿、霉菌、电、磁、核)
    - 吞咽试验(风、鸟、冰、水、沙、尘、机械硬件等)
    - 噪声试验
    - 排气发散试验
    - 特征信号试验
  - 飞行试验
    - 飞行试验台飞行试验
    - 原型机飞行试验

图 1.32 航空燃气涡轮发动机试验技术体系

3) 平面叶栅试验

平面叶栅试验又称二元叶栅试验。在平面叶栅风洞试验器上对不同叶型参数的叶栅试验件进行吹风,测取叶栅特性。主要试验目的有两个: 一是了解叶栅性能;二是为平面叶栅流场计算程序提供验证数据。平面叶栅试验分压气机平面叶栅试验和涡轮平面叶栅试验。由于用理论方法求解二元叶栅流场的复杂性,在 20 世纪 30 年代就已开展了平面叶栅试验。最初叶栅试验技术不够完善,因而得不到真实的二元流动和正确的试验结果。20 世纪 50 年代初期,美国国家航空咨询委员会(National Advisory Committee for Aeronautics, NACA,美国国家航空航天局的前身)采用了有效的风洞边界层控制技术,促

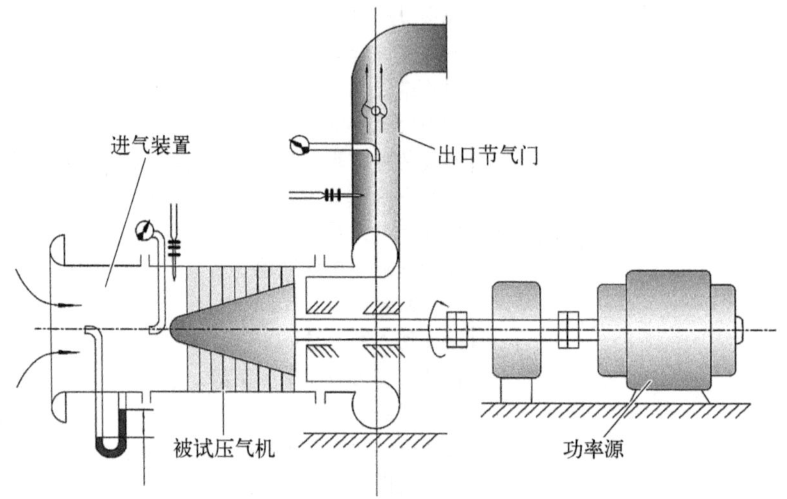

图 1.33　压气机试验器示意图

进了叶栅研究,平面叶栅试验主要解决二元叶栅中的叶型绕流和叶型性能问题,它不能反映实际环形通道中流场沿展向的变化,更不能反映叶轮旋转特有的流动问题,这些是平面叶栅试验的局限性。图 1.34 为平面叶栅试验装置示意图。

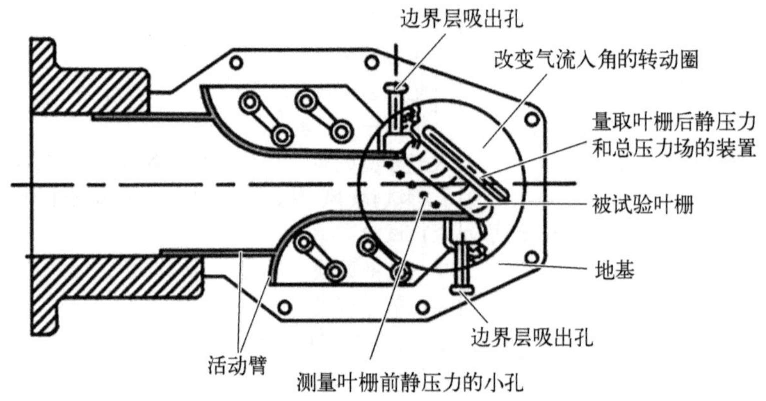

图 1.34　安装在平面叶栅风洞上的平面叶栅

4）燃烧室试验

燃烧室试验设备可用于模拟发动机燃烧室的进口气流条件(压力、温度、流量)所进行的各种试验。主要试验内容有:燃烧效率、流体阻力、稳定工作范围、加速性、出口温度分布、火焰筒壁温与寿命、喷嘴积碳、排气污染、点火范围等。图 1.35 为全尺寸燃烧室试验段示意图。

由于燃烧室中发生的物理化学过程复杂,目前还没有一套精确的仿真计算方法。因此,燃烧室的研制和发展主要靠大量试验和经验完成。燃烧室试验有水流模拟,扇形燃烧段,全环形燃烧室、点火、燃油喷嘴、壁温和燃气分析等多项试验。全环形燃烧室试验又可

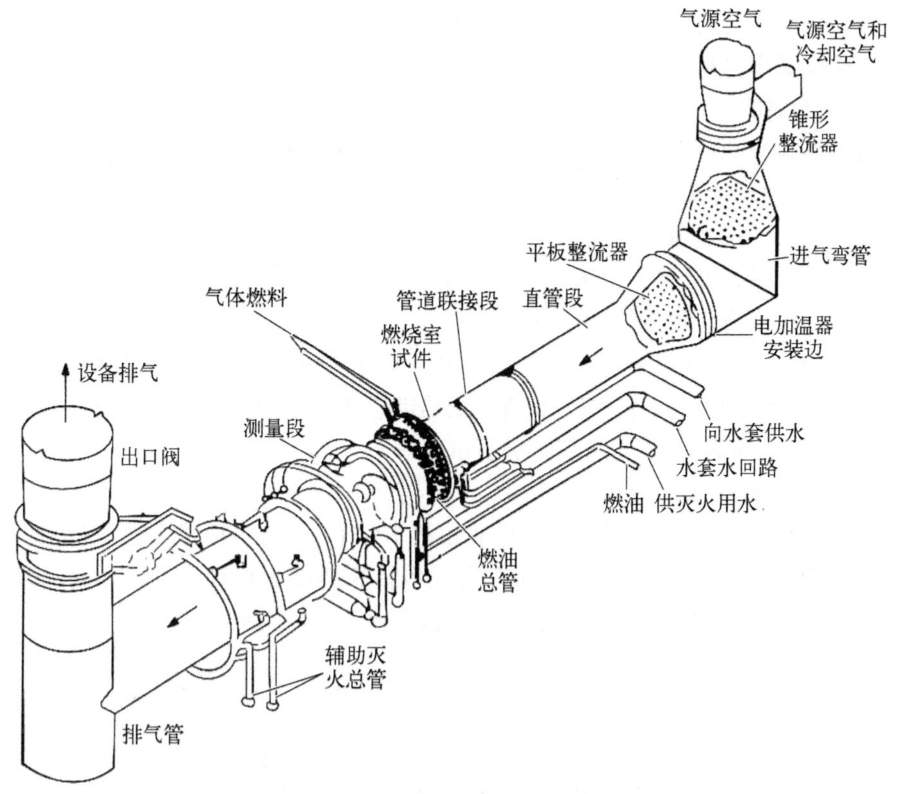

图 1.35 全尺寸燃烧室试验段示意图

分为低压(低于大气压)和高压(进口压力大于 1.5 MPa)燃烧试验。低压燃烧试验需要设置引射器以形成低压条件,高压燃烧试验需要间接加热器以提供清洁的高温空气。高压试验器具有结构复杂、用气量大、费用昂贵等特点,可以利用燃烧模化准则进行降压试验,并同扇形燃烧段试验配合进行。

5）涡轮试验

涡轮试验包括模型涡轮、全尺寸涡轮、高温涡轮、涡轮叶片冷却效果和涡轮叶片热疲劳试验。由于全尺寸高温涡轮试验设备的规模、技术难度和投资很大,涡轮试验一般不模拟涡轮进口压力和温度,试验时,涡轮进口的温度和压力较实际使用条件低得多,通常只能进行涡轮气动性能的验证试验和试验研究。与涡轮试验有关的试验还有:高温涡轮试验、涡轮叶片冷却效果试验和型号的核心机或发动机试验。

6）加力燃烧室试验

加力燃烧室试验是研究加力燃烧室燃烧效率、流体损失、点火、稳定燃烧范围是否满足设计要求以及结构强度、操纵系统与调节器联合工作等性能的试验。按设备条件可分为全尺寸加力燃烧室地面试验、模拟高空试车台和飞行台的加力试验。全尺寸加力燃烧室地面试验一般选用成熟合适的发动机作为主机,以改型或新设计的全尺寸加力燃烧室作试验件,进行地面台架状态或模拟状态试验。目的是确定加力燃烧室的性能及结构强度，为整机试验创造条件，缩短整机研制周期，在性能调整试验基本合格后再与原型机联试。加力燃烧室高空性能（如高空的推力、耗油率、飞行包线内点火和稳定燃烧）的试验，应在高空模拟试车台和飞行平台上进行。

7）尾喷管试验

尾喷管试验分别用全尺寸或缩尺模型，模拟各种工作状态进行吹风试验，测取性能参数，考核是否达到设计要求，包括喷管内流性能和外流干扰试验、反推力试验和推力矢量试验。第四代发动机装备推力矢量喷管，需要专门的带矢量喷管发动机试车台。这种试车台装备用六分量天平，测三个方向的推力和三个方向的力矩，并测定推力矢量速率，并且还要设计适应推力矢量的排气装置。

此外，还有控制系统试验、附件试验、强度试验等。强度试验包括叶片振动疲劳试验、叶片包容试验、涡轮叶片热冲击模拟试验、发动机超速试验、发动机超温试验、发动机低循环疲劳试验、外物吞咽试验、轮盘超转破裂试验等。

2. *航空发动机整机地面试验*

整机地面试验一般在专用的发动机地面试车台上进行，包括露天试车台和室内试车台（图 1.36、图 1.37）两类，其中露天试车台又包括高架试车台和平面试车台。发动机地面室内试车台由试车间、操纵间、测力台架和试车台系统等组成。

图 1.36　室内地面台试验

室内试车台的进气系统和排气系统都装有消声装置，设置消声装置增加了气体的流动阻力，使得发动机进口处的气体总压略低于周围大气压力，而发动机尾喷管外的静压略高于周围大气压力。发动机在野外试车台试车时装有地面试车专用的进气损失很小的喇叭形进气道，这时可以认为压气机进口总压与周围大气压力相等，尾喷管出口处的静压也与周围大气压力相等。

试车间包括进气系统、排气系统和固定发动机的台架。对于涡喷发动机、涡扇发动机，台架应包括测力系统；对于涡轴和涡桨发动机则应包括测扭（测功）系统。试车间内

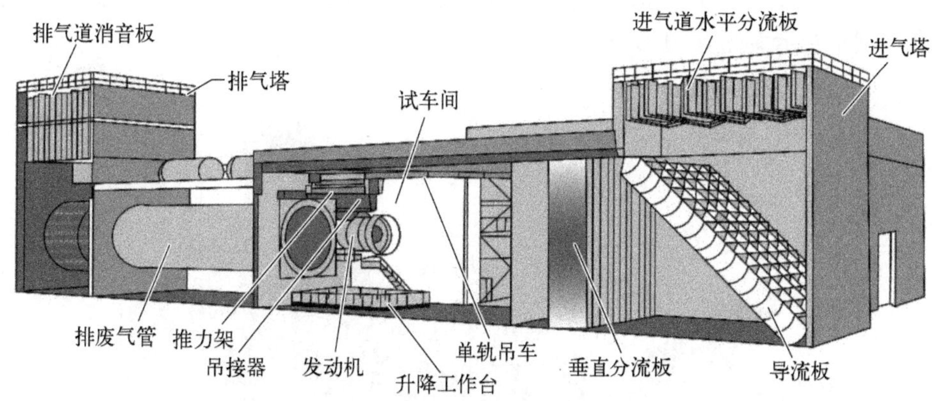

图 1.37　整机室内地面试车台示意图

要求气流速度不大于 10 m/s，以免影响推力的测量精度；进排气部分尽量表面光滑，使气流流过时流动损失尽量少。高架露天试车台与地面室内试车台相比，除了没有试车间外，其他设备如操纵间、测力台架、试车台系统等均具备。

3. *航空发动机整机高空模拟试验*

高空模拟试验是指在地面高空飞行试验设备上，模拟飞行状态（飞行高度、飞行马赫数）和飞行姿态（飞机迎角、侧滑角）对推进系统进行的稳态和瞬态试验。实际上，就是在地面人工创造一个与飞行状态相当的环境（气流的压力、温度和方向），把发动机装在里面试验。

模拟高空试验的目的有：① 鉴定推进系统在整个飞行包线内（必要时可超出飞行包线）的性能、功能、稳定性、可靠性、结构完整性以及环境条件适应性；② 研究整个推进系统的使用故障。

按模拟程度的不同，可分为直接连接式、自由射流式和推进风洞试验。

（1）直接连接式试验：发动机进口与设备供气管道连接，模拟飞行条件下风扇/压气机进口截面到尾喷管排气截面的整个发动机内部气动热力过程。设备所提供的空气流量应为发动机流量的 1.3~1.5 倍。

（2）自由射流式试验：将带进气道的发动机置于设备提供的模拟飞行状态的气流中，模拟飞行条件下进气道与发动机内部气动热力过程。设备所提供的空气流量应为发动机流量的 2~3 倍。

（3）推进风洞试验：将整个推进系统置于大型风洞内，模拟整个推进系统甚至包括推进系统附近的部分机体，在飞行条件下内部和外部空气流动状态。设备所提供的空气流量应为发动机流量的 8~10 倍。

原则上高空试车台应具有超声速风洞，为发动机进口提供超声速气流，超声速气流的马赫数等于飞机的飞行速度，超声速气流的静压和静温应符合所要模拟高度的情况。由于发动机的空气流量很大，这种具有大流量超声速风洞的高空试车台需要耗费巨大的功率。为节省设备的功率，可以把发动机与超声速进气道分别进行试验。对于发动机，只需要模拟高空情况下压气机进口的总压和总温以及尾喷管出口处的静压反压。对于超声速进气道进行缩小尺寸的模型试验，这样就可以避免在高空试车台上建立大流量超声速风洞。高空试车台示意图如图 1.38 所示。

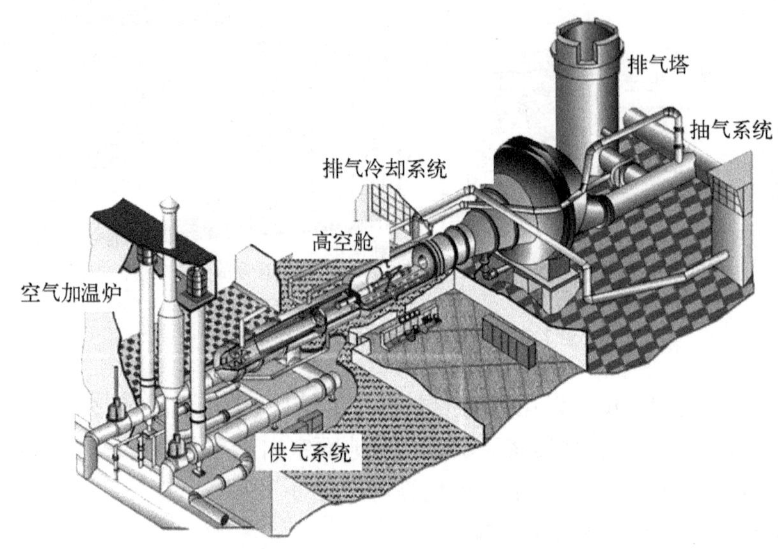

图 1.38　某高空台设计布局图

4. 航空发动机环境与吞咽试验

环境试验是检验发动机及其附件在不同环境推进下的工作适应性，以及环境对发动机影响的试验，主要包括：恶劣大气条件试验（高低温、潮湿、霉菌、电磁、核辐射）、吞咽试验（风、烟、鸟、冰、水、沙、尘、机械硬件）、噪声试验、排气发散试验和特征信号试验（红外信号和雷达反射横截面）。环境试验可以在地面设备、模拟高空试车台或专门的户外试验设备上进行。图 1.39 为发动机吸雨试验。

图 1.39　发动机吸雨试验

为保证发动机数字电子控制系统的可靠工作，通常要进行试验台试验、发动机联合试验和飞行试验。由于发动机联合试验和飞行试验的费用大、周期长，因而将控制系统放在模拟飞行条件的环境可靠性联合试验设备中试验是更合理的方法。在设备中，可以模拟飞行高度、湿度、环境温度、冷却介质温度和振动/冲击等条件，而且这些条件可以以一定的速率变化。通过几万小时的试验，可以缩短控制系统达到成熟的时间。

5. 航空发动机飞行试验

飞行试验是验证发动机装到飞机上时发动机及其各系统和附件的性能特性、工作质量和工作可靠性，或完成预定研究目的而在实际飞行环境中进行的飞行试验。该试验是在飞行试验台或原型机上进行的，飞行试验台由多发动机的飞机改装而来。飞行试验优点是设备建设经费较低，使用条件真实；其缺点是飞行包线和测试参数数目有限，试验周期长。

飞行试验台试验与地面模拟高空试验台试验不是相互取代的，而是互补的。随着试验设备和测试技术及地面模拟高空试验技术的不断完善，第三代战斗机发动机可不经飞行试验台验证而直接上原型机试飞。

飞行试验台试验（图 1.40）的主要内容有：① 试验发动机的风车状态和空中再起动；② 检验发动机控制系统的工作；③ 录取一定范围的高度速度特性；④ 试验发动机的过渡状态性能；⑤ 确定各种飞行状态下的发动机加力稳定工作范围；⑥ 进行武器发射排烟的吸入试验；⑦ 防冰试验；⑧ 姿态试验；⑨ 进气道/发动机匹配试验等。

(a) 波音747SP飞行台

(b) 波音720飞行台

图 1.40　飞行试验台

原型机试飞是把发动机装在与之相配的飞机上进行飞行试验，可以验证发动机的使用性能、检查进气道/发动机匹配、武器发射对发动机性能的影响和发动机空中起动性能等。由于飞行试验的真实性，推进系统飞行试验一直是推进系统研制、验证和定型的最终依据。涡喷发动机地面试车和飞行试验是在不同的周围大气条件下进行的，即使利用高空试车台进行模拟试验，发动机进口的压力和温度范围亦可能受到设备能力的限制。为了把发动机试验数据换算到标准大气条件下或者换算到其他的飞行状态,需要利用相似理论。

1.6 航空发动机维修特性

1.6.1 维修性主要指标

航空发动机的维修性是指对发动机维修的难易程度。由于航空发动机结构日益复杂,在设计中事先研究发动机有关维修的问题,已成为保证发动机使用可靠性,提高发动机出勤率以及降低总寿命期费用的重要手段。维修性的主要指标有维修度、有效度、修复度和维修时间等。

维修度 $M(\tau)$ 是指在规定的条件下,在规定的时间内,使产品的主要参数恢复到规定范围内的概率。维修度表示产品维修的难易程度,它与维修时间 τ 的关系如图 1.41 所示。当维修时间 $\tau=0$ 时,$M(\tau)=0$,表示产品处于故障状态。随着维修时间 τ 的增长,产品恢复到正常状态的概率 $M(\tau)$ 也逐渐增大。当 τ 大于一定时间后,$M(\tau)\to 1$,表示产品经修复后已接近正常使用状况。

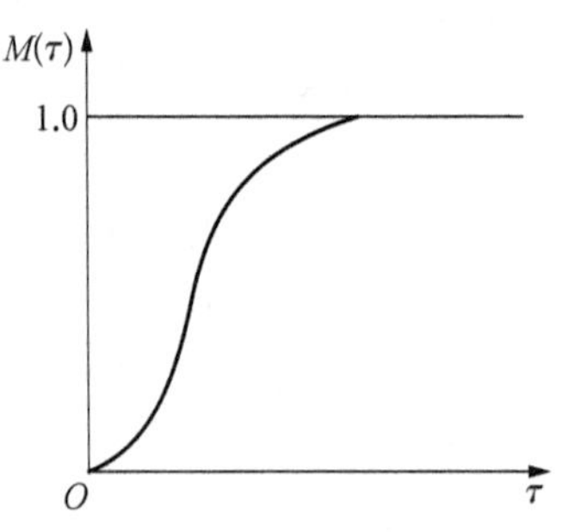

图 1.41 维修度 $M(\tau)$ 与维修时间 τ 的关系

修复率 $\mu(\tau)$ 是指在某个时刻 τ,在单位时间内使正在进行修复的产品的主要参数恢复到规定范围内的概率:

$$\mu(\tau)=[\mathrm{d}M(\tau)/\mathrm{d}\tau]\times[1-M(\tau)]^{-1} \tag{1.2}$$

平均故障修复时间(mean time to repair, MTTR)是指产品出现故障到恢复工作时所需时间的平均值,即维修所需的平均时间或装置不可能工作的时间。所以,

$$\mathrm{MTTR}=\frac{1}{n}\sum_{i=1}^{n}\Delta t_i \tag{1.3}$$

式中,Δt_i 为第 i 次故障的修复时间;n 为故障次数。

如果 $1-M(\tau)$ 在时间上服从指数分布,而且 $\mu(\tau)=\mu$ 为常数值,则

$$\mu=\frac{1}{\mathrm{MTTR}} \tag{1.4}$$

发动机在某个时刻可以正常工作的概率以有效度 Y 来表示。平均故障工作时间(mean time between failure, MTBF)是从新的产品在规定的工作环境条件下开始工作到出现第一个故障的时间的平均值。有效度 Y 不但取决于发动机的可靠性,也取决于它的维修性,即

$$\begin{aligned}Y&=\frac{\text{平均故障工作的时间}}{\text{全部时间}}=\frac{\text{平均故障工作的时间}}{\text{平均故障工作的时间}+\text{平均故障修复的时间}}\\&=\frac{\mathrm{MTBF}}{\mathrm{MTBF}+\mathrm{MTTR}}\end{aligned} \tag{1.5}$$

也可用维修系数ρ表示为

$$\rho = \frac{\text{平均故障修复时间}}{\text{平均故障工作时间}} = \frac{\text{MTTR}}{\text{MTBF}} \quad (1.6)$$

一般飞机的维修系数ρ可达10~20。可靠度R、维修度M与有效度Y的关系如图1.42所示。

实际使用中的发动机通常有平均维修间隔时间、平均维修时间、平均修复时间、每飞行小时直接维修工时、每飞行小时直接维修费用以及更换发动机时间等参数。表1.2列出了军用发动机的维修性参数。

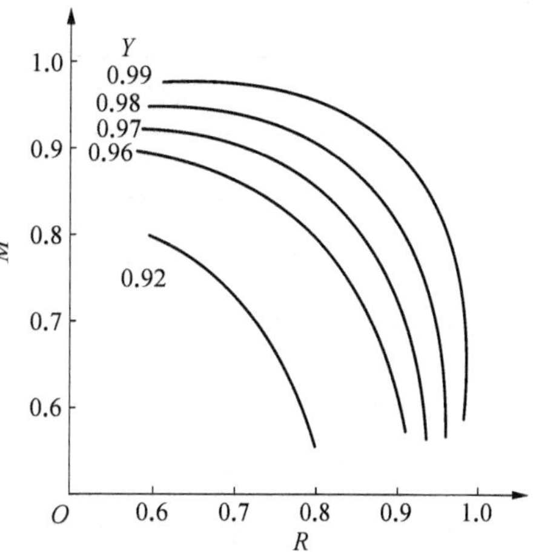

图1.42 可靠度R、维修度M与有效度Y的关系

表1.2 几种军用发动机的维修性参数

发动机型号	平均维修间隔时间/h	每飞行小时直接维修工时/h
F404	175	1.2
F100-PW-220	175	0.39
TF30	14~15	2.45

1.6.2 维修方式

维修方式有预防维修与事后维修两大类。航空产品只采用预防维修,传统的发动机维修方式采用定期分级维修。它从概率论及可靠性理论出发,根据发动机上不同零件发生故障的平均间隔时间来确定维修计划。通常分为飞行前、后检查,外场进行小修,基地修理厂定期中修,到达翻修寿命后返回工厂进行大修;也可称为三、二、一级维修。例如,美国的J79发动机飞行600 h要在基地检修并更换火焰筒。F-5E歼击机上使用的J85-GE-21发动机每工作800 h后,要在基地修理厂进行一次分解检修,三次分解检修后返厂翻修。RM8发动机飞行300 h要检查热端部件,所需平均工时为375 h;工作600 h后送翻修,翻修工时为3 300 h。

为保证飞行安全,民用发动机在使用中有详尽的维修计划。表1.3列出了某小型涡轮螺旋桨发动机的维修计划。

表1.3 某小型涡轮螺旋桨发动机的维修计划

维修等级	发动机工作时间/h	维修工作内容
小修	25	检查滑油样本
	150	清洗、更换滑油滤
	300	清洗、更换燃油滤

续 表

维修等级	发动机工作时间/h	维修工作内容
中修	1 200	检查热部件,更换点火器
	2 400	分解高压涡轮转子,检查榫头、孔及密封圈
	4 800	分解检查高压压气机
大修	9 600	发动机翻修

频繁的修理不一定能提高飞行的安全性,反而会增加错误修理概率,降低系统的可靠性。频繁的修理还增加了停飞时间,降低出勤率与使用率,增加修理的费用,使经济效益降低。合理地确定修理间隔期以及修理与更换的零部件项目,是一个涉及技术与经济方面的复杂问题,可以在大量统计数据的基础上,以有效度最大或总费用最小为原则,确定最优的维修计划。美国的统计资料表明,一台发动机每飞行一小时的外场维修费平均为50~70美元。例如,大型涡轮风扇发动机每工作一小时的维修费为165~170美元,而小型民用涡桨发动机每工作一小时的维修费仅为15美元。

目前,视情维修方式正在逐渐完善,并有取代传统定期维修方式的趋势。采用视情维修的技术基础是建立一整套完善的机载计算机监测与记录系统,以及地面的计算机分析查询系统。每次飞行后,将机载监测与记录系统获得的各种发动机工作参数送入地面计算机的数据库与分析系统中,经分析,在显示器屏幕上显示出有关发动机各种工作质量的评价信息,以说明发动机工作是否良好,有无故障征兆等。对于潜在的故障,有关人员可及时采取维修措施,预防故障发生。这种方式可以显著改善发动机在使用中的可靠性。

1.6.3 维修性设计

对发动机维修的总要求是容易操作和节省费用。维修性设计是在设计阶段就考虑到使产品具有良好的维修性以便提高产品的可靠性、使用性和经济性。如果能使发动机的可靠性及维修性提高80%,牺牲发动机性能指标的10%也是值得的。考虑到维修性,在设计中要注意以下几个问题。

1. 单元体结构设计

现代航空燃气涡轮发动机很多采用单元体结构设计,将整台发动机在结构上分解为若干单元体,每个单元体包含一两个发动机部件;要求同一单元体在性能与装配上规格化,可以互换,而且各不同单元体之间采用最简单的连接。例如:CFM56发动机分为4个单元体,即风扇、核心发动机、低压涡轮和附件传动;为适应航线维修,又分为17个小单元体(修理单元体);维修时,可以单独更换某一个单元体而不影响整台发动机的性能与部件协调工作,更换后转子也不需要进行重新平衡。

采用单元体设计为使用和维修带来很大的方便。通常可以在现场采用更换单元体的方法排除个别部件的故障,不必将整台发动机运到修理工厂,节约了大量的运输时间与开支,一般可将修理周期缩短2/3。有的设计还允许在飞机短舱内更换发动机零部件。例如：可直接在飞机上更换风扇部件，更换后不需补充的平衡或试车，即可投入使用。更换单元体方法减少了修理费用，提高了飞机的使用率。

2. 优良的可达性

经常需要维护或更换的部分，在打开飞机的发动机罩后必须看到，并能用手或工具接触到。这些部分设计时应集中安放，以减少在机罩上的开孔与口盖的数目。

3. 更换"航线可换组件"和单元体的时间有严格要求

在外场更换"航线可换组件（line replaceable unit, LRU）"有时间目标的限制，例如：V2500 发动机规定在 15 min 内更换的组件有油滤、传感器、电偶等；在 30 min 内更换的组件有起动机、电机、液压泵、滑油泵、部分传感器；1 h 内可更换的组件有燃油泵、散热器、可调叶片机构、放气机构、主动间隙控制机构及其他活门等。对主要部件与单元体也规定了更换时间。例如：风扇单元体为 4 h，风扇叶片为 1 h，齿轮机匣为 6 h，反推力 C 形管为 2 h。为满足在外场对零部件的快速更换，对经常需要拆卸检查的部件与附件，如电机、燃油泵、加力燃烧室等，可采用快卸式卡环与发动机连接。同时提高零组件的标准化程度便于准备备件并且及时更换，例如：各种电子与电气设备的插件、接头应尽量标准化，以便维修。

4. 防错设计

防错或防差错设计是提高发动机可靠性、保证发动机安全工作的重要措施。对于一些在使用中经常需拆装的零组件及附件（例如喷油嘴等），以及外形非常相似，在装配中容易出现错装的零组件（例如：在总压比很高的发动机中，高压压气机后几级工作叶片的形状与尺寸非常相近），都应当采用防错设计，确保这些零组件在装配过程中绝对不会装错。

以往在发动机的各种安装边处与附件安装座上，连接用或固定用的螺栓与螺桩的分布，都做成在圆周上均匀分布，如图 1.43 所示。这样就可能在装配时将位置装错。如果将其中任一个螺栓或螺桩的位置做成不均匀的，就可避免出错。

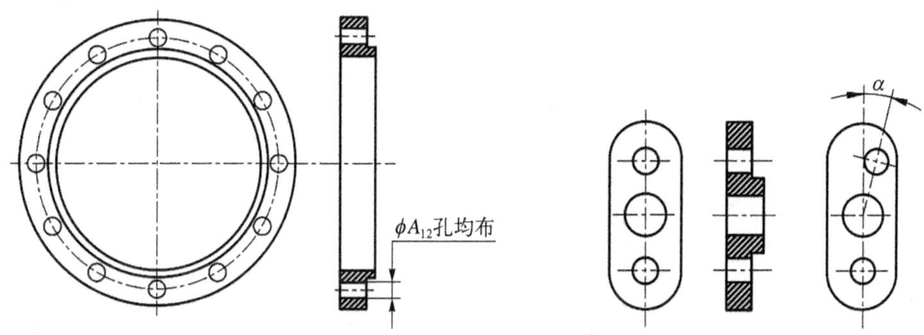

图 1.43　安装边上均匀分布的安装孔

图 1.44　对称与非对称的安装座固定用孔

燃烧室上安装喷油嘴的安装座，一般是用两个螺钉将喷油嘴固定。在以往的发动机中，有时将两个螺钉孔对称地安排。这样就有可能将喷油嘴的方向装错，本来应向后喷油的，而错装成向前喷油。如果在设计中，将对称安排的螺钉孔位置改成不对称的，即可避免错装，如图 1.44 所示。

5. 可修复性设计

良好的可修复性可以减少维修费用和备件数量,并且能使性能得到恢复。除了单元体设计为修理提供方便外,还需借助机械加工修理零件,故设计时应留有加工余量。另外,流道中经常摩擦的部件可采用易磨环带和易磨涂层,既保证了可靠工作又便于更换。

第 2 章 风扇/压气机

压气机是航空涡轮发动机的重要部件之一，其作用是通过压缩提高空气压力，为燃烧室提供高压、高温空气。根据空气流动的方向，可分为离心式压气机和轴流式压气机。轴流式压气机转子由转子叶片、轮盘（鼓筒）、轴和连接件组成，转子的作用是把从涡轮传来的扭矩传给转子叶片，并带动叶片在高转速下高效率地工作。轴流压气机静子是压气机中不旋转的部分，由机匣和静子叶片组件组成。静子叶片除了承受气动轴向力、扭矩和振动负荷外，还传递转子支承所受的各种负荷。此外，静子是气流通道的一部分，需承受气体的内压力及气体升温所引起的温度应力。气体压力引起的机械应力，通常远低于由温度梯度引起的热应力。疲劳载荷主要由热应力或应变以及机械应力或应变组成。为了改善压气机的工作特性，扩大稳定工作范围，使发动机有良好的起动、加速性能，以及在非设计点状态不发生喘振，在现代高增压比的压气机上都有防喘振措施。本章在发动机结构方面将重点介绍风扇叶片结构、轴流式压气机转子结构、轴流式压气机静子结构、压气机防喘振结构。在制造工艺方面将结合现有先进制造工艺，重点介绍空心宽弦风扇叶片制造工艺、树脂基复合材料制造工艺、整体叶盘制造工艺、压气机鼓筒盘组件制造工艺、压气机叶片制造工艺。

2.1 离心式压气机工作原理

离心式压气机具有单级增压比高、稳定工作范围宽、工作可靠、结构简单、轴向长度短、重量轻、维修性好等优点；其缺点是迎风面积大、单位迎风面积的气流流量小，流动损失大、特别是级间损失更大，导致工作效率低、不适于用多级。离心式压气机主要应用于中小功率航空燃气涡轮发动机上，尤其是涡轴发动机，广泛应用于无人机、教练机、导弹、靶机上的小型动力装置和飞机辅助动力装置。

离心式压气机由转子与静子组成。转子包括导风轮、离心叶轮以及带动它们的转子轴，静子由进气装置、叶轮罩壳、扩压器以及支承转子部分的机匣组成。

离心式压气机叶轮由涡轮驱动高速旋转，将空气连续地吸入叶轮中心，在离心力作用下，空气沿导向叶片径向外流向叶轮尖部，从而获得更高的速度和压力。发动机进气道上也可安装导向叶片，为进入压气机的空气提供初始旋流。空气离开叶轮后进入扩压器段，那里的通道呈扩张形，将空气的大部分动能转化成压力能，如图 2.1 所示。

叶轮高速旋转，增大了从叶轮流出的气流速度，进而获得更高的压力。为保证压气机

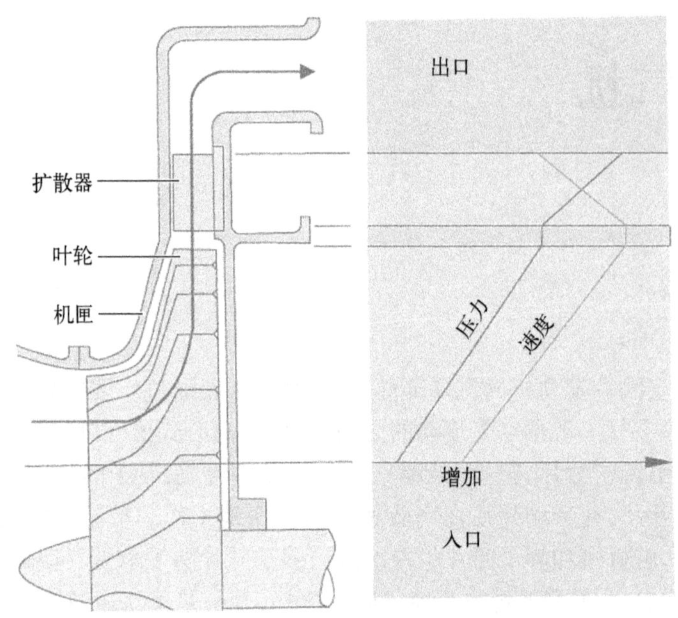

图 2.1　离心式压气机中的压力与速度变化

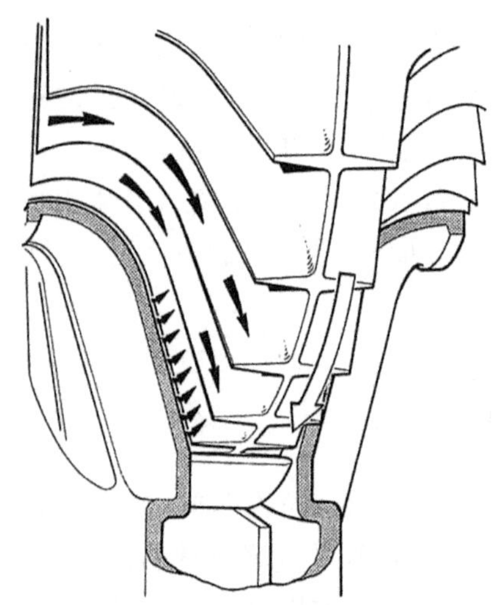

图 2.2　离心式压气机叶轮工作间隙与漏气

的效率，防止叶轮和机匣之间漏气过多，需降低叶轮与机匣之间的间隙（图 2.2）。离心式压气机结构主要由叶轮、扩压器和进气系统组成。

2.1.1　叶轮

离心叶轮根据其结构特征可分为单面叶轮和双面叶轮两类，如图 2.3 所示。双面叶轮是由单面叶轮背靠背连接组成，具有流量范围宽、体积小、瞬态性能好的特点。与单面叶轮相比，在流通能力相同的条件下，双面叶轮直径减小近 30%，能够实现压气机与涡轮的良好匹配。双面叶轮压气机的设计与常规压气机设计相比有非常大的差别，主要体现在双面叶轮采用背靠背布置方式，两个叶轮共享扩压器和蜗壳流通通道，具有独立的进口。

离心叶轮叶片按照出口叶片角，除了传统的径向式结构，随着三维流场设计技术的进步发展出了前弯式和后弯式的叶片形式。三类叶片相比，前弯式叶轮的效率最低、做功能力最大；后弯式叶轮的加功能力较差，其流量与轴功率的关系是一条比较平缓的上升曲线，但效率最高；径向式叶轮则处于上述两者之间。

2.1.2　扩压器

扩压器的功能是使由离心叶轮高速甩出的气流滞止、扩压，将动能转化成势能。扩压

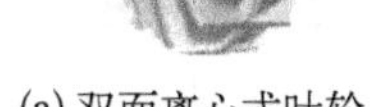
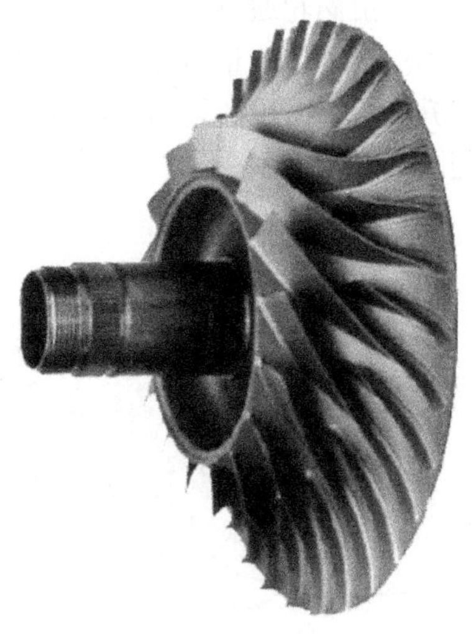

(a) 双面离心式叶轮　　(b) 单面进气的离心叶轮(长短叶片相间)

图 2.3　典型的离心式压气机叶轮

器导向叶片通道呈扩张形,将动能转换成压力能,导向叶片的内边缘与从叶轮流出的合成空气流的方向一致(图 2.4)。叶轮和扩压器间的间隙太小,可能会造成不稳定的气流以及振动。

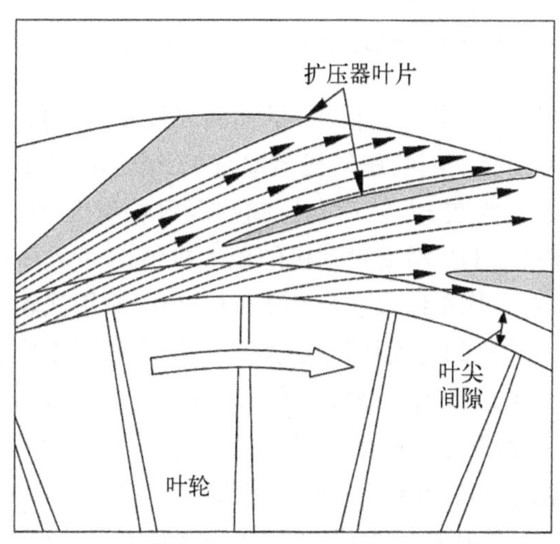

图 2.4　离心式压气机扩压器进口处的气流

2.2　轴流式压气机工作原理

轴流式压气机具有增压比高、效率高、单位面积空气流量大、迎风阻力小等优点,与离心式压气机相比,在相同外廓尺寸条件下可获得更大的压力。轴流式压气机由转子和静子组成。转子的前后轴颈通过轴承固定在轴承安装座上,转子的轴向力通过止推轴承传递给承力机匣。转子由涡轮通过连接轴驱动,涡轮高速旋转,带动压气机转子叶片旋转对来流空气压缩做功。转子将能量传递给空气,而空气通过静子叶片消除涡流并增加静压,阶段总压力的上升与每个阶段的切向或涡旋速度变化成正比。气流通过压气机的压力和温度的变化如图 2.5 所示。

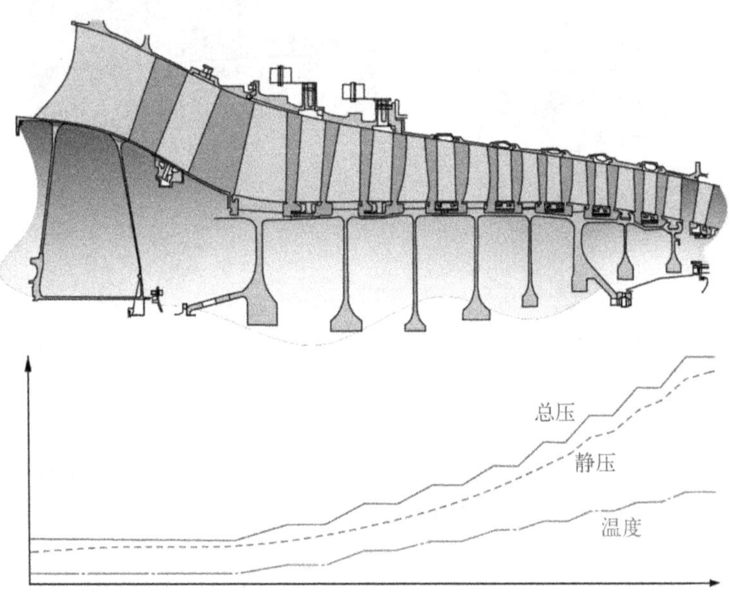

图 2.5 轴流式压气机压力和温度的变化

轴流式压气机每一级空气增压比很小,早期涡喷发动机一般在 1.15~1.35。比如在 GE 公司的 J-79 涡喷发动机上用的压气机风扇有 17 级之多,平均单级增压比为 1.16,这样 17 级叶片的总增压比大约在 12.5;后期研制的涡扇发动机单级增压比略有提高,达到 1.3~1.5,比如 F-22 的 F-119 涡扇发动机的压气机中,3 级风扇和 6 级高压压气机的总增压比就达到了 25 左右,平均单级增压比为 1.43。当前军用涡轮风扇发动机的总增压比为 25~30,先进的民用发动机的总增压比已达 45。增压比反映了压缩机对流动的压缩程度,提高发动机的增压比可以提高压缩效率和燃烧效率。每一级压力升高范围小是为了避免空气在转子叶片上分离和失速引起损失,扩压器和转子叶片的偏转角是有限的。虽然每一级的增压比很小,但通过多级增压可达到较高的总增压比。

压气机工作的稳定性是叶片设计必须考虑的重要因素。压气机叶片的工作状态偏离设计过多时,容易产生气流分离或空气动力诱导的振动。转子叶片可能因为空气相对叶片的迎角太大(正迎角失速)或者太小(负迎角失速)而发生失速。在低速下前几级容易诱导失效,在高速下后几级容易发生损坏。如果发动机要求从压气机得到的压力升高且高于叶片能够保持的压力升高,“喘振”就出现了。在这种情况下,通过压气机的气流出现瞬时分离,燃烧系统中的高压空气被推向前而穿过压气机,并伴有“砰”的一声巨响,发动机损坏。因此,压气机的设计要留有适当的裕度,以确保其工作的稳定性(图 2.6)。

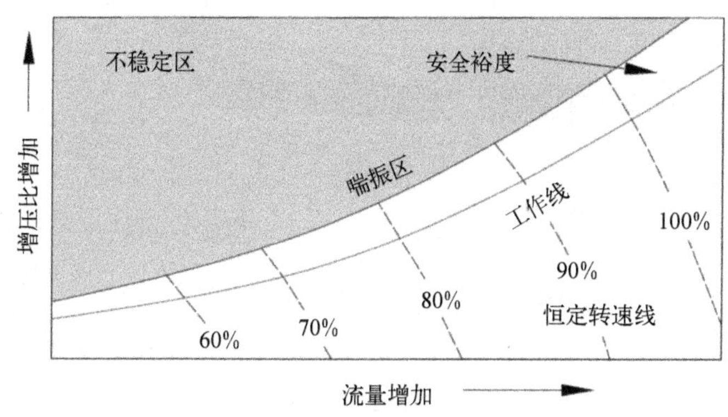

图 2.6　稳定流量的限制

2.3　风扇叶片结构

2.3.1　空心宽弦结构风扇叶片

展弦比为叶片长度与弦长之比，小展弦比叶片通常称为宽弦叶片。早期风扇叶片一般是大展弦比的窄弦细高叶片，叶身带有凸肩，凸肩可以增加叶片的刚性、增加抗外物损伤的能力，同时能够提高自振频率，吸收振动能量达到减振的目的。带凸肩的叶片加工困难且受力复杂，流通面积小，影响整机性能，同时具有喘振裕度小等缺点。自 20 世纪 80 年代中期，RB211－535E4、V2500 等发动机上开始采用宽弦叶片取代了带凸肩的窄弦叶片。20 世纪 90 年代以后研制的大涵道比航空发动机均采用了宽弦叶片，在 20 世纪后期研制的发动机，如遄达 900、遄达 1000 及 GEnx 发动机等均采用了掠形宽弦叶片。

宽弦叶片与带减振凸肩的窄弦叶片相比，具有叶栅通道面积大、喘振裕度宽、效率高以及减振性能好等优点。相对窄弦叶片，宽弦叶片弦长增加、厚度加大，可降低叶片振动应力，提高了抗外物打击能力，但叶片重量有所增加。另一方面，在保证最佳裕度的前提下，采用宽弦叶片能够减少转子叶片数目。因此，综合来看采用宽弦叶片导致转子增重并不大。为控制宽弦叶片导致的转子增重，现代风扇叶片设计中各发动机设计企业采用了多种不同的减重措施。

罗罗（Rolls-Royce，RR）公司首先使用“蜂窝式空心宽弦风扇叶片”，采用“三明治”的方法加工叶片，即将蒙皮钎焊在钛蜂窝骨架上（图 2.7）。这种复合结构能够有效减小叶片重量，同时蜂窝的阻尼作用也能够显著改善叶片的振动特性。

此后，罗罗公司又发展了第三代宽弦无凸肩风扇叶片，称为“超塑成型/扩散连接（SPF/DB）风扇叶片”，即芯部用桁条结构取代原来的蜂窝结构。采用 SPF/DB 的工艺，先将芯部桁条通过扩散连接方法与两面板在不同位置处连接起来，然后将它们置于高温模具中；两面板间充以高压惰性气体，在超塑性状态下两面板向外扩张，同时将桁条拉长组成如图 2.8(b)所示的结构。连接好的空心风扇叶片内检测不出面板与波状板间的连接

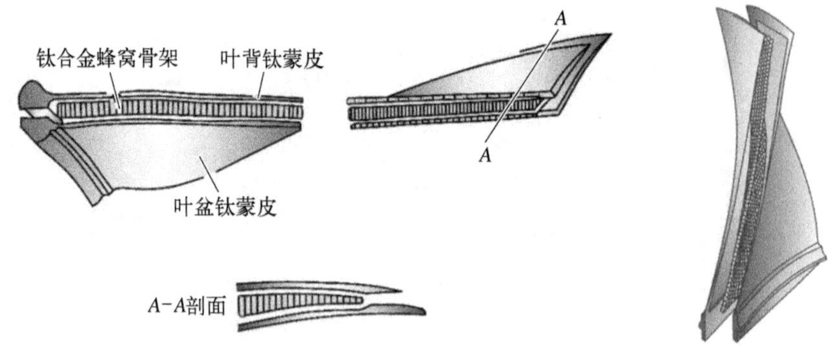

图 2.7　蜂窝式空心宽弦风扇叶片

缝,同时由于桁条与面板焊接在一起、承载性能更好。这种叶片质量比蜂窝夹芯叶片减轻约 15%,已成功用于遄达 700、遄达 800、遄达 900、遄达 1000 等发动机。

普惠(Pratt & Whitney, PW)公司采用了另一种降低大风扇叶片质量的空心结构,即叶片由两个面板组成,在芯部铣加工成纵向槽道,通过扩散连接将两面板连接成一体,成为带槽道的空心叶片,其剖面如图 2.8(c)所示。

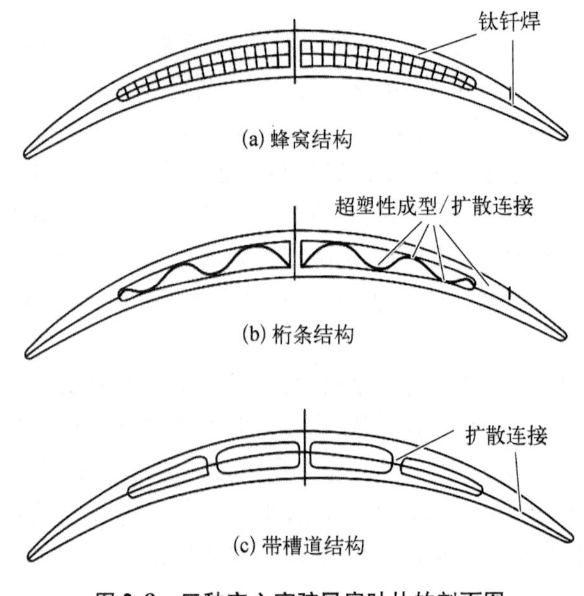

图 2.8　三种空心宽弦风扇叶片的剖面图

2.3.2　弯掠结构风扇叶片

为了降低发动机耗油率,提高风扇效率,自 20 世纪 60 年代初期以来,风扇在气动、结构、工艺和噪声水平等各方面取得了巨大进步,叶片结构也发生了一系列变化。图 2.9 展示了 GE 公司风扇叶片近几十年来的变化发展。

从图 2.10 中可以看出,风扇叶片结构逐渐复杂,初期的风扇叶片是一种实心带凸肩的窄弦直叶片。随着对发动机推力要求的提高,带凸肩实心直叶片的劣势逐渐凸显,例如

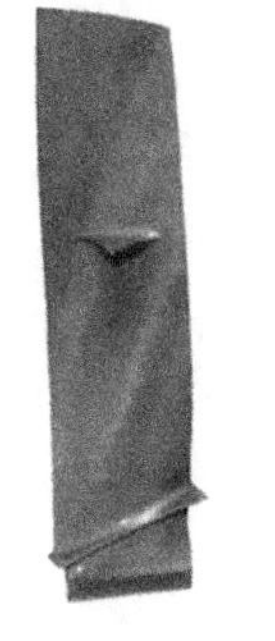
(a) 1984年CF6-80

(b) 1995年GE90 Base

(c) 2004年GB90-115B

(d) 2008年GEnx

图 2.9　GE 公司风扇叶片发展变化

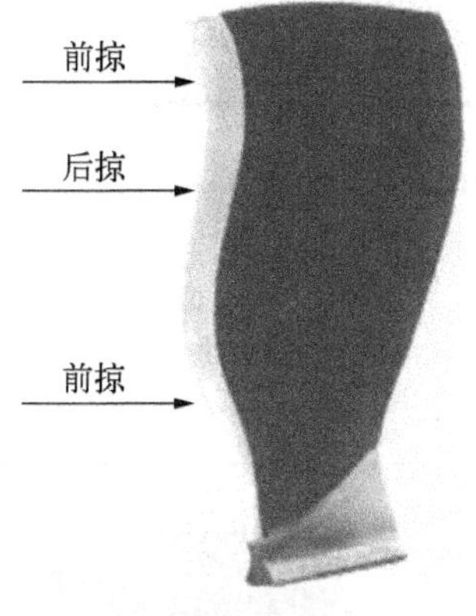

(a) GE90-115B风扇叶片

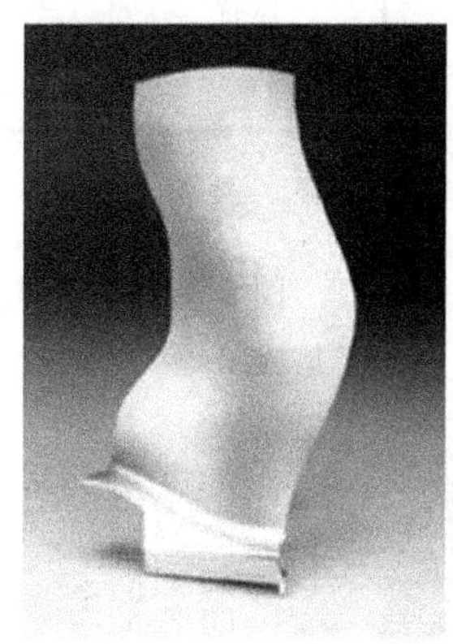
(b) 遄达900风扇叶片

图 2.10　典型复合掠形风扇

实心使发动机重量增加,凸肩造成的气流分离降低叶片效率等,这些问题很大程度上限制了风扇性能的提高。GE 逐渐放弃了窄弦、带凸肩的直叶片结构,采用宽弦复合弯掠风扇叶片,实现风扇性能的提高。

叶片沿叶身不同方向倾斜,叶片在周向旋转方向上的倾斜称为"弯",在空气来流方向上的倾斜称为"掠"。逆来流方向上的倾斜称为前掠,顺来流方向的倾斜称为后掠。叶片弯掠技术是一种对端壁流动的主动控制技术,弯和掠都可以通过控制端壁面流动影响流场,两者对端壁流动的控制效果会随转速和级数发生变化而变化。风扇叶片的弯掠控制技术可提高发动机效率,使工作更加稳定,裕度更加宽广。由于弯掠主动控制技术优点突出,目前复合宽弦弯掠叶片已经成为大涵道比风扇的主流设计,图 2.11 为掠形风扇与常规风扇气动性能对比。

2.3.3　复合材料结构风扇叶片

由于风扇叶片尺寸大,采用金属材料即便做成空心结构,叶片重量仍然较大,离心力作用下叶片与轮盘盘榫连接结构的接触问题及轮盘强度问题仍难以解决。GE 公司在 GE90 发动机中采用了复合材料的风扇叶片,如图 2.12 所示。GE90 风扇直径为 3.124 2 m,叶片高 1.219 2 m,叶尖弦长 0.533 4 m,榫头宽 0.304 m。罗罗公司在"超扇"验

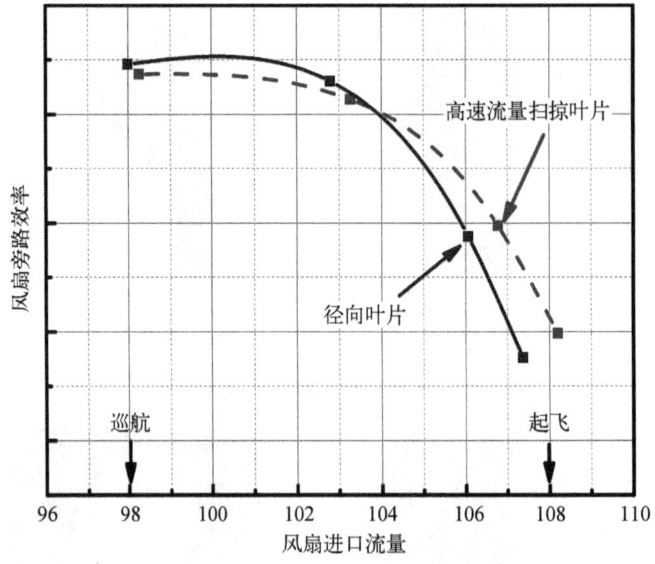

图 2.11　掠形风扇与常规风扇气动性能对比

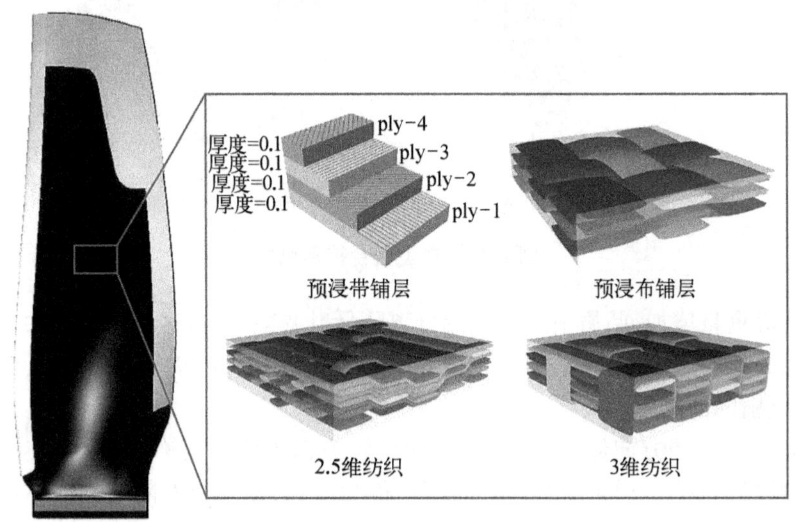

图 2.12　GE90 复合材料风扇叶片

证发动机中研制了世界上最大的复合材料风扇，直径达到 3.56 m，几乎与当前窄体客机机身的直径相同。

复合材料风扇叶片具有重量轻、成本低、强度高、抗疲劳性能和振动性能好、寿命长、损伤容限高等优点。复合材料的风扇叶片抗大质量鸟撞能力不如钛合金风扇叶片好，但复合材料叶片受到外物撞击时，在弹性变形下能将撞击能量吸收并在叶身上重新分布，使其具有承受较大外物击伤的能力。当复合材料叶片断裂冲击机匣时，在冲击力的作用下复合材料叶片容易碎裂变成碎片，对机匣包容性有利，同时也减弱了碎片对其他叶片的损伤。相对于复合材料，钛合金叶片若在榫头区域萌生裂纹，微裂纹扩展更快。

表 2.1 列出了用于波音 777 三种不同减轻叶片重量方法的对比数据。

表 2.1　波音 777 上三种发动机风扇叶片的对比

性　　能	遄达 800 发动机	PW4084 发动机	GE90 发动机
叶片材料	钛合金	钛合金	复合材料
风扇直径/m	2.794	2.844 8	3.124 2
风扇转速/(r/min)	3.248	2.732	2.304
单片质量/kg	10.699	18.6	14.528
叶片数目	26	22	22
叶片总质量/kg	277.4	409.2	319.6
叶尖速度/(m/s)	478.4	413.3	376.3
涵道比 BPR	6.0	6.31	8.38
风扇压比	1.75	1.7	1.517
叶片高/m	0.99	0.97	1.219
单位叶高质量/kg	10.17	19.17	11.917
风扇结构	桁条式结构叶片	带槽道结构叶片	复合材料叶片

2.4　轴流式压气机转子结构

轴流压气机转子的基本结构形式有盘式、鼓式、盘鼓混合式等，一般由叶片、轮盘、鼓筒、轴或轴颈以及一些连接件、封严件等组成。轮盘、鼓筒、轴和轴颈之间通常采用短螺栓、长螺栓、长螺杆、焊接、花键、圆弧端齿等连接形式，转子叶片与盘之间采用盘榫结构、整体叶盘或叶环结构的连接形式。

为了保证转子连接可靠，设计时需考虑的问题有：采用长螺栓连接时，应在轮盘与轮盘或鼓筒之间设置定心用的定距环，通过定距环将轮盘压紧；短螺栓适用于轮盘安装边之间的连接，应采取防止螺栓在装配过程中脱落的设计；采用花键连接时，应另设圆柱面保证定心等。图 2.13 为普惠 GTF 发动机转子结构示意图。

2.4.1　压气机转子结构与支撑

为保证转子安全可靠工作，压气机转子需要提供足够的结构强度、刚度和寿命，转子系统中鼓筒和轴颈是保证转子刚度的构件，而轮盘则是承载叶片离心载荷的构件。根据转子几何构形和承载方式，转子结构通常可分为叶盘转轴结构、叶片鼓筒结构和叶盘鼓筒结构。在压气机转子结构设计中，首先要根据压气机的轮盘级数和载荷环境，进行结构几何构形和支承约束设计。

转子支撑方案选择时应考虑：对转子叶片叶尖径向间隙的影响；对转子刚性、横向挠度、转子动力学特性的影响；转子装拆操作的难易程度；传力路线的合理性；支点同轴度及工艺性的优劣。转子设计过程中，应考虑与涡轮轴的连接结构，即风扇转子与低压涡轮转子、高压压气机转子与高压涡轮转子之间轴的连接装置，当压气机与高压涡轮转子仅用两个支点支撑时，采用刚性联轴器连接；风扇转子与低压涡轮转子用两个支点支撑时，同样采用刚性联轴器连接；当风扇转子与涡轮转子采用三个支点支撑时，其风扇转子采用两个

(a) GTF三维模型

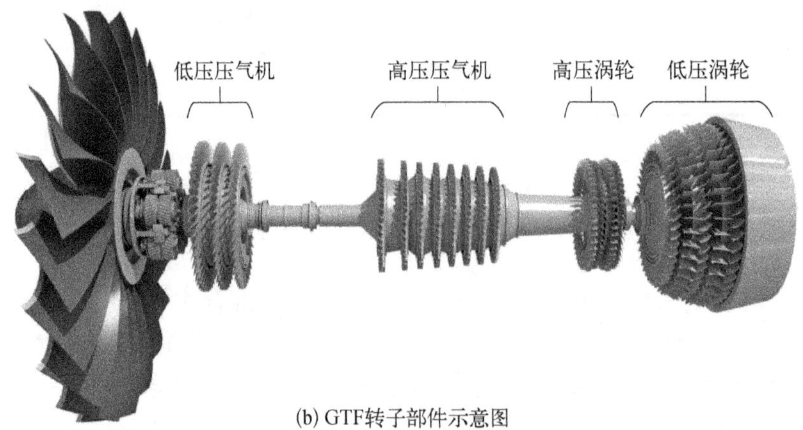

(b) GTF转子部件示意图

图 2.13　GTF 发动机转子结构

支点支撑，此时风扇转子与低压涡轮轴之间一般采用柔性联轴器连接。

1. 盘式转子结构

对于只有一级轮盘的转子，如单级大风扇、离心式压气机，由于其离心载荷较大，具有大质量叶片-轮盘结构，为保证其强度设计要求，转子结构一般采用盘式转子结构系统，主要由轮盘与传扭旋转轴组成。扭矩通过转轴传给轮盘，再由轮盘传给轮缘上的转子叶片。其设计特点是：转子结构的承载能力较强，但轮盘与直径较小的转轴连接，抗弯刚性差，轮盘容易产生摆动，必须采取一定的结构措施以提高其弯曲刚度，如锥壳轴颈、多支点约束等，如图 2.14 所示。

2. 鼓式转子结构

从压气机转子功能和结构重量控制分析，鼓式转子结构设计最佳，其基本构形是由圆柱形鼓筒和圆锥形壳体通过界面连接构成剖面为拱形的组合结构体。叶片与鼓筒的连接形式包括：鼓筒外侧的榫槽连接和整体加工成形的叶环结构。在高速旋转时，叶片离心载荷和扭矩载荷均由鼓筒承受和传递。

鼓式转子(图 2.15)结构简单，零件数目少、加工方便、抗弯刚度强，但由于圆柱壳的径向承载能力较差，一般多应用于承载离心载荷较小的、切向速度较低的转子结构设计

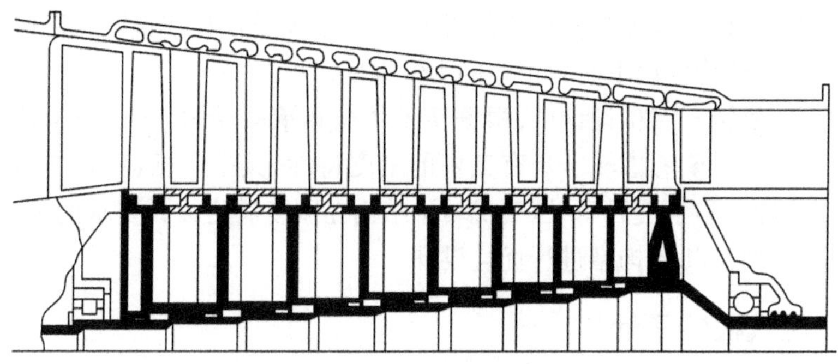

图 2.14　盘式转子结构

中,例如大涵道比航空发动机中风扇后的增压级转子。由于低压转子转速较低,因此增压级鼓筒切向速度较低,在满足强度要求条件下,采用鼓筒结构能够提供足够的抗弯能力。

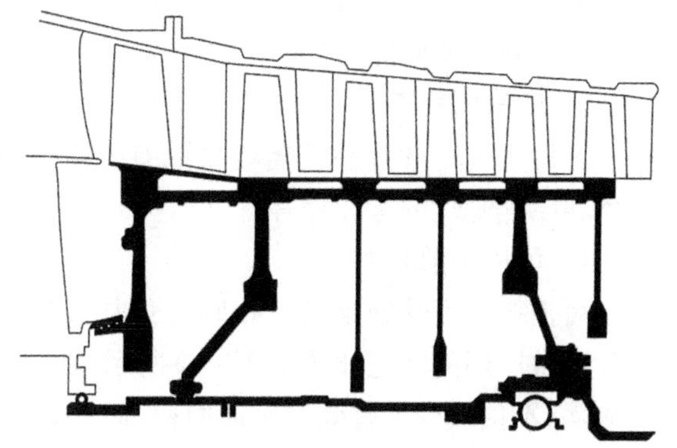

图 2.15　鼓式转子结构

3. 盘鼓混合式转子结构

在压气机转子结构设计中,最常见的是盘鼓混合式转子结构,由轮盘、鼓筒和轴颈等组成,整体构形为拱形,弯曲刚度主要取决于前、后轴颈和连接各级轮盘之间的鼓筒的几何构形和尺寸,轮盘主要承受叶片及自身的离心载荷,同时也对鼓筒产生强度增强的作用,使得鼓筒能够在高切向速度下正常工作。盘鼓混合式转子中,扭矩主要是转轴和鼓筒、锥壳逐级传递,轮盘一般不承受过大的扭矩,如果需要承受则需要进行局部加强,以保证其强度和刚度特性。这种由轮盘和鼓筒组合而成的拱形结构转子,既可以提供较高的弯曲刚性又能承受高速旋转所产生的离心载荷,在发动机中得到了广泛的应用。

盘鼓混合式转子具有较高的承载能力和弯曲刚度,在高转速、多级高压压气机转子结构设计中广泛使用,典型的多级轴流压气机转子结构如图 2.16 所示。在工作中,鼓筒和前、后轴颈传递扭矩、轴向拉压及弯曲载荷作用,而各级叶片及盘则承受离心载荷并控制叶片的径向变形。在高增压比多级压气机转子结构中,由于工作温度及离心载荷的不同,

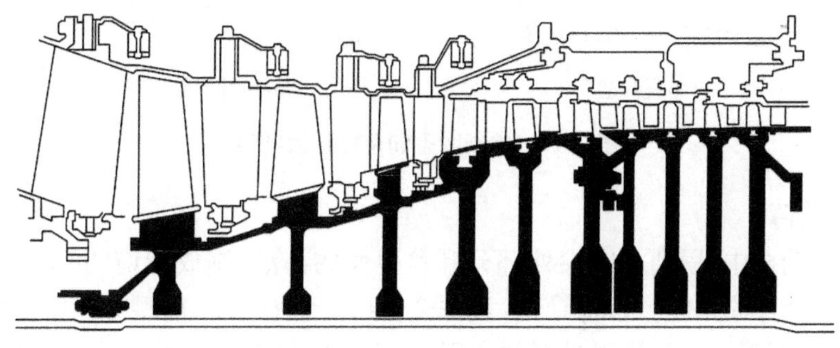

图 2.16　盘鼓混合式转子结构

需要采用不同的材料,以满足结构轻量化要求。为此,需要设计连接结构以保证各级转子在高速旋转及多种载荷作用下具有稳定的力学性能。

在风扇/压气机转子结构设计中,根据转子结构和承载受力,转子结构几何构形和关键结构参数的确定,需要考虑转子具有良好的刚度特性,其中包括盘-轴连接刚度和转子整体弯曲刚度特性。为了使风扇/压气机转子结构在刚度满足设计要求的前提下,尽量减轻结构重量,需要对其几何构型进行优化设计。

2.4.2 压气机转子叶片

压气机转子叶片主要由叶身和榫头两部分组成。盘榫连接方式有燕尾形榫头、枞树形榫头、销钉榫等。燕尾形榫头是压气机最常采用的方案,包括轴向燕尾形榫头、周向燕尾形榫头和圆弧形榫头等。

1. 压气机转子叶片叶身结构

压气机转子叶片往往需要采取有效措施减小叶尖间隙损伤,这些措施包括可控扩散叶型、叶尖削薄、端弯叶片等。

1）可控扩散叶型

可控扩散度叶型是指在叶型通道中的扩散度是按设计要求进行控制的。压气机转子叶片通常所用的叶型如图 2.17(a)所示,在尾缘叶背处,由于附面层的作用,会产生分离的旋涡,不仅减少了有效的流通面积,而且会降低效率并容易引起喘振;另外,前后缘处的厚度较薄,在砂尘的磨蚀作用下,叶型易发生变化,使发动机性能下降。在采用可控扩散度叶型后,通过改变叶片流道的扩散度,消除了尾缘处的附面层分离现象,不仅减小了损失、增大了有效流通面积,而且使喘振裕度加大;另外,这种可控扩散度叶型的前后缘较厚,如图 2.17(b)所示,有利于对抗外来的砂尘磨蚀,而且叶片弦长较大,在保持一定的稠度下叶片数目可减少 42%左右。

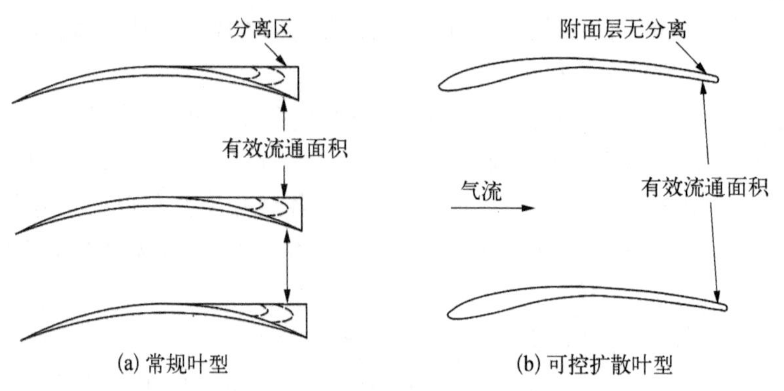

图 2.17 常规叶型和可控扩散叶型

2）叶尖削薄

在一些发动机中,用削去叶尖处部分叶盆金属的办法,制成所谓的“刀片”结构。如图 2.18 所示,叶片原来的中弧线 $C-C$ 削去金属后变为 $C'-C'$,叶型弯角明显地由 θ 增加到 θ',称为中弧过弯。由于中弧过弯的作用,叶尖处的加功量增大,从而延迟了壁面附面层的分离。不仅扩大了压气机的稳定工作范围,而且有利于提高增压比和效率。由于"刀片"结构的叶尖很薄,万一叶尖和机匣相碰,也不会引起严重的后果,所以叶尖和机匣间可以采用较小的径向间隙,使漏气损失减小,从而提高压气机效率。

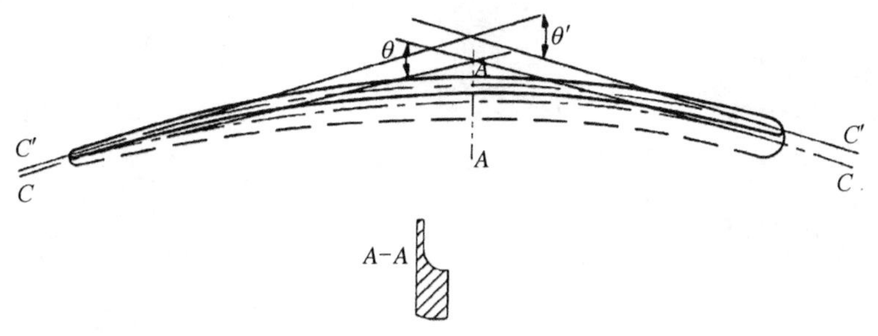

图 2.18　转子叶片叶尖中弧过弯结构

3）端弯叶片

端部过弯叶身是为了减少叶片两端壁附面层所造成的二次损失,因而将叶身尖部及根部前后缘特别地加以弯曲,如图 2.19 所示。

2. 压气机转子叶片榫头结构

榫头的作用是连接转子叶片与轮盘,榫头应保证按所要求的位置,准确地将叶片安装在盘上,并将叶身所受的载荷传到轮盘上。设计时,榫头应有足够的强度并尽量避免应力集中,保证榫头不在叶身断裂前发生断裂。转子叶片通过叶根处的燕尾形榫头安装在轮盘上相应的槽内,依靠槽侧面定位和传力。榫头与榫槽的配合,可以是过盈配合,也可以是小间隙配合。采用间隙配合,可使叶片安装方便,避免在槽内出现装配应力,但在装配过程中需考虑叶片的摆动量要求。根据叶片结构及设计风格的不同,现有发动机采用了几种不同形式的燕尾形榫头。

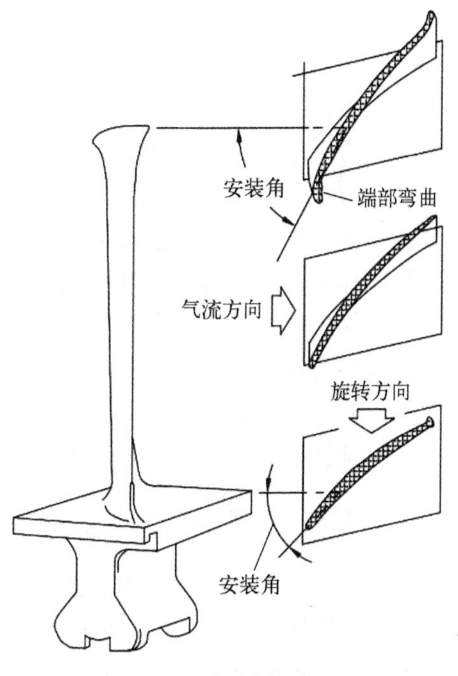

图 2.19　端弯转子叶片

1）轴向燕尾形榫头

轴向燕尾形榫头设计专门的平台包容榫头型面,在平面与轴向燕尾形榫头之间有一段过渡段,各转接面都用圆角过渡。叶片榫头与轮盘一般通过径向销、锁紧垫片、卡环等结构形式进行轴向限位,如图 2.20 所示。径向销和卡环可重复使用,锁紧垫片为必换件。

2）环形燕尾形榫头

有些发动机在高压压气机后几级叶片上,采用环形燕尾形榫头来固定叶片,即在轮缘上车出一个环形的燕尾槽安装叶片。这一方案加工简单、装配方便,但在设计中应考虑叶片装拆及锁紧问题。图 2.21 为叶片装入环形燕尾形槽中的一种方法,即在轮盘的环燕尾槽上开有一个能从径向插入叶片榫头的缺口,所有的叶片都由此装入环形槽内。在缺口

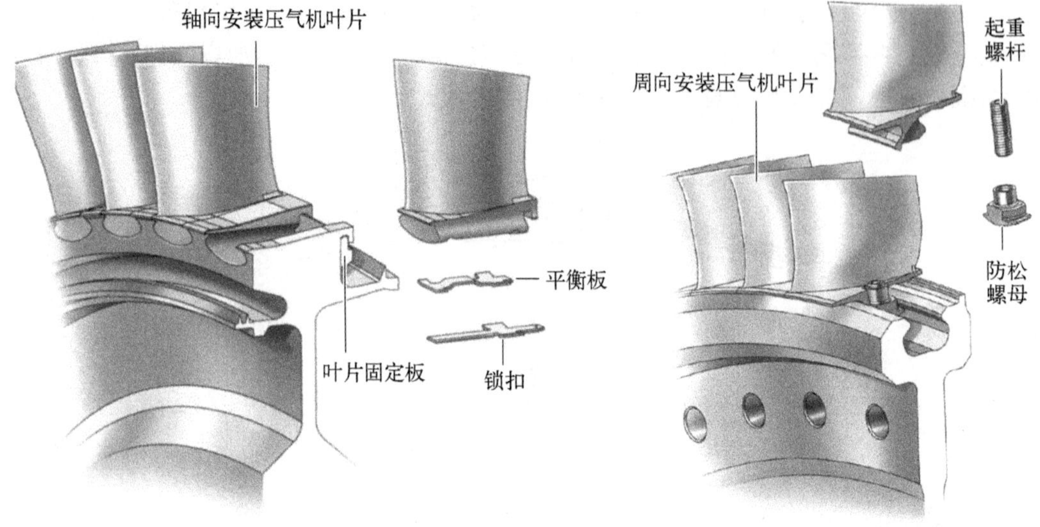

图 2.20　轴向燕尾形榫头

图 2.21　环形燕尾形榫头

的左右两边，各有一个比缺口小的锁紧槽口，叶片不能由锁紧槽口径向出入燕尾槽。在最后装入的两片叶片中，夹有两个锁紧块。锁紧块分别夹在两片叶片底板上开的方形孔中。当所有的叶片装入以后，将叶片转过一个角度，使缺口错开叶片的榫头，而锁紧块嵌入锁紧槽口内。拧动装在锁紧块中的螺钉，使锁紧块向上抬起，紧贴于锁紧槽中，使锁紧块不能周向移动，最后冲铆住螺钉。这种结构加工简单、装配方便，特别是在更换叶片时只需打开压气机机匣即可拆装叶片；但由于榫头尺寸相对轴向燕尾形榫头较小，因而通常只能用在离心力较小的压气机后几级叶片上。一般情况下，为了防止叶片周向窜动，保证叶片之间的间隙不要过大，可在同一级的环形槽中增加几组螺钉对叶片进行周向限位；另外，为了保证转子的平衡精度，可在环形槽内设置配重块，以便于满足转子的平衡要求。

2.4.3　压气机整体叶盘

整体叶盘具有重量轻、零件数少、效率高、可靠性高等特点。将叶片与轮盘做成一体后，轮盘的轮缘处不需加工出安装叶片的榫槽，因而轮缘的径向尺寸可以大大减少，从而实现转子减重。与传统的叶片轮盘结构相比，采用整体叶盘结构减重最多可达 50%，若采用金属基复合材料的整体叶环减重更可高达 70%，如图 2.22 所示。压气机转子减重对整台发动机轻量化水平具有重要影响，例如 F414 发动机第 2、3 级风扇转子采用整体叶盘后，较其原型机 F404 转子减重 20.43 kg，推重比由 7.5 提高到 9.0。叶片和轮盘一体化还省去了每片叶片的锁紧装置，大幅减少了零件数，不仅降低了制造成本，而且提高了发动机的可靠性。如前述的 F414 发动机，高压压气机前 3 级采用了整体叶盘，通过使用 5 级整体叶盘使发动机零件数减少了 484 件。采用整体叶盘，还可以消除采用榫头连接的叶片与轮盘结构中，气流在榫头与榫槽缝隙中逸流所造成的损失，提高效率。取消了连接榫头，也避免了由于装配不当或榫头的磨损，特别是微动磨损、裂纹及锁片损坏等带来的故障，提高了可靠性。

整体叶盘由于具有以上优点，20 世纪 60 年代初期开始被一些小型、短寿命发动机所

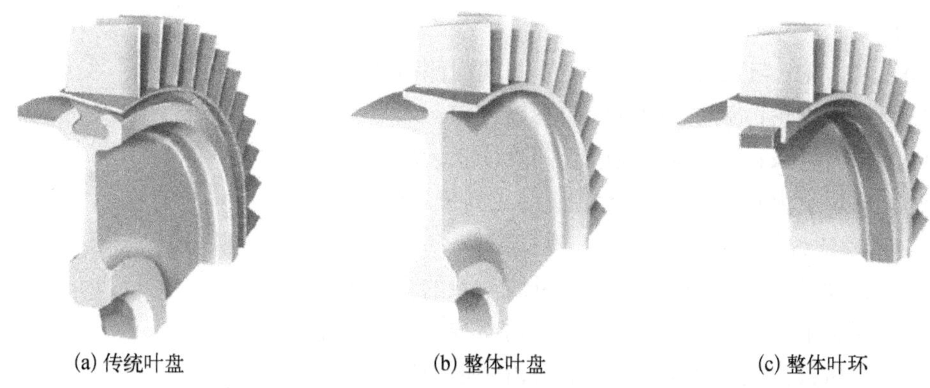

(a) 传统叶盘　　(b) 整体叶盘　　(c) 整体叶环

图 2.22　传统叶盘结构与整体叶盘、叶环结构对比

采用，随后在涡轴、涡桨发动机压气机转子结构中得到应用，但直至 20 世纪 80 年代中期才在大型涡扇发动机中应用（EJ200）且受到较多的限制。究其原因主要有两方面：一是加工问题，小尺寸、叶片数目少的转子既可以采用精密铸造加工，也可以采用锻件在五坐标数控铣床上加工，但大尺寸、多叶片的整体转子却较难用上述方法制造；二是如何保证叶片损坏后，不会带来过大损失的问题，转子叶片常常会在工作中被外来物打伤，造成卷边、开裂、掉块，或由于振动而造成的裂纹等，在用榫头连接的结构中，可以更换单个损坏的或有缺陷的叶片，而整体叶盘却不能更换叶片，因此往往因单个叶片损坏而使整个叶盘报废。为了提高整体叶盘叶片前后缘的抗外物损伤能力，设计中可尽量将叶片前后缘设计得厚些。直至 20 世纪 90 年代初，大型、多级整体叶盘转子结构加工工艺逐渐成熟，又有了整体叶盘损坏叶片修复工艺后，整体叶盘结构才在先进战斗机的发动机中得到较快的推广。目前，整体叶盘在新研制的发动机（如 F414、F119、F120 与 F135 等）及改进型发动机（如 F110－GE－129R 与 F100－PW－22A 等）中均得到应用，并出现了将多个整体叶盘前后焊接在一起形成的整体转子。更为重要的是，易被外来物打伤的第一级风扇转子，也逐步开始采用此类结构方案。

2.4.4　齿轮类零件结构

航空齿轮主要包括螺旋锥齿轮、直齿轮、双螺旋齿轮等。随着传动系统的发展，螺旋锥齿轮近年来的应用越来越多，而一些新的传动机构和新类型的齿轮也逐渐出现。直升机减速器中的齿轮，因承受的载荷大、减速比大，通常尺寸较大，大轮分度圆直径最大的超过 500 mm，小轮分度圆直径最小也超过 100 mm。飞机辅助动力、发动机辅助动力中的齿轮因受力较小，通常尺寸也较小，大分度圆直径通常不超过 140 mm。齿轮因功能各异设计成不同的形状和尺寸，总体来说，齿轮都是由齿圈和轮体两部分组成。在齿圈上均匀分布着直齿、斜齿等轮齿，在轮体上有轮辐、轮毂、孔、轴等。按轴的相对位置关系分为平行轴齿轮、直交轴齿轮、错交轴齿轮，具体分类如下。

1. 平行轴齿轮

（1）直齿轮：齿筋平行于轴心的直线圆筒齿轮；

（2）齿条：与正齿轮啮合的直线条状齿轮，可以说是齿轮的节圆变成无限大时的特殊情形；

(3) 内齿轮：与正齿轮啮合的直线圆筒内侧齿轮；

(4) 螺旋齿轮：齿筋呈螺旋线的圆筒齿轮；

(5) 斜齿齿条：与螺旋齿轮咬合的直线状齿轮；

(6) 双螺旋齿轮：左、右旋齿筋所形成的螺旋齿轮。

2. 直交轴齿轮

(1) 直齿锥齿轮：齿筋与节圆锥母线一致的伞形齿轮；

(2) 螺旋锥齿轮：齿筋为具有螺旋角曲线的伞形齿轮；

(3) 斜齿锥齿轮：螺旋角为零的弯齿伞形齿轮。

3. 错交轴齿轮

(1) 圆筒蜗轮齿轮：圆筒蜗轮齿轮为蜗杆及齿轮的总称；

(2) 错交螺旋齿轮：圆筒形螺旋齿轮，利用错交轴（又称歪斜轴）传动。

齿轮的效率见表 2.2。

表 2.2 齿轮的效率

齿轮分类	齿轮种类	传动效率/%
平行轴齿轮（圆柱齿轮）	直齿轮	98~99.5
	齿条	
	内齿轮	
	螺旋齿轮	
	斜齿齿条	
	双螺旋齿轮	
直交轴齿轮（伞齿轮）	直齿锥齿轮	98~99
	斜齿锥齿轮	
	螺旋锥齿轮	
错交轴齿轮（蜗轮蜗杆）	圆筒蜗轮齿轮	30~90
	错交螺旋齿轮	70~95

2.4.5 齿轮传动涡轮风扇发动机结构

齿轮传动涡轮风扇（geared turbofan, GTF）发动机采用的齿轮减速机构，在保证低压涡轮高速旋转的同时，能使风扇以理想的低速旋转，从而降低发动机的噪声与油耗。GTF 发动机结构见图 2.23。

1. GTF 发动机的结构

亚声速飞机用涡扇发动机必须具有较大直径的风扇，以在低排气速度下产生相同的

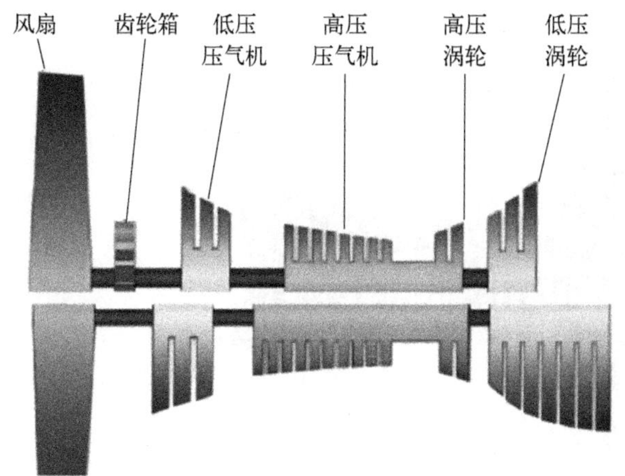

图 2.23 GTF 发动机(PW1100G－JM)结构

推力同时拥有更高的推进效率。然而风扇尺寸的增加又会带来以下矛盾。

(1) 风扇尺寸与推进效率的矛盾。大尺寸风扇增加了发动机阻力,与提高推进效率相矛盾;其次,大尺寸风扇会使发动机变重,从而对提高推重比产生不利影响。

(2) 风扇尺寸与转速之间的矛盾。对于给定的转速,风扇直径越大,叶尖速度就越快,过高的叶尖速度又会带来新的问题: ① 噪声的增加;② 叶尖速度的提高会带来额外的阻力(这与叶片对迎面而来的气流形成的阻力不同,是叶尖线速度局部超声速的激波阻力);③ 气流变得更加复杂。因此增加风扇的尺寸需要降低风扇的转速。

(3) 风扇转速与低压涡轮最佳转速之间的矛盾。传统的涡扇发动机的风扇与低压涡轮在同一根轴上,风扇尺寸的增加,需要降低风扇转速,从而导致风扇与低压涡轮都不在最佳工作转速。

通过采用与涡轮螺旋桨发动机相同的机制——减速齿轮箱,借助第三根轴将低压压气机与低压涡轮进行连接: 在维持低压涡轮高转速的同时,借助第三根轴,通过在风扇与低压压气机之间安装减速齿轮箱,将低压涡轮的高转速降低到低压压气机的最佳工作转速,从而实现低压压气机高速运行,而变速箱以低得多的速度旋转带动风扇转动,使两个部分都以最佳速度运行。通过增加齿轮减速箱,涡扇发动机变成了齿轮传动涡扇发动,其本质上是一种多叶片、带罩壳的涡轮螺旋桨发动机。

2. GTF 发动机的优势

相比于传统涡扇发动机,GTF 发动机: ① 低压压气机和风扇之间存在先进的齿轮系统,能以低于低压涡轮转速的速度驱动风扇转动,使风扇与低压涡轮都处于最佳工作转速,降低了噪声污染;② 受益于风扇速度的下降,叶片直径增加,因此涵道比更高,推进效率上升;③ 低压压气机和低压涡轮叶片的级数较少,发动机整体重量减轻。以上差异降低了齿轮传动发动机系统的复杂性,减少了总长度,节省了成本,提高了效率。

3. GTF 发动机的应用

普惠公司已经研制生产了推力在 10 000～40 000 lbf(44.4～177.9 kN)的第一代 GTF 发动机(图 2.24),发动机型号及参数见表 2.3,为 70～230 座单通道双发窄体客机提供动

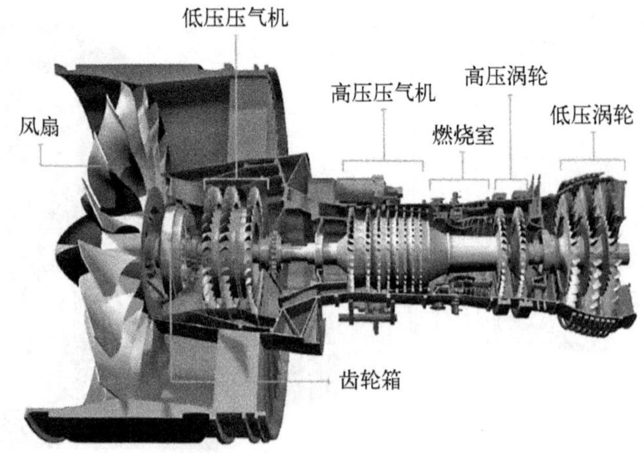

图 2.24　PW1100G 发动机剖面图

力。PW1100-JM 目前正在为空中客车 A320neo 提供动力，该型号发动机为航空公司节省了高达 20%的燃油。

表 2.3　普惠 GTF 发动机

发动机型号	PW1200G	PW1100-JM	PW1400G
发动机类型	按比例缩放的核心机； 推力从 10 000~40 000 lbf(44.4~177.9 kN)不等		
飞机家族	三菱支线飞机	空客 A320neo 系列	俄罗斯伊尔库特 MC-21 系列
飞机型号	MRJ70、MRJ90	A319neo、A320neo、A321neo	MC-21-200、MC-21-300、MC-21-400
载客量	70~96	124~220	130~230
发动机推力	15 000~17 000 lbf (66.7~75.6 kN)	24 000~33 000 lbf (106.7~146.7 kN)	24 000~33 000 lbf (106.7~146.7 kN)
结构	1-G-2-8-2-3	1-G-3-8-2-3	1-G-3-8-2-3
涵道比(BPR)	9∶1	12∶1	12∶1
风扇直径	56 in(1.42 m)	81 in(2.05 m)	81 in(2.05 m)
投入使用时间	2014	2015	2016

表中 GTF 发动机结构说明：1-G-2-8-2-3 表示 1 级风扇-齿轮减速器-2 级低压压气机-8 级高压压气机-2 级高压涡轮-3 级低压涡轮。

2.5　轴流式压气机静子结构

压气机静子结构由机匣、扩压器叶片、支承和承力结构系统组成，机匣之间一般采用精密螺栓或止口定心。除了承受静子叶片所受的气动轴向力、扭矩和振动载荷外，还要传递转子通过轴承和支承结构传递过来的各种负荷。此外，静子还是气流通道的组成部分，并要承受气体的内压力及气体升温所引起的热应力。

压气机静子可以设计成多段或单段整体结构形式，也可设计成分半式(对称分半、非对称分半)或既分段又分半的结构形式。当机匣需要增加刚性时,可采用设置加强筋的方式予以加强,其加强筋有两种形式,即周向加强筋和纵向加强筋,对薄壳零件应采用周向加强筋形式,如图 2. 25 所示。为便于装配和提高机匣刚性,在高压压气机后段也会采用双层机匣。高增压比、高负荷压气机的机匣设计与整机结构布局、核心机的拆装、机匣材料和制造工艺等多方面因素密切相关。

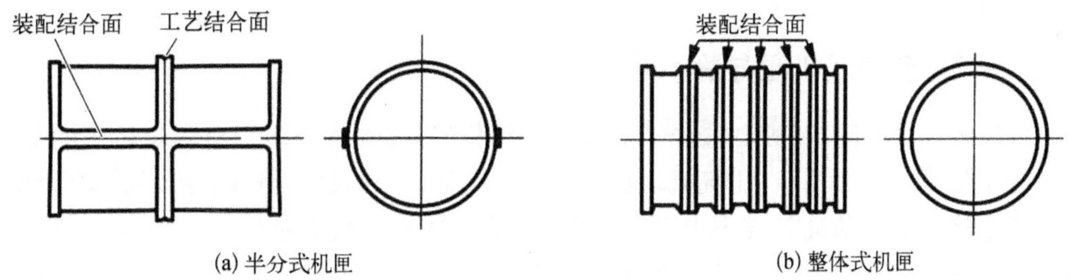

(a) 半分式机匣　　(b) 整体式机匣

图 2. 25　机匣结构方案及装配

2. 5. 1　分半式机匣与静子叶片

分半式机匣的优点是: ① 机匣弯曲刚性好;② 装拆机时不需分解转子,因而不破坏转子的平衡;③ 只需拆掉一半机匣就可以检查或更换静子及转子叶片,因而维修方便。缺点是: ① 机匣壁较厚;② 为保证轴向结合面的连接刚性及密封性,要采用较厚的安装边及较多的螺栓(一般安装边厚度为机匣壁厚的 2~3 倍,螺栓孔距随气流通道内压力的不同而为螺栓直径的 3. 5~6 倍);③ 分半机匣的周向刚性均匀性较差,为了保证刚性均匀性,有时还带有加强环带;④ 这些都造成分半式机匣的重量增大。由于压气机一般工作温度不很高,径向变形沿周向分布不均的问题不严重,而分半式机匣的装配维修性好的优点突出,所以目前在采用焊接连接等不可分的多级压气机转子上较多采用分半式机匣。

图 2. 26 是航空发动机低压压气机静子示意图,其分半式机匣由锻造铝合金机械加工

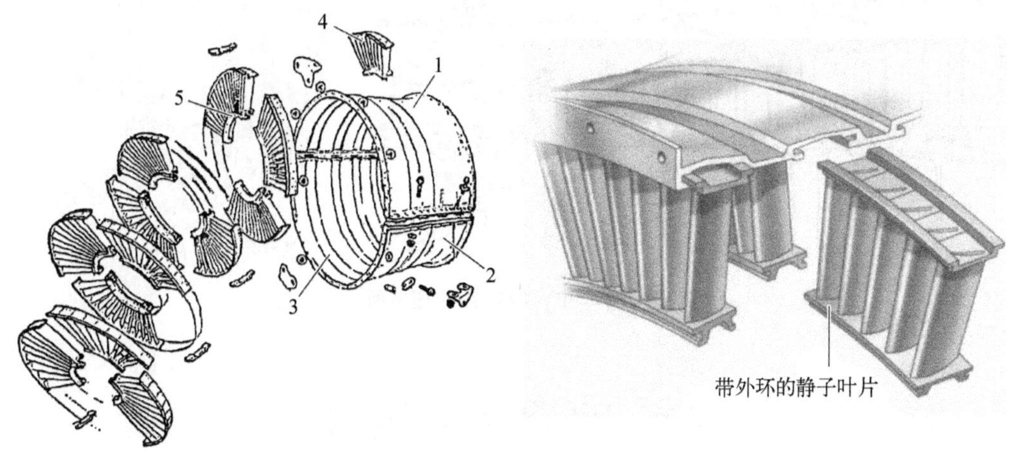

图 2. 26　悬臂式静子叶片

1. 上半部机匣;2. 下半部机匣;3. T 形槽;4. 静子叶片组件;5. 封严环段

而成，直径从前向后逐渐减小，机匣沿水平方向分成上下不对称的两半部，上半部小，下半部大，在机匣内表面加工有5道安装静子叶片的T形槽。静子叶片均为铝合金精密锻造而成，每个叶片都带有内、外叶环，前四级静子叶片中，将每三个或四个叶片的内、外环焊成一体，成为静子叶片组件，然后再将若干叶片组件和封严环段铆成一体，形成接近90°的扇形件。每级静叶内环的内表面上都涂有易磨涂层，与低压转子的封严齿构成级间前后封严装置。

2.5.2 整环式机匣与静子叶片

采用整环式机匣，一般要求转子是可拆装结构，但多次拆装转子会影响转子的平衡性。为了解决这个矛盾，在压气机级数较少的情况下，常常采用沿轴向分段的整环机匣。在大涵道比航空发动机中，总压比达40~52，高压压气机后几级的温度很高，由于分半式机匣沿圆周刚性不一致，在高温下径向膨胀不一致，造成叶尖间隙沿圆周不均匀，影响气动效率。为此，将围绕在转子叶片外的外环做成整圆，以保持工作中有均匀的叶尖间隙，但这样将带来装配困难。

另一种整环式机匣，转子是不可拆装结构，前几级静子为带上下轴颈的可调叶片，后面级的静子叶片各级通过焊接方式焊在一个环上，然后切成两半。前几级可调静子固定在整环机匣安装边的径向孔内，后面所有级半环静子通过挡环轴向固定，然后将整环式双层机匣压装到前面级机匣的安装边上，从而固定后面级的静子。

图2.27为PW4084高压压气机机匣结构，它采用了典型的双层机匣结构，内机匣做成沿轴向分成多段，每段机匣均做成整环，相邻两段机匣通过法兰-螺栓连接，若干个静子叶片组成一个扇形段，多个扇形段通过机匣内侧的“T”形槽固定。装拆时，无须拆装叶片。这种结构设计，保证了均匀的叶尖间隙，但使结构复杂、重量增加。

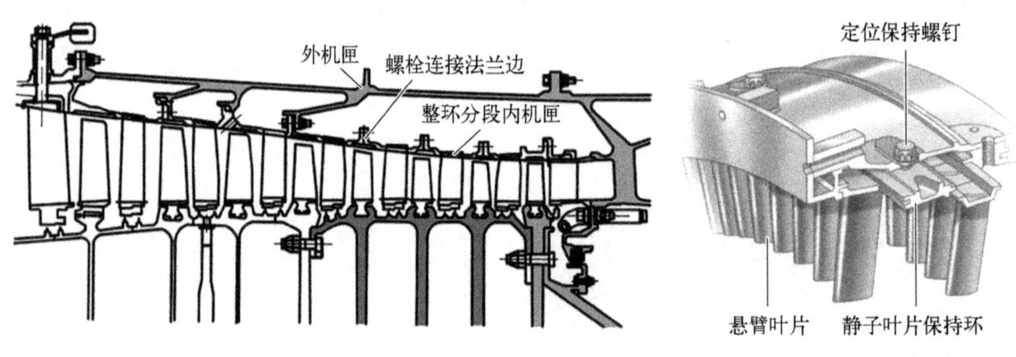

图2.27 PW4084高压压气机

2.6 压气机防喘振结构

喘振是指发动机因为工作状态或进气条件偏离设计状态，导致气流沿轴向流动堵塞发生低频剧烈震荡的现象。一般在多级高增压比轴流压气机中容易发生喘振。

转速低于设计转速时,多级轴流式压气机内发生的前喘后涡型喘振可以用下面的流动模型说明。压气机转子的前面几级发生叶背失速,后面几级发生叶盆失速。叶盆失速使叶栅气流通道变为收敛形,压气机进口的空气流动不连续,前喘后涡模型如图 2.28 所示。

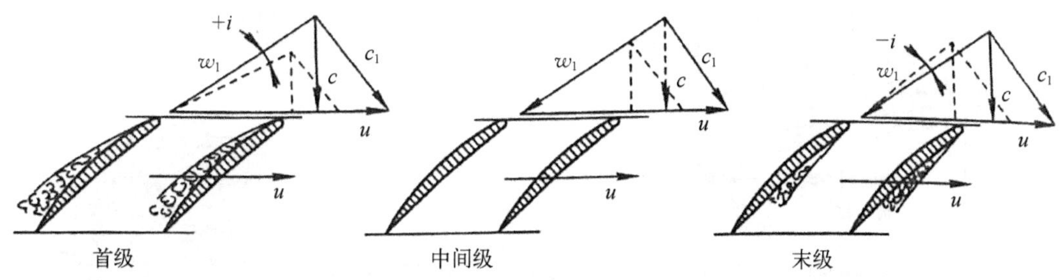

图 2.28　前喘后涡模型

从理论上讲,所有航空发动机都可能发生喘振,由于性能和结构特征的影响,一般增压比较高的轴流压气机更为明显。为了改善压气机的工作特性,扩大稳定工作范围,使发动机有良好的起动和加速性能,以及在非设计点状态不发生喘振,在现代高增压比的压气机上都有防喘振措施。

防喘装置按结构形式可以分为级间放气机构、可调静子叶片、可变弯度进口导流叶片、处理机匣和多转子设计等。

2.6.1　级间放气机构

级间放气是最简单的压气机的扩稳方法之一。当多级轴流压气机的工作转速低于设计值时,压气机转子的做功能力下降,使前面级叶片处于失速正攻角状态,后面级叶片处于堵塞负攻角状态,工作转速越低,级间的不协调性越大,压气机性能越差。把空气从压气机中间级放出(或从低压压气机后放出),可使前面级的流量增加,改善工作状态,又减小后面级的空气流量,降低轴向速度,避免堵塞。因此,级间放气是扩大稳定工作范围的简单而有效的方法,可用于防止前喘后涡型的喘振。此种方法的缺点是放气时会使发动机振动和效率降低。

级间放气一般都在压气机转速降低时才能取得好的效果,当转速值高时,级间的匹配与上述变化相反,气流的分离首先出现在后面级,放气反而减少喘振裕度。

级间放气机构的主要类型有放气活门、放气带和放气窗。它们都是在发动机起动和低转速范围内(即低增压比时)打开,当接近发动机设计状态时就关闭,所以放气系统的调节器通常都感受转速或者增压比,典型的气动式放气活门结构及工作原理如图 2.29 所示,一般用于双转子发动机起动时放气。

放气孔的位置和数目应满足尽量减少对转子叶片前的速度场和压力场影响的要求,否则会引起叶片剧烈振动甚至折断。放气带的束紧度要经过精细计算,偏松时会产生漏气,过紧则可能造成放气带折断。

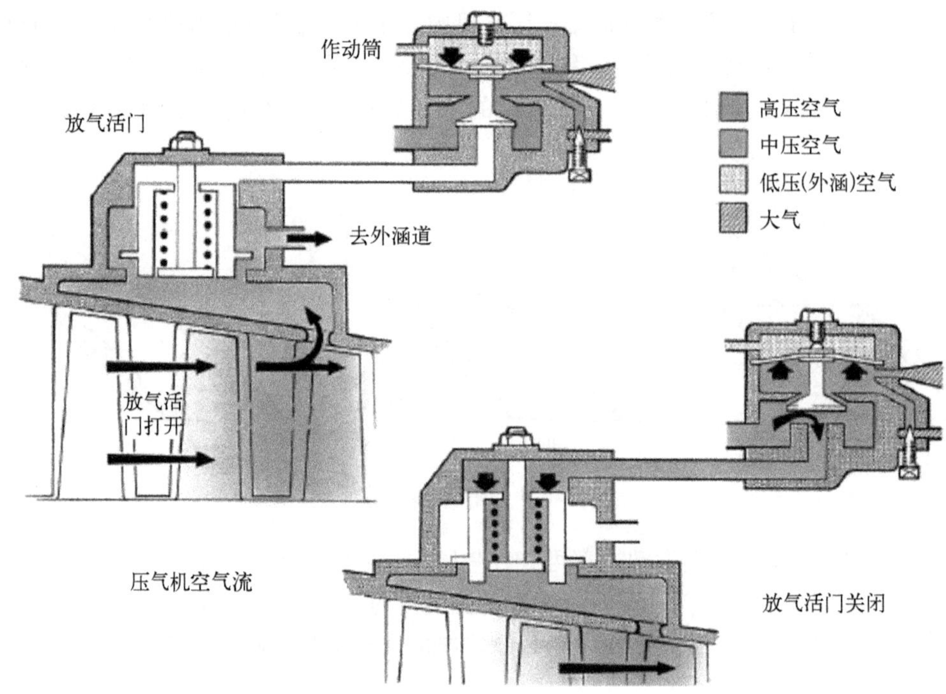

图 2.29　气动式放气活门结构及工作原理

2.6.2　可调静子叶片

在高增压比的压气机中,往往前几级静子叶片都做成可调节的。当压气机在非设计状态工作时,进口导流叶片旋转一个角度,使压气机进口预旋量相应改变,这样就可使第一级转子叶片的进气攻角恢复到接近设计状态的情况,消除了叶背上的气流分离,避免了喘振现象的发生。然而,调整可调叶片角度在增大压气机稳定工作裕度和降低流量的同时,其本身的工作条件因攻角加大而恶化,使进口可调静子叶片的工作效率下降。常用的解决方法是采用可变弯度的进口导流叶片。

一般情况下,可调静子的调节角度由发动机转速进行控制,并根据角度调节规律通过调节机构驱动得以实现。调节机构主要包括可调叶片、作动筒、作动环、连动杆、驱动杆(每一级的数量与作动筒的数量一致)、摇臂、固定销和支撑支架等。可调叶片带有上轴颈或上下轴颈,上轴颈与摇臂或驱动杆连接,固定在机匣的径向安装孔内,下轴颈固定在内环的径向安装孔内;作动筒安装在机匣上,与最前面的可调叶片上的驱动杆连接;作动环通过支撑支架定心,固定在机匣外表面上,通过固定销与摇臂和驱动杆连接;连动杆通过固定销与驱动杆连接。

调节机构的工作原理:发动机工作过程中,通过控制计划驱动作动筒的活塞杆带动前面级的驱动可调叶片沿自身轴颈转动,驱动可调叶片带动本级作动环沿压气机轴线转动,同时通过连动杆带动其他级的驱动可调叶片沿自身轴颈转动,其他级的驱动可调叶片带动其他级的作动环沿压气机轴线转动,所有级的作动环转动带动其余可调叶片沿自身轴颈转动,从而实现对可调叶片的调节,如图 2.30 所示。

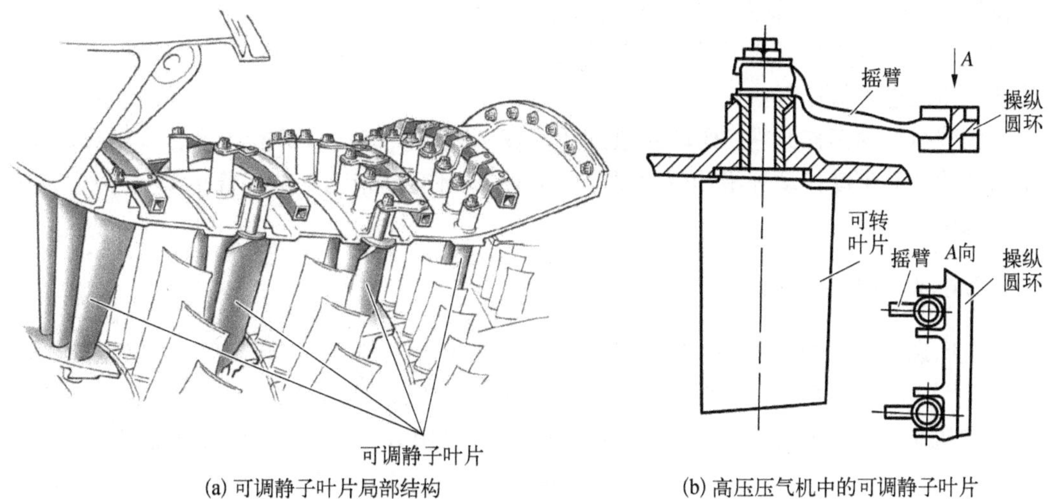

(a) 可调静子叶片局部结构　　(b) 高压压气机中的可调静子叶片

图 2.30　可调静子叶片结构

2.6.3　可变弯度进口导流叶片

在高增压比的压气机中，往往在低压压气机的前面设置可变弯度进口导流叶片。当压气机在非设计点工作时，因进口转子叶片攻角过大而产生叶背分离，采用可变弯度进口导流叶片能及时改变流入工作轮气流的方向，使它仍按原设计攻角流入动叶，不会发生叶背分离，从而使进口转子叶片恢复到原来的稳定工作状态。

可变弯度的进口导流叶片由前、后两段组成。前段固定以适应进入气流的情况，后段可以连续调节以保证转子叶片所要求的进气攻角。如图 2.31 所示，叶片前段为空心的，其内、外端和机匣焊为一体，中间通过进油管路、回油管路、防冰热空气、转速传感导线及通气管路等，后段的内、外端都带有轴颈，内端轴颈插在内支承机匣的径向孔内，外端轴颈

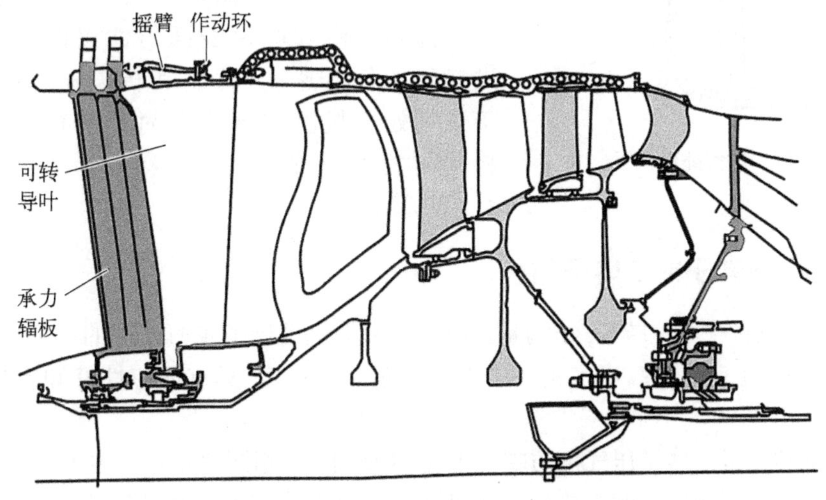

图 2.31　F136 发动机可变弯度进口导流叶片

插在外机匣的径向内，轴颈上装有摇臂或主动摇臂，各摇臂由一个作动环连接起来同时转动。可变弯度的进口导流叶片前端与后端之间设置有封严装置，防止叶片转动过程中气流从高压区进入低压区。

调节机构的工作原理：作动筒通过活塞杆操纵带主动摇臂的叶片沿自身轴颈转动，主动叶片转动带动作动环沿压气机轴线转动，作动环转动带动其他摇臂转动，从而实现对叶片的调节。

2.6.4 机匣处理

在风扇/压气机机匣内壁上开窄缝、槽、孔或带叶栅的槽道、蜂窝等，可以延迟气流的失速、扩大压气机的喘振裕度，但并非所有的机匣处理都有效。以一台单转子压气机在不同机匣处理条件下的总性能参数变化为例，采用方向正确的斜壁槽机匣处理，可使喘振裕度改善20%，采用轴向槽处理仅使喘振裕度改善13%，而采用错误方向的斜壁槽反使喘振裕度下降12%左右。

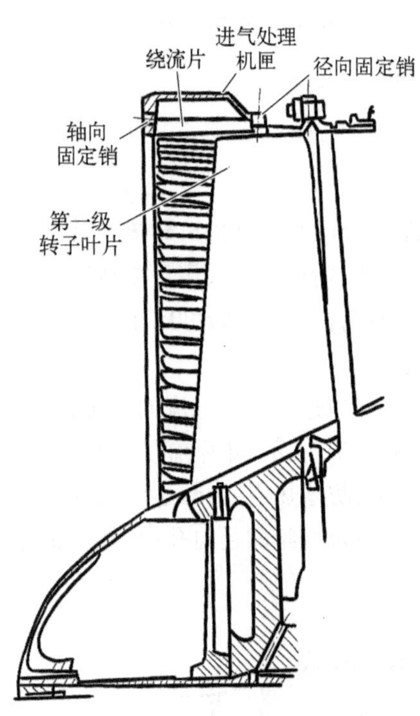

图 2.32 进气处理机匣

采用处理机匣的优点：结构简单，在尽可能扩大压气机稳定工作裕度的同时，又不至于造成较大程度的性能下降。且在高进口马赫数下有效的处理机匣，在低马赫数下也有效。

在第一级转子叶片外的机匣内壁上，做出一个环形空腔，内装许多扰流片，环形空腔前缘距转子叶片前缘有一定距离，空腔的后缘处于叶片中间，即空腔并未将叶片全部包容。从转子叶片顶部甩出的空气通过扰流片间形成的狭缝进入环形空腔，然后又由这些狭缝排向叶片的进口，形成附加的循环气流。这股循环气流可以抑制机匣和叶片表面附面层的分离，增大进口处的气流速度，抑制旋转失速的产生。由于进气处理机匣在结构上简单易行，往往可以将其与机匣上的抗磨镶嵌环统一考虑，如图 2.32 所示。

2.6.5 双转子或三转子结构

多转子（双转子或三转子）结构是目前航空发动机设计中普遍采用的一种形式，相对单转子压气机，可明显提高压气机的效率和稳定工作裕度，具有适应性好和容易起动等优点。

采用双转子或三转子压气机防喘振的基本原理：在相同总增压比及总级数时，当压气机转子分开后每个转子的级数减少，同时各转子可以在各自的最佳转速工作（如风扇要求的工作转速低，高压压气机需要高转速以增大加功量）。当压气机在非设计状态工作时,较少的级数可以减小前后各级压气机流通能力的差异。另外,转子的转速可以实现自动调节：前面的低压压气机转速降低,从而减少进入压气机的空气流量;后面的高压压气机转速提高(但不超过最大限制转速),从而流通能力提高,因而使压气机前后各级的流通能力自动相匹配。

2.7　空心宽弦风扇叶片制造工艺

2.7.1　空心宽弦风扇叶片结构及工艺的发展历程

风扇叶片的结构变化伴随着成形技术的演变,窄弦实心结构到宽弦空心结构的转变是钛合金风扇叶片成形技术发展历程的转折点,宽弦空心结构叶片内部减重空腔的复杂程度决定了成形技术的难易和稳定可控性。实心风扇叶片一般由整体钛合金锻件经机械加工而成,毛坯加工先镦锻出叶根和阻尼凸台,经预锻成形,再精锻、切边,叶身成形可用数控铣、数控仿形磨、电解加工和抛光等工艺。随着大涵道比发动机风扇叶片直径的加大,带凸肩实心风扇叶片的离心载荷增大,重量提高。从工艺角度考虑,精锻毛坯需要昂贵、高精度的压力机和大尺寸、高精度的精锻模具,精锻工序的成本越来越高。空心风扇叶片包括叶盆、叶背和夹芯层,早期的蜂窝夹芯结构通过辊压成形,采用电阻焊与叶盆、叶背焊为一体。后期的桁条结构和带槽结构均采用超塑性成形/扩散连接,表 2.4 简要概述了世界航空发动机风扇叶片的发展历程。

表 2.4　航空发动机风扇叶片发展历程

叶 片 类 型	成 形 工 艺
1984 年以前广泛使用有阻尼凸肩的窄弦实心钛叶片： 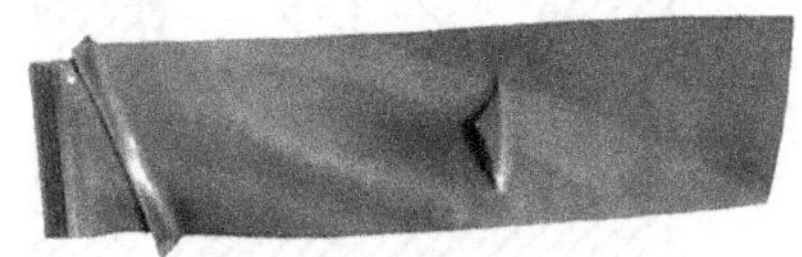	(1) 预锻; (2) 精锻; (3) 切边; (4) 机加工
1984 年罗罗公司提出无凸肩蜂窝式宽弦钛叶片： 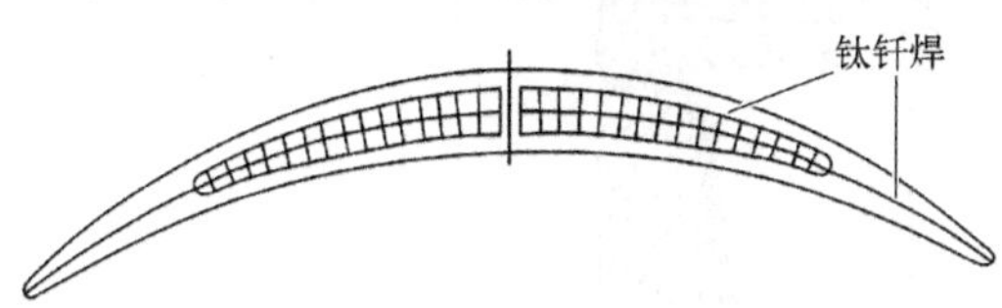 	(1) 锻造获取叶盆叶背面板; (2) 加工出空腔的面板和蜂窝夹芯块扩散连接; (3) 数控加工
1991 年罗罗公司提出空心三角桁架结构宽弦钛叶片： 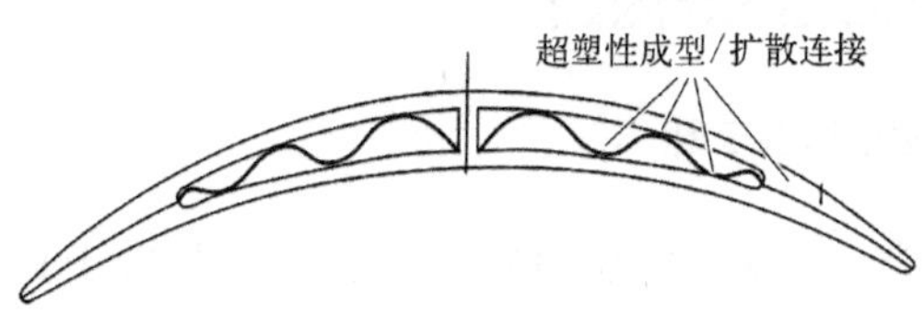 	(1) 三层板层叠件扩散连接; (2) 焊后毛坯气胀成形; (3) 数控加工

续 表

叶 片 类 型	成 形 工 艺
1995 年普惠公司提出带槽结构宽弦钛叶片： 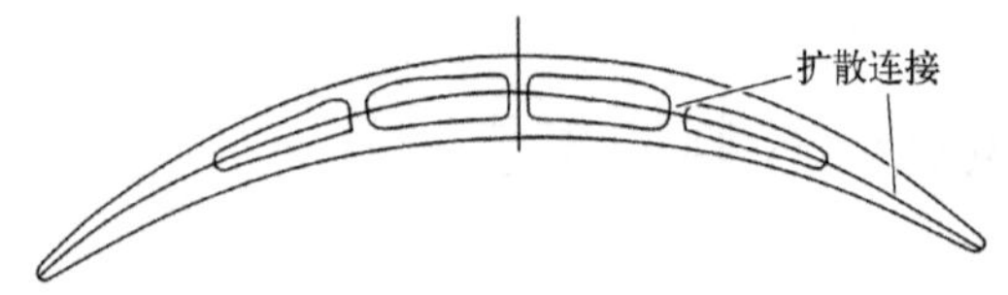 英国罗罗公司：扩散连接/超塑成形桁条式空心叶片； 美国普惠公司：扩散连接+超塑成形带槽结构叶片	(1) 机加工获取带减重槽的叶盆叶背面板； (2) 扩散连接； (3) 模具热压成形； (4) 数控加工

罗罗公司首次利用扩散连接技术研制出了钛合金面板加蜂窝芯板的宽弦无凸台风扇叶片，在此基础上，罗罗公司研究成功了第二代宽弦空心风扇叶片，这种叶片采用超塑成形/扩散连接组合工艺制成。同时期普惠公司采用扩散连接制坯及超塑成形叶片工艺也研制出了宽弦空心风扇叶片。

2.7.2 超塑成形/扩散连接技术基本原理与优势

超塑性是指材料在一定温度下表现出异常高的延伸率也不产生缩颈与断裂现象，通常是通过制备均匀、细小等轴晶获取的，其原理是将被加热至超塑温度的钣料压紧在模具上，在其一侧形成一个封闭的空腔，在气体压力作用下使钣料产生超塑性变形，并逐步贴合在模具型腔表面，形成与模具型面相同形状的零件，超塑成形原理如图 2.33 所示。

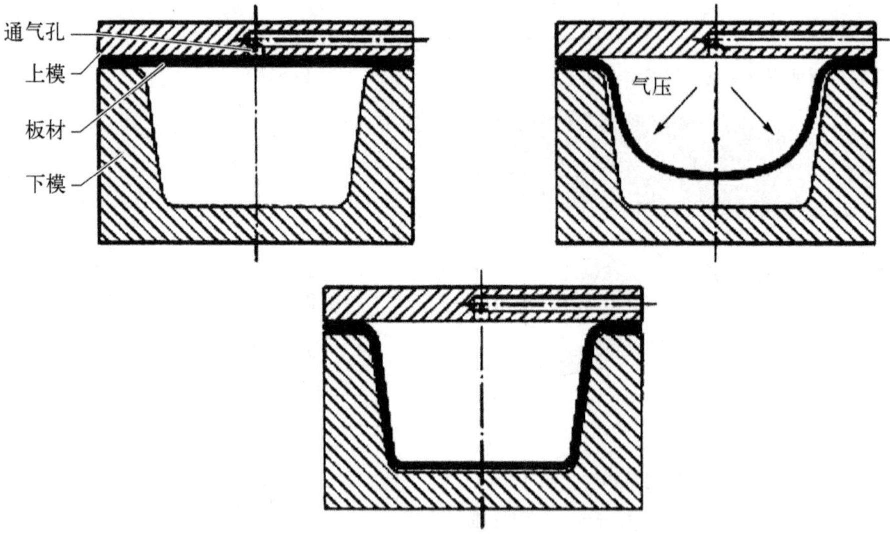

图 2.33 超塑成形原理图

扩散连接是把两个或两个以上的固相材料(包括中间层材料)紧压在一起，置于真空或保护气体中加热至母材熔点以下温度，对其施加压力使连接界面微观凸凹不平处产生微观塑性变形达到紧密接触，再经保温、原子相互扩散而形成牢固的冶金结合的一种连接方法。

超塑成形/扩散连接具有成形性好、设计自由度大、成形精确、无残余应力、零件数量少等优点，可以提高结构完整性、降低飞行器结构重量、降低成本。目前应用成功的是细晶粒钛及钛合金的超塑成形/扩散连接，在一定温度范围内钛及钛合金具有良好超塑性，同时也适合扩散连接，可以在一个热循环中完成成形和连接两个工艺过程。

2.7.3　超塑成形/扩散连接技术应用

宽弦空心风扇叶片弦长的增加避免了窄弦叶片凸肩带来的效率损失，同时提高了耐疲劳性能及抗外物损伤能力，图 2.34 为钛合金宽弦空心风扇叶片演化过程示意图。带槽结构由两片钛面板和加强筋组成，在流体压力和模具温度的共同作用下实现叶片构件之间的扩散连接。而蜂窝式结构，是一种通过氨酯树脂与外部面板进行连接而获取风扇叶片的方法。后来英国罗罗公司对蜂窝夹芯结构的成形工艺进行改进，提出将叶片的面板和内部蜂窝采用焊接与机加工相结合的成形方式，具体为将两片已经具备弯扭叶型的钛合金面板和蜂窝芯板经钎焊或者扩散连接形成一体，最终通过数控加工获得叶片外形。

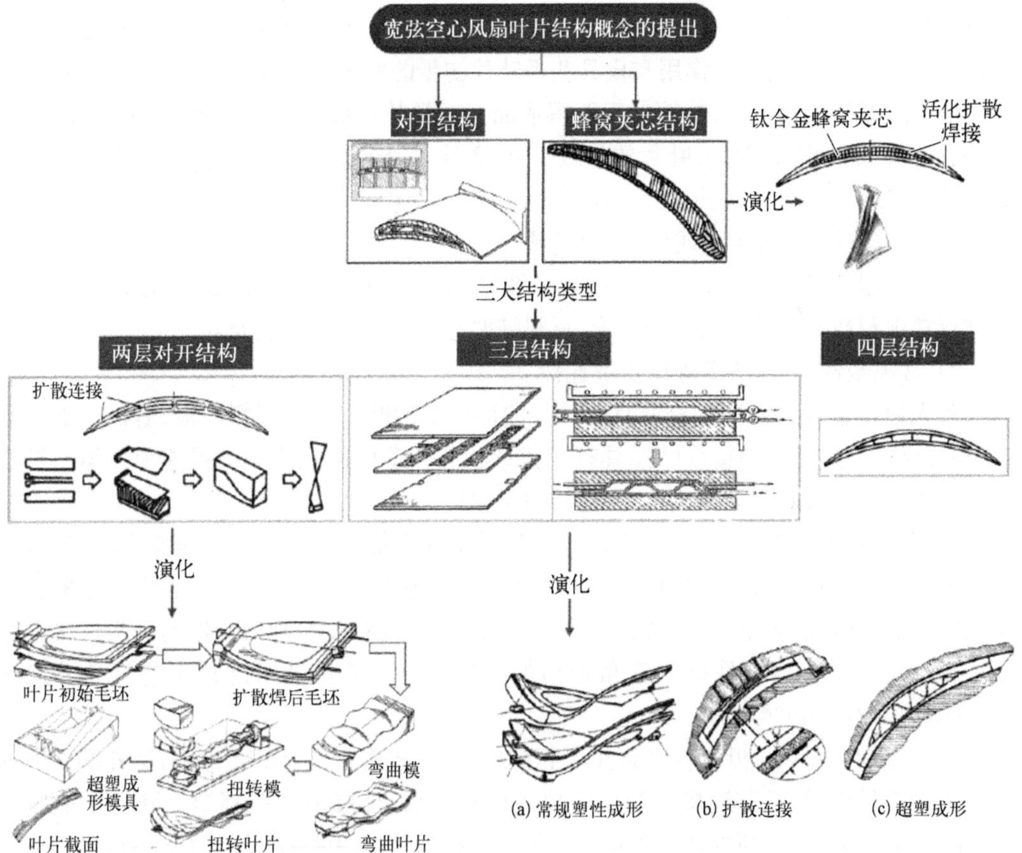

图 2.34　钛合金宽弦空心风扇叶片发展过程示意图

蜂窝式结构风扇叶片研制成功后，叶片结构及成形技术经过不断演化，最终形成了三类结构类型，分别是两层对开结构、三层结构及四层结构钛合金宽弦空心风扇叶片。图2.35为钛合金超塑成形/扩散连接的3种结构示意图，首先根据构件的特征涂止焊剂，然后扩散连接上层板、中层板及超塑成形板，再向上层板与超塑成形板之间通入惰性气体，通过均匀的气压使其超塑成形为多层构件。

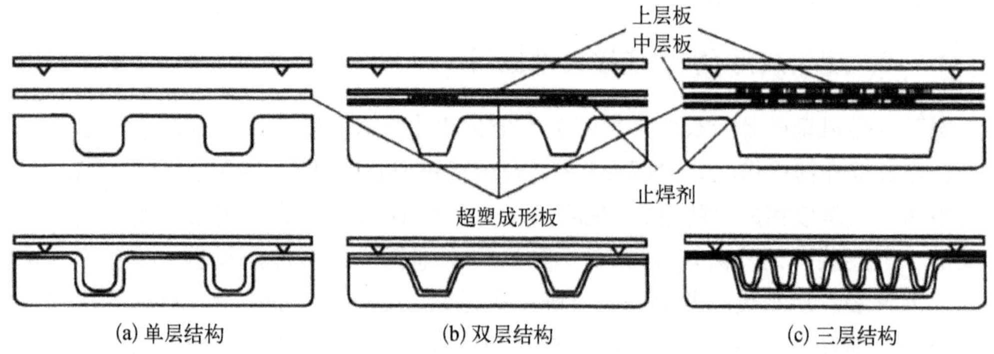

图2.35　钛合金超塑成形/扩散连接的3种结构

两层结构叶片由美国普惠公司在20世纪80年代末提出，首先将预先机加工出空腔的两半对称的扁平叶身进行扩散连接，通过加强筋形成空腔结构，再将整体空心毛坯加热至超塑成形状态，利用重力作用和模具获得叶片初步的弯扭度，之后利用模具合模使叶片成形至所需形状，最后进行数控加工获得成品。此类叶片成功运用在PW4084系列发动机，风扇直径增大到2.84 m，叶片数量减少至22片。目前两层结构宽弦空心风扇叶片的制造工艺路线可总结为以下两类。

1）扩散连接-常规塑性成形-超塑成形

按照预定毛坯设计先通过扩散焊接获取整体空心平板毛坯，后利用热成形模具对毛坯进行常规塑性成形及气胀蠕变成形，材料需要经历至少3次加热循环。

2）常规塑性成形-热等静压扩散连接

首先通过常规塑性成形获取具有叶片曲面外形的叶盆及叶背侧面板，后机加工出面板空心结构，通过扩散焊接使已经具有弯扭形状的叶盆以及叶背侧面板连为一体。材料需要经历至少2次加热循环，不需要进行超塑成形。

英国罗罗公司取得了蜂窝夹芯结构叶片的成功后提出三层结构宽弦空心风扇叶片，具体成形工艺为首先对外部面板和中间芯板预定区域进行扩散连接，之后将三层板放入模具中，在超塑性状态下外层面板完全贴膜成形，中间芯板发生延展变形与面板连接组成了一种重量轻且承力特性好的三角形桁架结构。罗罗公司采用这种工艺生产了遄达800发动机的空心风扇叶片。

四层结构空心风扇叶片同样运用了超塑成形/扩散连接组合工艺，由两层外部面板和两层中间芯板构成，扩散连接后的层板放入模具中后，外层面板在超塑性状态下贴膜成形，中间两层芯板顶部与外部面板预定区域实现扩散连接，相邻侧壁通过扩散连接形成垂直于面板的加强筋。

2.8　树脂基复合材料风扇制造工艺

2.8.1　树脂基复合材料风扇叶片概况

树脂基复合材料具有高比强度、高比刚度、耐高温及力学性能可设计等优点，可显著提升新一代航空涡扇发动机的综合性能。有关复合材料风扇叶片的研究可以追溯到20世纪60年代末期，罗罗公司在RB211－22B发动机上首次尝试使用复合材料制造风扇叶片。1985年，GE公司利用“预浸料手工铺层+模压成型”技术制造了GE90商用涡扇发动机风扇叶片，该叶片采用了掠形大流量宽弦复合材料结构，叶片高为1.219 m，叶根宽为0.304 m，弦长为0.61 m，风扇转子直径为3 242 mm，风扇叶尖速度为360～390 m/s。GE90采用了22片复合材料风扇叶片，总质量为349 kg，约占发动机总质量的8%，与钛合金空心叶片相比，重量减轻66%，强度提高100%。GEnx发动机应用了更高效率的低半径比的复合材料风扇叶片，成功实现减重159 kg；Leap－X系列发动机利用复合材料风扇叶片的数量降至18片，直径为1.8 m，总重76 kg。各类复合材料叶片发动机的成功应用，证明了复合材料风扇叶片适用于要求严格的飞行需要。复合材料风扇叶片如图2.36所示。

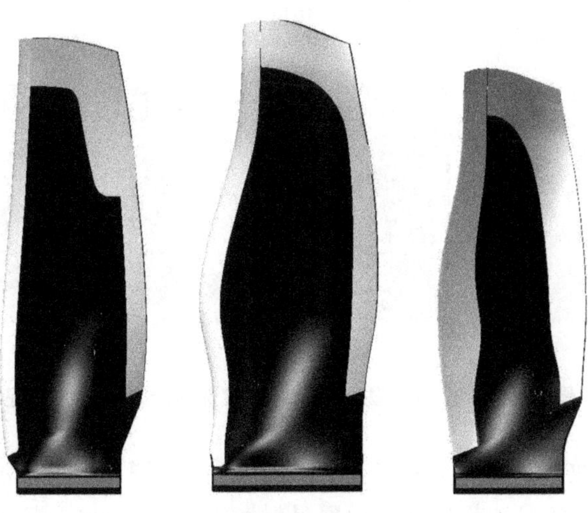

图2.36　复合材料风扇叶片

2.8.2　预浸料手工铺放/热压罐固化成型工艺

热压罐成型技术也称作真空袋-热压罐成型工艺，是航空复合材料结构制造最常用的制造工艺。其基本操作过程为：将由碳纤维浸泡至部分固化的树脂制成的预浸料叠层与其他工艺辅助材料组合在一起，形成一个真空袋组合系统，在热压罐中给予一定压力和温度，完成所需零件的固化成型。

预浸料手工铺放/热压罐固化成型工艺需事先把预浸料下料切割成设计好的形状，然后人工进行预浸料的铺叠，最后进行热压罐固化成型。

1. 工艺流程设计

预浸料手工铺放/热压罐固化成型工艺的典型工艺流程如下。

(1) 工装和材料准备：清理模具、粘贴底层膜、下料。

(2) 铺层：按照预先设计好的铺层设计方案使用手工铺放。

(3) 抽真空：在模具指定区域内组装真空袋，然后抽真空，此步骤需要每铺固定数量铺层后重复进行。

(4) 热压罐固化：先进行真空度检测，然后进罐加压，按照固化工艺曲线中的速度进行升温，定时保温后降温，卸压开罐、脱模。

(5) 数控加工：打磨修边。

(6) 喷涂、金属包边等：工艺过程如图 2.37 所示。

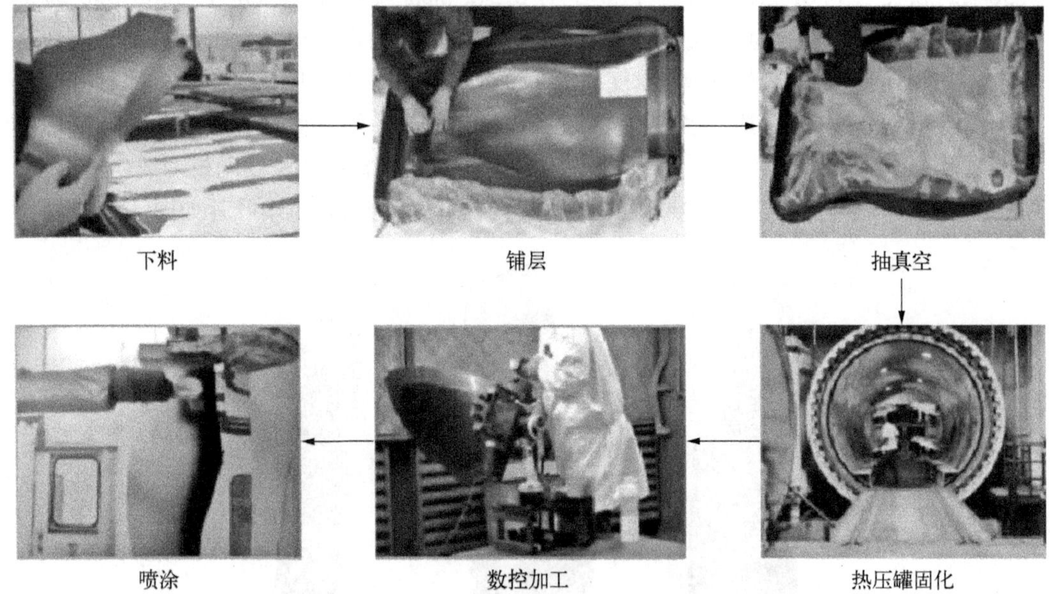

图 2.37　GE 航空发动机风扇叶片热压罐成型工艺过程

预浸料手工铺放的过程中，用于定位每一块预浸料铺放位置的激光投影系统和用于控制铺层尺寸和方向的自动裁布机对于预浸料铺放的尺寸与位置精度极其重要，两个系统必须协同使用，才能保证最终铺层完成并固化后的尺寸精度，是影响预浸料手工铺放工艺精度的关键要素。

2. 模具设计

用于复合材料风扇叶片的模具材料有低碳钢、铝合金、殷瓦(invar)钢和树脂基碳纤维复合材料。不同模具材料的热导率和热膨胀系数分别影响零件的表面温度场分布和零件固化变形情况。

金属框架式复合材料风扇叶片模具结构由型面、支撑框架和模具底板组成，其典型结构如图 2.38 所示，制造材料为 40#钢。基于三维设计软件的设计过程为：① 修整风扇叶片数模的实体边缘，提取用作型面的叶片曲面；② 基于提取曲面进行模具的型面设计；

③ 激光定位孔、铺贴线等型面细节设计；④ 进行模具的支撑框架板设计，并设计散热孔与用于框架板装配的卡槽，其设计形式可参考图 2. 39；⑤ 进行模具底部的垫板设计；⑥ 将各零件进行装配，并装配上便于运输的吊耳与吊环。

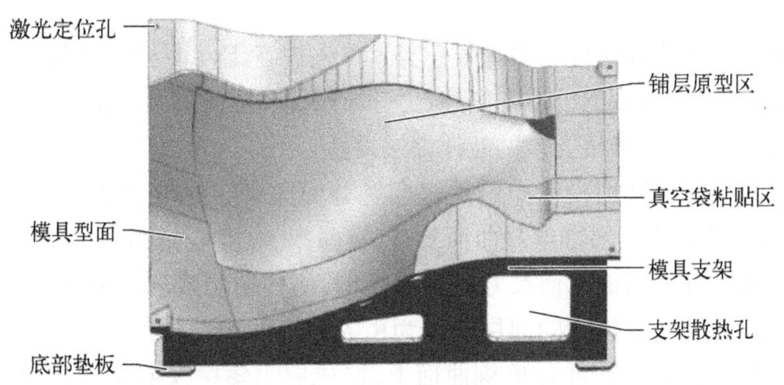

图 2. 38　用于手工铺层的复合材料风扇叶片模具

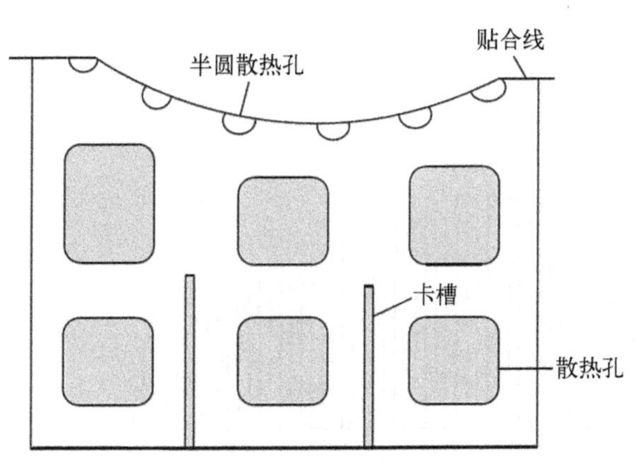

图 2. 39　框架支撑板结构

图 2. 40　复合材料风扇叶片复合材料模具 HexTool

完成框架式模具的初步设计后，需要根据实际工况进行强度仿真，以及热压罐固化过程热分布仿真、热变形和叶片固化变形仿真等，得到模具的强度、刚度、热刚度、固化过程中的温度均匀性数据、受热受压应变分布情况和叶片固化变形结果等，并依据仿真结果进行模具结构的优化设计。近年来，Hexcel 公司采用 M61 和 M81 两种树脂基碳纤维复合材料制造了复合材料风扇叶片模具 HexTool（图 2. 40）。HexTool 尺寸稳定性好，气密性、热学性能优异，重量较轻。其中 HexTool M61 由标称层压纤维体积为 55%的高强度碳纤维和树脂含量为 38%的双马来酰亚胺树脂基体组成，材料性能呈准各向同性，适合在 180℃温度条件下固化的复合材料构件，能够在 500 次固化循环后仍然保持良好的气密性，并且能在−18℃或者更低温度下储存 12 个月，室温下储存 30 天。HexTool M81 采用的 M81 树脂基体则为环氧树脂，适合在 120～150℃温度条件下固化的复合材料构件，甚至在 180℃的温度条件下仍可以耐受数个固化周期，在−18℃或者更低温度下可以储存 12 个月，室温下可以储存 14 天。目前 CFAN 公司已经采用超过 80 种 HexTool M61 模具生产 GE90－94、GE90－115B、Genx－1B 和 Genx－2B 的风扇叶片。较传统殷瓦钢模具，HexTool 减重达 75%，加热与固化效率提升了 20%以上。

3. 铺层设计

复合材料风扇叶片铺层设计的主要思路：首先进行零件曲面的前处理，然后使用专业软件初步设计铺层，再依据设计准则、应力分布情况和后续的可制造性分析迭代设计以调整铺层顺序，最后得到满足要求的叶片铺层设计。

复合材料风扇叶片铺层设计中的关键问题是变曲率变厚度复杂叶片铺层顺序的调整。航空发动机风扇叶片的特点是曲面复杂，且曲率、厚度变化剧烈，使用常规的铺层设计方法难以实现对叶片曲面几何尺寸的精确控制，而使用仿真软件的自动填充功能则比较方便。但通过自动填充得到的铺层设计为由大到小的铺层排列顺序，会导致铺层递减形成的树脂淤积全部集中在叶片单侧曲面上，造成应力集中及剥离分层等一系列问题。故需要对铺层顺序调整优化，即导出铺层设计信息，得到铺层高度原始排序，然后根据复合材料铺层的设计准则要求，在仿真分析中的铺层秩序管理器中进行顺序调整，具体排序效果见图 2.41。

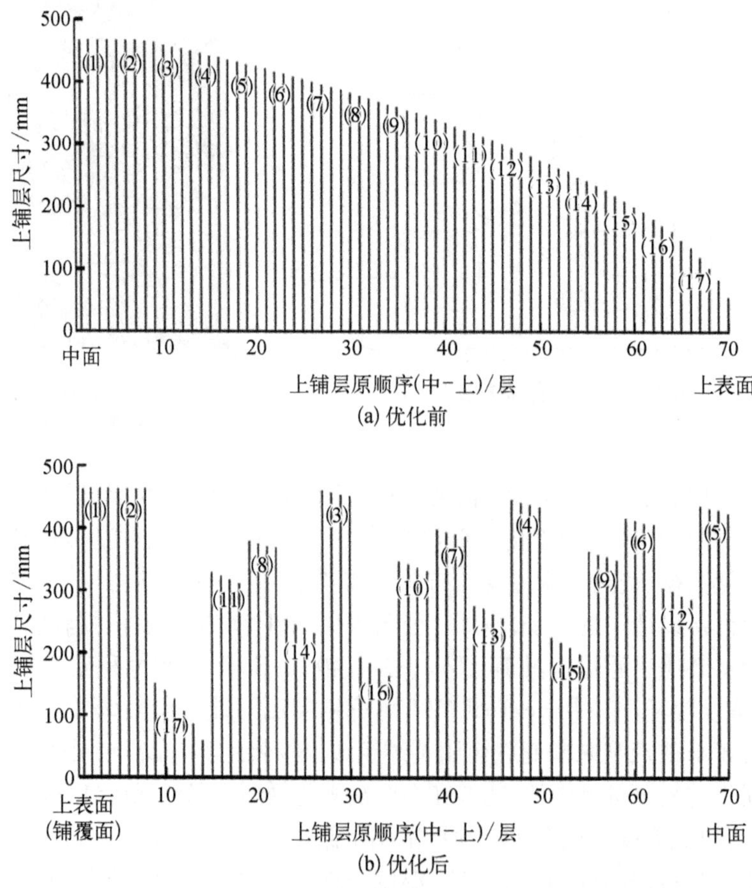

图 2.41　叶片铺层顺序优化示意图

叶片榫头部分一般为燕尾形设计，榫头的端面为对称结构，但叶身和榫头部分厚度变化很大，且榫头部分为递减铺层最多、最集中的区域，故此处的铺层设计为难点之一，其模型截面如图2.42所示。

4. 固化工艺

航空发动机的风扇叶片厚度变化较大，在固化过程中有复合材料受热不均匀的现象，且固化过程中产生的残余应力会导致复合材料结构件发生变形，影响零件的成型精度。故需要在设计固化工艺时，进行固化过程的仿真，根据仿真结果对模具和固化工艺曲线进行参数优化和调整。

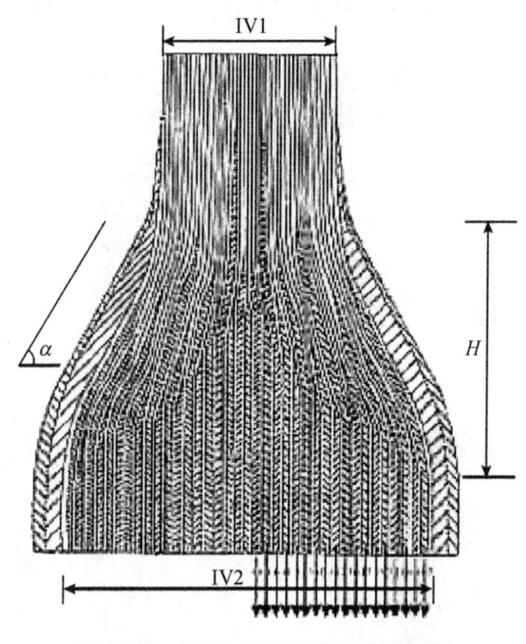

图2.42　GE公司叶片榫头铺层专利

针对复合材料风扇叶片固化过程中产生残余应力导致的变形，英国LMAT公司近年来深入研究和分析了影响复合材料风扇叶片榫头部分变形程度的关键因素以进行精确的固化工艺仿真，进而优化固化工艺和模具补偿设计。LMAT公司研究影响变形程度的关键因素为平面方向和厚度方向间的热膨胀系数差异、模具和制件间的相互作用、不同升温速率、固化过程的变化（凝胶化和玻璃化时间）、成型压力、固化放热、纤维褶皱和固化收缩。

2.8.3　三维机织碳纤维增强树脂传递模塑（RTM）成型工艺

如果通过相同的预浸料铺层工艺研制小尺寸复合材料风扇叶片，则会由于叶片刚性过强无法产生足够的弹性变形，进而无法通过抗外物冲击（foreign object damage, FOD）试验。直到2012年，Snecma公司与Albany Engineered Composites公司合作发展了三维机织技术，于是GE公司与Snecma公司合资创办的CFM公司采用“3D WOVEN机织结构+RTM工艺成型”制造的Leap－X系列发动机复合材料风扇叶片问世，解决了这个技术问题，同时避免了叶片在热压罐固化过程中出现的热变形现象，保证了其外形精度，且可以严格控制纤维体积分数，并保证叶片拥有良好的表面质量。

树脂传递模塑（resin transfer moulding, RTM）工艺的技术优势在于将碳纤维预成型体的设计与树脂的模塑过程分离，可以充分发挥铺层材料的可设计性，适用于航空发动机风扇叶片这类复杂结构件的整体成型。

用于制造航空发动机复合材料风扇叶片的RTM工艺首先需要进行预制体的机织。目前航空发动机复合材料风扇叶片的预制体制备工艺有预浸料铺层工艺、三维编织工艺（3D braiding）和三维机织工艺（3D weaving），其中的核心技术是如何实现风扇叶片厚度的连续变化和固化的一次成型。Leap－X发动机复合材料风扇叶片采用三维机织-RTM工艺，其成型过程如图2.43所示。首先进行预制体的三维机织；然后对其进行切割，扭转铺放到模具里，进行 RTM 工艺成型；脱模后安装钛合金包边，完成叶片的整体制造。Snecma 公司委托 Albany Engineered Composites 公司完成三维机织预制体的制备(图 2.44)和整个复合材料风扇叶片的制造。其使用的 3D WOVEN/RTM 技术制备叶片过程的特点是叶片

图 2.43 Leap - X 发动机风扇叶片制造过程

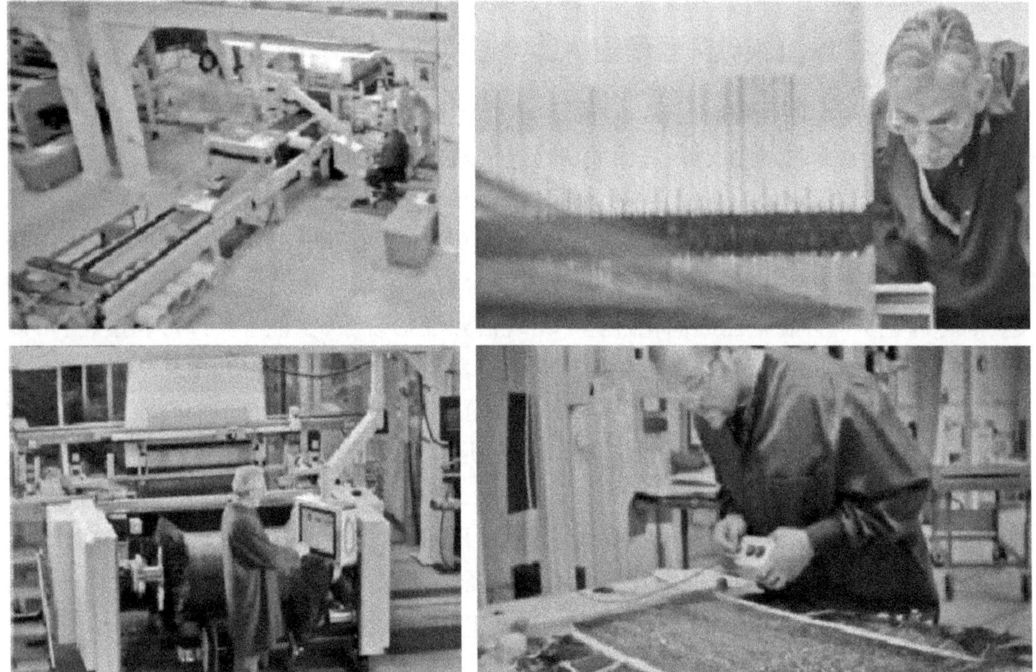

图 2.44 Leap - X 发动机风扇叶片三维机织过程

高压成型前将碳纤维织造成三维机织结构,然后注入树脂。

对于复合材料风扇叶片,由于其外形非常复杂,RTM 模具上下模的工艺分离面设计、注射口、排气口、密封方式的设计是模具设计的难点。Snecma 公司使用的 RTM 模具和工艺过程如图 2.45 所示。其使用的模具为上下模的分体式模具,侧面装有便于吊装的吊耳和定位孔,周边带有一体式的管路用于抽真空或者液体加热保温。

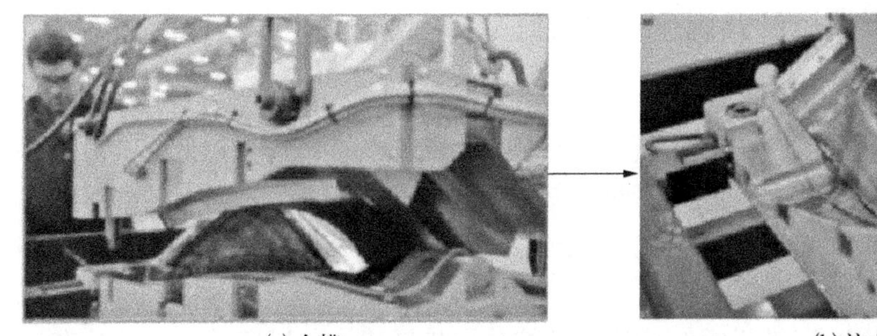

(a) 合模　　(b) 注入树脂完成

图 2.45　Snecma 公司的复合材料风扇叶片 RTM 工艺

2.8.4　预浸料自动铺丝/热压罐固化成型工艺

预浸料自动铺丝/热压罐成型工艺与手工铺放/热压罐成型工艺的流程相似,其区别主要在于前者使用了自动铺丝成型技术(automated fiber placement, AFP)。

1. 模具设计

自动铺丝的框架式模具的型面需要与铺丝机协同配合,采用铺丝机专用定位孔设计,并预留余量区避免铺丝头与模具型面发生干涉,图 2.46 为罗罗公司的 UltraFan 复合材料发动机风扇叶片工装模具。

图 2.46　UltraFan 复合材料风扇叶片自动化铺丝

2. 铺层设计

手工铺层使用的是整块的预浸料坯料，而自动铺丝则使用的是预浸丝束，由数千根纤维丝构成，由树脂预浸，宽度一般为 3.18~25.4 mm，厚度为 0.1~0.3 mm，实际铺放时会在曲边边缘形成锯齿状边界，故需在后期进行修剪和机加工。在仿真软件中进行复合材料风扇叶片自动铺丝铺层设计的流程与手工铺层相同，但需要在软件层合板设置中选择 AFP 设备，并在材料库中选择所需预浸丝束材料。

2.8.5 复合材料风扇叶片制造工艺对比分析

1. 三维机织和手工铺层

三维机织复合材料的性能相比于传统层压板显示出的优点有：① 可以低成本地制造出风扇叶片复杂形状的净尺寸预制体；② 可以针对特定力学要求定制每个部位、不同方向的力学特性；③ 具有更高的耐分层性、抗冲击性、耐冲击损伤性和抗层间断裂性；④ 对于材料的切口等缺陷不太敏感。

对于单通道风扇叶片，三维机织结构优异的抗分层扩展能力可以使这类小叶片在鸟撞引起的弯扭大变形中保持足够的刚度和韧性，不会由于局部鸟撞载荷恶化而发生断裂。但双通道风扇叶片由于其尺寸较大，榫头部分厚度变化大，增大了三维机织中打纬的难度和纱线磨损，而且手工铺层复合材料的刚度和强度普遍高于三维机织复合材料，故一般采用铺层工艺而非机织。美国 GE 公司目前制造复合材料风扇叶片均使用手工铺层工艺，并成功进行了多年商用生产制造，验证了该工艺的稳定性和可靠性。手工铺层工艺和三维机织工艺的特点对比见表 2.5。

表 2.5 手工铺层工艺和三维机织工艺特点对比

工艺特点	手工铺层	三维机织
设计过程	使用传统的复合材料铺层设计方式进行逐层的铺层设计，对形状复杂零件的设计较为困难	可以针对特定力学要求定制每个部位、不同方向的力学特性
铺层方式	使用人力逐层地进行铺层，过程耗时长但成本较低	使用三维机织机进行预制体的机织，编制速度缓慢且昂贵
材料性能	更高的刚度和强度	更高的耐分层性、抗冲击性、耐冲击损伤性和抗层间断裂性
技术成熟度	多年来各个型号商用航空发动机的应用验证了该工艺的稳定性和可靠性	虽成功应用于 Leap－X 发动机，但大型三维机织复合材料结构的机械性能尚未得到广泛研究，且用于确定强度和疲劳性能的预测模型还未得到开发

2. 手工铺层和自动铺丝

手工铺层的优势在于技术的成熟度与成功的商用经验，而自动铺丝的优势主要在于工艺流程的自动化、高效化、精密化。手工铺层工艺和自动铺丝工艺的特点对比见表 2.6。

表 2.6　手工铺层工艺和自动铺丝工艺特点对比

工艺特点	手工铺层	自动铺丝
材料尺寸	使用自动裁布机提前将预浸料裁剪到设计的形状和尺寸	铺丝头自带丝束剪裁装置,自动裁剪预浸丝束
定位方式	铺层定位依据激光投影系统和肉眼判定	铺丝机自带摄像头,并通过识别靶标球位置和姿态实现定位
压实方式	铺层需要用手动压实	铺丝头压辊铺丝成型
铺层过程	每铺一定层数需要抽真空压实处理	铺丝头自带加热软化装置,无须反复抽真空压实处理
操作方式	依靠人力劳动	机械臂操控

2.8.6　复合材料风扇叶片应用

航空发动机风扇叶片工作温度在 130℃以下,因此适合采用轻质、高强的碳纤维/环氧树脂材料。GE 公司从 1985 年开始在 GE36 上研发复合材料的风扇叶片,之后为提高叶片的抗分层性能和抗剪强度,发展了"大力神"8551－7/IM7 的增韧环氧/石墨纤维,并在环氧树脂中加入了凯芙拉微粒。GE 公司的 GEnx 发动机风扇叶片同样采用预浸料/模压成型,并在叶片燕尾板处使用了特氟龙耐磨垫。特氟龙耐磨垫抗磨损性能较好,无须重复更换。GE 公司最新研制的高性能发动机 GE9X 的风扇叶片采用了先进的三维掠形设计,直径为 3.4 m,总数仅为 16 片,并采用新一代高模量碳纤维与新型环氧树脂制造,首次采用碳纤维、玻璃纤维混合增强,玻璃纤维含量 5%～10%,且金属前缘用高强钢取代钛合金,整体厚度薄至金属材质叶片。GE9X 发动机的风扇叶片后缘为玻璃纤维,由于玻璃纤维破坏应变高,叶片在断裂前能够产生一定弯曲变形,提高叶片抗撞击强度,目前已通过鸟撞测试。相比 GE90－115B,GEnx 的涵道比提高了 14%,总压比提高了 30%,耗油率比降低了 10%。

Leap－X 发动机风扇叶片由 Snecma 公司研制,将被应用于 C919、B737max、A320neo 等机型。叶片采用宽弦、三维气动设计,数量只有 18 片,直径为 1.8 m,总重为 76 kg,相比采用金属结构的 CFM56 发动机,Leap－X 发动机重量降低了至少约 454 kg,燃油效率提升 16%,NO_x 排放量降低 60%,噪声水平降低 10～15 dB,而可靠性持平 CFM56。叶片本身采用三维机织树脂传递模塑成型(3－DWRTM)技术,边缘采用钛合金包边。Snecma 公司于 2011 年完成了先进三维机织树脂传递模塑成型风扇以及复合材料机匣的 5000 循环的耐久性试验,应用该技术制作的叶片不仅重量轻,而且结构牢固,抗鸟撞能力强,制造成本相对较低。

UltraFan 发动机的风扇直径长达 140 in(3.556 m),由 500 层 Hexcel 生产的碳纤维增强的高韧性、耐冲击环氧预浸料 HexPly M91 制成,叶片数量为 18 片,可实现飞机整体减重 700 kg,UltraFan 是罗罗有史以来最大的航空发动机。近期,俄罗斯联合发动机公司 UEC 在研发 PD－35 发动机的过程中,宣布完成了使用"预浸料铺层/热压罐工艺"和"三维机织/RTM”制造风扇叶片的技术开发,并在 PD－14 发动机上进行测试。各发动机复合材料风扇叶片材料使用及制造工艺见表 2.7。

表 2.7　国外各发动机复合材料风扇叶片材料使用及制造工艺

发动机型号	GE90	GEnx	GE9X	遄达 1000、遄达 XWB（改进型）	Leap－X	UltraFan
制造厂商	GE	GE	GE	罗罗及 GKN	Snecma	罗罗
叶片数量	22	18	16	20	18	18
材料类型	预浸料	预浸料	预浸料	预浸料	干纤维预成型体	预浸料窄丝束
纤维材料	IM7	IM7	新一代高模量碳纤维+玻璃纤维	IM7	IM7	IM7
树脂材料	8551－7 含凯芙拉微粒	8551－7 含凯芙拉微粒	新型环氧树脂	M91	PR520	M91
金属包层	钛合金	钛合金	高强度合金钢	钛合金	钛合金	高强度合金钢
铺层工艺	手工铺层	手工铺层	手工铺层	AFP（自动铺丝成型技术）	三维机织	AFP
成型方法	模压	模压	模压	模压	RTM	热压罐
对应机型	波音 777	波音 787	波音 777X	波音 787、空客 350	C9119 波音 737MAX	—
客机类型	双通道	双通道	双通道	双通道	单通道	双通道

2.9　整体叶盘制造工艺

通过对整体叶盘结构及制造工艺的需求分析,国内外采用复合制造工艺,主要划分为:近成形毛坯制造、精确成形加工、表面抛光、表面处理等过程,每个工艺阶段又划出多种工艺技术,诸多工艺技术经过复合形成各种不同的整体叶盘制造工艺流程,工艺流程及关键技术如图 2.47 所示,制造工艺技术的主要应用如表 2.8 所示。

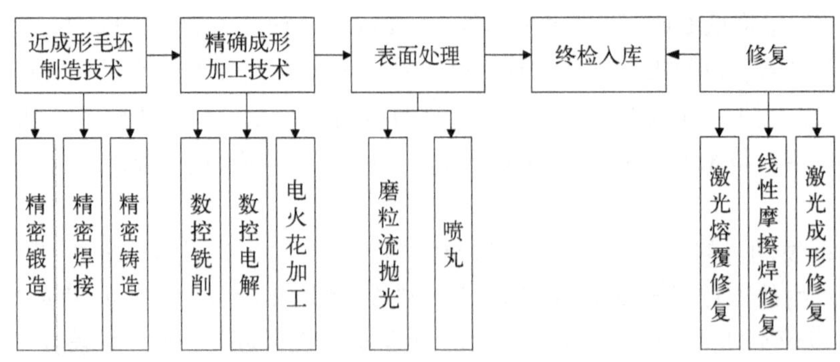

图 2.47　整体叶盘制造工艺流程

表2.8 国外整体叶盘制造技术

公 司	发动机型号	整体叶盘应用	制 造 技 术
欧洲喷气涡轮公司	EJ200发动机	第3级风扇	电子束焊接
		3级低压压气机	线性摩擦焊
罗罗	RB715发动机	压气机1、2级钛合金盘	铣削
GE	F414发动机	第2~3级风扇叶盘	焊接
		高压压气机第1、2级钛合金盘	铣削
		高压压气机第3级高温合金盘	电解加工
普惠	F119发动机	2~3级风扇叶盘;6级高压压气机盘	线性摩擦焊
		3~6级双性能高温合金盘	扩散连接
洛克希德·马丁公司	JSF攻击机	宽弦风扇叶盘	线性摩擦焊、整体铣削

2.9.1 近成形制坯技术

整体叶盘精密制坯技术正在向近成形方向发展,近成形技术已成为材料加工领域的一项重要技术,具有成本低、操作灵活及进入市场周期短等特点。在整体叶盘制造中的近成形制坯技术主要包括精密锻造技术、精密铸造技术、电子束焊接技术、线性摩擦焊接技术等。

1. 精密锻造工艺

整体叶盘多采用精密锻造工艺作为制坯手段,该技术不仅可以节省贵重金属材料,减少难加工材料的机械加工量,而且能够提高整体叶盘的疲劳强度和使用寿命。现代精密锻造技术在整体叶盘近成形过程中,对整体叶盘锻件进行精密设计,叶片和轮盘部分仅留有较小的余量,既要保证足够的变形量,又要保证叶片的成形。等温锻造技术与超塑等温模锻技术的应用为高温合金和钛合金压气机盘的制坯过程提供了保证,获得优异的组织和力学性能。美国GE公司应用等温锻造技术制造出带叶片的压气机整体叶盘转子,材料利用率提高了4倍。精密锻造零件的尺寸精度可以达到0.1~0.25 mm,表面粗糙度达到0.4~1.6 μm。

2. 精密铸造工艺

精密铸造主要用于小发动机整体叶盘。精密铸造工艺及铸造数值模拟软件技术的新发展,特别是金属材料定向凝固和热等静压理论的研究,在改善铸造合金组织和性能、预测铸造尺寸变形、铸造缺陷、优化铸造工艺方面发挥越来越大的作用,使铸造合金组织和性能得到改善,解决了叶片表面疲劳裂纹沿垂直于叶片主应力方向的晶粒边界发生的问题,提高了叶片抗疲劳特性、减少了表面裂纹。20世纪70年代,美国开展具有定向叶片和等轴细晶轮毂的整体叶盘铸造工艺研究,成功实现基于Mar-M247、CM681定向合金材料的双性能整体叶盘铸造,即整体叶盘的叶片为定向柱晶,轮盘为等轴晶。

3. 电子束焊接工艺

电子束焊是通过加速和聚焦的电子束,轰击置于真空或非真空中的焊件,利用所产生的热能进行焊接的方法。电子束焊接容易实现金属材料的深熔透焊接,具有焊缝窄、深宽比大、焊缝热影响区小、焊接工艺参数容易精确控制、重复性和稳定性好等优点,且其具有自动焊缝跟踪、速流偏转、多熔池焊接等技术优势。电子束焊发展较早,技术相对成熟,EJ200 第三级风扇叶盘是最早通过电子束焊技术成形的整体叶盘,先将单个叶片用电子束焊接成叶片环,然后用电子束焊接技术将锻造和电解加工成形的轮盘辐板与叶片环焊接成整体叶盘结构。

4. 线性摩擦焊接工艺

线性摩擦焊是一种固相焊接技术,在焊接压力 P_f 作用下,其中一个焊件相对另一个焊件沿直线方向以一定的振幅 A 和频率 f 作直线往复运动,发生摩擦黏结与剪切并产生摩擦热,摩擦界面温度上升,当摩擦表面达到黏塑性状态时,在压力的作用下焊合区金属发生塑性流动形成飞边,当摩擦焊接区的温度和变形达到一定程度后,焊件对齐并施加顶锻压力 P_u,焊合区金属通过相互扩散与再结晶使金属焊为一体,完成整个焊接过程,其工艺过程如图 2.48 所示,主要包括以下 5 个工艺过程:初始摩擦阶段、不稳定摩擦阶段、稳定摩擦阶段、停振阶段、顶锻维持阶段。

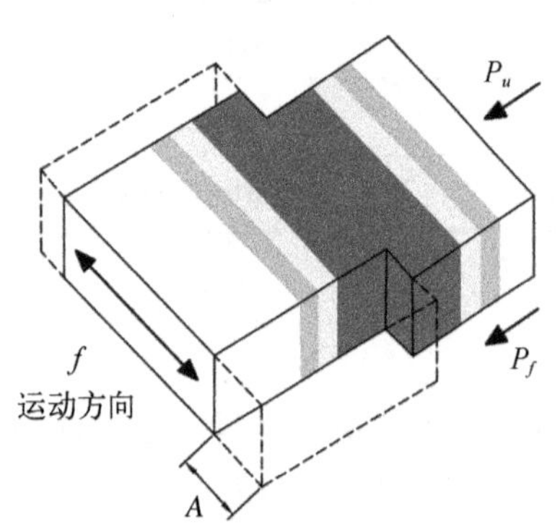

图 2.48　线性摩擦焊原理示意图

整体叶盘采用线性摩擦焊的加工过程如图 2.49 所示:首先分别制造出单个叶片与轮盘如图 2.49(a)所示,轮盘的轮缘处已做好了连接叶片的凸座,而叶片根部留有较厚的裙边(由于轮缘上已有一段叶片的凸座,因而叶片比正常的叶片要短);第二步将叶片紧压在轮盘轮缘的凸座上高频往复运动,如图 2.49(b)所示,使叶片底部表面与凸座表面间高速摩擦,产生使两者之间原子相互转移所需的高温;达到所需的高温后,往复运动停止并保持叶片紧压在轮盘轮缘上,直到两者结合成一体,然后铣掉焊缝的飞

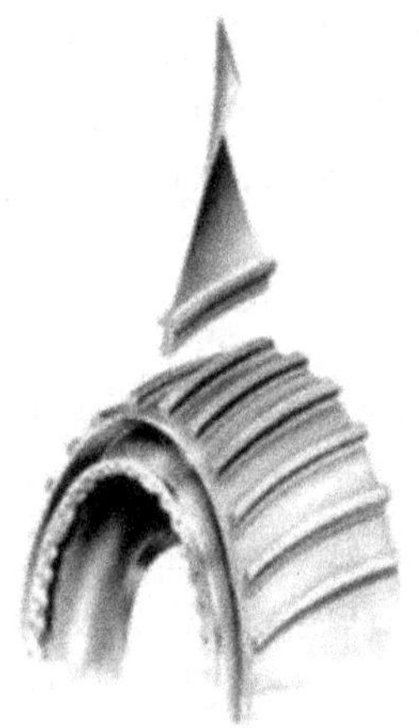

(a) 加工叶片、叶盘

(b) 叶片、叶盘线性摩擦焊

(c) 焊后的整体叶盘加工

图 2.49　整体叶盘线性摩擦焊过程示意图

边,如图 2.49(c)所示。普惠公司在 F119 发动机上采用线性摩擦焊焊接钛合金风扇和压气机转子的叶片与轮盘。

与其他方法相比,采用线性摩擦焊加工整体叶盘(图 2.50)具有以下工艺优势。

(1) 与用整体锻坯在五坐标数控铣床上加工或电化学加工相比,线性摩擦焊可以节约大量贵重的钛合金。例如罗罗公司为 JSF 联合攻击机用的升力风扇发动机生产整体叶盘的风扇转子时,采用整体锻坯用五坐标数控铣床加工,坯料重 840 kg,加工后成品件重 97.6 kg,即材料损耗高达 88%。除此之外,采用线性摩擦焊还可减少加工时间。

(2) 可以对已损坏的单个叶片进行修理。发动机在服役过程中,不可避免地会遇到外物损伤的情况。采用常规的连接,可以轻易地更换损伤的叶片,而整体叶盘就不能更换叶片,如没有方便而适用的修理损坏叶片方法,整体叶盘的应用就会受到限制。通过线性摩擦焊的加工方法,将损坏的叶片切去后再焊上新叶片。

(3) 线性摩擦焊可以将两种不同材料焊在一起,根据叶片、轮盘的工作条件选用不同的材料,使转子结构的重量进一步降低。

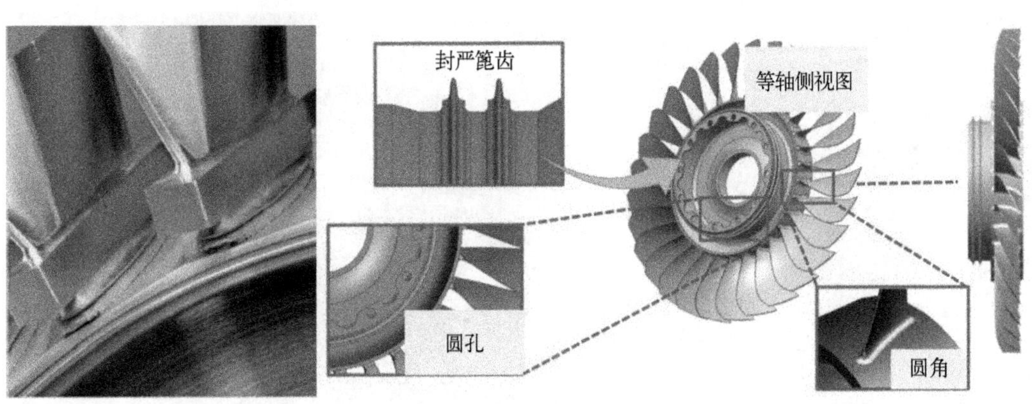

图 2.50　线性摩擦焊整体叶盘

2.9.2　精确成形加工技术

国内在整体叶盘制造领域的精确成形加工技术主要包括数控铣削加工技术、数控电解加工技术以及电火花加工技术等。各工艺技术向着高效、低耗、低成本方向发展。

1. 多轴联动数控铣削工艺

多轴联动数控铣削加工具有快速反应性、可靠性高、加工柔性好及生产准备周期短等优点,在整体叶盘制造领域得到广泛的应用。美国 GE 和 PW 公司、英国罗罗公司等,多采用五坐标数控铣削加工整体叶盘,主要铣削加工方法及加工样件如图 2.51 所示。

图 2.51　切削加工整体叶盘

MTU 航空发动机公司采用数控铣削加工技术在粗加工整体叶盘时具有很高的材料去除率。与传统铣削加工相比,加工时刀具沿着叶片间的通道作圆弧轨迹运动,圆弧运动的直径随着叶片间通道的宽度不断进行调整。

2. 电解加工工艺

电解加工是基于电化学阳极溶解的原理来去除金属材料的加工方法,能很好地保证加工精度与质量,提高加工稳定性,减少生产准备时间,降低劳动强度,是高效、快速地解决整体叶盘加工难题的技术途径之一。在整体叶盘电解加工方面,目前主要有电解套料和仿形电解加工等技术。电解套料加工最大的优点是加工效率高且加工过程稳定,质量一致性好。仿形电解加工采用成形阴极,以拷贝的方式加工复杂型面,针对不同形状和尺寸的型面设计不同的阴极。仿形电解加工可加工变截面扭曲叶片的整体叶盘,加工速度快,加工精度较电解套料高。但是由于工具阴极与工装夹具的设计制造难度大,生产准备周期长,加工柔性低,一般不适合单件小批量生产,适用于批量生产。电解加工整体叶盘如图 2.52 所示。

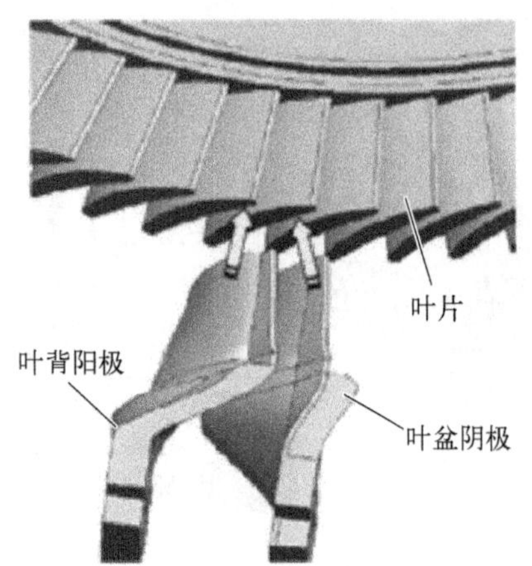

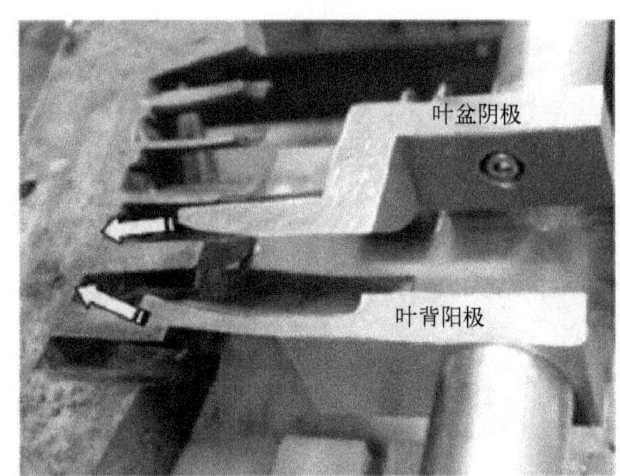

图 2.52　电解加工整体叶盘

美国、英国等发达国家对整体叶盘电解加工技术进行深入研究并得到应用,美国 GE 公司以五轴数控电解加工方法,对先进发动机整体叶盘加工,其粗加工、半精加工、精加工工艺都采用电解加工方法,加工出的叶型厚度公差为 0.1 mm,型面公差为 0.1 mm。在带冠整体叶盘的加工中,俄罗斯采用机械仿形电火花与电解加工组合工艺,电解加工技术既提高了加工效率,又去除了电火花加工后的表面变质层,提高了表面质量。

3. 电火花加工工艺

电火花加工是通过浸在工作液中的两极间脉冲放电时产生的电蚀作用,来达到蚀除导电材料目的的一种特种加工方法。在整体叶盘加工过程中,与数控电解加工以及数控铣削加工技术相比,电火花加工技术存在以下技术优势:

(1) 加工范围广泛,可以对传统难切削材料,如高温合金、硬质合金、钛合金等进行加工;

(2) 对于结构复杂、通道狭窄的整体叶盘件加工存在明显优势,可以完成复杂的进给

运动,有效避免电极与工件之间的干涉问题;

(3) 加工中不存在宏观切削力,电极与工件均不会产生宏观变形,同时,不产生毛刺和刀痕沟纹等缺陷。

2.9.3　表面处理技术

整体叶盘经过近成形及精确成形加工后,其表面质量尚无法满足其技术要求,还需要经过表面抛光及处理工艺,来降低其表面粗糙度,提高型面精度,从而提高叶盘疲劳强度及使用寿命。现阶段,国内对于整体叶盘的表面抛光工艺仍多采用手工打磨,人工抛光不仅劳动强度大、效率低,而且抛光表面易烧伤,型面精度和表面完整性难以保证,导致叶盘可靠性降低,同时受到工人技术等级和熟练程度的影响,加工质量不稳定,严重影响航空发动机的使用性能、安全可靠性以及生产周期。因此,迫切需要对整体叶盘表面自动化抛光技术进行深入研究,实现其自动化抛光工艺。对整体叶盘表面抛光及处理技术主要包括磨粒流技术、表面喷丸、光饰技术等。

1. *磨粒流工艺*

磨粒流加工技术是一种适用于复杂曲面零件表面抛光的非传统磨削方法,半固体磨料介质在模具模芯的约束和挤推压力的驱动下通过零件待抛表面,具有切削刃的磨粒与工件表面粗糙峰谷相互挤压滑擦,实现零件表面的去毛刺、除飞边、倒圆以及抛光,进而达到表面材料去除以及提高表面完整性的目的。磨粒流加工示意图如图 2.53 所示。

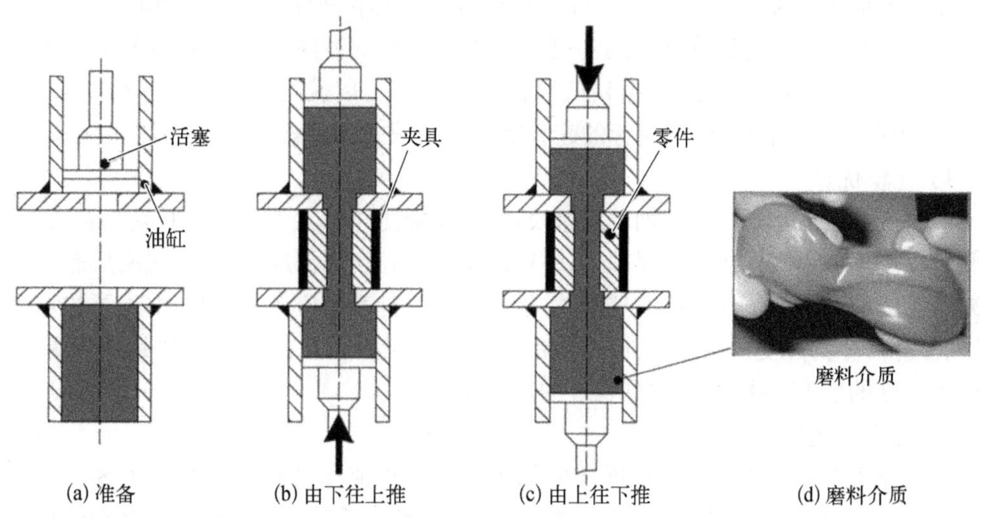

图 2.53　磨粒流加工示意图

法国 Snecma 公司提出磨粒流整体叶盘叶片的抛光方法,并将磨粒流应用于整体叶盘叶片粗铣前的加工、精铣前的加工以及精铣后的加工,实现了整体叶盘叶片的磨粒流整体加工。磨粒流设备与磨料主要用于航空发动机整体叶盘、经精密铸造叶片、数控铣削或电解加工成形后表面的光整加工,经由磨粒流加工后整体叶盘表面粗糙度由 1.6~2 μm 降至 0.4~0.6 μm,同时效率由手工抛光的 40 h/件提高到 1 h/件。

磨粒流加工已被美国航空航天部门列为航空零部件精加工的重要工艺,被广泛应用于航空发动机整体叶盘、叶片等复杂曲面零件的光整加工。磨粒流加工已经出现了诸多扩展应用，例如超声振动辅助磨粒流加工、流化床加工、磨粒流动压加工。超声振动辅助磨粒流加工方法是在传统磨粒流加工方法的基础上引入超声振动增大磨粒与工件之间的相互作用关系，以达到高质、高效抛光的新型磨粒流加工方法。流化床加工方法是一种借助高速流动的空气流使磨料介质出现沸腾状态，从而使磨粒撞击工件表面达到材料去除的一种新型加工方法。针对高强、高硬航空金属材料复杂工件表面精整加工，采用磨粒流动压抛光工艺，将工件浸入按一定比例配制的磨粒混合液中，依靠高速旋转的圆柱工具产生的流体动压效应，将磨粒混合液带入楔形加工区域实现零件的抛光，如图 2.54 所示。

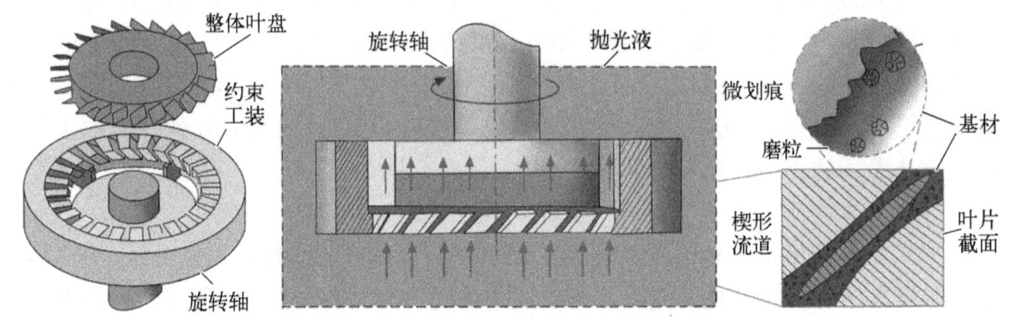

图 2.54　旋转磨粒流动压抛光原理及实施方案示意图

磨粒流加工时通过软性磨料介质(一种载有磨料的黏弹体)，在压力作用下往复流过零件被加工面而实现光整效果，对于一般工具难以接触的零件内腔，磨粒流光整技术的优越性尤为突出。在不改变零件材料物理特性的前提下，以获得良好的形状精度、尺寸精度、表面粗糙度、表面完整性为目标的超精密加工领域中，磨粒流加工具有明显优势。

1）光整优势

磨粒流加工工艺既能提高加工质量及效率，又能防止加工工艺本身形成的表面损伤。磨粒流以流体作为载体磨粒悬浮其中，使得加工时磨粒切削深度变小，磨粒流形态的灵活性减少了磨粒本身对工件表面的拉伤，并能够提高工件表面质量。同时，由于磨粒切削深度小，工件产生的热变质层微小，所产生的加工应变层以及残留应力层也少，因而能够去除前道工序的加工变质层，并起到很好的光整作用。

2）去毛刺优势

磨粒流去毛刺一般采用往复循环的加工方式。当流体磨料流入被加工零件的孔口时，毛刺在料流推挤作用下，向孔内弯折，同时料流磨削毛刺根部外侧。当磨料流出孔口时，毛刺被料流推向孔外，相当于向孔外弯折，同时料流磨削毛刺根部内侧。随着磨料流加工的往复循环，不断对毛刺进行交替向内向外弯折，每一次弯折都发生塑性变形，产生缩颈，即毛刺根部截面积减小，加之料流的磨削作用使其截面积快速减小，在使毛刺根部快速断裂的同时保留了工艺尖角。

3）产品质量稳定

磨粒流加工时的切削力很小，加工过程中不会引起金属的晶格破裂或工件的挠曲变形，可利用磨粒流去除电加工后存在的晶间腐蚀和表面微裂纹、重熔层等表面缺陷。磨粒流加工后零件的表面纹理细化，表面粗糙度较小，前道工序的切削和撕裂痕迹变为磨压痕迹，细微的锐锋全部被去除。随着加工循环次数的增加，纹理进一步细化，表面更加平整。在后续的加工循环中，磨粒开始发挥滚压作用，将原表面的张应力改变为压应力状态，由此避免了产品使用过程中由于质量不稳定而引发的次生故障。

2. 喷丸工艺

喷丸是利用高速运动的弹丸流对金属表面进行冲击，使表面层产生塑性应变层，并使表层引入残余压应力场。表层的残余压应力场是提高金属零件的疲劳断裂和应力腐蚀(含氢脆)断裂抗力的强化因素，可以有效提高零件的可靠性和耐久性。喷丸给零件增加一层保护层，延长整体叶盘疲劳寿命。针对整体叶盘结构特点，罗罗采用卡钳式喷射器喷丸工艺、高压空化水射流喷丸工艺、超声喷丸工艺，实现整体叶盘的表面强化技术。

1）卡钳式喷射器的喷丸工艺

卡钳式喷射器的喷丸强化工艺的原理是利用特殊设计的喷口控制弹丸流方向，使弹丸以直角冲击整体叶盘叶片，并且使用卡钳式的喷管在叶片的叶盆和叶背采用相同的工作参数相对冲击，使叶片的叶盆和叶背受到相同的作用力，保证叶片不发生变形，也能使叶片的叶盆和叶背同时获得均匀的喷丸强度和覆盖率。在进、排气边和叶根转角处采用较小的弹丸冲击，也可取得很好的喷丸强化效果(图2.55)。

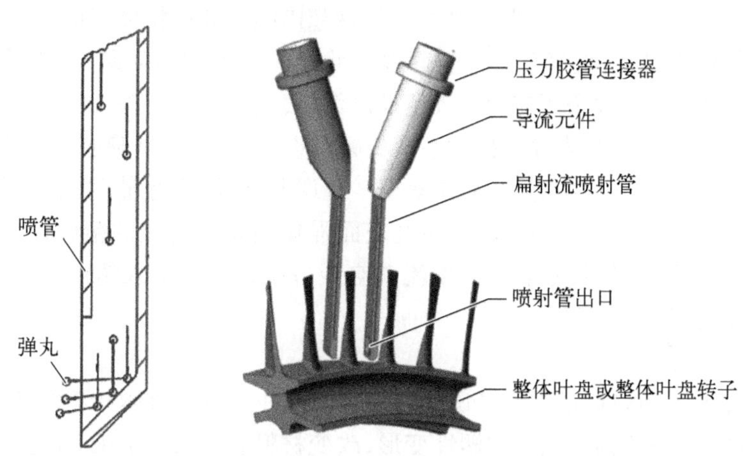

图2.55　卡钳主体结构图

2）超声喷丸工艺

超声喷丸强化工艺是一种提高金属件疲劳性能的表面强化技术，其作用效果与传统的气动喷丸的相似，也是“微锻造”。超声喷丸强化工艺设备包括超声波发生器、变幅杆、振动头以及适合工件几何形状的腔室及弹丸等，原理示意图如图2.56。超声波发生器产生电信号，换能器将电信号转变为机械振动，变幅杆将机械振幅放大，弹丸在预先设计的腔室内作随机冲击运动。超声喷丸的强化效果，取决于腔体几何空间的设计和超声振动头在腔体内的排列位置，在腔室内弹丸呈离散运动分布状态，弹丸运动轨迹是随机的概率分布，每次冲击是一次微锻造过程，弹丸高速随机撞击构件表面，零件表层发生塑性变形。

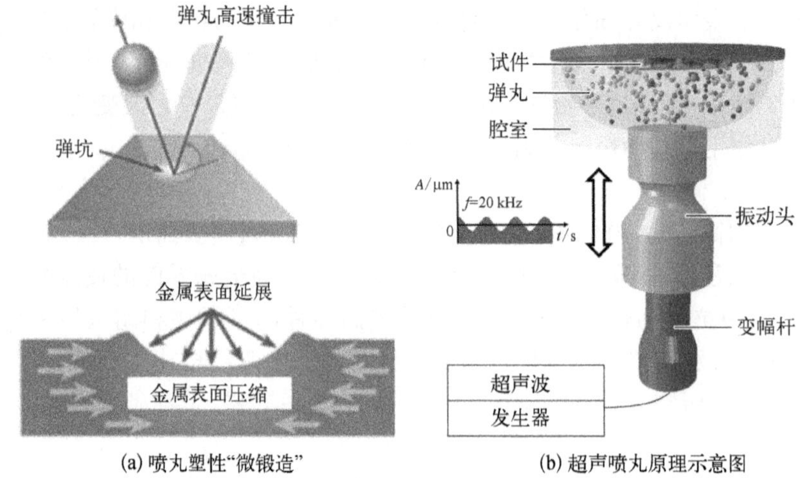

(a) 喷丸塑性“微锻造"　　(b) 超声喷丸原理示意图

图 2.56　超声喷丸原理示意图

通过对腔体的超声喷丸工艺进行仿真和优化设计,使得零件表层强化层一致性更好,满足复杂结构件强化需求,提高复杂构件的力学性能和疲劳寿命,达到表面均匀强化的目的。

超声喷丸弹丸动能来自振动头机械振动装置,超声喷丸是低成本、绿色、表层机械式纳米化工艺,可以满足高频振动零件设计、制造工艺要求。超声喷丸强化工艺技术研究主要内容包括: ① 粗糙度场的控制,实现复杂构件超声喷丸表面粗糙度场的多维精准控制;② 残余应力场的控制,解决复杂构件表面强化残余应力不均匀问题,实现残余应力特征轮廓(表面残余应力值、残余压应力最大值及层深、残余压应力层深)的精准控制;③ 喷丸强度的控制,实现通过对超声喷丸振动系统振幅的设计与调整,精确控制复杂构件局部区域的喷丸强度;④ 表面均匀性的量化表征,实现基于电子背散射衍射技术(electron backscattered diffraction, EBSD)的超声喷丸表面强化微观均匀性的精确量化表征以及覆盖率场的图像处理与识别技术。世界主流航空装备制造商均引入超声喷丸强化工艺,图 2.57 为整体叶盘超声喷丸强化设备。

3) 激光强化工艺

激光强化(图 2.58)通过强激光诱导的等离子体冲击波对整体叶盘的叶片进行强化,使强化部位的表层发生高应变率的塑性变形,改变材料表层微观组织,细化晶粒并产生高密度位错,形成高幅值残余压应力层,提高滑移形变抗力,增加裂纹扩展晶界阻力,抑制疲劳裂纹的萌生和扩展。激光冲击强化效果的影响因素主要有激光参数、透明约束层、能量吸收层、材料、搭接率以及冲击次数等,其中激光参数包括脉冲能量、脉宽及光斑大小。

2.9.4　修复技术

航空发动机整体叶盘的实际应用面临两个瓶颈,一是加工问题;二是损坏一片或几片叶片后,如何减少经济损失的问题。转子叶片常常会在工作中被外来物打伤,造成卷边、开裂、掉块,或由于振动而造成裂纹等问题。用榫头连接的结构中,可以更换单个损坏或有缺陷的叶片,而整体叶盘则不能更换叶片,有可能因一片叶片损伤而导致整个叶盘报废。因此,制约整体叶盘应用的另一个重要问题是可修理性。

图 2.57 整体叶盘超声喷丸强化设备

图 2.58 整体叶盘激光强化装置

1. 整体叶盘修复工艺基本原理

整体叶盘叶片的损伤部位主要是叶身前缘和叶尖,损伤特征一般为卷边、开裂和掉块等。根据不同的损伤类型,整体叶盘修复方法有激光熔覆修复、线性摩擦焊修复及激光成形修复等。

激光熔覆比较适合整体叶盘叶片表面裂纹、表面腐蚀点和表面凹坑等损伤的修复。线性摩擦焊可用于整体叶盘叶身断裂或缺块的修复。激光成形修复是对激光熔覆的进一步发展,它是将叶片上有缺陷的区域整体去掉,然后利用激光熔覆技术将叶片再次成型。激光成形修复技术克服了传统修复技术结合力弱及控制性差等不足,可获得良好的组织和性能。激光成形修复技术以损伤零件为基体,通过计算机控制激光头、送粉喷嘴(或送丝头)令工作台按指定空间轨迹运动,在待修复区域逐层熔化并堆积粉末或丝材,最后生成与缺陷部位近成形的三维实体。

2. 整体叶盘修复工艺应用

美国 H&R 技术公司对 GE－T700 整体叶盘进行了激光熔覆修复。利用小激光能量输入，成功修复了 GE－T700 整体叶盘，如图 2.59 所示。GE 公司也在进行整体叶盘修复工艺的研究，已申请激光熔覆修复整体叶盘专利。

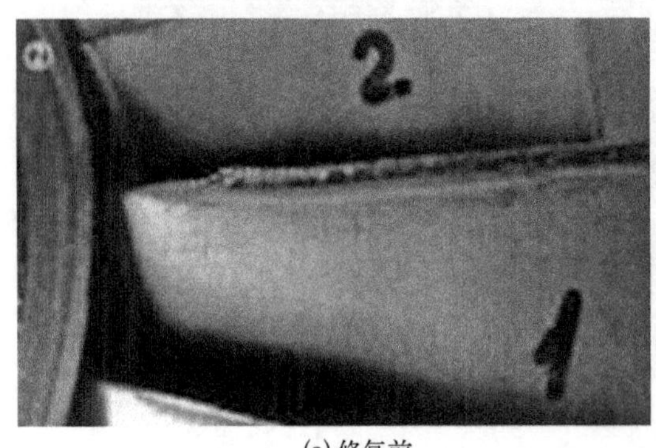

(a) 修复前

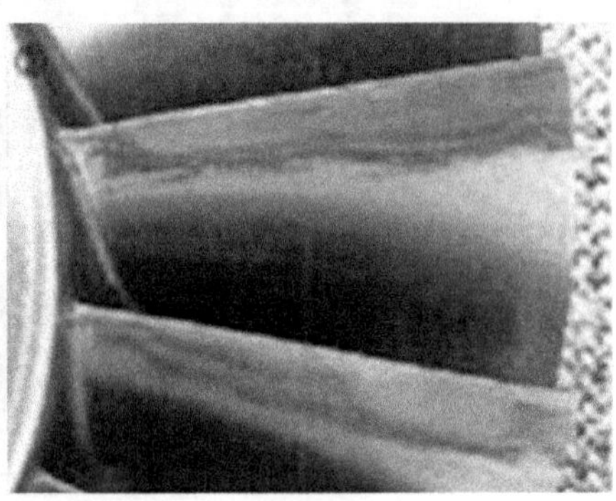

(b) 修复后

图 2.59　美国 H&R 技术公司激光熔覆修复的 GE－T700 整体叶盘

德国弗朗恩霍夫协会与 MTU 公司合作利用激光修复技术修复钛合金整体叶盘，经测试，修复部位的高周疲劳性能优于原始材料，图 2.60 为 MTU 公司制定的整体叶盘修复过程流程图。2008 年以来，英国罗罗公司与国防部联合资助开展整体叶盘的低成本修复技术研究，通过引进美国 Optomec 公司的 LENS850R 设备和德国 TRUMPF 公司的 LMD1005 激光直接沉积设备开展整体叶盘激光修复基础研究。通过大量基础技术研究

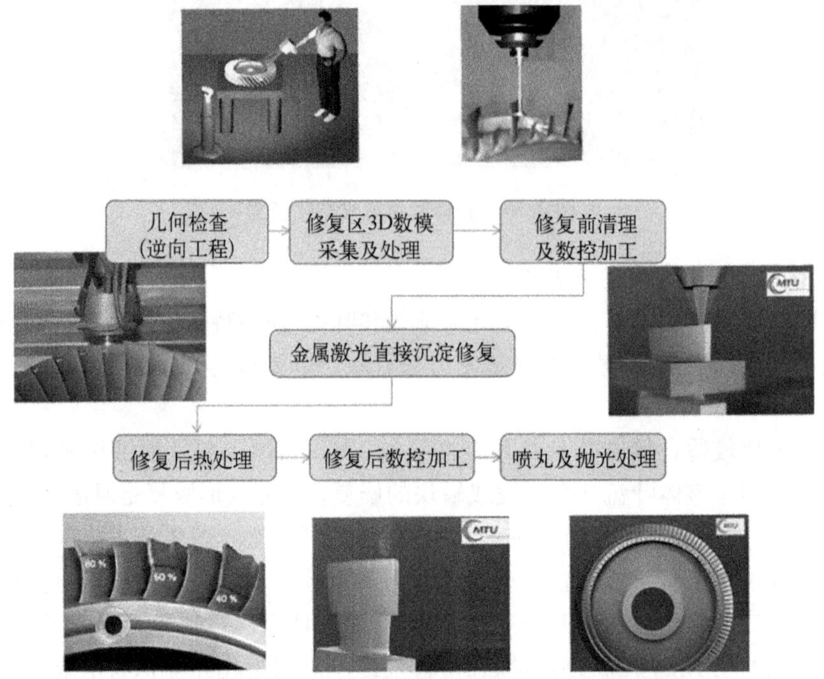

图 2.60　MTU 公司整体叶盘激光修复过程流程

工作，国外初步建立起整体叶盘的激光修复装备、技术流程和相应数据库，推动了整体叶盘激光修复技术的工程化应用。

2.10 压气机鼓筒盘组件制造工艺

2.10.1 压气机盘件加工工艺过程

压气机盘件的加工工艺过程主要包括毛坯制造、机械加工、热处理、表面处理等。毛坯制造主要是材料的成形过程，压气机盘毛坯制造选用模锻或等温模锻，鼓筒盘组件选用惯性摩擦焊或电子束焊接。机械加工包括粗加工、半精加工和精加工。光整加工可认为是精加工的特殊阶段。光整加工的目的是消除粗、半精、精加工阶段盘件周转过程中产生的轻微碰伤、划伤；按设计图样来规定表面强化和表面处理要求。表面处理安排在最终加工工序之后和终检工序之前进行。热处理包括最终热处理工艺和在加工过程中为消除热应力而进行的热处理，通常安排在锻造之后和粗加工之前进行；为控制辐板变形，通常在粗加工后、半精加工前，半精加工后、精加工前安排稳定热处理。无损检测属于辅助工序，包括超声波探伤、低倍腐蚀检查、荧光检验或着色检查。超声波探伤在粗加工阶段进行，低倍腐蚀检查在半精车之后、精车之前进行，荧光检验或着色检查在精加工之后进行。盘类零件典型的加工工艺过程如图2.61所示。

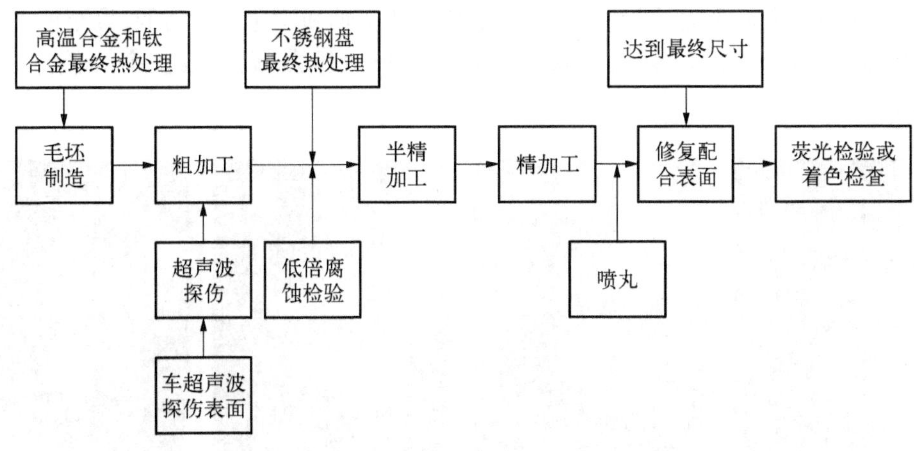

图2.61 压气机盘类零件加工工艺过程

2.10.2 压气机鼓筒盘组件惯性摩擦焊焊接过程

惯性摩擦焊通过在待焊材料之间摩擦产生热量，在顶锻力的作用下使材料产生热塑性变形与流动，进而发生固相连接。典型的惯性摩擦焊设备一般包括主轴驱动系统、飞轮组、顶锻力液压系统、主轴、尾座滑台、主轴侧夹紧系统、尾座侧夹紧系统、回转待焊件、非回转待焊件等组成部分(图2.62)。惯性摩擦焊机的驱动系统为主轴的转动提供动力，主轴上装配不同惯量组合的飞轮组用于储存惯性焊接的能量。待焊件分别固定在主轴和尾座的夹紧系统上，主轴侧的待焊件可以转动，但不能前后移动；尾座侧的待焊件不能转动，但可连同夹紧系统整体在尾座滑台上前后移动，移动的动力由尾座液压系统提供，该系统也在焊接过程中提供顶锻力。

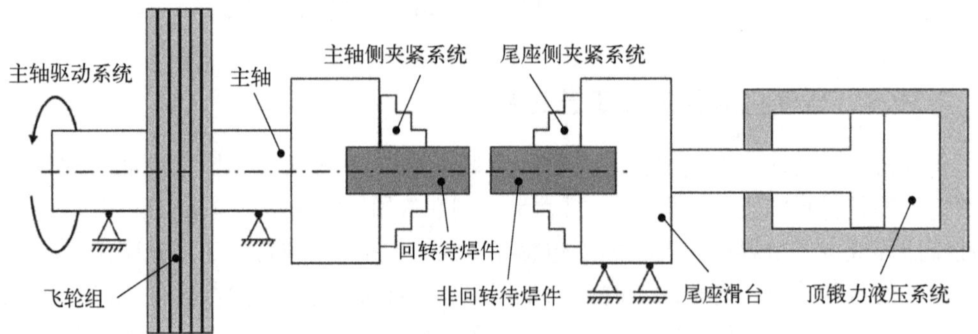

图 2.62　典型惯性摩擦焊设备组成示意图

在惯性摩擦焊的焊接过程中，尾座侧待焊件固定不动，主轴旋转并带动飞轮组高速旋转，当主轴加速到设定速度时，主轴与驱动系统断开，此时主轴依靠主轴和飞轮储存的动能继续惯性旋转。当主轴转速降至焊接速度时，顶锻液压系统驱动尾座轴向主轴端移动，直到焊接件发生接触。在轴向压力和摩擦扭矩作用下，焊接界面在接触瞬间摩擦生热，摩擦热输入使界面附近的母材加热到热塑性状态。顶锻力继续作用，使摩擦界面处的热塑性金属挤出形成飞边，同时摩擦过程不断消耗主轴和飞轮组的动能，直至能量消耗殆尽，主轴停止转动，此时保压一段时间后撤销顶锻压力，以完成整个焊接过程（图 2.63）。

图 2.63　惯性摩擦焊的焊接过程

2.10.3　压气机鼓筒盘组件惯性摩擦焊机理

惯性摩擦焊的焊接过程可分为 3 个阶段（图 2.64），扭矩曲线的变化可作为分析惯性摩擦焊焊接过程的一个关键因素。第一阶段由金属干摩擦和磨损作用主导，机加工后的金属表面微观上不是完全光滑的，存在微凸体，如图 2.65（a）所示。在轴向压力和摩擦扭矩作用下，在摩擦界面上接触的微凸体发生黏结作用和塑性变形，同时金属表面的较硬微凸体压入较软金属的表面。在切向力作用下相对滑动时,较硬的金属对较软的金属发生犁削作用。摩擦过程中,塑性变形、机械挖掘、黏结和分子作用等现象在摩擦界面同时发生。随着摩擦界面氧化层或脏污层破碎程度的加深,清洁金属的接触面积增大,接触面的黏结作用增大,导致摩擦所需的作用力增大,从而使扭矩快速上升至峰值(扭矩的前峰值)。在第一阶段后期,摩擦界面金属发生受热软化、热塑性流变、形变硬化现象,由于摩擦界面塑性变形层的受热软化起主导作用,扭矩发生明显的下降。第一阶段的摩擦转速是最高的,高转速导致这一阶段的瞬时能量输入达到最大值。瞬时的高能量输入将塑性流变限制在很窄的变形层范围内,未在母材较宽区域产生显著扩展,如图2.65(b)所示。

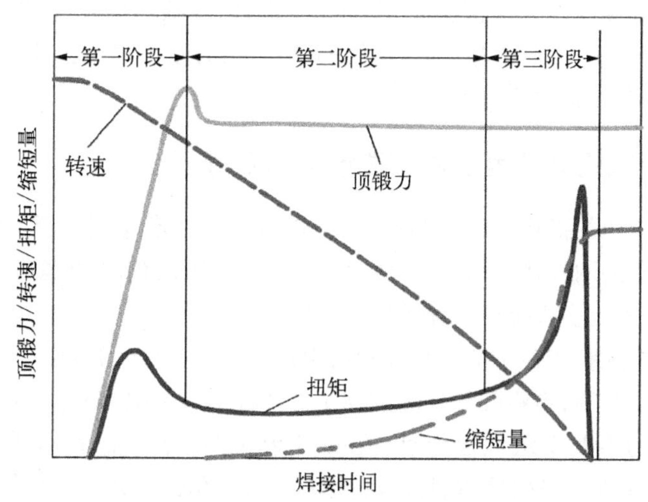

图2.64 焊接过程主要工艺参数变化图

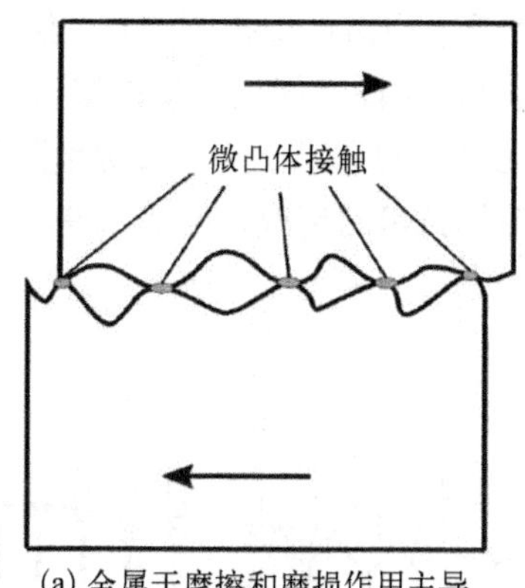

(a) 金属干摩擦和磨损作用主导

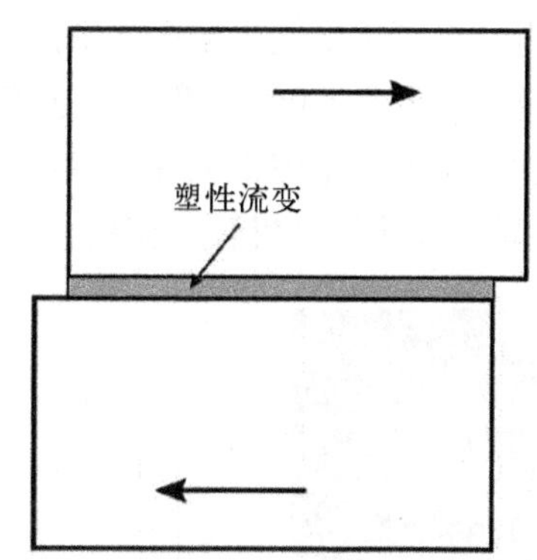

(b) 摩擦界面塑性变形层的受热软化作用主导

图2.65 摩擦界面不同接触状态的示意图

第一阶段至第二阶段的转变期间,应变硬化、受热软化对摩擦界面金属塑性变形层的影响达到平衡。在第二阶段,焊接进程是自动调整的,塑性变形层的软化金属在摩擦扭矩和轴向压力作用下,从摩擦界面挤出,形成飞边,界面附近高温区域新的金属不断进入摩擦界面，发生摩擦-受热软化-飞边形成-摩擦的循环作用。当摩擦转速继续下降，能量消耗、应变速率、温度变化之间存在复杂的相互关系，多种关系之间形成动平衡状态，扭矩保持稳定，从图2.64中的第二阶段扭矩曲线可看出，扭矩保持了相对恒定的值。

第二阶段至第三阶段转变瞬间，摩擦界面的温度梯度降低，同时狭窄的塑性形变区迅速变宽。在第三阶段，随着轴向缩短量与飞边量不断增大，沿着焊缝中心内外侧形成明显飞边环。这一阶段后期，随着转速下降到较低水平，能量输入变小，摩擦界面金属软化程度下降，此时摩擦的金属充分焊合，焊缝金属强度提高导致扭矩上升到另一个峰值，即扭矩的后峰值。当转速完全停止时，焊缝金属得到充分形变，形成细晶组织的焊缝，第三阶段终止。

在整个摩擦焊接过程中，热力耦合作用反复循环，摩擦界面发生复杂的变化，可能存在应变硬化、塑性流变、变形孪晶、动态再结晶、析出相的回溶和析出、形变诱发的相变、温度引起的相变、合金元素的扩散等现象。

2.10.4 压气机鼓筒盘组件惯性摩擦焊应用

在航空发动机压气机转子组件制造中，惯性摩擦焊技术应用广泛。惯性摩擦焊被用于制造高压压气机的两种转子结构，一种是由榫头、榫槽连接叶片的多级盘鼓混合式整体转子结构，还有一种是多级整体叶盘的转子结构。

多级盘鼓混合式整体转子的叶片和轮盘由榫头、榫槽连接，先将压气机盘用惯性摩擦焊连接成一个整体鼓筒，再将叶片装配到加工好的榫槽上。GE公司的F101-GE-100发动机高压压气机的第1~2级钛合金盘、第4~9级A286合金盘，都是采用惯性摩擦焊连接。第1~2级转子如果采用整体锻件制造用料77 kg，用惯性摩擦焊焊接则用料54 kg，质量明显减轻。F110-GE-129发动机高压压气机转子结构是在F101基础上研制的，第1~2级仍为钛合金盘，第4~9级盘改为IN718合金，也是采用惯性摩擦焊连接的。CF6-80C2发动机高压压气机第3~9级钛合金转子采用惯性摩擦焊连接，第10级盘、第11~14级IN718合金盘鼓（惯性摩擦焊连接）及后轴焊接段之间用螺栓连接（图2.66）；第3~9级压气机转子原为整体锻质量为413 kg，改为惯性摩擦焊连接后，质量降至300 kg。GE公司的发动机高压压气机转子应用了惯性摩擦焊技术的情况详见表2.9。

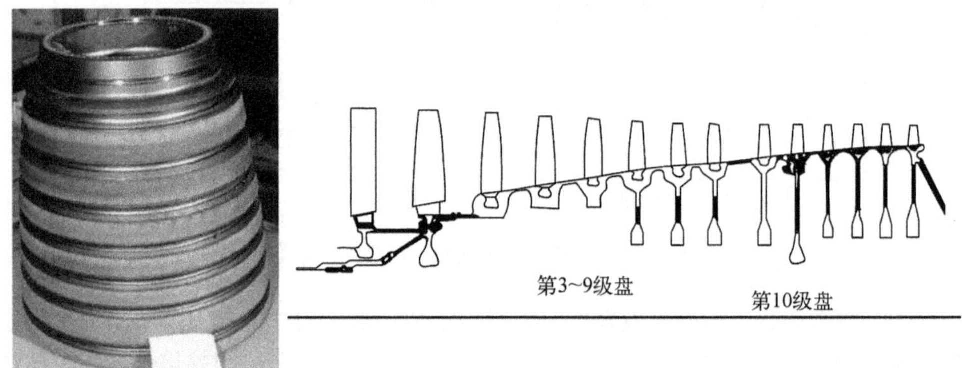

图2.66 CF6-GE-80C2高压压气机第3~9级钛合金惯性摩擦焊盘鼓组件

表 2.9　GE 航空发动机惯性摩擦焊技术的应用情况

发动机型号	惯性摩擦焊应用
F101	高压压气机第 1~2 级钛合金转子,第 4~9 级 A286 合金转子
F110	高压压气机第 1~2 级钛合金转子,第 4~9 级 IN718 合金转子
F404	高压压气机转子
F414	高压压气机第 1~2 级 TC17 钛合金转子,第 4~7 级 IN718 合金转子
T58	高压压气机第 1~8 级 IN718 合金转子
TF34	高压压气机第 1~9 级钛合金转子,第 11~14 级高温合金转子
TF39	高压压气机第 14~16 级 IN718 合金转子
CF6	高压压气机第 3~9 级钛合金转子,第 11~14 级 IN718 合金转子
GE90	高压压气机第 2~6 级,第 8~10 级 René88DT 合金转子
GEnx	高压压气机转子

普惠公司的 F100－PW－229 发动机高压压气机第 1~2 级为钛合金转子,第 4~10 级为 IN718 合金转子,采用惯性摩擦焊连接,前 2 级和后 7 级鼓筒组件仅用一级螺栓连接,零件数大大减少。F100－PW－100 发动机高压压气机转子采用电子束焊接,其推力增长型 F100－PW－229 发动机的高压压气机转子则采用了惯性摩擦焊连接;1985 年首次试飞、1987 年首次交付使用的 PW4000 发动机,其高压压气机第 8~11 级 IN718 合金转子由电子束焊连接;而 1989 年首次试飞、1991 年初投入使用的 F100－PW－229 发动机,其高压压气机 IN718 合金转子则改为惯性摩擦焊连接。上述情况说明,普惠公司在 IN718 合金高压压气机转子的制造中更加倾向于使用惯性摩擦焊技术。

罗罗公司对惯性摩擦焊技术的研究始于 20 世纪 60 年代后期,此后罗罗公司陆续配备了多台大吨位、大惯量的惯性摩擦焊设备,并与英国曼彻斯特大学、伯明翰大学等科研机构合作开展了大量深入的基础研究和工艺探索。惯性摩擦焊技术在罗罗公司已经得到工程化应用,遄达 1000 发动机高压压气机转子就采用了惯性摩擦焊技术。

CFM 公司的 CFM56 系列发动机高压压气机的第 1~2 级钛合金盘,第 4~9 级 René95 合金盘都是采用惯性摩擦焊连接的整体式转子,CFM 公司的 LEAP 发动机高压压气机转子也采用了惯性摩擦焊技术。MTU 公司负责研制的 EJ200 发动机的高压压气机第 4~5 级盘及后锥形轴,均采用惯性摩擦焊连接成一体。由 GE 和普惠合资的发动机联盟公司研制的 GP7200 发动机高压压气机转子也是用惯性摩擦焊连接的。

高压压气机多级整体叶盘转子是指将两个以上的整体叶盘不使用螺栓连接的方式串联在一起,形成一个整体转子结构。多级整体叶盘转子结构使发动机零件数大量减少,重量明显减轻,发动机结构进一步简化,减少了故障源,提高了发动机可靠性和维修性。

GE 公司的 F414 发动机的多级整体叶盘制造采用了惯性摩擦焊技术。在 F404 和 F412 发动机基础上,GE 公司开发了推力增长型 F414 发动机,推重比达到 9∶1。1991 年开始发展 F414－GE－400 发动机,1995 年在 F/A－18E/F“超级大黄蜂”舰载机上实现首飞,1998 年开始批量生产。F414 发动机风扇第 2~3 级 TC17 合金整体叶盘、高压压气机第 1~2 级 TC17 合金整体叶盘都是采用惯性摩擦焊连接的。

2.11 压气机叶片制造工艺

2.11.1 压气机叶片的工艺特点

压气机叶片均为实心叶片,少数叶片带凸肩。压气机叶片的毛坯通常采用锻造工艺,叶身采用仿型加工(电解加工)、数控加工、化学铣削等工艺。榫头采用拉削等工艺。在焊接技术方面,压气机静子叶片组件、可调叶片组件采用真空钎焊,钛合金叶片阻尼台耐磨合金采用感应钎焊等技术。压气机叶片涂层按叶片部位及功能分为叶根榫头抗微动磨损涂层、型面防腐蚀涂层、抗冲蚀涂层、阻燃涂层、蜂窝封严涂层等。

2.11.2 压气机叶片锻造工艺

单叶片的毛坯通常采用模锻件和精锻件。模锻件的突出优势是强度高,但叶身留有机加余量,在机加去余量时往往会破坏叶片叶身表面的部分流线,会影响叶片强度。叶片精锻是采用高精度的锻压设备,依托完善的检测手段和辅助处理工艺,锻造出余量小、质量高的叶片毛坯。精锻叶片可以更完整地保持金属流线的连续,保证叶片的强度和承载能力,极大提高叶片的性能和寿命。精锻叶片余量小,强度高,加工周期短,寿命长,但由于叶片结构的复杂性和当前精锻技术的特点,部分精锻叶片的阻尼台、前后缘部分仍需保留机械加工余量。叶片精锻是一项综合工艺技术,对原材料和制造工艺有较高的要求。由于工艺技术的限制,精锻叶片局部仍然需要依靠机械加工来保证表面质量和截面尺寸。叶片成形过程中,前后工序要严格匹配,对每道工序的变形温度、变形速度、变形程度以及金属的流动方向均要严格控制,这对叶片精锻工序的设计、锻造设备的精度和刚性、检测设备的精度都提出了极高的要求。

2.11.3 压气机叶片机械加工工艺

叶片机械加工是通过车、铣、磨、拉削、抛光等机械加工工艺方法,将锻造或铸造的叶片毛坯加工为成品叶片的过程。叶片机械加工可分为叶身型面加工和榫齿加工等。图 2.67 为压气机叶片典型自动化制造工艺路线示意图。

1. 叶片榫头的加工

叶片榫头的常见加工方法有铣削和拉削,另外也有成形磨削和数控车削的加工方法,各种方法具有不同特点。对于榫头结构较为简单的叶片,也可采用通用铣刀进行铣削成形。榫头铣削加工生产准备简单、周期短,适用于材料切削性能较好、生产批量小的叶片。成形磨削加工生产准备周期长、费用较高,适用于材料切削性能差的叶片。数控车削加工生产准备简单、周期短,费用较低,适用于周向圆弧齿、材料切削性能好、生产批量较大的叶片。拉削是加工叶片榫头的一种高效金属切削方式,可以用于多种结构叶片榫头表面的加工,加工精度高、质量好、生产批量大。

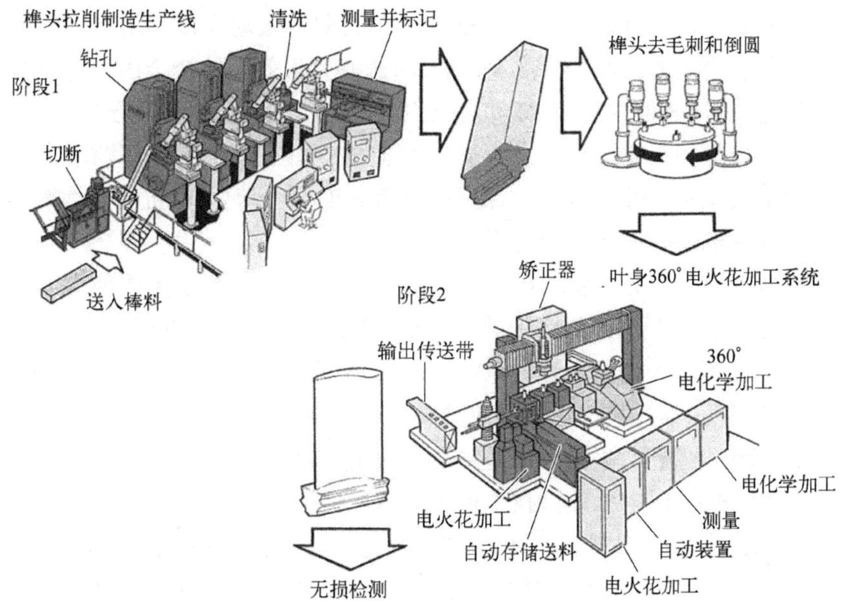

图 2.67　压气机叶片典型自动化制造

2. 叶片型面的加工

数控加工方法适用于各类叶片的加工。复杂结构单叶片的加工通常在多轴联动数控加工机床上进行,通过机床各轴的连续运动获得很好的加工柔性和表面加工质量。面向单叶片的加工采用专用机床可以获得较高的加工效率和加工质量。

叶片型面的数控加工多采用螺旋铣削方式。在粗加工阶段,由于叶片刚性较好,可采用单面铣削的方式去除大余量。在半精加工与精加工阶段,为保证型面加工质量,多采用螺旋铣削成形的方法。对于开敞性较好的叶片,可将叶片装卡在多坐标机床旋转轴上,沿叶片旋转轴心线用顶尖固定,在叶片作旋转运动时,刀具沿叶片表面走出的螺旋形状轨迹加工出叶片。这种工艺方法可以采用球头刀或环形刀端铣成型,其切削轨迹分布近似平行于叶片的截面线,并且加工过程中不存在横向进刀,这样的轨迹分布能够实现一次进退刀即可完成整个叶型的加工,因此是一种高效的叶片加工方案,有着良好的工艺连续性和高效性,适用于叶片的高速切削。

3. 叶片阻尼台的加工

叶片阻尼台的主要作用是形成环形支承,从而增加叶片刚性,阻尼台上下侧面及前后缘属于非配合面,允许偏差较大;毗邻面为配合面,加工精度要求较高,允许偏差较小。叶片阻尼台的加工也可采用螺旋走刀方式,即刀具沿绕阻尼台的螺旋轨迹进行加工,可以获得较好的表面加工质量以及阻尼台与叶身型面之间的光滑转接。

2.11.4　压气机叶片涂层工艺

1. 叶根榫头抗微动磨损涂层

1) CuNiIn 涂层

微动磨损是指两接触面发生极小幅度的运动产生的磨损损伤,是航空发动机风扇、压气机和涡轮叶片安装联结部位一种常见故障。在长期的微动磨损作用下，叶片和盘的接触表面发生磨损损坏，过早地产生裂纹萌生，加速疲劳失效。钛合金因摩擦系数大、耐高温磨损性能较差，相比其他材料，对微动磨损更加敏感。发动机钛合金压气机叶片在旋转过程中震动会造成榫头与轮盘榫槽发生微动磨损，使基体消耗、连接间隙增大，影响其使用寿命及机组的安全可靠性。CuNiIn 涂层因具有硬度低、耐腐蚀和抗高温性能好等特点，常用作压气机叶片的工作面抗微动磨损涂层。

CuNiIn 涂层是在 Cu 涂层基础上改良的软质金属涂层，提高了涂层硬度，减小了磨损损伤，与 Cu 涂层相比虽微动磨损防护效果有所降低，但综合性能得到提高。CuNiIn 涂层的制备方法有大气等离子喷涂、超声速火焰喷涂、电弧喷涂等方法，其中大气等离子喷涂 CuNiIn 涂层最为常见，通过氢气电离形成等离子火焰将送入火焰的粉末熔化、喷射到工件表面，涂层质量受预热温度、喷涂距离送粉量等因素影响重大。受大气等离子喷涂工艺限制，涂层氧化物含量偏高，电弧喷涂技术可以制备更加致密、光滑、结合强度高的涂层。

CuNiln 涂层已在 GE、罗罗、Snecma 等发动机供应商的产品上得到应用。如 GE 某机组钛合金压气机叶片，要求在工作面喷涂厚度为 127±50 μm 的 CuNiIn 涂层，剪切强度至少需要达到 44.4 MPa。

2）干膜润滑涂层

干膜润滑涂层(dry film lubricants)又称固态润滑涂层，是将润滑介质分散于无机或有机黏结剂中，通过不同的制备方法将其涂敷到工件表面，减少摩擦磨损。航空发动机叶片榫头部位由于工作条件恶劣，承受巨大的离心负载及微动磨损等损伤，易造成叶根榫头磨损，装配间隙增大。将干膜润滑技术应用于航空发动机叶片榫头部位，可以防止微动磨损对叶片榫头的损伤，提高发动机的可靠性，延长其使用寿命。

干膜润滑涂层在航空发动机上主要应用于叶根工作面喷涂，以减少叶根榫头表面的摩擦系数，有效地降低叶根压力工作面的磨损，提高叶片的抗微动磨损性能。常见的润滑涂层主要有石墨基润滑涂层、二硫化钼基润滑涂层等。GE 某压气机叶片工作面所使用的石墨基润滑剂的工况使用温度可以达到 760℃，罗罗某压气机叶片工作面所使用的二硫化钼基润滑剂工况使用温度可以达到 300℃。压气机叶片干膜润滑涂层(石墨涂层)如图 2.68 所示。

干膜润滑涂层的制备方法主要为涂刷、喷涂、沉浸等方法，较为常用的方法为喷涂法，

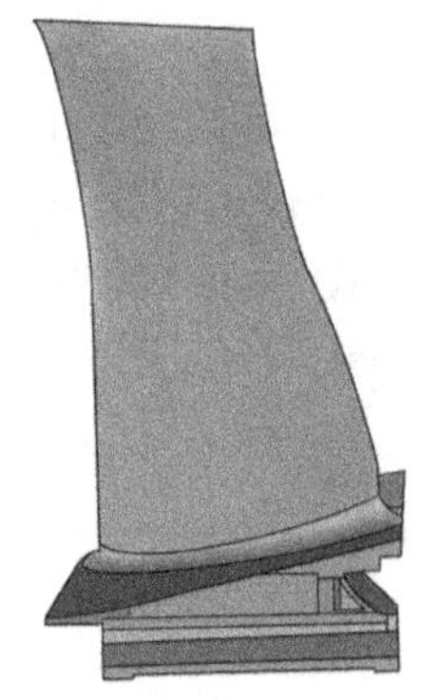

图 2.68　压气机叶片干膜润滑涂层(石墨涂层)

喷涂法制备的干膜润滑涂层具备操作简单、喷涂效率高,涂层厚度均匀等优点。叶片在进行干膜润滑涂层喷涂前需要进行表面处理(如喷砂、喷丸等),使得待喷涂表面粗糙度在合适范围内,增强叶根工作面与涂层之间的附着力。叶片工作面在喷涂完涂料后需要进行相应的固化工序,固化后的涂层才能满足工况使用需求。干膜润滑涂层在批产过程中主要检测指标有:外观、涂层厚度、附着力。而在进行首件鉴定时常见的检测项目有:耐高温性能、耐低温性能、耐液体介质、耐磨损性能、热稳定性能等。

干膜润滑涂层在航空工业上的应用在国外已十分普遍,它不仅可以满足现代航空工业在高温、高速、长寿命等的要求,它还起到节约能源和原材料的作用。国内外干膜润滑涂层主流的喷涂方式采用手工喷涂,随着"两机"产业对涂层质量要求的日益提升,可制备出成分均匀、性能一致的干膜润滑涂层的机器人喷涂方式成为该涂层现阶段关注的热点。

3）镀银涂层

在压气机叶根工作面镀银,具备与干膜润滑涂层类似的功能,能够减少摩擦力及微动磨损。另外,由于镀银具有较好的防腐蚀功能,镀银也被用于压气机叶片凸台的表面防腐蚀。

在压气机叶片上镀银的主要方法为电镀法。如下为某压气机叶片叶根工作面镀银主要工序:消除应力、装挂、除油、绝缘、清理、腐蚀、冲击镀镍、冲击镀银、镀银、清洗、干燥、除脆、防腐、检验。压气机叶片镀银工艺在批产过程中常见的测试项目有:外观检测、镀层厚度检测、裂纹检查。

2. 型面防腐蚀涂层

压气机叶片是发动机动力装置的主要组成部分,压气机的使用性能对发动机的整体性能产生直接影响。压气机叶身部分(流道面)在使用过程中直接受到高速、高压、潮湿的大气冲蚀从而失效,其中由于腐蚀造成的失效尤为严重。在压气机叶身部分涂敷型面防腐蚀涂层能够有效地减少叶身受到的腐蚀损伤,目前压气机叶身防腐蚀涂层应用较多的是无铬锌铝涂层。达克罗涂层(Dacromet)是指由片状锌粉、片状铝粉、润湿剂、分散剂、还原剂、去离子水及其他助剂等组成的混合溶液,搅拌均匀后涂敷在工件表面,在300℃下固化而成的涂层,达克罗涂层具有优异的耐腐蚀性能。无铬锌铝涂层是达克罗涂层改进后的涂层,它不仅保留了达克罗涂层的耐腐蚀能力,还具有良好的耐有机溶剂侵蚀的性能,且更加地环保。

常见的无铬铝涂层主要由两层组成:底层-耐腐蚀涂层+面层-封闭涂层。常见的涂料牌号有 Alseal519、Alseal598 等。底层的功能主要为基体提供阴极保护,在高温腐蚀环境下,通过阳极牺牲的方法为基体提供防腐蚀保护;面层的功能是提高底层防腐蚀涂层的平整度,通过降低涂层的消耗来延长涂层防腐蚀寿命。叶片型面防腐蚀涂层的制备方法主要为手工喷涂,这是由于叶片型面形状复杂,手工喷涂灵活性更好。

3. 抗冲蚀涂层

直升机或运输机在沙漠区域起降或低空飞行过程中,环境中的盐粒、砂粒、火山灰在旋翼下洗气流的诱导下高速吸入发动机,导致发动机部件受砂尘冲蚀损伤十分严重;尤其是处于发动机最前端的压气机叶片,在砂尘的冲击和磨损作用下,压气机叶片外形和结构完整性遭到破坏,导致发动机性能衰减、寿命降低,严重影响作战效能和安全可靠性。通过抗冲蚀涂层是解决压气机叶片冲蚀损伤最有效的手段,带有涂层的压气机叶片在腐蚀环境下寿命可提高 2~3 倍。

国外航空发动机压气机叶片已广泛使用二元抗冲蚀涂层，如美国 CH－46E 运输机螺旋桨叶片使用了 TiN 涂层，法国幻影战机前两级压气机叶片使用 TiN 涂层，俄罗斯米格-28 直升机压气机叶片使用了 TiN、CrC 等涂层，英国“山猫”直升机压气机也同样使用抗冲蚀涂层。而近几年，GE、MDS－PRAD 等公司开发了 ER－7 和 BlackGold 陶瓷涂层，其成分主要为 TiN 和 TiAlN，两相交替排列，并通过一过渡层与基体紧密结合。其涂层的断裂韧性和抗冲蚀能力都有较大幅度的提升。

国内对多元抗冲蚀涂层也做了大量研究，要研究的涂层有 TiAlN、ZrAlN、ZrN/TiN、Al/AlN、Ti/TiN、Cr/CrN 等，这些复合涂层的韧性承受较多的塑性变形，硬质脆性则发挥着增强涂层抗磨损的作用，但能应用在航空发动机叶片上的抗冲蚀涂层很少，还不能充分满足实际技术需求。

4. 阻燃涂层

钛合金因其比强度高、耐热性能好、耐蚀性能好等优点，广泛应用于航空发动机压气机叶片的制造，从而减轻重量和提高发动机推重比。但钛合金叶片在剧烈撞击、摩擦等条件下会发生快速氧化燃烧，引发“钛火”故障，造成发动机内部零部件的损坏，且来不及采取补救措施，后果极其严重。钛合金阻燃已成为发动机制造业中一项急需解决的问题。

阻燃涂层技术、阻燃合金、表面合金化是解决“钛火”的三种技术途径，其中阻燃涂层技术应用最为广泛，且可控性较高。阻燃涂层是采用先进的涂层制备方法在钛合金零件表面，尤其是在容易发生摩擦的表面涂覆一种难燃烧的材料，使得在一定温度和能量的冲击下起到阻燃的作用。所以阻燃涂层的性能要求具备良好的导热性、耐磨性、摩擦系数低、燃烧热值低及良好的抗氧化性能。

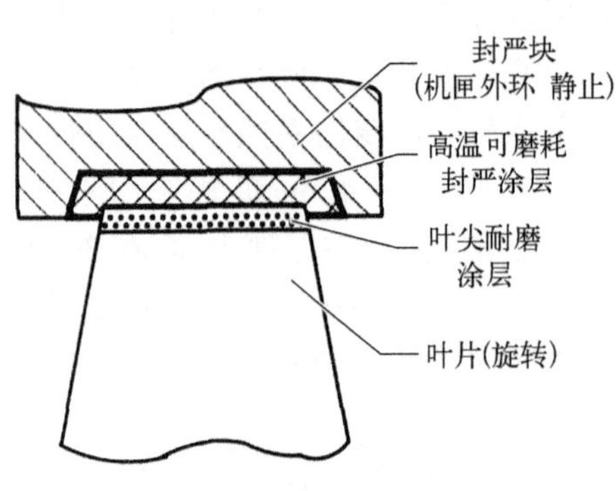

图 2.69 封严涂层工作原理

5. 蜂窝封严涂层

蜂窝封严通常是在蜂窝格内用喷涂的方法喷涂可磨耗涂层以增加封严效果(图 2.69)，而蜂窝则起到了强化涂层与基体结合的作用。压气机静子蜂窝封严环都是薄壁钣金结构，每级静子封严环由若干个扇形段组成。

第3章 燃烧室与加力燃烧室

燃烧室是将燃料化学能转化为热能的装置。燃料在燃烧过程中所放出的热量,使流过燃烧室的空气温度升高。进入燃烧室的是空气,由燃烧室流出的则是高温燃气。燃烧室按结构形式划分主要有单管燃烧室、环管燃烧室和环形燃烧室。燃烧室一般由机匣、扩压器、火焰筒、燃油喷嘴及火焰稳定装置等基本构件组成。加力燃烧室是在保持发动机最大转速和涡轮前燃气温度不变的情况下,将燃油喷入涡轮后的燃气流中,利用燃气中剩余的氧气再次燃烧。在涡扇发动机中,还可从外涵道引入新鲜空气,多喷燃油增大喷气速度,达到增加推力的目的。加力燃烧室主要由扩压器、混合器、火焰稳定器、供油和点火装置组成。本章在发动机结构方面将重点介绍燃烧室及加力燃烧室基本结构。在制造工艺方面将结合现有先进制造工艺,重点介绍陶瓷基复合材料制造工艺、增材制造工艺、钣金成形工艺等。

3.1 燃烧室与加力燃烧室工作原理

3.1.1 燃烧室工作原理

燃烧室工作的可靠性对发动机性能影响较大。燃烧室出口局部温度过高,会引起涡轮叶片过热或烧毁;燃烧室的可靠性差及寿命短,使发动机的使用性能及工作可靠性降低;燃烧室的工作不稳定,会导致熄火,使发动机停车。

燃烧室工况差,会影响发动机的效率。例如燃烧过程不充分,会使燃烧室中的热量损失增加和燃油消耗量增大,在火焰筒壁及涡轮叶片上积碳。火焰筒壁上的积碳使筒壁冷却变差,造成过热、变形甚至开裂;涡轮叶片上的积碳使叶片的气动性能变差,降低涡轮效率,并影响发动机转子的平衡。因此,应仔细对燃烧室进行设计,并通过充分试验进行调整。燃烧室的形式虽然很多,但为了保证混合气稳定完全燃烧,在燃烧室设计上采用了以下基本措施。

1. 气流分股设计

空气分股基于两点因素,一是在燃烧室内要形成油气比区域,保证高效燃烧;二是根据航空发动机轴向力,气流从压气机进入燃烧室后加热膨胀加速,在燃烧室机匣上作用有较大的向前轴向推力,采取了燃烧分区和空气分股措施后,燃烧区温度远超过现在使用金属材料的温度。因此,采用一个薄壁结构的火焰筒可将受热和受力分开,并且在火焰筒上开各种孔,形成不同的功能区。流入燃烧室的空气分为两股:第一股气流约占总空气量的 1/4~1/3，从火焰筒头部进入，与燃油混合，组成适宜燃烧的混合气（余气系数 α=0.7~1.0）进行燃烧，燃气温度高达 2 000℃ 以上；其余的为第二股气流，经火焰筒外围流过，从火焰筒中部和后部的大孔进入，与燃气掺混，使燃气温度降低到涡轮前允许值，并对燃烧室的零组件进行冷却，燃烧室分股进气示意图如图 3.1 所示。

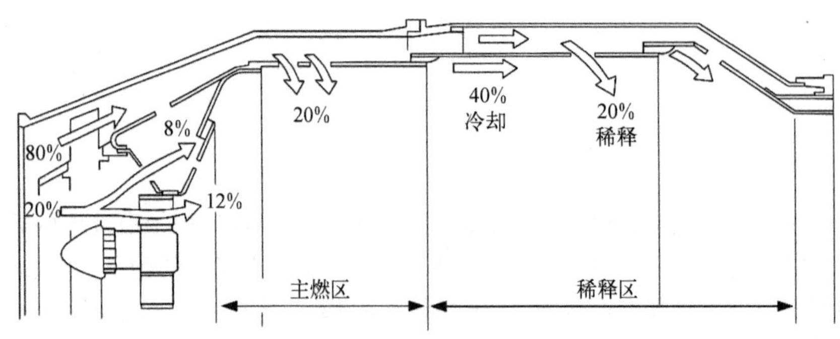

图 3.1　燃烧室分股进气

2. 形成低速区和回流区

在气流中，保证稳定燃烧的必要条件是混合气的燃烧速度（即火焰传播速度）不小于气流速度。为了保证稳定燃烧，必须降低流速和提高燃速。首先在燃烧室进口装有扩压器，以降低进入火焰筒入口处的气流速度。进入火焰筒内参与燃烧的第一股气流还要继续扩压减速。另外，在火焰筒头部还设有火焰稳定器，形成气流的回流区。火焰筒燃烧区中心的流速低，形成稳定的火源；外围流速高，加强了对火焰筒壁的冷却。同时高温燃气的倒流，还促进了燃油的蒸发和油气的混合，提高了燃烧速度，并点燃后续的混合气。

3. 燃烧区内形成非均匀的混合气

从直觉上讲，通常认为油气掺混得越均匀越好，但事实上正好相反，在均匀掺混的混合气中，保证稳定燃烧的工作范围是非常有限的。例如：当混合气温度为 150~200℃，流速为 20~30 m/s 时，保证稳定燃烧的余气系数的范围为富油极限（0.4~0.5）到贫油极限（1.3~1.5）之间。燃烧室在实际工作中，余气系数的值远远超出上述范围，所以在燃烧室内进行均匀混合气的燃烧是不可能的。非均匀混合气是指在燃烧区内，各点的余气系数是不一样的（余气系数为 0 到无穷）。这样，当飞行条件和工作状态改变（如猛收油门）时，原来的可燃区变为无法燃烧的贫油区，但原来的富油区却变为可燃区，无论飞行条件和工作状态如何变化，在燃烧室内总是存在着局部的可燃区。造成非均匀混合气的具体原因是从燃油喷嘴喷出的油粒大小不一，小油粒先蒸发，大油粒一边流动，一边吸热、蒸发。在回流气体的掺混作用下，形成非均匀的混合气分布区。燃烧过程首先在最有利的余气系数为 0.7~1.0 的区域内进行，然后延展到整个燃烧区内。

目前，所有燃烧室都是按非均匀混合气的燃烧原理进行工作的，因而燃烧区的工作范围对于混合气成分而言扩大了，使燃烧室在现有飞行条件和工作状态下都能够稳定可靠地工作。

3.1.2　加力燃烧室工作原理

航空发动机在达到最大状态后继续增加推力称为发动机加力。目前，最广泛采用的加力方法是在涡轮和尾喷管之间安装加力燃烧室,进行复燃加力。在高速的军用飞机上,加力燃烧室已经成为发动机不可缺少的基本部件。

加力燃烧室的作用是在保持发动机最大转速和涡轮前燃气温度不变的情况下,将燃油喷入涡轮后的燃气流中,利用燃气中剩余的氧气再次燃烧,在涡扇发动机中,还可从外涵道引入新鲜空气,多喷燃油增大喷气速度,达到增加推力的目的。当使用加力时,为了保持涡轮前各部件的最大工作状态不变,就必须同时加大尾喷口的排气面积,以适应燃气比容的增加。因此,凡是带有加力燃烧室的发动机都必须有调节尾喷口配合工作。

图 3.2 为典型带加力燃烧室的军用涡扇发动机结构简图。加力燃烧室位于发动机后部,在加力燃烧室工作时,不应对前面产生影响。加力燃烧室的燃烧过程由扩压、燃烧和排气三部分组成。从涡轮流出的高温、高速、低压的燃气,以及外涵气流经过混合器及扩压以后,使流动速度大幅下降到 160 m/s 左右,并在火焰稳定器后形成回流区,保证稳定燃烧。

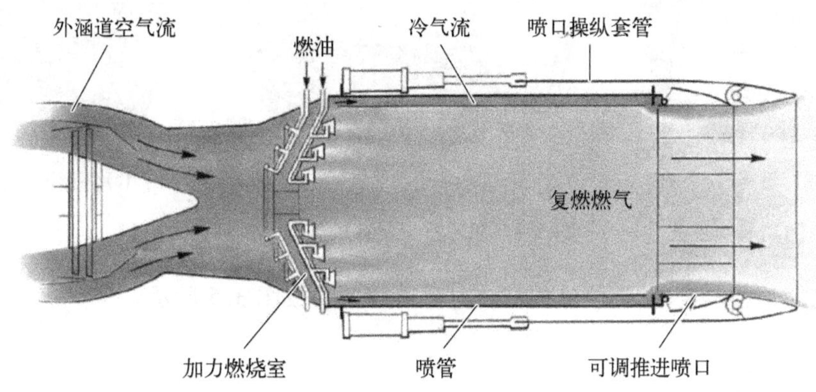

图 3.2　加力燃烧室的工作原理

复燃加力方案可以在不加大发动机径向尺寸和对前面各部件不做改变的条件下,仅增加一个结构相当简单的加力燃烧室就可以显著地增大发动机的推力。涡轮喷气发动机在起飞状态下加力时,推力可增加 40%~50%;在涡扇发动机中,则可增加一倍左右推力。但是,加力后排气速度和温度都提高,能量损耗大,所以在开动加力燃烧室时会使耗油率大大增加。与燃烧室相比,进入加力燃烧室的燃气压强较低,速度大,而且是已燃烧过的燃气,加力燃烧室工作条件较为恶劣,其长度比燃烧室长很多,但燃油不能完全燃烧,由喷口排出时仍然有火光,带加力燃烧室涡扇发动机结构如图 3.3 所示。

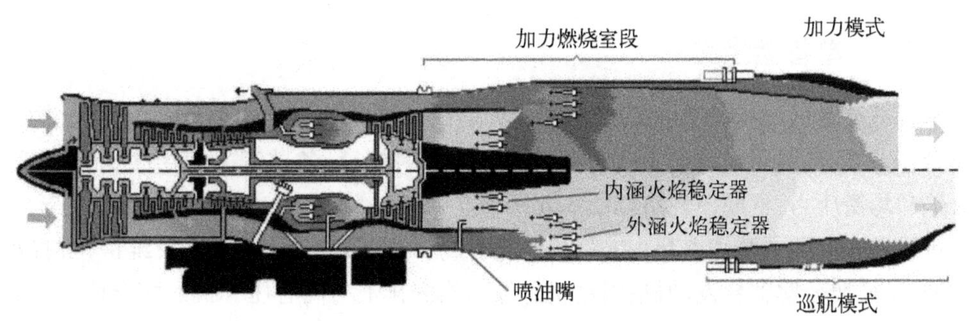

图 3.3　带加力燃烧室涡扇发动机结构

3.2 燃烧室基本类型

燃烧室按其结构形式主要有单管燃烧室、环管燃烧室和环形燃烧室，如图 3.4 所示。这基本与航空发动机的发展历史相对应，早期的燃烧室多为单管燃烧室，后来发展为环管燃烧室。20 世纪 60 年代后，环管燃烧室成为航空发动机燃烧室设计的主流，随着技术的发展，环管燃烧室的长度缩短，出现了环形燃烧室。

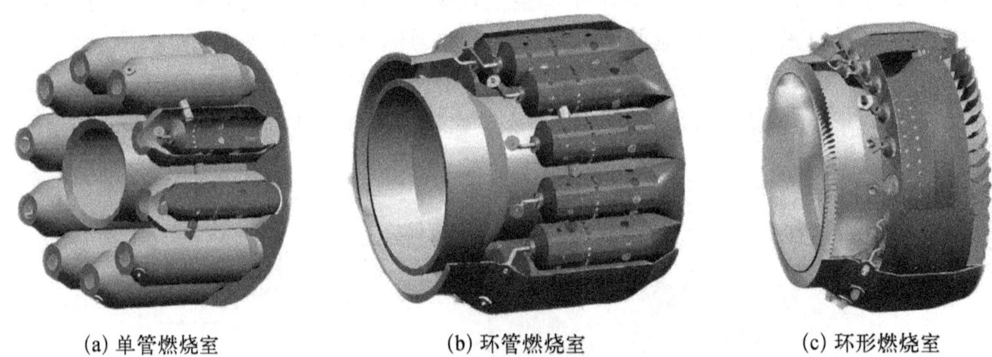

(a) 单管燃烧室　　(b) 环管燃烧室　　(c) 环形燃烧室

图 3.4　燃烧室主要结构类型

用简单的示意图表示，燃烧室的演变过程可以抽象成图 3.5 所示。

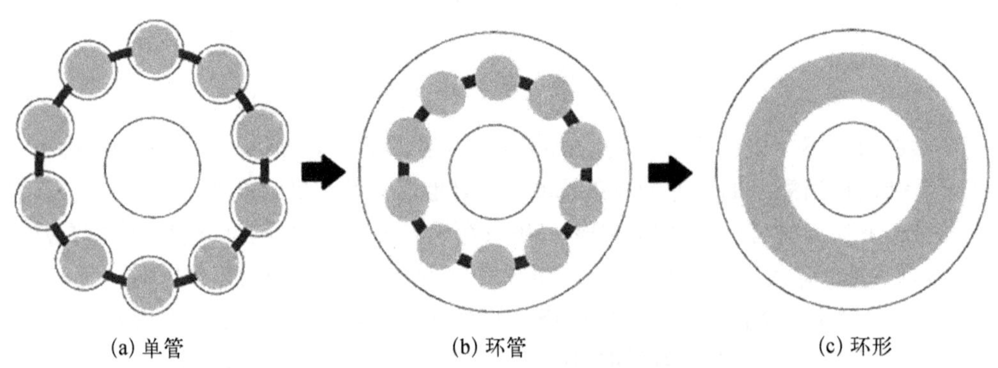

(a) 单管　　(b) 环管　　(c) 环形

图 3.5　燃烧室类型的演变

3.2.1　单管燃烧室

单管燃烧室的结构特点是每一个管式火焰筒的外围都包有一个单独的外壳，构成一个单管，沿发动机圆周均匀地安装有 6~16 个这样的单管，各单管之间用联焰管连通，传播火焰和均衡压力，早期燃烧室如图 3.6 所示。

单管燃烧室的主要优点是：试验和修正容易，不需要大型试验设备；维护、检查和更换方便，不需要分解整台发动机；发动机总体结构安排上与离心压气机的配合协调，因此，在早期发动机上，单管燃烧室得到了广泛应用。

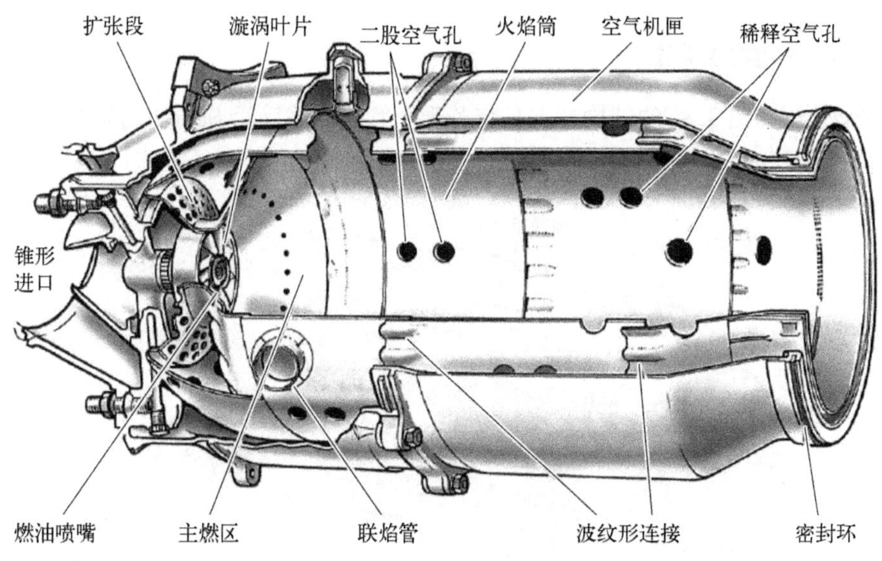

图 3.6　早期燃烧室

图 3.7 为多个单管燃烧室。单管燃烧室的缺点是环形截面积的利用率低(仅 70%~80%),因而燃烧室内气流平均速度大,这对稳定燃烧是不利的,总压损失较大;在高空依靠传焰管传递起动火焰,起动性能差;火焰筒表面积与燃烧室容积之比较大,因而火焰筒壁面气膜冷却所需空气量多;燃烧室出口温度场分布不均匀,燃烧室较重,由发动机承力系统看,只能内传力。这些缺点使得单管燃烧室在现代高性能航空发动机中已不再适用。

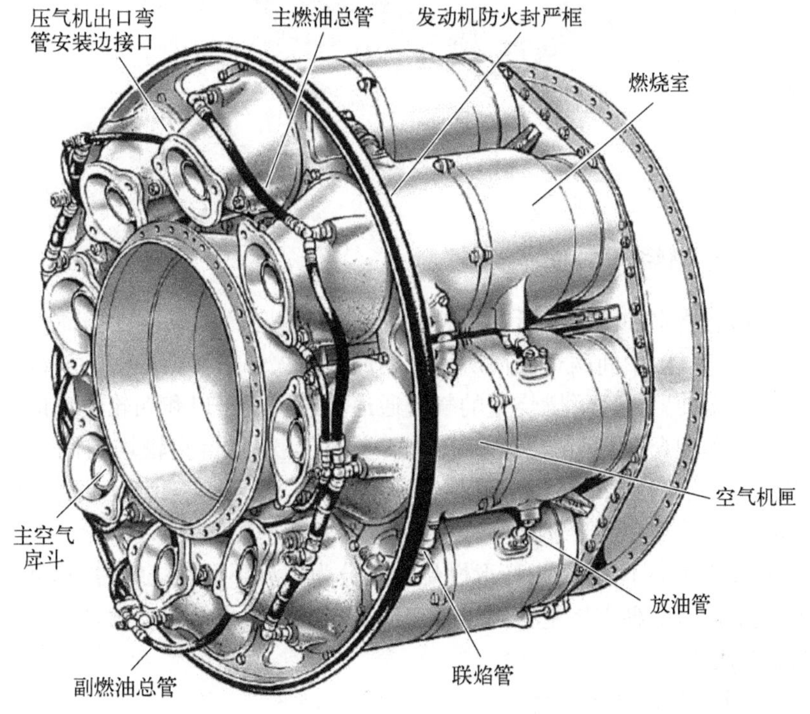

图 3.7　多个单管燃烧室

3.2.2 环管燃烧室

环管燃烧室(图3.8)的结构特点是将若干个管式火焰筒沿圆周均匀安装在同一个内外壳体间的环腔内,相邻火焰筒燃烧区之间用联焰管连通。

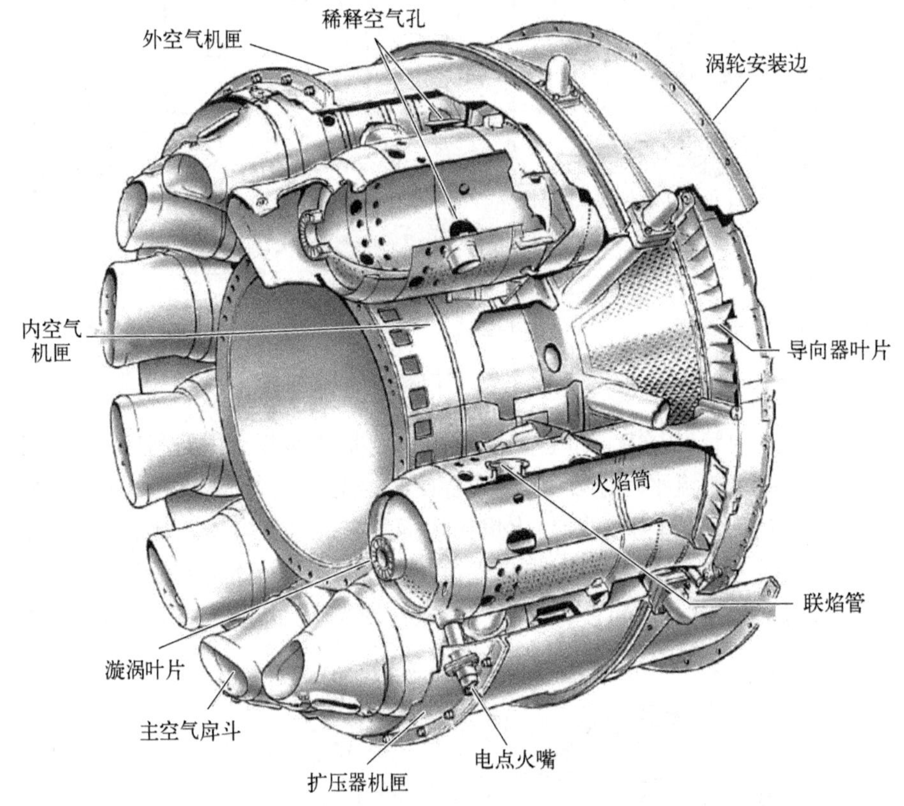

图3.8 环管形燃烧室

3.2.3 环形燃烧室

典型的环形燃烧室如图3.9所示,它由四个同心的圆筒组成,最内、最外的两个圆筒为燃烧室的内、外壳体,中间两个圆筒所形成的通道为火焰筒。火焰筒的头部装有一圈燃油喷嘴和火焰稳定装置。环形燃烧室的气流通道与压气机出口和涡轮进口的环形气流通道具有良好的气动配合,因而可以减少流动损失,而且还能得到较均匀的出口周向温度场。环形燃烧室的空间利用率最高,迎风面最小,这有利于减轻重量。近年来,很多新型发动机上都已广泛采用短环形燃烧室,进一步减轻发动机的重量。

根据环形火焰筒的不同形式,环形燃烧室可分为直流环形燃烧室、折流环形燃烧室和回流环形燃烧室。后两种燃烧室常用于带有离心压气机的小型航空发动机中。

1. 直流环形燃烧室

1)带单独头部的环形燃烧室

为了便于在火焰筒头部组织燃烧,把环形火焰筒头部做成若干个类似环管燃烧室火

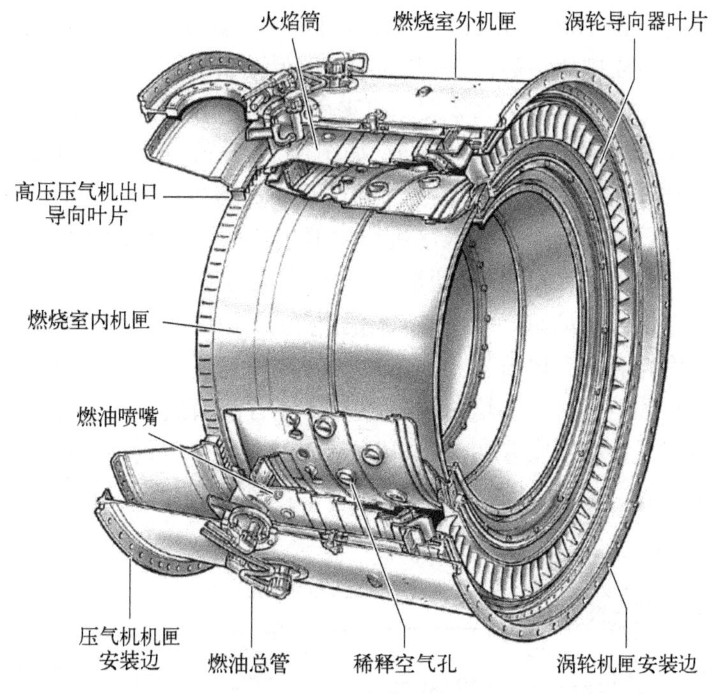

图 3.9　环形燃烧室

焰筒的头部结构,在这些单独的头部后面再转接成环形的掺混区。这种形式的燃烧室还保留着环管燃烧室的特征,又称为混合式燃烧室,如图 3.10 所示。

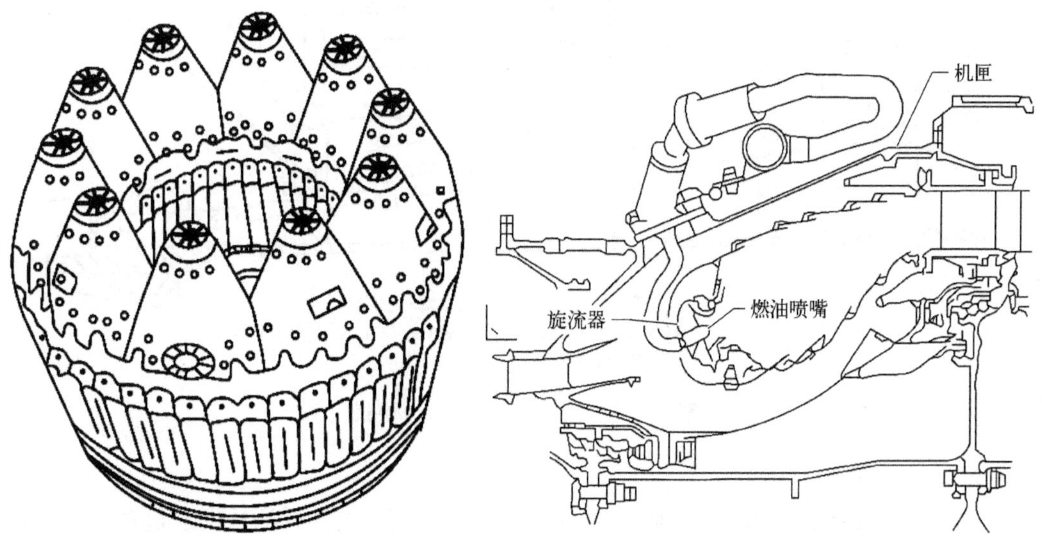

图 3.10　带单独头部的环形燃烧室　　**图 3.11　CFM56-3 全环形燃烧室**

2）全环形燃烧室

全环形燃烧室的火焰筒由内外壁及环形头部构成。图 3.11 是 CFM56-3 全环形燃烧室,有 20 个低压喷嘴,由燃油总管来的燃油是单路的,进入喷嘴后,在弹簧加载的分配活门作用下,分成主、副油路进入喷口,这种设计外部管路简单,喷嘴结构复杂,为了减少起动时燃烧不完全造成排放污染,将喷嘴的主油路燃油量加大,造成起动时局部富油。

英国罗罗公司生产的威派尔 522 发动机采用带蒸发管的环形燃烧室,由扩压机匣、燃烧室壳体和同心安装的火焰筒内外壁组成,如图 3.12 所示。扩压机匣是镁合金铸件,它把扩压器外壁、内壁以及内外壁之间的 6 个流线型支柱铸成一体,而且在气流通道中还铸有分流器锥形环。分流器锥形环将压气机出口的气流分成两股,外股气流从环形火焰筒的外壁进入火焰筒;内股气流又分成两部分,一部分经导流叶栅进入火焰筒头部,另一部分经火焰筒的内壁进入火焰筒。燃烧室壳体固定在扩压机匣后面,它包着火焰筒内外壁,其后部用来安装涡轮静子和尾喷管。火焰筒的前端固定到一个空气管的支板上,在这个支板上装有蒸发管和空气管。火焰筒内外壁的尾部有深槽插在涡轮部件的支承环上,允许火焰筒轴向膨胀。火花塞安装在扩压机匣下方,靠近 6 个气动注油喷嘴中的 2 个,火花塞头部伸入火焰区内。

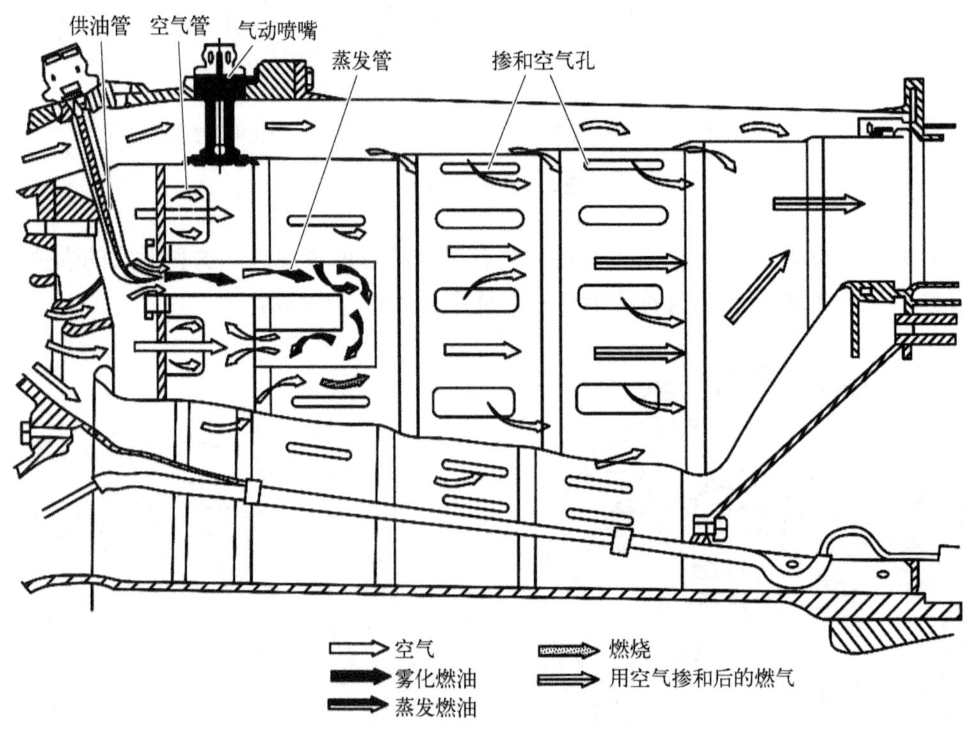

图 3.12 威派尔 522 发动机燃烧室

2. 折流环形燃烧室

小型航空发动机流量小,转速高,往往采用离心式压气机和燃油从发动机轴内腔经用油盘甩出的供油方式。为了充分利用空间尺寸,缩短转子支点的距离,常采用折流式环形燃烧室。

图 3.13 是折流环形燃烧室。燃烧室由燃烧室外套、火焰筒外壳、火焰筒内壳、封气套筒、供油管以及甩油盘等组成。压气机增压后的空气,分成三股进入火焰筒。第一股气流由轴向扩压器出口经前进气锥上三圈搓板式的进气缝隙进入火焰筒,形成旋流并与甩油

盘前方甩出的燃油相掺混,燃烧以形成主燃区。第二股空气穿过空心涡轮导向叶片的内腔,经内壳前端双层壁上的许多进气孔和甩油盘后方甩出的燃油相掺混进入主燃区。第三股空气直接由火焰筒外壳上的进气斗进入火焰筒内,以补充燃烧并降低燃气的温度。

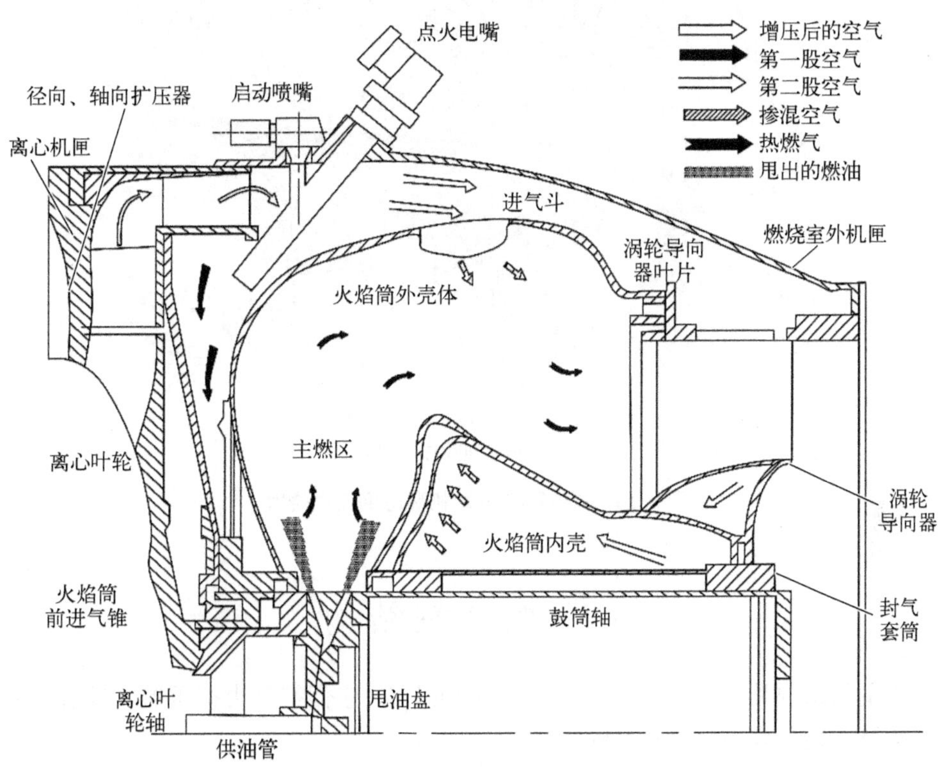

图 3.13　折流环形燃烧室

燃烧室通过甩油盘供给燃油。燃油由进气机匣中心部分输油嘴供入高压转子转轴内供油管,在高速旋转作用下,沿供油管内孔壁面流动,流到甩油盘后,沿盘上的锥面甩到内腔外的环形槽内,再由两排孔以高切向速度甩出。这种甩油盘的喷油方式,由于是借助离心载荷作用,使燃油在甩油孔出口处产生大的初始速度,因此,燃油雾化质量和分布均匀性好,并且不受燃油流量的限制。

3. 回流环形燃烧室

回流环形燃烧室的火焰筒由内、外壁和环形圆顶组成。图 3.14 所示是 RTM322 发动机燃烧室为环形回流燃烧室,这种燃烧室的特点是火焰筒头部靠近涡轮端,由离心压气机来的气体,先向后流入火焰筒头部,在向前流动的过程中完成与燃油的掺混燃烧。燃烧后的气体在靠近离心压气机处再向后折转,流入涡轮,即从离心式压气机出来的气体,在组织燃烧和与燃气掺混的过程中要经过两次折转再流入涡轮部件。燃烧室的燃油是由位于火焰筒头部的环形圆顶部的喷嘴提供。回流燃烧室使得压气机和涡轮间的轴向长度大大缩短,可以用短轴连接,同时大大缩短发动机的长度,减轻了发动机的重量,对提高压气机、涡轮轴的刚度和转子系统的临界转速也有好处。

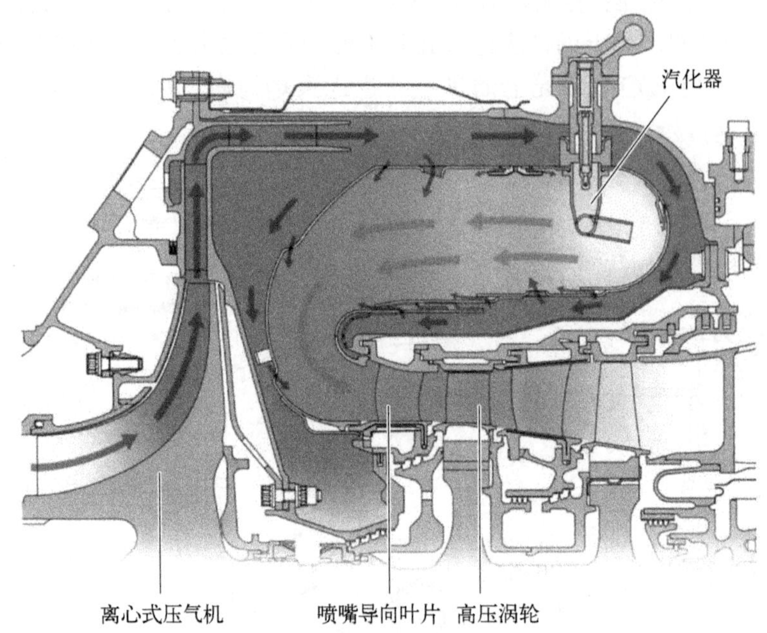

图 3.14　RTM322 发动机环形回流燃烧室

3.3　燃烧室结构

燃烧室的结构类型虽然多种多样,但从共性上看,它们都是由扩压器、涡流器、壳体、燃油喷嘴、点火塞、火焰筒等基本构件组成。

3.3.1　扩压器

扩压器是燃烧室中结构复杂,载荷环境恶劣的组件,在一些发动机中还是转子支承组件,用于支承压气机后轴承或高压涡轮前轴承,因此要解决传力、轴承润滑、封油和封气等问题。

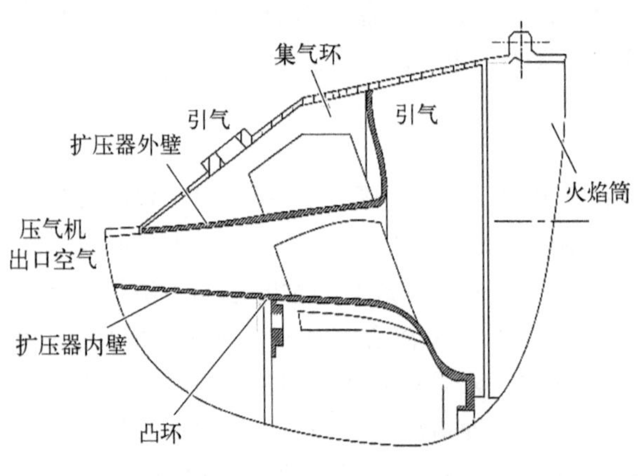

图 3.15　J57 发动机燃烧室扩压器

图 3.15 为 J57 发动机燃烧室扩压器,扩压器的作用是降低从压气机流出的气流速度,以利于组织燃烧。气流在扩散形通道中扩压减速。一般扩压器进、出截面积之比 $F_{出}/F_{进}=3.0\sim5.5$,使压气机出口的气流速度由 120~180 m/s 降低到 30~50 m/s。环形燃烧室扩压器还需要对流入火焰筒的气流和两股气流进行分配。此外,从扩压器上常要引出高压空气,给飞机和发动机供气。气流在

扩压器中的压力损失约占燃烧室总压力损失的1/3，扩压器长度约占燃烧室总长的1/4。因此，合理设计扩压器对于改善燃烧条件，提高燃烧室性能，减小燃烧室尺寸具有重要意义。

随着流体力学的发展，以及对燃烧室长度的限制，为了缩短扩压器轴向尺寸，扩张器的设计采用突然扩张式扩压器，即突扩式扩压器。压气机出口流经过很短的扩张环形通道后就突然扩张，使气流突然减速、扩压，形成一个稳定的湍流区，这种扩压器主要用在环形燃烧室，如图3.16所示。

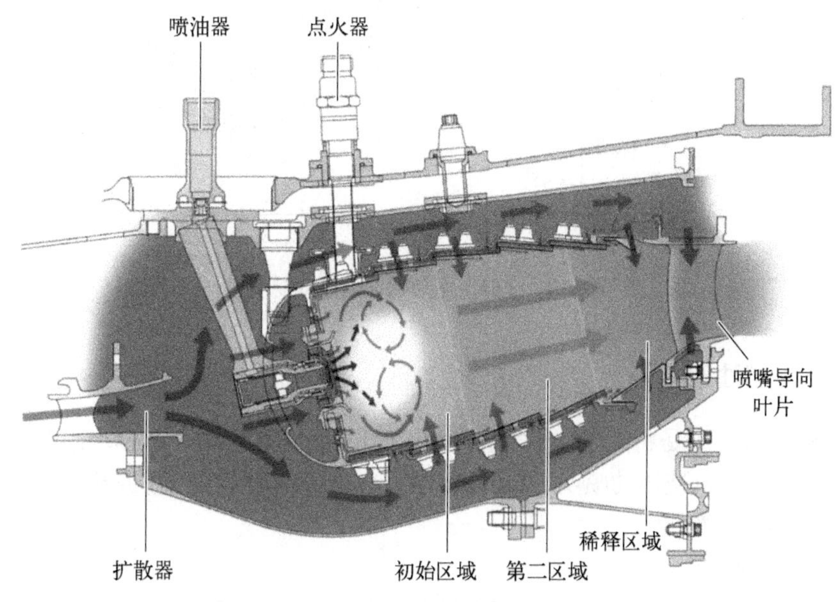

图3.16　发动机燃烧室

3.3.2　涡流器

涡流器装在火焰筒前端，其作用是使高温燃气在火焰筒头部产生低速回流区，以稳定火焰，使空气与燃油更好地掺混，点燃后继续混气，提高燃烧效率。涡流器分为叶片式和非叶片式两种。

典型的叶片式涡流器如图3.17所示，其主要工作原理是将进入涡流器的气流转向形成切向旋转，以达到降低轴向速度和加速抽气掺混。图3.18为JT3D发动机火焰筒的叶片式涡流器。它是精密铸件，由内外环、叶片和折流环组成。喷嘴装在涡流器内环、折流环位于片后将涡流器出口的一部分空气引向喷嘴附近，使靠近喷嘴的周围形成油区。试验证明，碳粒的生成主要在喷嘴附近的局部富油区内。因此，带有折流环的涡流器可以减少发动机的冒烟造成的对大气的污染。为了减小热应力，在折流环上加工有四条周向均匀分布的膨胀槽。

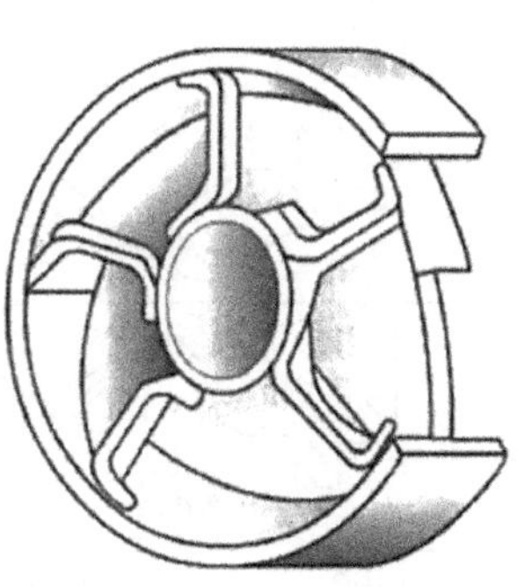

图3.17　叶片式涡流器

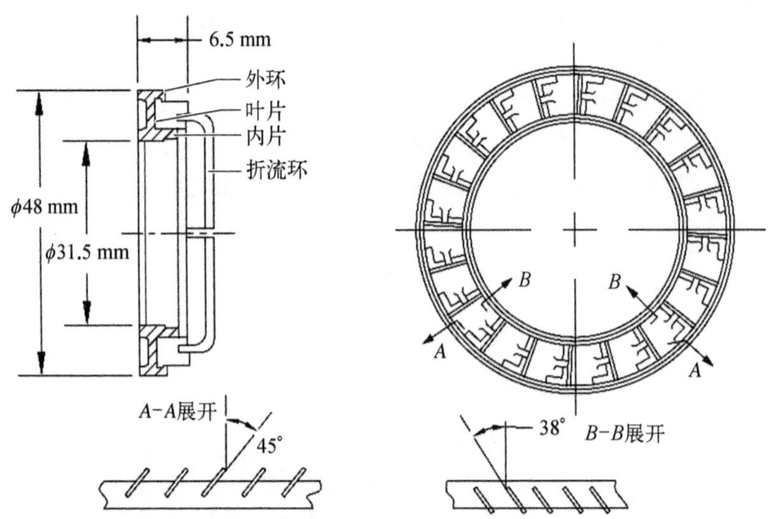

图 3.18　JT3D 发动机火焰筒的涡流器

3.3.3　燃油喷嘴

燃油喷嘴的作用是将燃油雾化(或汽化),加速混合气形成,保证稳定燃烧和提高燃烧效率。航空发动机使用的喷嘴,有离心喷嘴、气动喷嘴、蒸发喷嘴(亦称蒸发管)和甩油喷嘴(亦称甩油盘)等。

1. 离心喷嘴

离心喷嘴是利用高压燃油通过喷嘴的涡流器后,在涡流室内高速旋转,有较大的切向速度,然后从较小的出口喷出。由于出口直径较涡流室的直径小很多,因此由喷口流出燃油的切向速度增加很多。燃油喷出时,靠大切向速度产生的离心载荷作用及与空气相互作用,将燃油雾化散开成为许多微小的油珠。常用的离心喷嘴结构有四种:切向槽、切向孔、螺旋槽、涡流片,如图 3.19 所示。

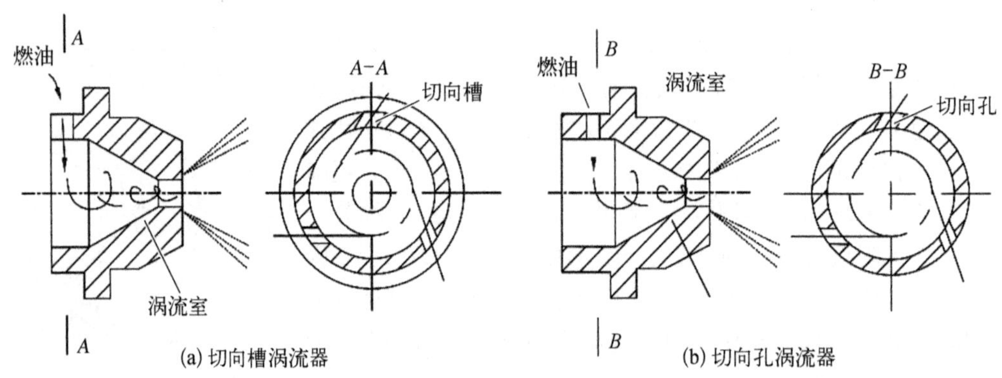

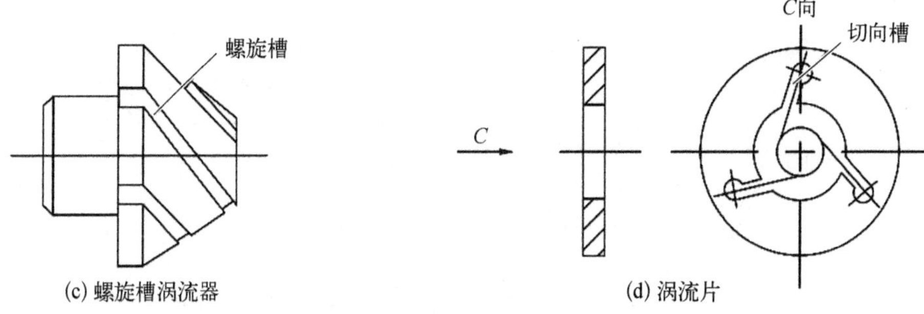

图 3.19　离心喷嘴涡流器结构示意图

双路离心喷嘴的工作原理如图 3.20 所示，喷嘴内有主、副油两条路及相应的环形主喷嘴和中心副喷嘴。

2. 气动喷嘴

图 3.21 为燃烧室的气动喷嘴示意图。燃油经过切向孔，在喇叭口的内壁面上形成旋转的薄油膜层，在内外两股高速气流的作用下，碎裂成与空气充分掺混的油雾，进入火焰筒头部。

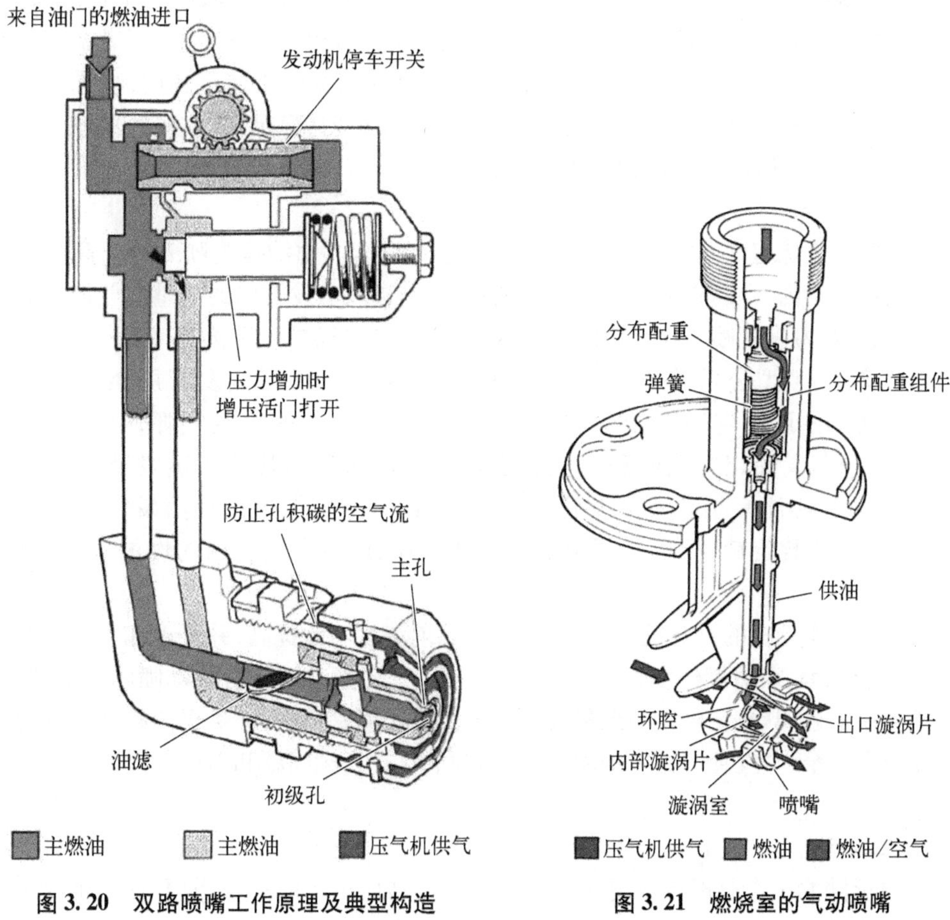

图 3.20　双路喷嘴工作原理及典型构造

图 3.21　燃烧室的气动喷嘴

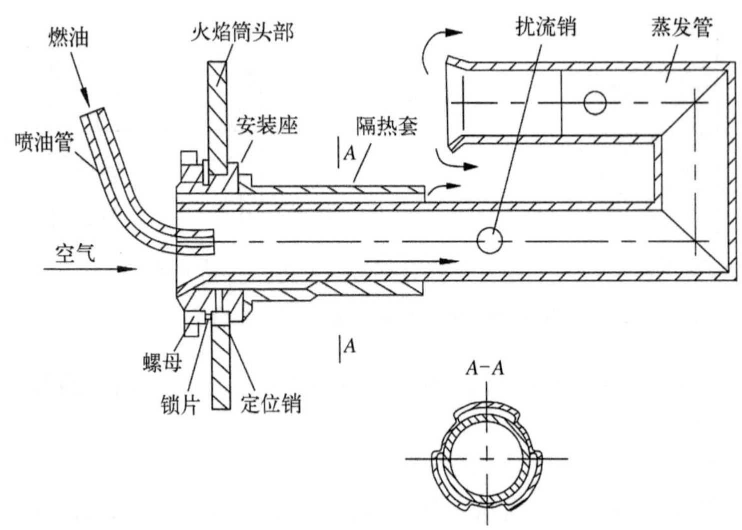

图 3.22　威派尔发动机燃烧室的蒸发管

气动喷嘴的优点是：油气混合均匀，避免了主燃区的局部富油，减少了冒油和积碳；火焰呈蓝色，辐射热量少，使火焰筒壁温度降低；贫油熄火极限大大降低，使燃烧室稳定工作范围加宽；气动喷嘴不要求很高的供油压力，而且在较宽的工作范围内，喷雾无锥角大致保持不变，所以容易使燃烧室出口温度场分布比较均匀、稳定；气动喷嘴的缺点是：在起动时，由于气流速度较低，压力较小，雾化不良。

3. 蒸发喷嘴

在蒸发式燃烧室内，油气提前在蒸发管内进行混合。燃油首先喷入处于高温燃气流中炽热的蒸发管内，迅速吸热并蒸发为燃油蒸气，与进入蒸发管内的少量空气初步混合形成油气，然后从蒸发管喷入火焰筒的主燃区内，与大量空气混合后燃烧。

图 3.22 为罗罗公司的威派尔发动机蒸气喷嘴。“Γ”形蒸发管用螺母固定在火焰筒头部上，用定位销定位，使每一个蒸发管的出口针对一个空气杯，空气从空气杯流出，与从蒸气管流出的燃油蒸气混合燃烧。燃油从喷油管喷入蒸发管内，同时，还有少量空气和燃油一起进入蒸发管，为了使这部分空气与燃油在蒸发管内更好地混合，还设有两个扰流销，为了保证蒸发管不致烧坏，以及蒸发管内的燃油不致焦化，设有隔热套。

随着航空发动机的日益发展，总压比和涡轮前温度不断提高，并要求在整个飞行范围内提高燃烧效率、缩短燃烧室长度、解决冒烟污染。蒸发喷嘴具有气动喷嘴类似的优点，有利于解决上述问题，主要在小流量发动机上使用。但是，蒸发喷嘴仍然存在着燃烧室稳定工作范围较窄、蒸发管本身冷却困难、管内预混存在自燃问题和需要辅助起动供油系统等缺点。

4. 甩油盘

甩油盘供油工作原理是利用转子的高转速旋转所产生的离心作用，使甩油盘油孔中流出的燃油形成油膜，并撒散为油珠，在气动力作用下，油珠雾化和空气混合，进入燃烧区燃烧,其突出的特点是在小供油量时仍然可以保持良好的雾化和油气掺混效果,这对高空使用的燃烧室供油是十分重要的。由于甩油盘供油效果主要取决于转速,因此,在高转速、小流量航空发动机中得到广泛采用。

油盘的燃油雾化是利用高速旋转所产生的离心效应实现的,不受燃油流量的影响。一般油盘油孔出口油压大于0.98 MPa,保证良好雾化效果。在环境温度接近燃油冰点和慢车转速下,甩出燃油的索太尔平均直径不大于60 μm。在甩油盘内任何地方,均只在内壁上有一层紧贴内壁的油膜,在甩油盘注油孔内也是如此,且沿孔的周长上不全有油,油量的变化对薄膜厚度变化影响不大。

燃油在孔与孔之间的分布,取决于用油盘内表面几何形状与精度,尤其是甩油盘内表面与旋转轴线的同心度。而甩油孔的真实形状、尺寸、数目、间隔、光洁度对各孔的燃油分布和雾化效果影响并不显著。

3.3.4 点火装置

点火装置的作用是在起动发动机时或在高空熄火后形成点火源。点火性能直接影响发动机工作的安全可靠性。当发动机在高空熄火后,压气机处于风车状态,燃烧室进口压力和温度都很低,但气流速度仍然较高。在这样条件下,要保证可靠的再点火是不容易的。发动机的点火装置可分为直接点火和间接点火两种。

1. 直接点火装置

直接点火是用电嘴直接点燃火焰筒头部的混合气。随着高能电嘴的发展,电嘴在低压下,放电能量大大增加。因此,除不能直接点火的蒸发式燃烧室外,直接点火已经得到广泛应用。点火装置如图3.23所示,半导体电嘴固定在燃烧室外壳体的安装座上,因电嘴通过外涵道,故设有电嘴外壳体保护电嘴。电嘴与外壳体之间用浮动环密封,电嘴与火焰筒之间也用浮动环密封。

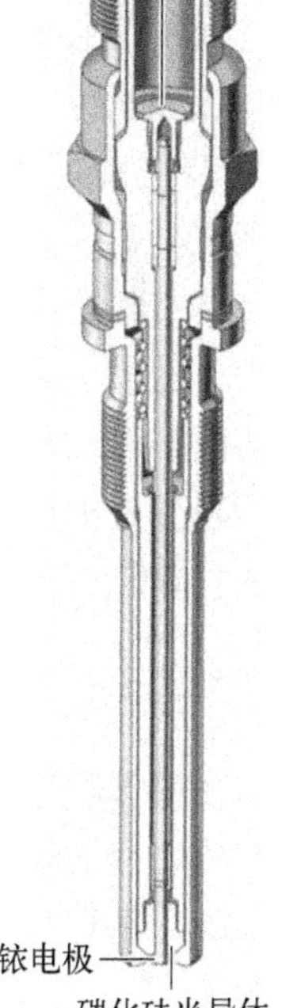

图3.23 点火装置

2. 间接点火装置

间接点火是在专门的点火器中先点燃气动喷嘴的燃油,形成小股火焰后再进入火焰筒头部去点燃工作喷嘴的燃油。WP7发动机采用间接点火,2个点火器安装在燃烧室外套前部与起动输油圈相连。它由气动喷嘴、电嘴、补氧喷嘴、点火器壳体等组成(图3.24)。为了保证高空起动,在8 000 m以上的高空还进行补氧,可保证点火高度达到12 000 m。在点火器壳体上开有小孔,引入少量第二股气流,经挡板扰流后,与气动喷嘴喷入的燃油混合,由中心电嘴点燃,形成小股火焰。通过三通管引燃相邻火焰筒内的工作燃油。起动燃油早期是用汽油,后期改为煤油,以简化系统。

不论是直接点火还是间接点火,电嘴与喷嘴(气动喷嘴或工作喷嘴)之间的相对位置很重要,电嘴应位于燃油的局部浓度适当、气流速度较低、最容易着火的地方。直接点火装置的电嘴位置只能放在火焰筒头部,靠近喷雾锥外缘,隐蔽在气流速度较

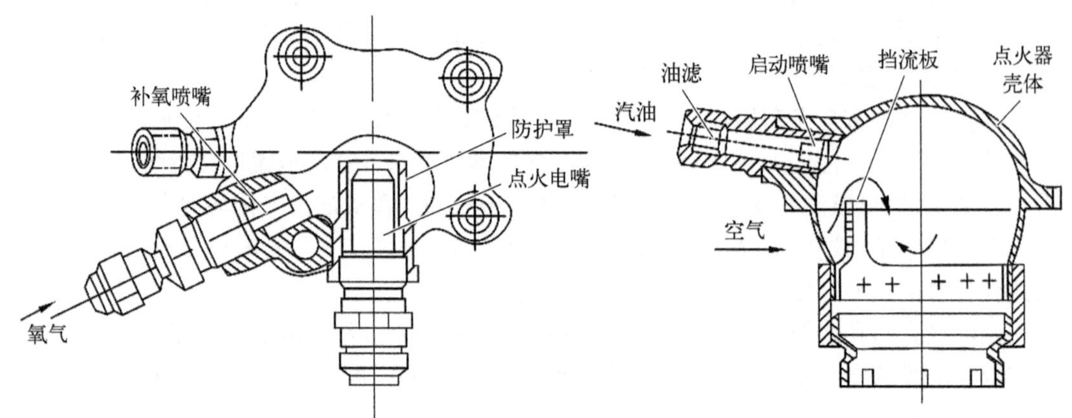

图 3.24　航空发动机的点火器

小之处。间接点火装置一般设在火焰筒的回流区范围内,向回流区喷出先锋火焰。但间接点火装置也有放在火焰筒外面的,例如,WP11 发动机放在压气机出口处,WP7 装在传焰管内,传焰管通常设在回流区最大直径处,该处也正是设置点火装置适宜之处。

点火器的周向分布有不同的方案：安排在发动机上部,则电嘴不易弄脏和积碳;安排在发动机水平中心线附近,相对 180°的位置,可使每个电嘴点火的传焰路程最短;安排在发动机下部,当发动机贫油熄火时,在燃油油位的静压作用下,发动机下部火焰筒最后熄火,因此,易于再次点燃。此外,还要考虑到检查和维护的方便。通常电嘴的分布位置经过试验确定。

3.3.5　传焰管

在单管燃烧室和环管燃烧室中,为传播火焰以及均衡各火焰筒的压力,都必须有传焰管。传焰管的轴向位置,应设在回流区直径最大的地方,因为该处较容易点火。传焰管的直径应合理选择,如果直径太小,则火焰难以通过,尤其是在高空低压条件下。直径也不宜太大,因为传焰管横贯于第二股气流通道之中,大传焰管下游将产生强烈的涡流,影响下游火焰筒壁面的冷却。环管燃烧室的传焰管包围在第二股气流中,它的结构比单管燃烧室的简单。

JT3D 发动机燃烧室采用两个不同直径的套组成传焰管,如图 3.25 所示,两衬套端面和径向都有间隙,使工作时不致磨损。为避免迎面气流由端面间隙进入传焰管内,影响联燃效果,在大传焰管迎着气流方向有凸出的半环。在火焰筒壁面上焊有大导流片,用以加强传焰管下游的壁面冷却。

3.3.6　火焰筒

火焰筒是发动机中工作环境温度最高的构件。为了延长它的寿命,改善它的冷却效果是非常重要的措施。筒壁的冷却方式有气膜式和散热片式两种。实践证明,锻件机械

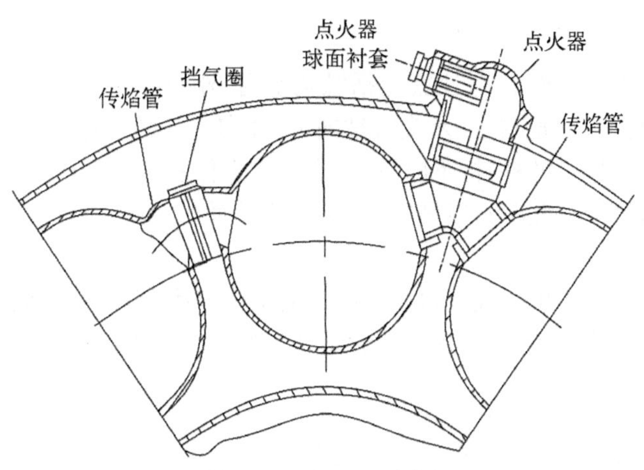

图 3.25　环管燃烧室传焰管

加工成的散热片冷却效果差，重量大，且费料费工。因此，目前都采用气膜冷却方式。一般发动机用于气膜冷却的空气流量，约占总流量的 25%～35%。

最简单的气膜冷却结构是在火焰筒壁上钻一些小孔，由于小孔的直径较小，所以空气进入火焰筒的射流深度浅，空气进入火焰筒后，紧贴空气火焰筒内表面迅速散开，形成冷却气膜保护层。筒体上的进气孔和冷却气膜孔有不同形式，其形状、大小、数量和分布，取决于组织燃烧的需要和涡轮前燃气温度的要求。火焰筒是航空发动机中局部温度最高的部件，工作中还要解决高温热强度、热应力、热腐蚀、热变形和热稳定性等诸多问题。为提高抗振、抗热疲劳强度，孔边应抛光和加强，如加箍套。为加大进气深度，可采用弯边孔和进气斗；为改善受热不均匀，可给大进气孔镶边，或在筒壁上大孔之间开若干小孔。火焰筒壁冷却结构如图 3.26 所示。

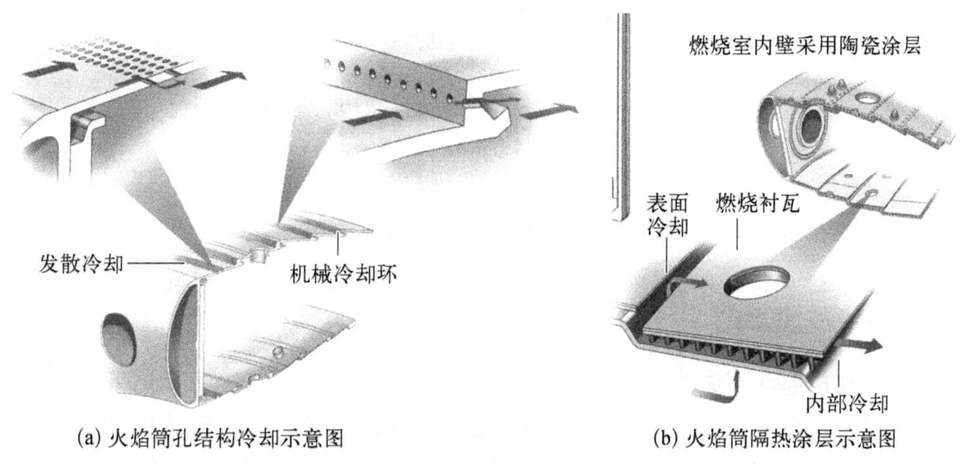

(a) 火焰筒孔结构冷却示意图　　(b) 火焰筒隔热涂层示意图

图 3.26　火焰筒壁冷却结构

3.3.7 燃烧室机匣

现代航空发动机的燃烧室机匣（包括燃烧室内、外壳体和扩压器内、外壁）通常是发动机重要承力组件。燃烧室机匣承受有轴向力、径向力、扭矩、弯矩、振动载荷等，载荷环境非常复杂。特别是燃烧室内机匣（包括燃烧室内壳体和扩压器内壁），空气压力使这种薄壳筒零件承受径向压缩应力，容易压扁，变成椭圆而“失稳”。因此，许多发动机的燃烧室内机匣都采用加强结构。

图 3.27 为一些发动机燃烧室内机匣的径向加强筋实例。加强筋常用板材焊在燃烧室内机匣的内表面，为减轻重量，加强筋沿周围加工有许多减轻孔，孔口还可翻边加强。

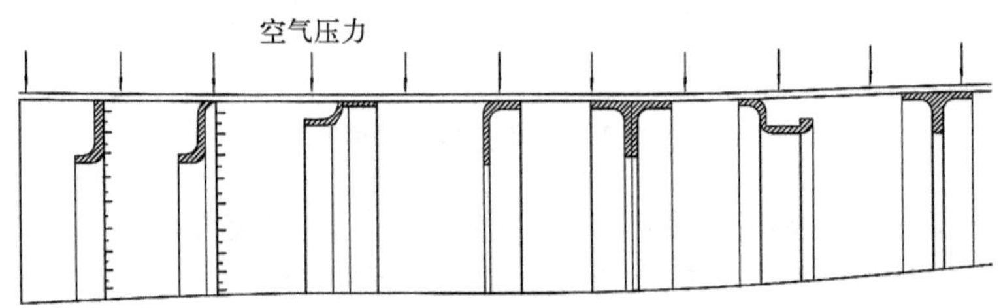

图 3.27　燃烧室内机匣的径向加强筋

上述加强筋只能承受径向力，不能承受轴向力。如果燃烧室内机匣的母线与发动机轴线不平行，而要求径向和轴向都能加强时，最好采用封闭形加强筋，如图 3.28 所示。封闭腔应开有通气小孔，使筋的内腔与外界相通。

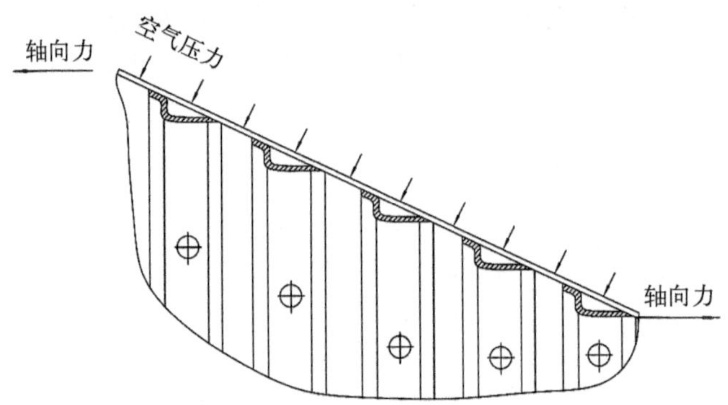

图 3.28　燃烧室内机匣的封闭形加强筋

3.3.8 放油活门

如果发动机起动不成功或燃烧室意外熄火，燃烧室将会沉积不少燃油，若不及时将这些燃油排出发动机外，这些燃油就可能在不适当的部位燃烧，这对发动机是不利的。为此，在航空发动机燃烧室中设有放油活门，用以放出这些多余的燃油。当发动机停车后，放油活门应自动打开，将残余的燃油放掉；当发动机工作时，放油活门应自动关闭，以免漏气。一般每台发动机只有 1 个放油活门，对常做特技飞行的发动机，可有 2 个放油活门。

放油活门座装在压气机后燃烧室机匣的最低处。

图3.29为WJ6的放油活门，其关闭放油活门的压力是可调的，拧紧或拧松螺母，改变弹簧的弹力，从而改变关闭放油活门的空气压力。在燃烧室外壳体上设有收油池，余油可迅速流入收油池，然后经放油活门徐徐放掉。

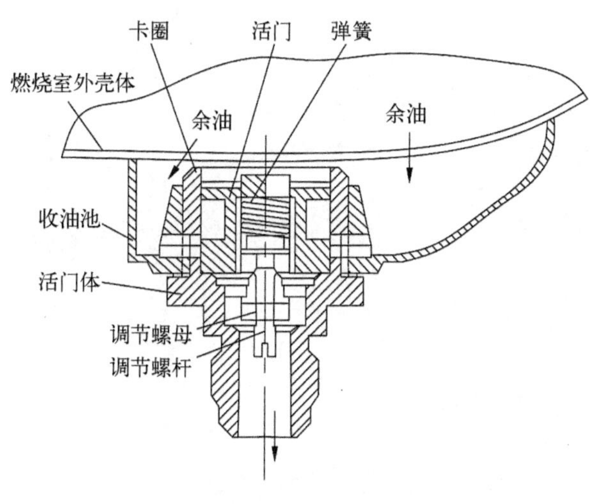

图3.29　WJ6放油活门

3.4　加力燃烧室结构

加力燃烧室的结构如图3.30所示，由扩压器、喷油系统、点火器和火焰稳定器等组合件组成。由于加力燃烧室工作时需要将燃气中的大部分氧气燃烧掉，所以在结构上不再像主燃烧室那样设置火焰筒，而是在加力燃烧室的主气流中设置火焰稳定器。一般采用断面为V形的圆环或径向辐射条作为火焰稳定器，为了减少流动损失，常把稳定器分为两排或三排，在不同半径上前后错开排列。

3.4.1　扩压器

扩压器的作用是降低气流速度。目前，扩压器出口的气流速度在120~180 m/s之间。设计扩压器时，应使气流的流动损失尽可能小。与设计主燃烧室的扩压器一样，最好按照等压力梯度来设计通道。因为加工困难，通常以几段直线近似地代替等压力梯度型面的母线。根据扩压器的构造参数：扩压比n(扩压器出口截面与进口截面之比)和当量扩压角θ的大小，扩压器可做成图3.31所示的几种形式。

当扩压比$n\leqslant 2$，当量扩张角$\theta=12°\sim18°$时，扩压器的外壳为圆柱形，如图3.31(a)所示；当扩压比$n>2$，当量扩张角$\theta=20°\sim25°$时，扩压器的外壳为圆锥形或曲线圆锥形，如图3.31(b)、(c)所示。当量扩张角$\theta>25°$时，最好采用等压梯度变化的扩压器。

加力燃烧室扩压器的内壁可做成平滑的圆锥形，这可使离开涡轮的燃气速度逐渐降低，但是为了缩短内锥体长度以及利用它使火焰稳定，内锥体通常制成截锥形。气流在截

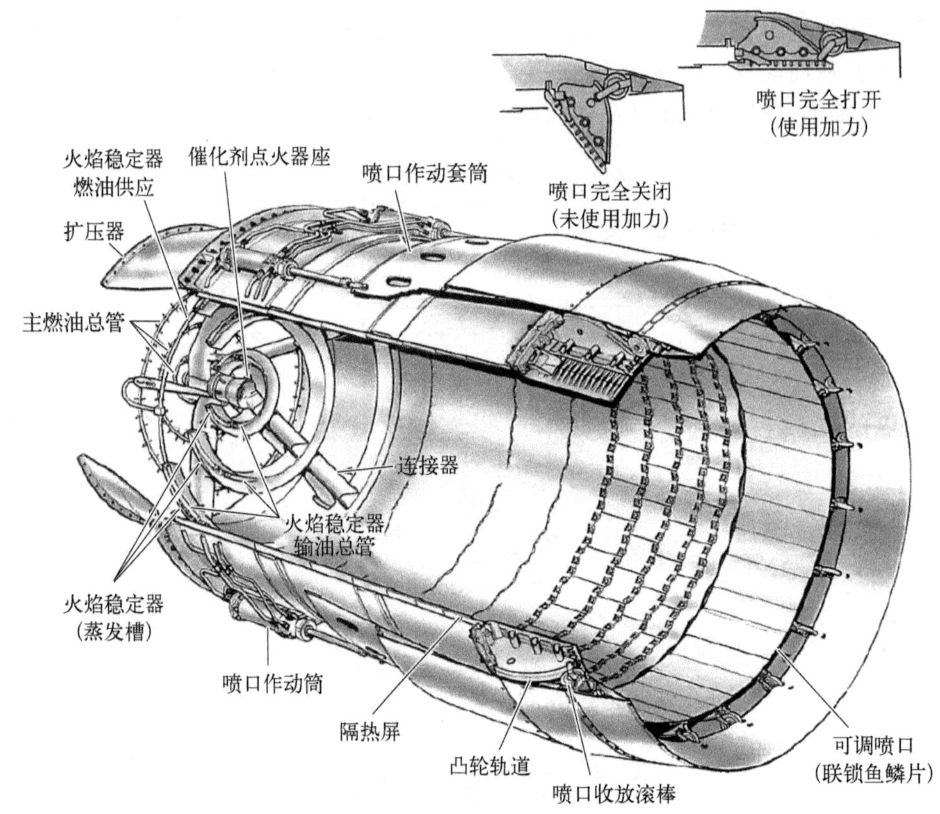

图 3.30　加力燃烧室结构示意图

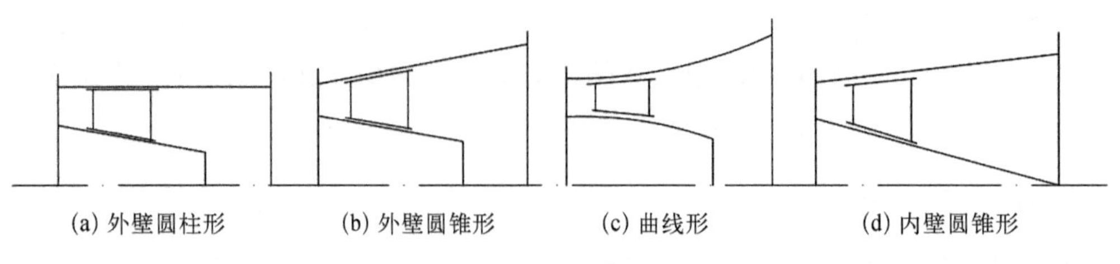

图 3.31　扩压器形式

锥处会骤然扩散而产生附加损失，但因为此截面的燃气速度不大，并且扩散比在 30%左右，实验证明此附加损失很小。借助截锥体产生的扰流及大的回流，从而大大改善加力燃烧室的燃烧过程，提高燃烧的稳定性。

3.4.2　混合器

在带加力燃烧室的涡轮风扇发动机中，加力燃烧室还有一个组件叫混合器。它是将涡扇发动机外涵空气引入内涵的装置。目前主要有 3 种类型的混合器：环形混合器、漏斗形混合器和菊花形混合器，如图 3.32 所示。

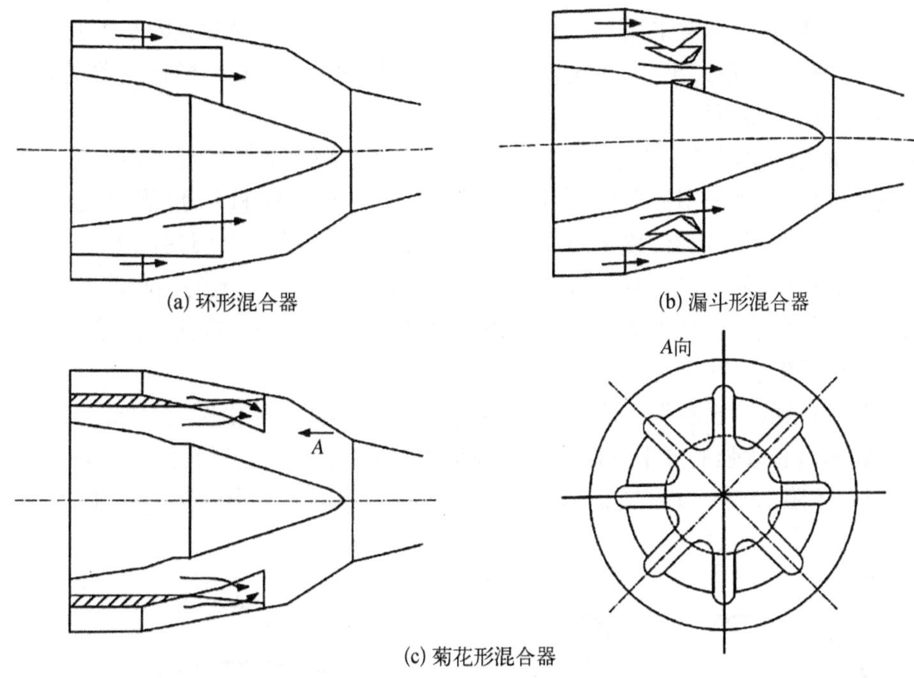

图 3.32　涡扇发动机内外涵混合器示意图

1. 环形混合器

环形混合器(又称平行进气混合器)主要依靠内、外涵两股同轴平行射流的表面紊流混合。F100 涡扇发动机就采用这种混合器,环形的火焰稳定器设在平行射流表面的紊流。这种混合器结构简单、重量轻、流阻损失小,目前在大推重比的涡扇发动机中广泛采用。但是它的出口流场随飞行状态变化大,对燃油调节器要求高。

2. 漏斗形混合器

漏斗形混合器由许多插入内涵的漏斗组成。外涵气流通过漏斗以一定的角度射入内涵,使内、外涵气流在较短的混合器长度内得到充分混合,但其压力损失大,结构重而复杂。

3. 菊花形混合器

菊花形混合器也采用同轴表面混合的方式,利用沿外涵气流方向越来越大的波形菊花槽来增大内、外涵气流的混合面,提高混合效率。F101 涡扇发动机就采用这种混合器,其混合度及压力损失随菊花形的数目和大小而改变,一般情况下介于漏斗形与环形混合器之间。

3.4.3　火焰稳定器

火焰稳定器的作用是在加力燃烧室中形成局部低速区且形成回流区,加速混气的形成和加强燃烧过程,稳定火焰和提高完全燃烧度。目前有机械火焰稳定器和气动火焰稳定器两种类型。

1. 机械火焰稳定器

在加力燃烧室中，通常采用非流线型物体作为火焰稳定器，最常见的是V形槽。它具有结构简单、重量轻、损失小、发展比较成熟、性能较好的优点。V形槽稳定器又分为环形稳定器和径向稳定器两种。

在混合加力的涡扇发动机中，加力的主要特点是外涵冷空气参与燃烧。为了解决低温稳定燃烧问题，广泛采用径向V形槽式稳定器。在平行进气的F100涡扇发动机中，除主稳定器为单排环形稳定器，置于内涵高温燃气流中，建立稳定高温热源外，内外都是径向稳定器。利用内涵高温热源加热径向V形槽，促进外涵稳定器上的油膜蒸发和混合，并用内涵高温燃气引燃，提高外涵冷混气燃烧的稳定性。不加力时，这些径向稳定器又能促进内外涵气流的混合。

图3.33所示的沙丘驻涡火焰稳定器，它由多个船形薄壳体沿圆周连成一个环组成。这种沙丘驻涡具有顽强的抗干扰性能。实验结果表明，这种稳定器与同样阻塞比的V形槽相比，阻力下降75%~80%，旋涡内燃烧的贫油熄火极限比V形槽扩展了4~5倍，点火

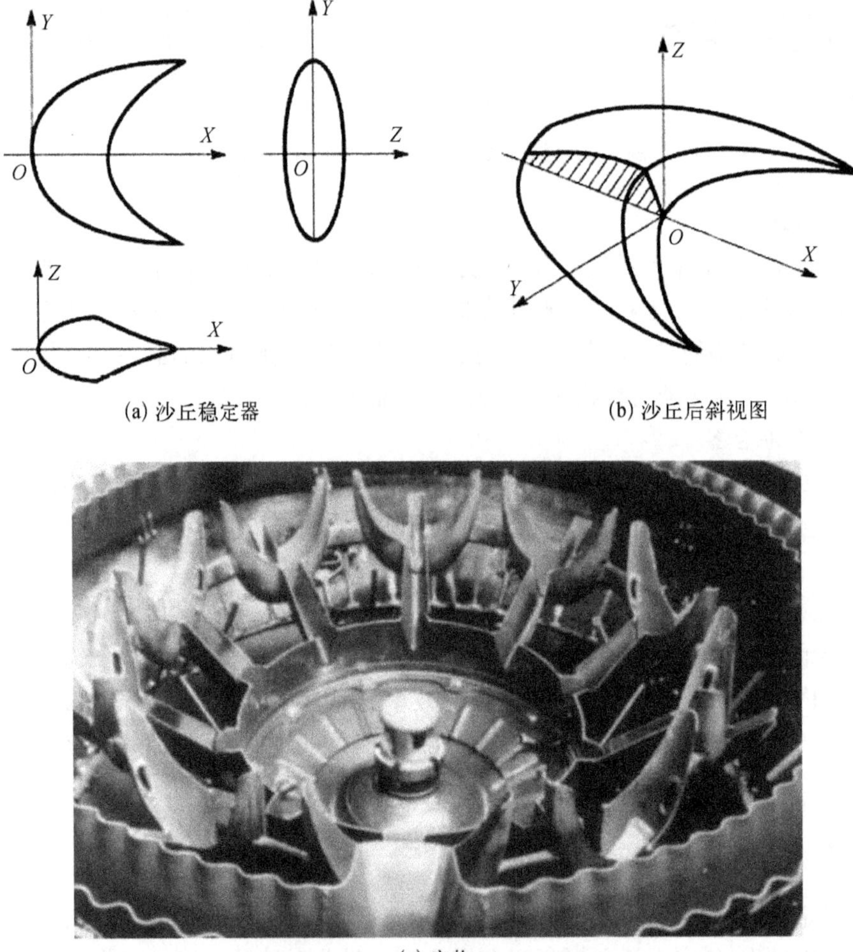

(a) 沙丘稳定器

(b) 沙丘后斜视图

(c) 实物

图3.33　沙丘驻涡火焰稳定器

风速也提高了将近一倍,已用于我国多型航空发动机中。

机械式火焰稳定器,目前虽然被广泛采用,但是,在气流通道中需要设置非流线型物体及其结构件,其存在以缺点:一是结构比较复杂,二是气流的压力损失较大,此项损失与稳定器的堵塞比、形状、位置、气流的速度、扩压器的当量扩压角等有关。为了克服这些缺点,在某些发动机上采用了气动式火焰稳定器。

2. 气动火焰稳定器

气动式火焰稳定器,是通过专用管道自压气机抽气,经喷嘴将高压空气喷入加力燃烧室,与主气流相遇形成非流线型的气柱,借此气柱稳定火焰。这些空气喷嘴位于通常安装机械式稳定器的截面,沿圆周均匀分布,喷嘴数目不宜太少。小型高效的气动火焰稳定器是未来发展的一个方向,是现代加力燃烧室设计的关键技术之一。

气动火焰稳定器的优点是根据不同的工作状态控制供气量,可形成合适的气柱来稳定火焰,并有利于消除振荡燃烧,避免了机械式稳定器在加力燃烧室不工作时所造成的气流压力损失。其缺点是:要从压气机中抽气,虽然抽出的气体在加力燃烧室参加燃烧,使发动机获得推力,能补偿一部分推力损失,但总的发动机推力将减少一些;此外,控制系统比较复杂。这是目前气动火焰稳定器尚未广泛采用的原因之一。

3.4.4　供油和点火装置

1. 供油系统

加力燃烧室的燃油管道及喷射装置应与火焰稳定器相适应,通常有如下三种安排方式。

(1) 燃油经穿过加力燃烧室壳体的燃油总管,进入处在燃气流中并与环形稳定器同心安装的环形输油管,从环形辅油管上周向均布的喷嘴逆燃气流方向喷出。环形输油管位于环形稳定器之前,如 WP7 发动机加力燃烧室的燃油管道和喷射装置就是这种方式。有些发动机的环形输油管置于环形稳定器的 V 形槽内、以减小气流的流动损失。这种安排方式不存在由于燃油从管道连接处渗漏而引起火灾的问题,但应防止渗漏出来的燃油燃烧后造成零件局部过热而变形损坏的情况。

(2) 燃油总管穿过扩压器外壳,经整流支板内腔引入内锥体内,并与位于锥体内的输油圈相连接。燃油经输油圈上的喷嘴向燃气流中喷出。这种方式应该注意渗漏出来的燃油在内锥体内燃烧后,造成内锥体局部过热而变形损坏的问题。

(3) 环形的燃油管配置在加力燃烧室壳体外壁,并与沿周向均布的燃油单管相连接。这些燃油单管分别穿过加力燃烧室壳体,燃油经燃油单管上的喷嘴或喷油杆向加力燃烧室喷出。

加力燃烧室通常用离心喷嘴和射流喷嘴来喷油。工作喷嘴和气动喷嘴常采用单油路离心式喷嘴与简单射流式喷嘴。喷嘴的数目和配置根据加力燃烧室的供油量和稳定器的形式、位置而确定。通常采用双排或多排喷嘴供油,喷嘴沿圆周均匀排列,应有足够的数量。喷油方向常取逆气流或与气流倾斜一个角度。在调节范围较大,长时间连续工作的加力燃烧室上,常采用两组工作喷嘴。在最大加力状态,两组喷嘴都工作;在局部加力状态,其中一组喷嘴不供油。

F100 发动机加力燃烧室采用了喷口面积可调的喷嘴，喷油嘴位于喷油圈上，喷油圈呈椭圆形截面，每个喷嘴内均装有锥形针塞，针塞一端固定，另一端正好堵住圈上的喷油孔。随着进入喷油圈的燃油压力的提高，使油圈的椭圆形截面逐渐向圆形截面变化，喷孔唇口逐渐离开针塞，喷口的环形通道逐渐加大，喷出的燃油在溅板上雾化后进入加力燃烧室，见图 3.34。这种可变喷口截面的针塞式喷嘴简化了燃油系统及调节器，同时又能在宽广的流量变化范围内，保证燃油分布稳定，雾化良好。但是它要求变截面管材在高温(700℃)下能保持良好的弹性，在制造工艺上有较大的困难。

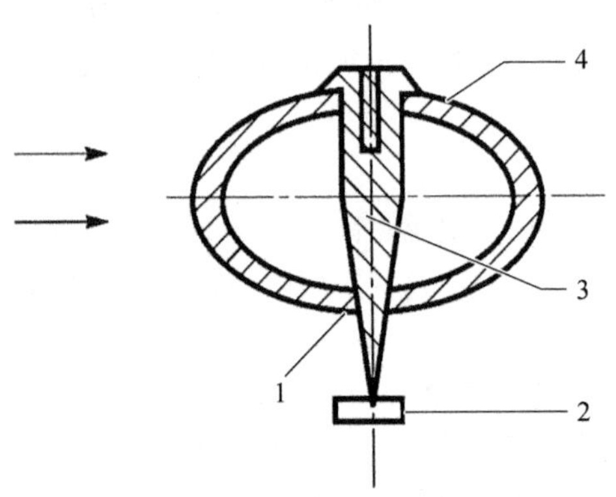

图 3.34　针塞式喷嘴示意图

1. 喷孔唇口；2. 溅板；3. 针塞；4. 椭圆截面喷油圈

2. 点火装置

为了确保加力燃烧室在飞行中，尤其在高空起动时迅速可靠，需安装保证点燃混合气的点火装置。

J57－F13 发动机加力燃烧室采用热射流点燃方式。当开动加力燃烧室时，由专门的附件将附加的燃油喷入主燃烧室中的某个火焰筒内，附加燃油形成的火焰穿过涡轮，点燃加力燃烧室中的混合气。这种点火方式的优点是点火能量大，高空性能好，迅速可靠，不增添附加构件，只要主燃烧室不熄火就总能可靠点燃。缺点是火舌传递路程远，流程复杂，尤其在穿过多级涡轮时，受到强烈的扰动，在调试加力燃烧室时相应地要做大量的点火试验。在 AL－31F 发动机的加力燃烧室设计中也采用了这种热射流点燃方式，如图 3.35 所示。

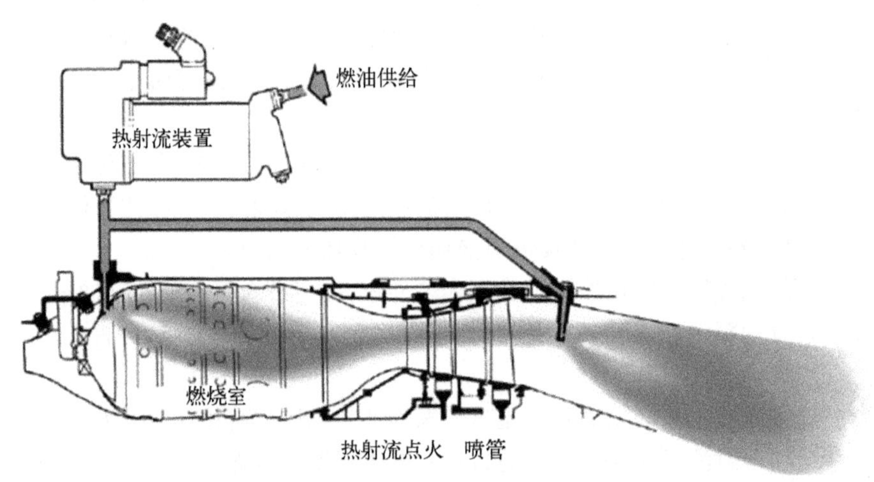

图 3.35　AL－31F 加力燃烧室的点火方式

在 F100 发动机加力燃烧室的火焰稳定器中，直接插入高能电嘴点火，省去了专门的点火器及附加燃油喷嘴，也不需要引气系统，点火迅速可靠。其缺点是电嘴易于烧蚀和污染。

3. 加力燃烧室壳体

加力燃烧室的燃烧段实际上是一个筒体。它可以是收敛的圆锥形,也可以是圆柱形。加力燃烧室壳体前端常用易卸环与扩压器外壳相连接,见图3.36。易卸环由两个半环组成,套在相连接的安装边上,在两个半环的接合处用螺栓连接成一个整环,利用锥面将两安装边夹紧。在所连接的两安装边之间留有较大的轴向间隙,并将加力燃烧室壳体的前安装边凸缘做成圆弧面,连接后相当于一个铰接支承,允许壳体相对于发动机轴线少许偏斜,并允许轴向错移。这是因为发动机较长,在飞机上有3个固定平面,为了消除由于飞机机身弯曲变形或者由于机身与发动机壳体轴向热变形不一致而在发动机上产生的应力,所采用的铰接连接方式。支承面做成圆弧面,还可保证密封良好。壳体后端与尾喷管相连接,其长度应保证燃烧过程进行完毕。

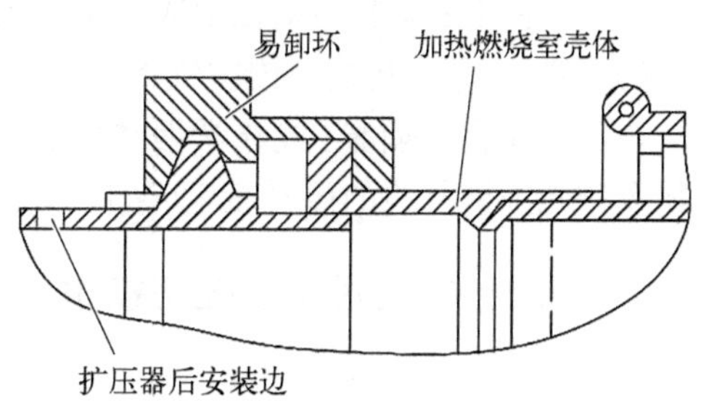

图3.36 易卸环

加力燃烧室壳体是由几段薄壁筒体滚焊而成,因此要特别注意它的刚性。可在壳体两端焊上圆环或安装边,在壳体上加几道箍圈。为改善焊缝受力状况,钣料搭接焊缝常倾斜布置。

由于加力燃烧室的燃气温度很高,所以冷却加力燃烧室的壳体十分重要,可以引涡轮后的燃气流过波纹形衬筒与壳体间的空隙对壳体进行冷却;也可以引压气机某一级的空气冷却壳体内壁,利用流动空气冷却壳体外壁。多孔的波纹板,还能造成乱反射和气体阻尼,可以有效防止加力燃烧室的振荡燃烧。为了减少加力燃烧室部位的飞机构件受热,还对加力燃烧室壳体进行隔热。即在壳体外壁加一层隔热材料,如石棉、玻璃棉等;或采用隔热套结构,利用加力燃烧室壳体与隔热套间的空气层隔热。

3.5 燃烧室低排放控制技术

3.5.1 污染排放主要因素

在各种燃烧机器中,包括航空发动机在内,主要污染排放物为氮氧化合物(NO_x)、一氧化碳(CO)、未燃完的碳氢化合物(unburned hydrocarbons, UHC)、硫氧化合物(SO_2)和微粒(使用轻质燃油时,主要为烟粒)。

(1) 一氧化碳:CO产生是由于燃烧时氧气供应不足,或由于燃料与空气的混合不好使燃烧时局部缺氧。

(2) 未燃完的碳氢化合物:燃料在燃烧时,所含的硫与氧化合生成二氧化硫。对航空所用的燃油来说,含硫量小于0.1%,故二氧化硫排放量可以忽略;但对地面航空发动机采用的重油燃料,其含硫量为0.5%~4.0%,则必须重视并限制其排放量。

(3) 氮氧化合物:氮氧化物有多种,属大气污染物的只有一氧化氮(NO)和二氧化氮(NO_2)。燃烧产物中氢氧化合物的产生可以是在高温燃烧下,空气中的氮与氧直接反应生成,也可以是燃料本身含有的少量氮氢化物,与氧反应生成氮氧化合物。

(4) 未燃完的碳氢化合物:由于燃烧过程组织不完善,使燃料在燃烧时受到冷熄或未能完全燃烧,因此,在排气中存在一些未燃的和部分氧化的碳氢化合物。

(5) 微粒:微粒包括化学成分不同的、各种尺寸的大气悬浮物。它是燃料燃烧不完全的产物,主要在燃烧室内空气不足的局部高温富油区内形成。

(6) 光化学烟雾:光化学烟雾是指从燃烧装置中排出的氮氧化合物与未燃碳氢化合物受阳光中紫外线的照射而生成的二次污染物。

3.5.2 排气污染物控制技术

1. 排气冒烟的控制技术

燃气冒烟主要来自火焰富油区内所生成的烟粒。使用常规压力雾化喷嘴的燃烧室,烟粒主要是在火焰筒内部燃油喷雾锥的内侧处生成。因为在该区,一方面由于喷雾锥的隔挡,新鲜空气不易掺入,容易造成缺氧富油区。另一方面,由于头部回流的作用,高温已燃气体返回该区,促成高温富油从而产生烟粒。因此,要减少排气冒烟,就应防止在火焰筒主燃区的头部附近形成高温及富油缺氧的状况。在实际发动机燃烧室的主燃区内,气流流动、油气分布和燃烧情况均十分复杂,烟粒的生成不仅受反应动力学的影响,也同样受到燃油的雾化、蒸发和油气混合等物理过程的影响。

当燃油从喷嘴喷出后,就粉碎成液滴,在从火焰和高温回流燃气传来的热量下,液滴在流动过程中逐渐蒸发。如果燃油蒸气能与空气及时混合,则形成预混火焰的燃烧。如果液滴较大,由于气动阻力,液滴在完全蒸发前动量耗尽,这时液滴周围可能形成扩散火焰燃烧,而这种液滴扩散型燃烧常常导致大量烟粒。显然,可采用增加油滴与周围气体间的相对速度,和减少油滴尺寸等方法来减少这种油滴的扩散燃烧。采用气动喷嘴不仅可大大降低排气冒烟,同时还能降低其他污染物的排放,其缺点是燃烧稳定性变窄。即使主燃区中总油气比是贫油富氧,如果局部地区混合不均匀,仍可造成油蒸气附近缺氧,并在高温下生成烟粒。在这种情况下,增加空气量则可减少烟粒的生成。如果用增加火焰筒头部压降来增加头部空气量,则由于氧量增加、温度降低和混合加强等共同作用,也可大大减少烟粒的生成。但这种措施受到一定的限制,增加主燃区的空气量,对点火性能、燃烧稳定性以及对慢车时的 CO 和 UHC 排放均有不利影响。表 3.1 列出了各种可用的控制发动机排气冒烟的技术。

表 3.1　减少发动机排气冒烟的可用技术

方　法	作　用
改进压力雾化喷嘴	改进雾化质量,防止扩散型燃烧
采用气动雾化喷嘴	改进雾化质量,防止扩散型燃烧,使油气分布均匀
头部贫油设计	增加头部空气量,降低温度和防止局部富油区
增加火焰筒头部压降	增加头部空气量,降低温度和防止局部富油区,使油气混合改善
使用燃油添加剂	抑制烟粒生成

2. 一氧化碳和未燃碳氢化合物的控制技术

一氧化碳和未燃碳氢化合物均属不完全燃烧产物。它们主要出现在发动机慢车和其他低功率状态。因为在这些状态下，燃烧室进口温度和压力均较低，并且这时燃油供油压力低，雾化不良；空气流量小，油气混合差，燃烧速率低，燃烧不完全。另外，若燃烧室设计不完善，燃油喷到火焰筒头部壁面上，或者燃烧较早地被冷的两股气流或冷却空气冻结，则在排气中也会大量出现 CO 和未燃碳氢化合物。

因此，减少 CO 和未燃碳氢化合物排放量的措施主要是改进低功率状态下雾化条件，形成高温、略贫油的主燃区条件及防止燃烧反应过早被“冻结”等。

3. 氮氧化物(NO_x)的控制技术

在燃烧室中，影响氮氧化合物生成的主要因素是主燃区的火焰温度。主燃区火焰温度低，燃气在主燃区内停留时间短，则 NO_x 排放量少。

可用的减少燃烧室氮氧化物排放技术有下列几种：

(1) 把水或蒸汽喷入主燃区，以降低主燃区温度；

(2) 回流废气引入主燃区，以降低主燃区温度；

(3) 增加主燃区气流速度，以减少主燃区内燃气滞留时间；

(4) 贫油、预混、预蒸发燃烧室设计，以均匀降低主燃区温度，防止油滴扩散燃烧；

(5) 催化燃烧室设计，以均匀降低主燃区温度，防止油滴扩散燃烧。

3.6　典型陶瓷基热端部件制造工艺

3.6.1　陶瓷基复合材料

陶瓷基复合材料是指在陶瓷基体中引入增强材料，形成以引入的增强材料为分散相，以陶瓷基体为连续相的复合材料。其中分散相可以为连续纤维、颗粒或者晶须。连续纤维增强陶瓷基复合材料保留了陶瓷材料耐高温、抗氧化、耐磨耗、耐腐蚀等优点，同时充分发挥陶瓷纤维增强增韧作用，克服了陶瓷材料断裂韧性低和抗外部冲击载荷性能差的先天缺陷。

陶瓷基复合材料通常由增强纤维、界面层和陶瓷基体 3 部分组成，其性能由各部分本身性能及相互作用共同决定。下面将详细介绍各部分的主要材料及对陶瓷基复合材料性能的影响。

1. 增强纤维

纤维作为复合材料的主要承力部分，对材料的性能具有决定性作用。其影响因素包括：纤维型号、纤维的体积含量以及纤维的编织方法等。其中在航空发动机热端部件上应用或具有潜在应用的主要有 C 纤维、SiC 纤维、氧化物纤维等(表 3.2)。

常见的纤维预制体采用 2D、2.5D、3D 等多种编织方法。美国国家航空航天局(National Aeronautics and Space Administration，NASA)格伦(Glenn)研究中心比较了编织方式对符合材料性能的影响。在同种聚合物浸渍裂解(polymer infiltration and pyrolysis，PIP)+化学气相渗透(chemical vapor infiltration，CVI)工艺条件下，2D 和 2.5D 的预制体制

表 3.2　常用陶瓷纤维的基本性能

种类	生产厂家	商品牌号	组成(质量分数)/%	纤维直径/μm	密度/(g/cm³)	拉伸强度/GPa	拉伸模量/GPa
碳纤维	Toray	T300	—	7.0	1.76	3.53	230
		T700SC	—	7.0	1.80	4.90	230
		T800HB	—	5.0	1.81	5.49	294
		T1000GB	—	5.0	1.80	6.37	294
		M40JB	—	5.0	1.77	4.41	377
		M60JB	—	5.0	1.94	3.82	588
	Toho Tenax	HTA G30-500	—	7.0	1.76	3.92	235
		UT500G30-700	—	6.9	1.80	4.81	240
		IM600	—	5.0	1.80	5.79	285
		HM35	—	6.7	1.79	2.94	345
		UM40	—	4.8	1.79	4.90	380
		UM80	—	4.1	1.97	3.33	650
	Mitsubishi Rayon	TR30S	—	7.0	1.79	4.41	235
		TR50S	—	7.0	1.82	4.90	240
		MR50	—	6.0	1.80	5.30	290
		HS40	—	5.0	1.85	4.11	450
碳化硅纤维	Nippon Carbon	Nicalon NL-200/201	$Si_{56.5}C_{31.2}O_{12.3}$	14	2.55	3	220
		H-Nicalon	$Si6_{2.4}C_{37.1}O_{0.5}$	14	2.74	2.8	270
		H-Nicalon S	$Si_{68.9}C_{30.9}O_{0.2}$	12	3.10	2.6	420
	UBE Industries	Tyranno Fiber ZMI	$Si_{56.1}C_{34.2}O_{8.7}Zr_{1.0}$	11	2.48	3.4	200
		Tyranno Fiber LoxM	$Si_{55.4}C_{32.4}O_{10.2}Ti_{2.0}$	11	2.48	3.3	187
		Tyranno Fiber S	$Si_{50.4}C_{29.7}O_{17.9}Ti_{2.0}$	8.5/11	2.35	3.3	170
	Dow Corning	Sylramic	$Si_{66.6}C_{28.5}O_{0.8}B_{2.3}N_{0.4}Ti_{2.1}$	10	2.95	3.4	386
氧化物纤维	3M	Nextel 720	Al_2O_3: 85;SiO_2: 15	10~12	3.4	2.1	260
		Nextel 610	Al_2O_3: >99	10~12	3.9	3.1	380
		Nextel 055	Al_2O_3: 73;SiO_2: 27	10~12	3.03	2.0	193
		Nextel 440	Al_2O_3: 70;SiO_2: 28;B_2O_3: 2	10~12	3.05	2.0	190

备的复合材料的室温、1 450℃的力学性能相似，但采用2.5D预制体制备的材料的热导率明显高于采用2D预制体的材料。

2. 陶瓷基体

陶瓷基体是复合材料重要的组成部分之一，其主要成分和结构对材料综合性能具有重要的影响。一方面，陶瓷基体最先暴露于工作环境中，需承受温度、粒子、水氧等服役环境的考核；另一方面，在外部冲击载荷作用下陶瓷基体最先承力并出现裂纹，其裂纹扩展方式是影响复合材料稳定性的重要因素。能够用作陶瓷基复合材料基体的陶瓷主要有3类：① 以石英玻璃为代表的玻璃陶瓷基体，如钙铝硅酸盐玻璃、锂铝硅酸盐玻璃、镁铝硅酸盐玻璃、硼硅酸盐及石英玻璃，该类基体本身耐温性能较差，一般不适于作为航空发动机热端构件材料应用；② 以 Al_2O_3 基为代表的氧化物基体材料，如 Al_2O_3、钇铝石榴石、$ZrO_2 \cdot TiO_2$ 基、$ZrO_2 \cdot Al_2O_3$ 基等材料体系，氧化物纤维增强氧化物陶瓷基复合材料具有广阔的应用前景，但受制于氧化物纤维的发展水平，限制了这类陶瓷基体材料在航空发动机热端构件上的应用；③ 以SiC基陶瓷为代表的非氧化物基体，包括SiC、Si_3N_4、BN以及Si-C-B-N复相陶瓷等，该类材料具有强度高、硬度高、耐高温性能优异的特点，特别是与制备技术较为成熟的C纤维和SiC纤维相容性较好，因此在航空发动机热端部件上取得了广泛的应用。

3. 界面层

界面层是连接增强相纤维和连续相基体的纽带，界面层组分和结构决定纤维与基体之间的结合强度，决定了增韧效果。陶瓷基复合材料在外部载荷作用下的断裂行为主要包括裂纹偏转、微裂纹形成、界面解离、纤维断裂以及纤维拔出等形式，其中纤维拔出是最重要的能量释放途径，而界面解离是纤维由基体拔出的前提条件。若界面结合力较强，陶瓷纤维难以起到增韧的效果，导致材料在外部载荷冲击下出现脆性断裂；若界面结合强度过低，基体无法通过界面将外部载荷传递到陶瓷纤维上，难以起到增强的作用。陶瓷基复合材料的可设计性很大程度源于界面层，理想的界面层应具有以下功能：① 在制备过程中抑制或阻止物理收缩和化学反应对陶瓷纤维损伤；② 缓解纤维与基体间界面残余热应力；③ 在复合材料遭受外部载荷冲击时，将载荷由基体传递至纤维，起到载荷传递作用；④ 改善界面结合强度，充分发挥界面解离、纤维拔出等能量耗散机制，使复合材料断裂时呈现假塑性特征（图3.37）。

界面层是影响陶瓷基复合材料力学性能直接和关键因素之一，因此受到了众多陶瓷基复合材料研制单位的重视，近年来用于复合材料制备的界面层体系主要有以下3类：① 热解碳界面层（pyrolytic carbon, PyC），PyC具有典型的层状结构，裂纹能够在界面层内部实现多次偏转，扩展裂纹扩散的途径，有利于应力的释放，起到增强材料韧性的作用；② BN界面层，BN与PyC具有类似的层状结构，其抗氧化性能优于PyC，NASA的刘易斯（Lewis）研究中心研究了BN界面层厚度对SiC陶瓷基复合材料的增韧机理，认为BN界面层厚度大于0.25 μm时，复合材料中开始出现纤维拔出现象；③ 复合界面层，该界面层由 $(X-Y)_n$ 复合结构组成，以 $(SiC-PyC)_n$ 界面层体系为代表，复合界面层能够综合SiC涂层和PyC涂层的优点，既具有SiC优异的抗氧化性能，又能够使裂纹在层状结构PyC界面层内部扩展，有利于增强复合材料的韧性。表3.3和表3.4分别为复合界面体系对

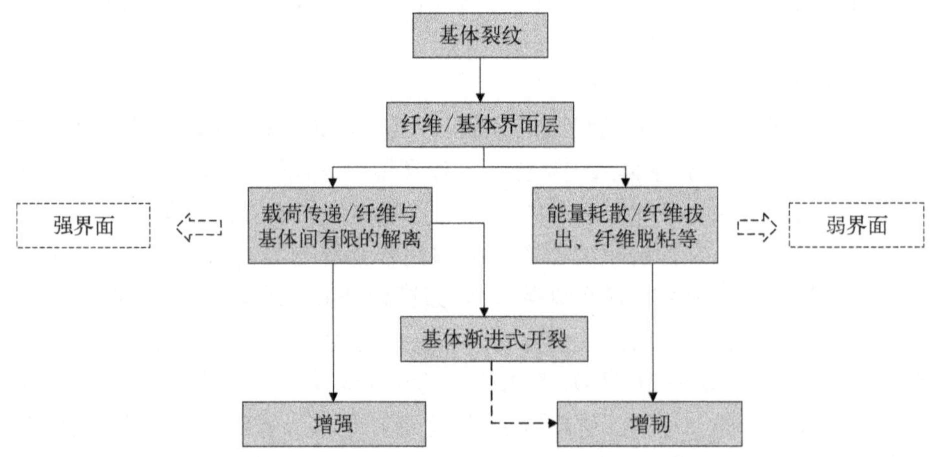

图 3.37　界面层设计与复合材料力学性能的关系

SiC_f/SiC 陶瓷基复合材料力学性能的影响以及界面层体系对氧化物/氧化物陶瓷基复合材料力学性能的影响。

表 3.3　$(SiC-PyC)_n$ 复合界面体系对 SiC_f/SiC 陶瓷基复合材料力学性能的影响

材料名称	制备工艺	界面层组成	弯曲强度/MPa	拉伸强度/MPa
2D－Nicalon SiC_f/SiC	PIP	$(C-SiC)_1$	—	483
3D－Nicalon SiC_f/SiC	CVI	(SiC－C)	3	—
2D－Hi Nicalon SiC_f/SiC	CVI	$(SiC-C)_1$	325	640
2D－Hi Nicalon SiC_f/SiC	RS	$(C-SiC)_1$	—	251
2D－Hi Nicalon SiC_f/SiC	RS	$(BN-SiC)_1$	—	330
3D－Hi Nicalon SiC_f/SiC	PIP	$(C-SiC)_1$	—	660
2D－Tyranno SA SiC_f/SiC	CVI	$(SiC-C)_1$	—	495
2D－Tyranno SA SiC_f/SiC	CVI	$(SiC-C)_6$	340	580
2D－Tyranno SA SiC_f/SiC	CVI	$(SiC-C)_6$	290	—
3D－KD－I SiC_f/SiC	RS+PIP	$(C-SiC)_1$	—	545

表 3.4　界面层体系对氧化物/氧化物陶瓷基复合材料力学性能的影响

涂层类型	基　体	纤维类型	纤维体积含量/%	拉伸强度/MPa
$LaPO_4$	Al_2O_3	Nextel 610	20	198±12(室温)
				143±7(室温,1 200℃处理 100 h)
Uncoated	Al_2O_3	Nextel 610	20	45±20(室温)

4. 陶瓷基复合材料的优势

相对于其他材料体系,陶瓷基复合材料具有以下优点。

(1) 轻质：陶瓷基复合材料密度低(仅为高温合金的 1/4~1/3)，可用于燃烧室、叶片等部件，能够直接减轻质量 50%左右。

(2) 耐高温：陶瓷基复合材料的工作温度高达 1 650℃，能够简化甚至省去冷却结构，优化发动机结构，提高发动机工作温度和使用寿命。在无冷却结构的条件下，可以在 1 200℃长期使用。

(3) 优异的高温抗氧化性能：陶瓷基复合材料能够在高温环境，甚至是有氧环境下保持较高的稳定性，降低了热防护涂层的研制和应用成本。

(4) 优异力学性能：通过制备工艺优化，特别是界面层组分和结构设计，相对于单相陶瓷，陶瓷基复合材料的力学性能提升。

3.6.2　陶瓷基复合材料制备工艺

经过近几十年的发展，陶瓷基复合材料的制备工艺已经趋于成熟，部分技术成果已经成功应用到航空发动机热端部件上。这些工艺如表 3.5 所示。

表 3.5　陶瓷基复合材料制备工艺比较

制备工艺	工艺路线	优点	劣势
CVI	气相先驱体高温裂解，在纤维表面沉积获得致密化复合材料	纤维损伤较小，制备的陶瓷基体纯度高、晶型完整	沉积速率低、制造周期长、成本高、复合材料孔隙率高
PIP	聚合物有机先驱体(溶液)浸渍至纤维预制体内部，进而高温裂解生成陶瓷基体	处理温度较低，近净成型，能够制备复杂大尺寸构件	陶瓷制造效率低、周期长、材料孔隙率高
RMI	液态金属或合金利用毛细管效应填充至纤维预制体中，通过化学反应生成基体相	工艺简单，反应速度快，制备周期短，致密化程度较高	处理温度较高，制备过程中残留有一定体积的金属，影响复合材料的性能

1. 化学气相渗透法(CVI)

CVI 工艺是由化学气相沉积(chemical vapor deposition, CVD)工艺发展而成。CVI 工艺流程主要为：将先驱体和载气按照特定比例通入沉积室中，通过气体扩散作用或由压力差产生的定向流动将气态先驱体扩散至纤维预制体内部，进而在纤维表面裂解和沉积，实现纤维预制体的致密化。该过程包含极其复杂的热力学和动力学过程，需要控制的工艺参数较多。该工艺的优点是制备过程中纤维损伤较小，制备的陶瓷基体纯度高、晶型完整，复合材料的力学性能较高。但其缺点同样明显，制造周期长、成本高、制备的复合材料孔隙率高。CVI 工艺流程如图 3.38 所示。

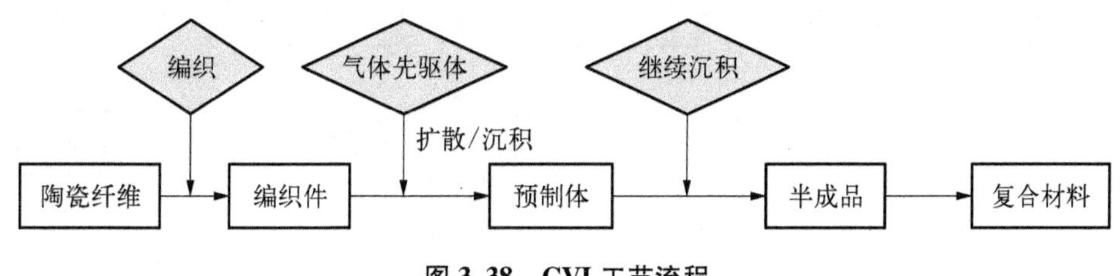

图 3.38　CVI 工艺流程

2. 聚合物浸渍裂解工艺(PIP)

PIP 工艺是近些年来研究较多、发展迅速的陶瓷基复合材料制备工艺之一。该工艺以聚合物液相先驱体(或溶液)为浸渍剂,通过多循环交联固化、高温裂解,获得致密化的复合材料。该工艺最先用于以沥青或树脂高聚物先驱体制备 C_f/C 复合材料,逐渐推广到陶瓷基复合材料制备领域,并已经具备较高的技术成熟度。该工艺优点包括:能够通过先驱体组分设计制备组分、结构可控的单相或者复相陶瓷;裂解温度较低,降低热处理过程对纤维的损伤;能够实现近净成型,减少后期加工成本,能够制备形状复杂的大型构件。缺点在于:聚合物先驱体裂解过程伴随较大的体积收缩,对纤维造成一定损伤;单次循环陶瓷收率较低,需要经多循环浸渍裂解处理,制造周期较长;制备的陶瓷基复合材料孔隙率较高。据最新研究报道,采用液相聚合物先驱体为浸渍剂,能够大幅降低复合材料的孔隙率。PIP 工艺流程如图 3.39 所示。

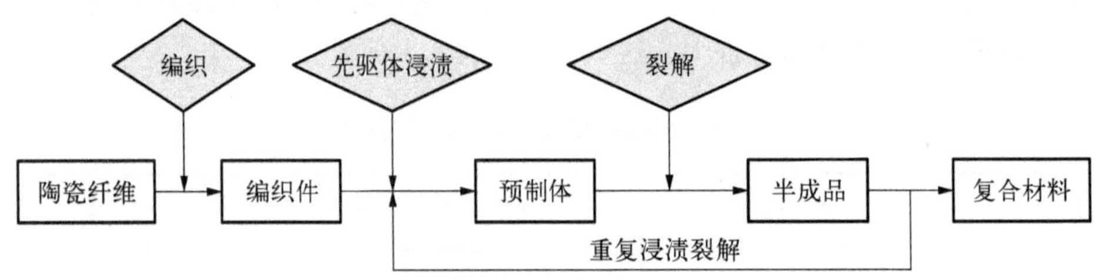

图 3.39　PIP 工艺流程

3. 熔体浸渗工艺(reactive melt infiltration, RMI)

熔体浸渗工艺最早应用于金属基复合材料的制备,其基本原理为将金属(Si、Al 等)或合金加热到熔融液态,然后在一定的工艺条件下渗透至纤维预制体内部,进而发生反应生成陶瓷基体。该工艺最大的优点为能够通过一次成型制备致密且基本无缺陷的基体,而且预成型件与构件之间结构尺寸变化较小,被认为是快速、低成本制备近净成型复杂形状构件的有效途径。其缺点在于:在熔融浸渗过程中,金属与氧气等发生化学反应,形成致密氧化物膜,阻碍已经渗透到复合材料内部的金属进一步反应而残留在复合材料内部。该工艺制备的复合材料一般残留有 5%~30%(体积)金属,成为影响复合材料高温工作环境下稳定性的隐患。RMI 工艺流程如图 3.40 所示。

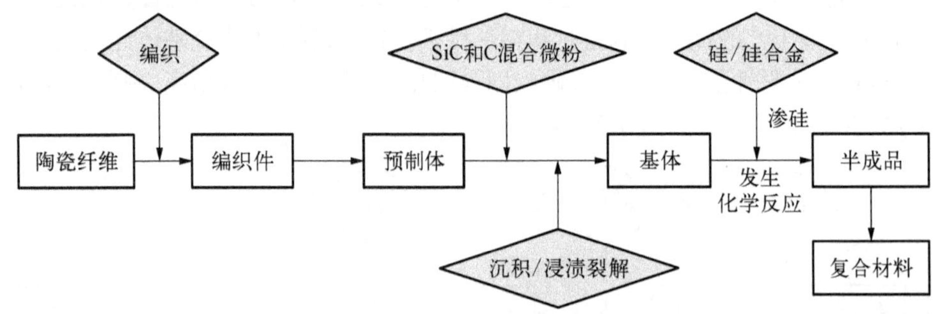

图 3.40　RMI 工艺流程

各国对陶瓷基复合材料工艺都进行了详细的研究，其中日本拥有聚碳硅烷（PCS）和连续 SiC 纤维制备技术，主要开展 PIP 工艺制备纤维增强 SiC 复合材料的研究，特别是在 SiC_f/SiC 复合材料制备上具有较高的研究水平；法国以 CVI 技术为主，且技术水平属国际领先；德国以 RMI 和 PIP 技术为主，特别是 RMI 技术世界领先；美国对 PIP、CVI 和 RMI 工艺均有研究，且均有较高的研究水平，特别是 RMI 工艺，已经成为 GE 公司陶瓷基复合材料制备的主流工艺。

3.6.3　陶瓷基复合材料火焰筒应用

与高温合金相比，陶瓷基复合材料的工作温度可提高 200℃ 以上，减重 2/3，大幅度降低冷却气体用量，提高发动机效率，减少温室气体排放，是更省油、更环保的先进商用航空发动机的理想材料，陶瓷基复合材料火焰筒研制情况如表 3.6 所示。

表 3.6　陶瓷基复合材料火焰筒研制情况

复合材料	研制单位	纤维/基体	制备工艺	考核和应用情况
SiC/SiC 复合材料	Solar Turbines	外环：Hi-Nicalon/SiC； 内环：Tyranno ZM/SiC	外环：CVI 工艺、EBC 涂层； 内环：MI 工艺、EBC 涂层（大气等离子喷涂工艺）	在 Centaur50S 发动机上考核验证了 SiC/SiC 复合材料火焰筒［图 3.41（a）］，外环直径 760 mm，内环直径 330 mm，壁厚为 2～3 mm，其考核寿命超过 15 000 h
	GE/Allison	Hi-Nicalon/SiC	MI 工艺	开发并验证了 SiC/SiC 复合材料火焰筒［图 3.41（b）］，其壁面可以承受 1 589 K 的高温，并与由 Lamilloy 结构材料加工的外火焰筒一起组成了先进的柔性燃烧室
	Snecma	—	—	对 CERASEP 系列 SiC/SiC 复合材料进行了升级并制备了火焰筒［图 3.41（c）］等发动机组件
	普惠	Tyranno SA/SiC	MI 工艺	研制了涡轴发动机 PW206 的 SiC/SiC 复合材料的燃烧室［图 3.41（d）］，在慢车和最大工况间循环 250 次，燃烧室完好无损，燃烧室出口温度分布以及 NO_x 和 CO 排放相对金属材料燃烧室都有显著提升
	GE	—	MI 工艺	GE9X 发动机上，应用了 SiC/SiC 复合材料的火焰筒
氧化物/氧化物复合材料	Solar Turbines	Nextel 720/Al_2O_3	溶胶凝胶渗透工艺 FGI 涂层（大气等离子喷涂工艺）	在 Centaur50S 发动机上也考核了氧化物/氧化物复合材料火焰筒，考核寿命超过 25 000 h
	German Aerospace Center	Nextel 610/Al_2O_3	溶胶凝胶渗透工艺 TBC 涂层	制备的氧化物/氧化物复合材料火焰筒考核 12.5 h 后出现裂纹，距离工程应用尚有一定差距

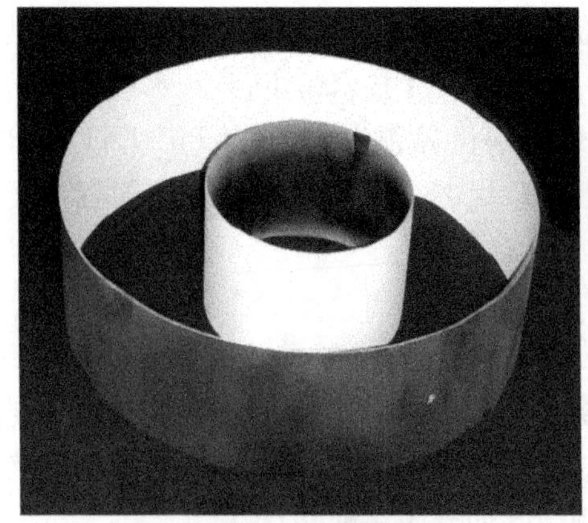

(a) Solar Turbine公司

(b) GE/Allison公司

(c) Snecma公司

(d) PW公司

图 3.41　SiC/SiC 复合材料火焰筒

国外火焰筒用 SiC/SiC 复合材料多采用 Hi-Nicalon 和 Tyranno 系列 SiC 纤维；氧化物/氧化物复合材料主要采用 Nextel 系列 Al_2O_3 纤维（含少量 SiO_2 成分），基体材料主要采用氧化铝（Al_2O_3）。两类陶瓷基复合材料在性能上有以下差异：① Al_2O_3 陶瓷的高温抗蠕变性差，氧化物/氧化物复合材料的强度也低于 SiC/SiC 复合材料，但前者应变容限高，有利于释放局部应力集中，加工和安装连接的公差容限更大，制造和使用自由度更高；② 氧化物/氧化物复合材料的抗氧化性，尤其是高温抗水蒸气腐蚀性能，优于 SiC/SiC 复合材料；③ 氧化物/氧化物复合材料的热导率[<2.5 W/(m·K)]低于 SiC/SiC 复合材料[>10 W/(m·K)]，前者制备的火焰筒需要更少的冷气量，有利于提高发动机效率。

SiC/SiC 复合材料因优异的高温力学性能成为目前航空发动机火焰筒的研制热点，并首次在 GE9X 发动机上获得工程应用。氧化物/氧化物复合材料还需开发更高性能的氧化物纤维、基体，并优化制备工艺，从而提高高温力学性能。

3.7　典型零部件增材制造工艺

3.7.1　增材制造原理与优势

增材制造技术是一种新型零件加工技术，它突破了传统制造工艺，如铸造的“熔化-浇注-凝固-变形-去除”的成形思想，采用了全新的增材制造理论。与传统制造工艺相比该技术主要具有以下特点：无需专用工装夹具；无需大规格原材料；可以制造任意复杂形状的产品，适用于近净成形大型/空心/薄壁类难制造零件；实现了毛料制造的短周期、多品种、低费用、高精度；后续仅需少量机械加工，材料利用率高；能够根据需要在同一零件不同部位采用不同材料制造，满足不同部位的服役条件与性能要求。

增材制造的能量源主要有激光（激光束、光纤激光等）、电子束和电弧，增材制造的材料可以分为高分子材料和金属材料，材料的形式可分为粉末、液体和丝材等。按照成形方式不同，增材制造技术主要包括光固化立体造型（stereolithography apparatus，SLA）、选择性激光烧结（selected laser sintering，SLS）、激光直接沉积（laser melting deposition，LMD）、选区激光熔化（selective laser melting，SLM）、直接金属激光烧结（direct metal laser sintering，DMLS）、电子束选区熔化（electron beam melting，EBM）、激光直接沉积（direct laser deposition，DLD）成形技术等（工艺原理见表 3.7）。

表 3.7　增材制造主要工艺类型

工　艺	工　艺　原　理
SLA	利用紫外激光束使液态光敏树脂固化，逐层生成制件
SLS	在材料粉末中混合某种黏结剂，用小功率激光烧结成形毛坯，然后对坯体进行适当的后处理，最终得到制件
LMD	利用高能量激光束将与光束同轴喷射或侧向喷射的金属粉末直接熔化为液态，通过运动控制，将熔化后的液态金属按照预定的轨迹堆积凝固成形，获得从尺寸或形状上非常接近于最终零件的“近形”制件
SLM	基于分层叠加制造原理，利用高能量激光束逐层熔化金属粉末成形复杂结构金属零件
DMLS	DMLS 与 SLM 本质相同，属于激光直接熔化预先铺层的金属粉末，该技术直接用高能量的激光熔融金属粉末沉积，同时烧结固化粉末金属材料并自动地层层堆叠，以生成致密的几何形状的实体零件
EBM	基于离散堆积成形原理，以高能量密度和高能量利用率的电子束作为加工热源，对材料进行完全熔化成形的三维实体零件制造方法；真空条件及电子束是 EBM 与 LMD 和 SLM 的主要区别
DLD	该技术是基于离散/堆积原理，通过对零件的三维 CAD 模型进行分层处理，获得各层截面的二维轮廓信息并生成加工路径，在惰性气体保护环境中，以高能量密度的激光作为热源，按照预定的加工路径，将同步送进的粉末或丝材逐层熔化堆积，从而实现金属零件的直接制造与修复

结合目前已有的技术成果以及航空发动机零部件的特点，增材制造技术在航空发动机中的应用主要有以下几方面：① 成形传统工艺制造难度大的零件；② 制备长生产准备周期零件，通过减少工装，缩短制造周期，降低制造成本；③ 制备高成本材料零件，提高材料利用率以降低原材料成本；④ 高成本发动机零件维修；⑤ 结合拓扑优化实现减重以及

提高性能(冷却性能等);⑥ 整体设计零件,增加产品可靠性;⑦ 异种材料增材制造;⑧ 发动机研制过程中的快速试制响应;⑨ 打印树脂模型进行发动机模拟装配等。

3.7.2 燃油喷嘴及火焰筒增材制造应用

燃烧室作为航空发动机内部气流压力和温度最高的部件,其性能和寿命指标对于燃烧室设计和制造加工提出了十分苛刻的需求,因此,燃烧室的结构变得愈发复杂和精密,这对燃烧室部件的加工和制造均提出了不小的挑战。同时,市场的激烈竞争要求燃烧室的加工周期缩短。利用增材制造技术,燃烧室的设计人员可以在不受传统加工条件限制的前提下设计出性能优异的燃烧室部件,并在更短的时间内加工完成投入使用。因此,有不少发动机研发机构开始探索和验证增材制造技术在燃烧室试制中的应用。

1. 燃油喷嘴的增材制造

燃油喷嘴是燃烧室中关键的组件之一,其作用是使液态燃料形成良好的雾化颗粒群,对液态/气态燃料和空气进行高效混合,在燃烧室头部产生稳定火焰的回流区,生成的旋流火焰满足燃烧室的点熄火、燃烧效率、排放物和出口温度指标要求。目前,先进的燃油喷嘴通常采用燃油喷嘴+单级或多级旋流组件组成,燃油喷嘴流道和旋流空气流道结构复杂,采用传统制造方法零件数量和加工工序较多,增材制造加工技术的出现为喷嘴生产制造提供了一个优化路径。

图 3.42 GE 公司使用增材制造技术制造出的燃油喷嘴

GE 公司使用增材制造技术实现了一台发动机上的 20 个燃油空气组合喷嘴的制造,如图 3.42 所示。与之前传统加工零件模型相比,增材制造的组合喷嘴的耐久度高 5 倍,且增材制造技术实现了用 1 个组件来代替之前的 20 个零件,同时减少了传统加工工艺中必须使用的焊接技术。这种增材制造技术被称为直接金属激光融化(direct metal laser melting, DMLM)技术。利用计算机设计出 3D 模型,使用高能激光将金属粉末融化为薄层(厚度约为 20 μm)叠加生长成形。一个零件的加工周期取决于零件的复杂程度,可能需要从几天到几周的时间。同时,在生成零件的过程中需要对加工过程进行监控。这种燃油空气组合喷嘴已经用在 CFM 公司的 LEAP 发动机上。

另外,增材制造个性化制造的特点在异形组合喷嘴的加工上也得到了应用。无人飞行装置的动力系统在使用高能量密度燃料时会出现燃烧系统低效能的情况。为解决微尺度燃烧室效率和耐久性问题,表面积与体积比率很高的微型燃烧室多采用微尺度和中等燃烧尺度燃烧组织方式,应用传统的制造工艺面临诸多困难。直接金属激光烧结(direct metal laser sintering, DMLS)技术被用来加工多个 4×4 中等尺度的受控旋流阵列组合喷嘴。加工过程充分验证了增材制造技术加工小型复杂高纵横比零件的可靠性和可重复性。但在加工过程中也出现了一些不足和问题,如孔形变窄、通道塌陷和结构加工不完整等。奥地利的 Combustion

Bay One 团队为了降低旋流通道的压力损失，优化旋流喷嘴的流动燃烧性能，设计出多个使用数学分析手段得到的螺旋式旋流器。在进行评估之后，用 Pulver AMPOL 718 打印设备完成了铬镍铁合金 718 材料旋流器的加工。一个旋流器的平均加工时间为 10 h，壁面厚度最小可以达到 0.5 mm，且在加工过程中不需要额外的支撑结构，如图 3.43 所示。

图 3.43　增材制造在异形组合喷嘴加工的应用

同样，利用增材制造技术进行燃油喷嘴和旋流器制造的还有赛峰直升机发动机公司、西门子公司等。在满足制造精度的前提下，增材制造技术使得制造工序大大减少，有效地缩短了生产周期，降低了成本。

2. 火焰筒的增材制造

罗罗公司的新一代富油燃烧-猝熄-贫油燃烧低污染燃烧室在进行全环燃烧室试验加工时使用了添加层制造技术（DLD）。由于 DLD 设备的加工尺寸限制，全环燃烧室被分为了 8 个组件进行加工，最后通过自动化激光焊接技术进行装配。最终 DLD 燃烧室的加工时长为 3.5 个月，比燃烧室传统的加工时长 18 个月减少了 70%。这种新式制造方法按照计划已经完成了设计、制造、生产交付和试验测试，并获得了专利授权，如图 3.44 所示。

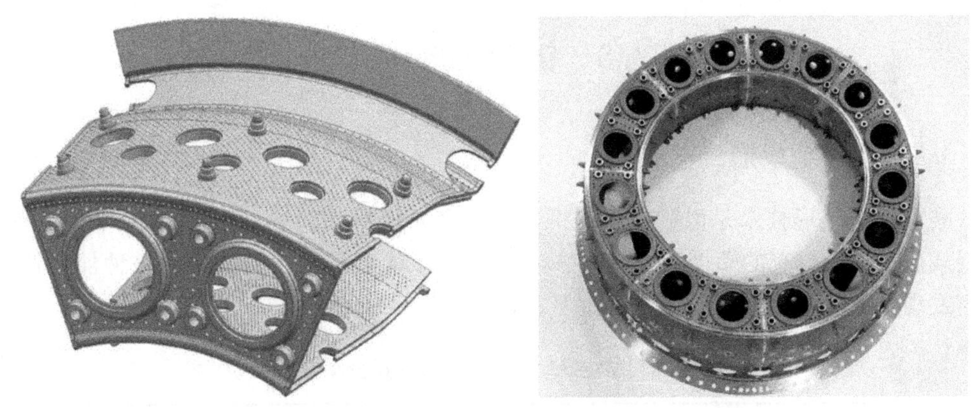

图 3.44　DLD 火焰筒部件几何模型和全环成品实物

使用增材制造技术制造的火焰筒，主要优势是复杂型面的处理和壁面小孔的直接加工。采用增材制造技术进行火焰筒的加工已经在实际的应用之中，如图 3.45 所示。火焰筒上的大量冷却小孔，都可以在制造火焰筒时一并完成，而不需要传统加工中专门的钻孔工序。罗罗公司在进行 DLD 燃烧室火焰筒加工时发现，增材制造的火焰筒冷却孔直径比预期设计值大,且孔的进气表面参差不齐。经过光学检查和冷却孔进气面积的计算发现,这与流动试验结果存在紧密的相关性。基于试验测量面积值来调整 DLD 设备的相关参数,可提高冷却孔加工面积值与预期设计值的一致性。

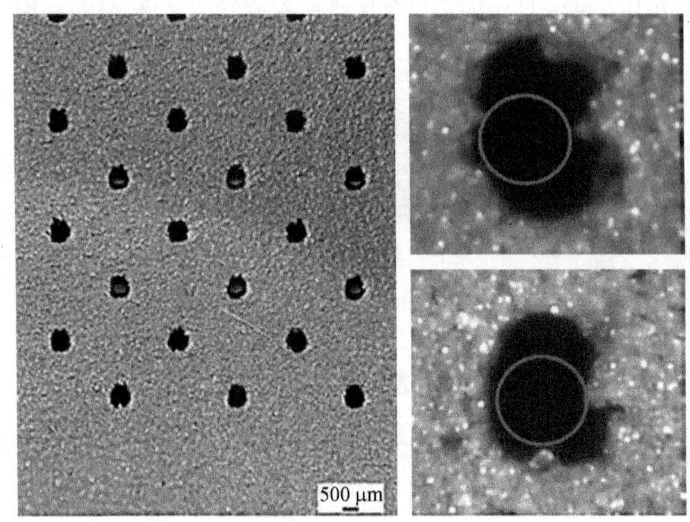

图 3.45 增材制造技术对火焰筒冷却孔的处理

增材制造技术的优势还体现在能够较为容易地实现新的设计构想。对于异形冷却小孔,如果使用传统的加工方法,很难获得与设计符合程度高的小孔试验件。这种小孔由于尺寸小,在 1 mm 量级,一般的钻头只能进行圆孔的加工,而激光钻孔的方法无法保证尺寸和表面粗糙度的要求。使用增材制造技术直接生成试验件,既可以保证尺寸和型面符合度,同时也减少了钻孔工序。

3.8 钣金成形工艺

3.8.1 钣金成形工艺种类

航空钣金成形技术是以航空发动机常用的金属板材和管材为对象,利用金属材料在一定载荷条件下具有的塑性变形特点来实现零件形状和组织性能改变的一种加工技术。航空发动机钣金零件常用分类方法如表 3.8 所示。

表 3.8 航空发动机钣金零件常用分类方法

序号	分类方法	内容		
1	按材料品种	板材零件	平板零件	垫片垫板等
			拉深零件	筒形件、球形件、锥形件、梯形件、盒形件、复杂形件
			落压零件	板弯梁、半管、整流罩、波纹板、加粗框、盒形件

续 表

<table>
<tr><th>序号</th><th>分类方法</th><th colspan="3">内　　容</th></tr>
<tr><td rowspan="6">1</td><td rowspan="6">按材料品种</td><td rowspan="5">板材零件</td><td>橡皮成形</td><td>直线弯边、凸曲线弯边、凹曲线弯边、凸凹曲线弯边、复杂形弯边</td></tr>
<tr><td>旋压零件</td><td>球形件、抛物线件、鼓形件、收口件、放口件、筒形件、锥形件</td></tr>
<tr><td>热成形件</td><td>整流罩、拉深件</td></tr>
<tr><td>超塑成形（SPF）</td><td>框罩、盒形件、撑杆、梁框</td></tr>
<tr><td>局部成形</td><td>压窝、压梗、翻边、胀形、压印、收口、放口</td></tr>
<tr><td>管材零件</td><td colspan="2">无扩口弯曲导管、扩口弯曲导管、卷边弯曲导管、异形弯曲导管、焊接管</td></tr>
<tr><td>2</td><td>按材料种类</td><td colspan="3">铝合金、镁合金、钛合金、高温合金、金属间化合物、铜合金、复合材料、不锈钢等</td></tr>
<tr><td>3</td><td>按工艺方法</td><td colspan="3">压弯、拉弯、绕弯、拉深、拉形、落压、旋压、闸压、橡皮囊成形、喷丸成形、超塑成形/扩散连接（SPF/DB）、爆炸成形、热成形、逐点成形、激光成形等</td></tr>
<tr><td>4</td><td>按成形温度</td><td colspan="3">冷成形和热成形</td></tr>
<tr><td>5</td><td>按变形特征</td><td colspan="3">分离工序和成形工序</td></tr>
</table>

由于航空发动机对重量要求苛刻，采用的金属材料一般要求具有高的比强度和比刚度，因此大量采用高温合金、钛合金、金属间化合物和金属基复合材料等轻质、高强、难变形材料，而针对这些材料所采用的成形方法具有特殊性。按照金属坯料成形方式，航空钣金成形技术可分为板材成形技术和管材成形技术，如图 3.46 所示。其中，板材成形技术又可分为超塑成形/扩散连接技术、喷丸成形技术、蠕变时效成形技术、旋压成形技术、柔性介质压力辅助成形技术和热成形技术等；管材成形技术又可分为管端成形与连接技术、管材弯曲成形技术和管材弯胀成形技术等。

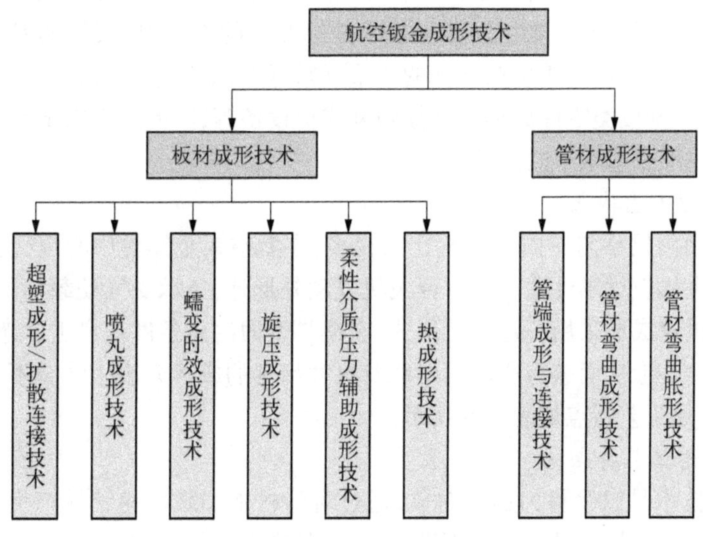

图 3.46　航空钣金成形技术分类

3.8.2 航空钣金成形工艺特点

航空钣金成形技术对发动机制造质量、周期和成本具有重要影响。从工艺特点角度看,航空钣金成形技术的主要特点如下:

(1) 钣金零件品种繁多,尺寸大小不一,形状复杂,选材各异。

钣金零件大多具有不规则曲面外形,需要满足几何尺寸及气动外形的要求。钣金零件选材涉及铝合金、钛合金、镁合金、高温合金等金属材料,以及各类金属基复合材料等。

(2) 钣金零件成形质量及外形精度等要求高,检测严格。

与气动表面接触的零件,要求有光滑流线,不允许划伤和擦伤等,对于特殊要求的须采用镜面蒙皮。零件外形精度、表面完整性以及材料组织结构、力学性能等都必须经过严格检测,以满足零件的设计要求。

(3) 机型更新换代快,零件定型稳定性差,且品种多,生产批量小。

以军机为代表,自20世纪60年代超声速战斗机开始服役以来,至今经历了四代,各代更新周期越来越短,通常是服役型号生产与在研型号攻关重叠。使航空发动机钣金零件定型时间短,即使定型零件后,根据设计需求也要经常修正,使得模具重复使用性差。

(4) 钣金零件使用的工装品种多,协调关系复杂。

由于钣金零件刚度小,因此需要一定数量的配套工装才能满足设计要求。工装相互间的几何信息传递环节多,累积误差大,协调困难。传统方式中,对于非叠合表面,一般采用模线样板法在控制切面处保证协调;对于相互叠合的立体制造零件,需要统一协调与制造有关的工艺装备来保证整个叠合表面协调。

(5) 专用设备在钣金零件的加工中占据主导地位。

在航空发动机制造的历史中,钣金零件的制造经历了从手工作坊敲打成形到专业航空装备集成式制造的过程。由于手工敲打零件对疲劳强度有损害,在现代钣金零件制造中已严加限制其使用。随着航空发动机技术指标要求的不断提高,依赖专用设备制造并满足使用要求的高精度、高质量钣金件的比重越来越大,如用于钛合金多层结构成形的超塑成形设备、用于壁板类零件成形的数控喷丸成形设备等,因此航空钣金专用设备的先进性体现了钣金成形技术水平的高低。

1. 板材成形工艺特点

板材零件面内尺寸与厚向尺寸相比大得多,在航空钣金零件中常以壳体零件形式出现。此外现代飞机板材零件除了要保证飞机气动外形外,还承受气动载荷的任务,如带筋整体壁板等。板材成形采用一定载荷形式,在模具型面约束条件或自由状态条件下,使板材坯料发生塑性变形从而获得所需的形状及尺寸精度的成形方法。针对不同具体成形工艺,典型板材成形工艺特点如表3.9所示。

2. 管材成形工艺特点

管材成形技术是以管材为加工对象,通过对管材施加载荷使管材产生塑性变形的成形方法。管材结构的特点是空心截面,因此管材的变形与板材相比,有其特殊性。在钣金零件中，管材零件的成形主要有异形截面成形、等截面弯曲成形和管端加工等。对于异形截面成形零件，载荷力主要以柔性介质为加载方式，作用力方向为管壁法向方向，如内高压成形技术、黏性。

表 3.9　典型板材成形工艺特点

典型工艺	工 艺 特 点	质 量 控 制	备 注
橡皮囊成形	半模成形，采用充满橡皮板的橡皮容框作为通用上模，施压部位至自由面存在压力梯度，摩擦力大	贴模度、表面质量、壁厚减薄	一次可成形多个零件，模胎简单，表面质量高，但零件成形高度受限，橡皮寿命有限
充液成形	半模成形，均布面力，流体黏度小		可提高材料成形极限，表面质量高，密封严格
黏性介质成形	半模成形，作用界面存在压应力及剪应力，流体黏度大		可提高材料成形极限，表面质量高，密封适中
颗粒介质成形	无模成形，高速球形弹丸撞击板坯表层，使一定深度的表层产生塑性延伸变形		表面质量与颗粒大小有关
喷丸成形	无模成形，高速球形弹丸撞击板坯表层，使一定深度的表层产生塑性延伸变形	切面样板、贴合度表面质量	零件外廓尺寸不受限制，由于表层压应力存在，与喷丸强化结合，可提高疲劳性能
蠕变时效成形	半模成形，在预应力条件下，人工时效沉淀硬化过程中，板材弹性变形转变为塑性变形	贴模度表面质量壁厚减薄	外廓尺寸不受限制，但仅适用于淬火后需人工时效处理的材料，达到精度需修正回弹量
超塑成形/扩散连接	半模成形，变形速率小，材料变形量大，可成形多层结构	贴模度、壁厚减薄	惰性气体压力为外部驱动力，可成形高精度复杂零件，成形周期长
板材热成形	耦合模具成形，加热坯料，使其材料塑性提高，在刚性模具约束下成形	贴模度、表面质量、壁厚减薄	适用于钛合金等室温塑性差的材料，需考虑尺寸系数，以消除热胀冷缩的影响
拉伸成形	半模成形，在拉力作用下，板材按模胎产生不等量延伸而成形	贴模度、表面质量	材料利用率低，零件表面易出现棱角
旋压成形	分普旋与强旋（旋薄），旋薄时，材料基本上处于纯剪切应力应变状态	贴模度、壁厚控制	机动性好，能用简单设备及模具加工出复杂零件，但工人技术水平要求高，零件质量不稳定

介质成形技术、颗粒介质成形技术及超塑成形技术等。小直径导管类零件特点为等截面弯曲构件，如绕弯成形、滚弯成形等。大直径管弯曲有推弯成形、填料压弯等。典型管材成形工艺及特点如表 3.10 所示。

表 3.10　典型管材成形工艺及特点

类别	典型工艺	工 艺 特 点	主要航空用途	质 量 控 制	备 注
变截面管材成形	内高压成形	压力大,均布面力,介质流动性好,密封严格,可辅助轴向进给	导流管等	贴模度、壁厚减薄、起皱	采用低黏度流体介质,如液压油、乳化液、水等
	黏性介质成形	压力大,均布面力,介质流动性适中,密封不严格,可辅助轴向进给	—		成形介质黏度大,如黄油等
	颗粒介质成形	压力大,非均匀传压,颗粒流动困难,可轴向进给	—	表面压痕、贴模度、壁厚减薄	成形介质采用石英砂、河砂、陶瓷颗粒等
	超塑胀形	多层结构、变形大、适合钛合金等高温管成形,一般无进给	钛合金复杂截面管类零件	壁厚减薄	介质采用氮气、氩气等
导管弯曲成形	推弯成形	大直径薄壁管弯曲(需芯模支撑)	燃油、冷气、环控、承力件	弯曲半径、起皱、壁厚减薄、椭圆度、贴模度	直接弯曲成形或采用填充料控制形状精度,如采用流体颗粒状石英砂或河砂、山梨糖醇、聚乙二醇、低熔点合金、聚氨酯、松香等
	绕弯成形	空间结构、小半径管弯曲			
	滚弯成形	多曲率弯管成形,效率高			
	填料压弯	利于控制塌陷与起皱			
导管管端加工	端部扩口	—	液压、滑油	划痕、扩口边缘壁厚减薄、下陷、裂纹、毛刺	管端扩口
	内径滚压	管件不夹紧,管件跟着转动	环控	同轴、表面质量、壁厚减薄	管端波纹
		无扩口导管连接、强度高、密封性好,适于直管连接	液压	滚压次数、内表面质量	管端滚压内接头
	电磁连接	高能率成形、界面强机械连接或冶金连接	—	椭圆度、表面质量、波纹度	管端连接

3.8.3　燃烧室部件钣金成形工艺应用

1. 燃烧室回转件旋压成形工艺

燃烧室中的圆顶盖、进气及出气段等部件中存在的大量杯形及锥筒形件,为提高此类零件的机械性能,可采用拉深或剪切旋压的方法代替板材卷焊或冲压拉深成形。旋压成形件如图 3.47 所示。

旋压是用于成形薄壁空心回转零件的一种金属塑性成形方法。它是借助旋轮等工具对旋转坯料施加压力,使之产生连续的局部塑性变形而成形。通常是先将金属平板坯料或预制坯料卡紧在旋压机的芯模上,由主轴带动芯模和坯料旋转,然后旋轮以一定的轨迹和移动速率对坯料施加压力,使坯料产生连续逐点的塑性变形,从而获得各种母线形状的空心旋转体零件。旋压工艺原理示意图如图 3.48 所示。

图 3.47　旋压成形件

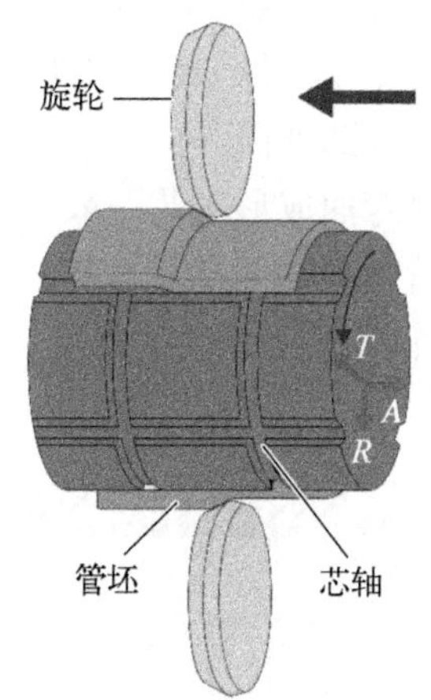

图 3.48　旋压工艺原理示意图

旋压属于局部塑性成形方式，是利用工具连续对工件的极小部分施加压力而使其逐渐成形。就旋压成形的运动方式而言，类似于车削加工，通常工件做旋转运动，旋轮做进给运动。

2. 燃烧室燃油管路的弯曲成形工艺

燃油管路系统（含燃油总管）（图 3.49）主要为发动机的燃烧室提供燃油。燃油管路中的燃油，从飞机的燃油箱出发，经过燃滑油热交换器，与其中的滑油管路进行热交换，带走了高温滑油的部分热量，同时也实现了燃油自身的预热。随后升温的燃油经过油滤过滤后，被传输到燃油分配装置中。基于燃油分配装置要求，燃油被分成几条支路，分别进入到与之相连的、燃油总管的若干条主燃级管路、预燃级管路，最终到达燃油喷嘴。经过喷嘴的雾化、喷射，燃油与高温高压高速的空气充分混合形成的油气进入燃烧室的火焰筒中燃烧。燃烧产生的热能和动能是发动机的主要动力源。当然，还有一部分燃油管路担负着液压控制和排液的职责。在用作液压控制的燃油管路中，燃油被准确且安全地送到测控部件、作动部件和阀门部件的监测、调控机构中。例如，可调静子叶片作动筒、瞬态放

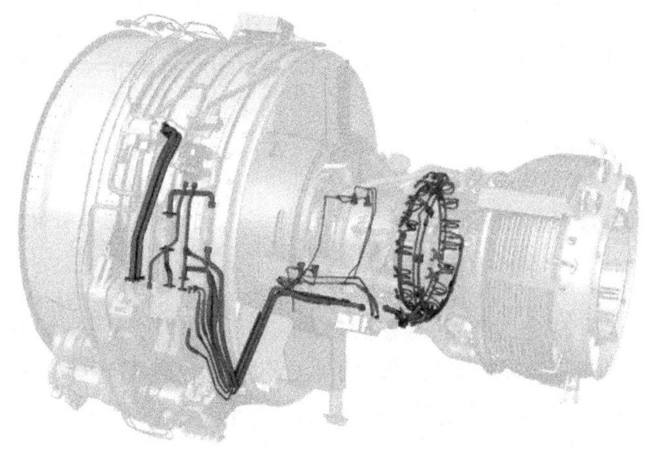

图 3.49　燃油管路系统

气阀门、主动间隙控制阀门等部件都需要连接燃油管路。在用作排液的燃油管路中,发动机的各个作动部件、阀门部件产生的燃油废液,被这些管路运输并收集,最终排放到发动机短舱系统的外面。

管材弯曲成形工艺一般分为绕弯成形、推弯成形和压弯成形三类。

在管材的绕弯成形(图 3. 50)过程中,夹块带动管材与弯曲模一起转动管材在夹块拉力的作用下滑过弯曲切点,并在弯曲平面的弯矩作用下产生弯曲变形并与弯曲模相接触,形成管件预定的弯曲半径。管材在滑过弯曲切点的同时,管材的内表面将与芯模产生接触作用,管材外表面将分别与防皱块和助推压块相接触,管材端面将与顶推装置相接触。管材的绕弯成形需要多模具的协同作用和严格配合。弯曲过程中,防皱块可以防止管材的起皱;芯棒可以防止管材的截面圆度过大和起皱;压块和顶推装置可以防止管材的壁厚减薄。

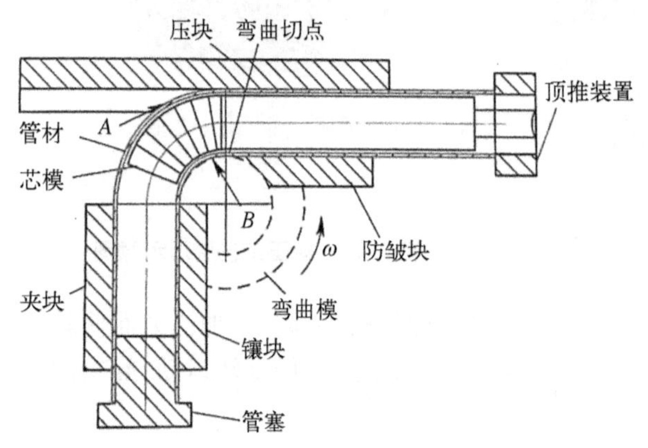

图 3. 50 管材绕弯成形示意图

管材推弯成形工艺(图 3. 51),顶推模将装有柔性介质填料的管坯推入可分式弯曲模使之发生弯曲变形,同时球形芯轴压住填料使之产生足够的内压力作用于管壁,防止起皱和过大椭圆度的发生。柔性介质填料可以是固态的聚氨和低熔点合金,也可以是密封的液态介质。

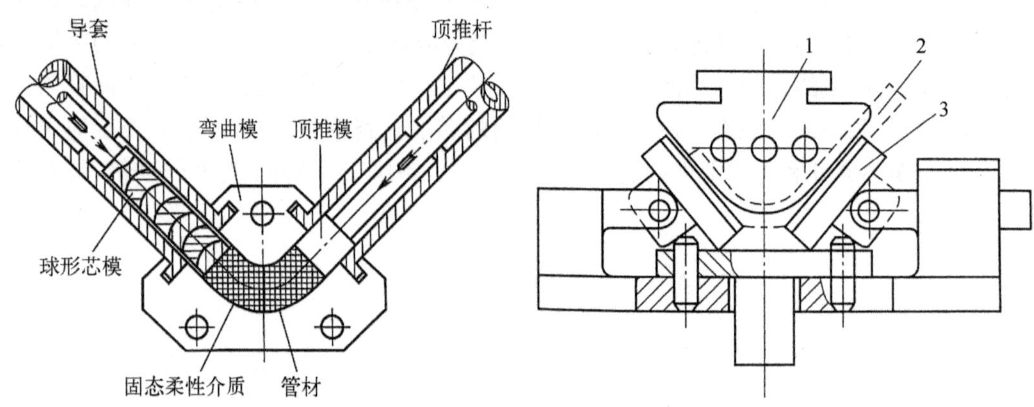

图 3. 51 管材推弯成形技术原理示意图

图 3. 52 V 形管件压弯原理图

1. 凸模;2. 管坯;3. 摆动凹模

压弯是最早用于管材弯曲加工的方法之一,既可以弯制弯头,又可弯制带直段的管件。图 3. 52 为 V 形管件压弯原理图,凸模下行、凸模型腔逐步与管材接触,管材形成弯曲半径,凹模摆动,凹模型腔与管材接触,施加弯矩,直至凸模达到行程。

3.9　机匣制造工艺

航空发动机的机匣一般可以根据设计结构、功能及材料进行划分。

机匣类零件(图 3.53)按材料进行分类,现有铝合金、钛合金、耐高温合金、高强度钢、复合材料机匣等。例如:风扇机匣大多采用钛合金或复合材料;附件机匣大多采用钛合金材料和铝合金材料;压气机机匣低压部分一般采用高强度钢材料,高压部分一般采用钛合金材料;涡轮机匣多采用镍基高温合金材料和高强度钢材料。

图 3.53　燃烧室机匣

3.9.1　机匣加工工艺难点

机匣加工技术难点一方面体现在机匣材料本身难加工性上,另一方面是发动机机匣结构特点带来的难加工,如图 3.54 所示。

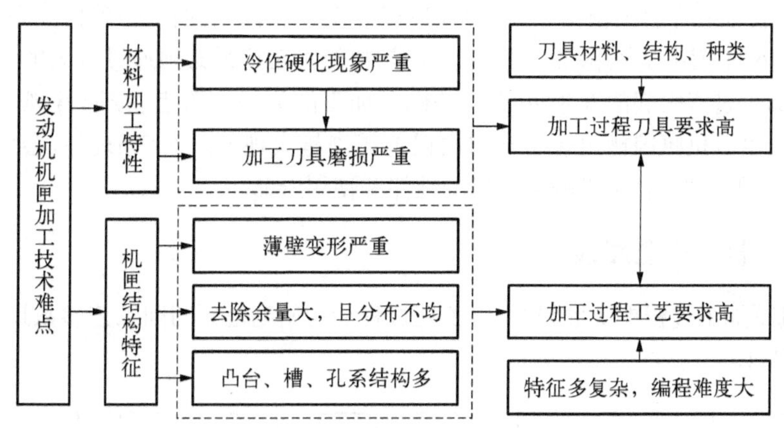

图 3.54　机匣加工技术难点

1. 材料特性造成加工难点

发动机机匣一般选择的是难加工材料,材料方面难度主要体现在:采用不锈钢材料的机匣,在加工过程中,切削力一般比 45#钢要高 25%以上,切削温度也要高,加工过程容易出现黏附,刀具前刀面容易形成积屑瘤,由于材料塑性和韧性,加工表面会有撕扯现象。采用钛合金材料的机匣,切削加工过程中,切削变形系数接近于 1,因此,在刀具前刀面滑动摩擦剧烈,造成刀具磨损严重,同时,切削温度要比 45#钢高出一倍以上。由于材料化学活性大、亲和力强,易于产生表面硬化和粘刀现象。钛合金弹性模量小,零件回弹量大,会加剧刀具后刀面的磨损。采用高温合金的机匣,切削力为一般钢材 2~3 倍,刀具磨损严重,易于形成扩散磨损和氧化磨损,加工硬化现象严重。由于材料导热系数低,切削热集中在刀尖附近,温度高。切屑由于高韧性,易于形成卷屑,不易清除。采用镁合金材料机匣,加工性相对较好,但细小切屑容易燃烧,另外加工过程氧化严重。

由上述过程可以看出,机匣材料造成加工技术难点主要体现在切削过程中切削力大、黏刀现象严重、刀具磨损剧烈、切削温度高及应力引起的变形等方面。

2. 机匣结构造成加工难点

机匣结构复杂,腔槽周围分布很多特征岛屿、凸台、孔系、槽、筋等特征,壁薄并且变化剧烈,也造成了加工工艺上的难度。就环形机匣而言,其毛坯成型方法主要有锻造毛坯、铸造毛坯和焊接毛坯,材料切除率达到70%以上,结构一般分为内外两部分,内部主要是涡轮叶片承载部分,因此,加工质量要求很高,加工精度达到±0.02 mm。机匣外部连接的发动机附件系统包括油路、冷却、控制系统以及管路、泵体等。因此,复杂特征多、加工要求高,尤其位置精度要求高,造成对每一个特征,必须采用不同的加工方法。其次,沿着发动机轴向方向,前端的安装边、前槽等部分的法兰结构上分布着大量孔系,孔所在部位壁较薄,孔深小,加工中易变形。另外,由于前安装边是机匣的设计基准,又是重要的加工工艺基准。因此,对孔系的加工具有很高的尺寸精度和位置精度要求。最后,沿着轴向与燃烧室连接的机匣后端部位,除了法兰结构上具有复杂孔系外,沿着机匣加强筋部位周边还分布着放气孔,该类孔一般与发动机轴线成一定角度,这些特殊结构的异型孔加工难度很大。

在加工工艺上,除了结构复杂工艺难度大外,部分机匣采用的对开结构,若在加工过程中采用分散与组合加工相结合,会由此造成二次定位,影响加工一致性。因此,为了保证机匣装配体的使用功能,保证机匣加工要求,机匣加工质量必须通过复杂的工艺系统保证。其次,加工过程引起的变形问题也是机匣加工的另一个难点,按照常规工艺过程加工,总会出现沿着机匣腔槽边缘由外向内误差越来越大现象。而变形误差会引起后期发动机叶片工作的颤振,直接影响到整机的性能和使用寿命。

3.9.2 机匣工艺路线

针对机匣加工过程中变形问题,对工艺过程从初始毛坯到切削工艺参数进行了优化,如图3.55所示。

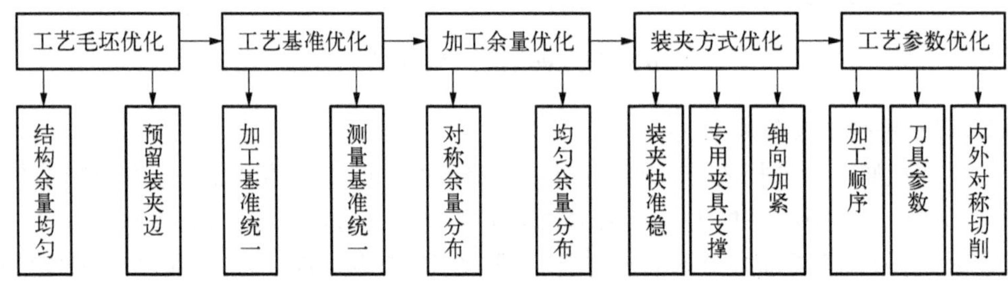

图3.55 机匣工艺路线优化策略(工艺毛坯优化改为毛坯铸造)

3.9.3 机匣毛坯铸造工艺

前置扩压器机匣、燃烧室机匣等结构复杂的机匣一般采用铸造工艺方法制造。常采用的铸造工艺有砂型铸造、熔模精密铸造等。

1. 砂型铸造

某前机匣结构复杂、壁薄，形状为圆环状，内有空心支板。此类铸件铸造比较困难，浇冒系统设计难度大，若不合理极易产生疏松、欠铸、掉砂等铸造缺陷。该机匣采用砂型整体铸造方法，其工艺流程如图3.56所示。

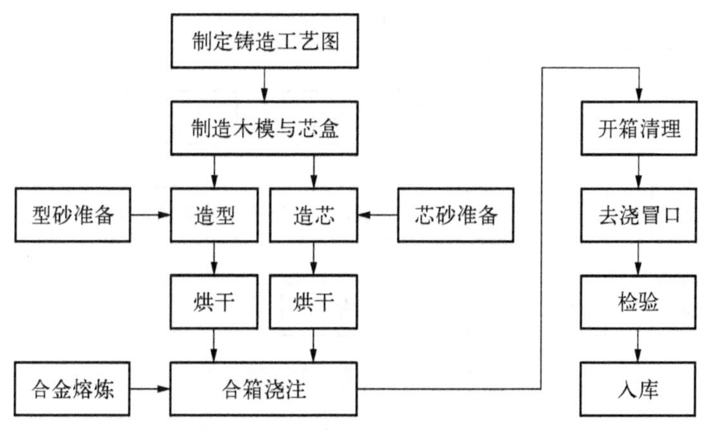

图3.56　砂型铸造工艺流程

2. 熔模铸造

扩压器是大型薄壁整体精铸件，其结构一般由大轮廓外圆、内轮廓圆以及几十个空心或者实心的叶片组成，叶片为带嘴叶片与不带嘴的叶片；壁厚尺寸相差大，最薄处1.5 mm，最厚处12 mm，其工艺难点主要有以下三点：

（1）前置扩压器铸件壁薄决定了其工艺难点是铸件成形困难，极易产生缺肉、冷隔、裂纹、疏松等冶金缺陷；

（2）由于前置扩压器铸件结构复杂，需要多模压型和多块组合，因而精度难以保证；

（3）铸造合金的工艺性差，铸件结构复杂，铸造组织很难达到均匀一致且形成细小晶粒，必须增加一系列工艺措施。

熔模精密铸造的工艺流程如图3.57所示。

3.9.4　机匣机械加工工艺

机匣工艺路线制定基本原则就是：先基准后其他、先粗后精、先主后次、穿插进行、先面后孔，具体而言就是机匣的加工一般分为3个阶段：粗加工、半精加工和精加工。粗加工阶段：主要去除各表面的大部分余量，对尺寸精度和表面精度要求不高。粗精加工区别对待，粗加工效率优先，精加工质量优先。半精加工阶段：去除热处理产生的变形，完成各次要表面的最后加工，给精加工奠定基础。精加工阶段：完成全部表面最终加工，并保证机匣的全部技术要求，特别是对主要表面的要求。在工艺制定时要兼顾加工精度与效率，合理分配加工余量。例如，针对某燃烧室机匣在工序分散原则基础上，对每一阶段的加工余量进行优化，以有利于零件的变形控制。原则是在保证零件具有装夹刚性和可控变形量内尽可能早地去除加工余量，甚至采用无余量。燃烧室机匣机械加工工艺过程如图3.58所示。

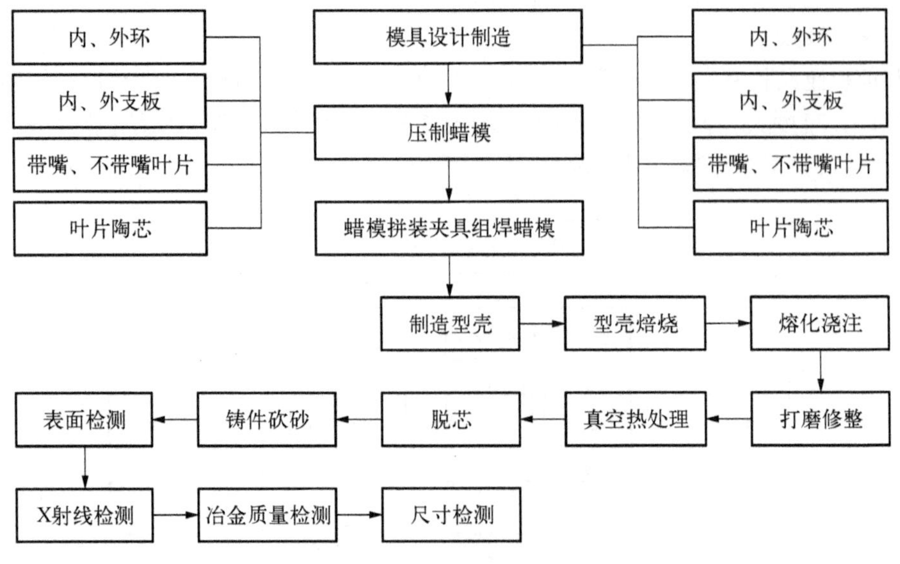

图 3.57　熔模铸造工艺流程图

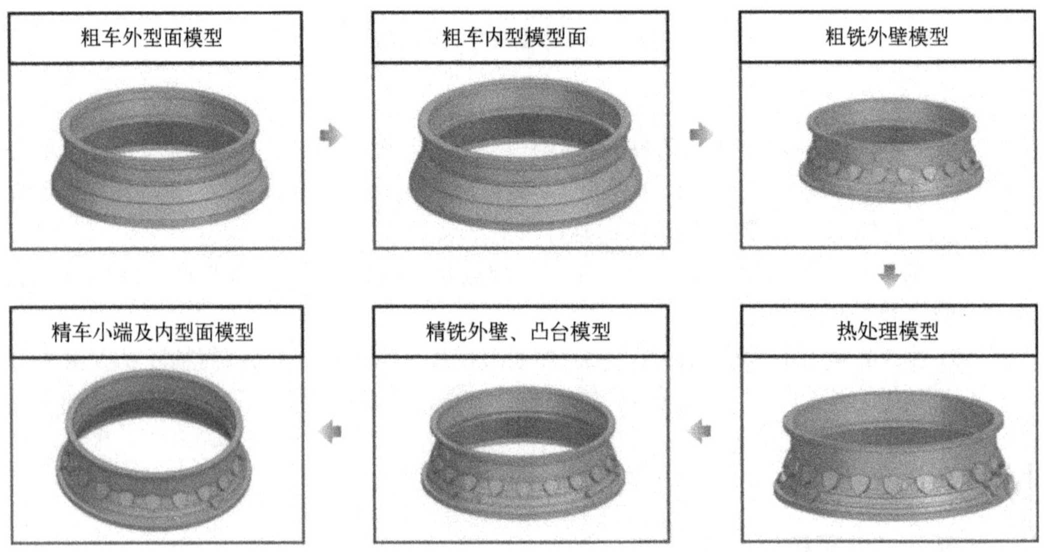

图 3.58　燃烧室机匣机械加工工艺过程

铣削时根据机匣尺寸及壁厚各阶段的加工余量分布大致如下：燃烧室机匣粗铣余量 1~1.25 mm，半精铣余量 0.2~0.5 mm；风扇机匣粗车余量 1~1.25 mm，半精车余量 0.2~0.3 mm。最后，采用均匀对称加工余量分布和内外型对称切削方式，即指根据零件余量及走刀次数对加工顺序进行调整，使在同一工序内，内外型面交替加工直至最终尺寸。其目的就是促使初始残余应力逐步对称释放，从而减小残余应力变形。

经过实践与仿真对比，刀具参数在车削过程中一般选用半径为 0.8 mm 或 1.2 mm 的 SECO 刀片，这样既能保证加工质量，又能兼顾加工效率。铣削加工时刀具一般选用整体硬质合金立铣刀、快速铣刀、插铣刀以及成形刀具。在切削参数选择方面，通过试验证明，切削深度对切削力影响最大，因此切削深度不宜选择过大，最后一刀时切削深度应取小值以减小弹性变形；另一方面为保证加工效率，应根据总加工余量值，切削深度应随加工刀数逐渐减小，并可适当提高进给量及主轴转速，但是进给量与切削速度对零件残余应力及零件表面质量影响显著，因此在最后一刀时应降低进给量及主轴转速。

3.9.5　机匣数控刀位轨迹优化

刀位轨迹在规划时，始终遵循在能够保证后续铣削加工应有余量的前提条件下，对于机匣回转面和凸台四周，尽可能多地在粗加工阶段去除余量，从而缩短加工工时，提高加工效率。例如，针对燃烧室机匣这类多岛屿复杂结构件可采用行切与环切相结合的方式进行插铣加工。为最大限度地去除毛坯，对凸台外围的区域采用等高行切法可改善插铣加工时因插铣深度不同引起的刀具磨损加剧问题，提高加工效率，降低加工成本；然后在内岛屿周围以凸台平面法向为刀轴矢量绕凸台插铣走刀（图 3.59）。

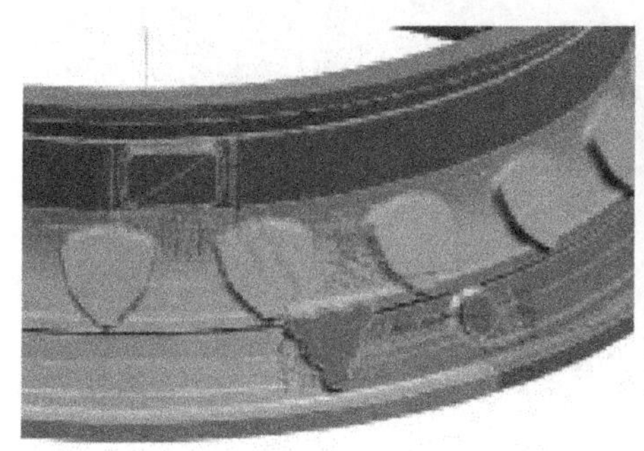
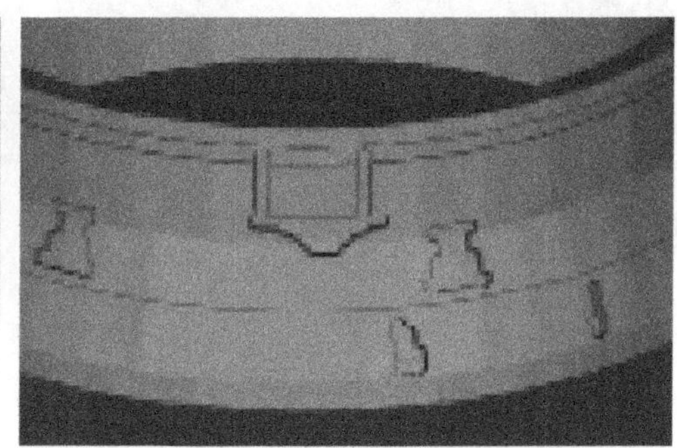

图 3.59　插铣加工刀位轨迹

其次，还针对快速铣削方式，进行加工区域划分，如图 3.60 所示，构建了快速铣削刀轨导入机匣特征造型中，作为加工程序的控制曲线，将机匣选为检查面，在保证无干涉的情况下，生成了余量去除最多、效率最高的快速铣削开槽加工程序，并在凸台部位进行了清根加工。

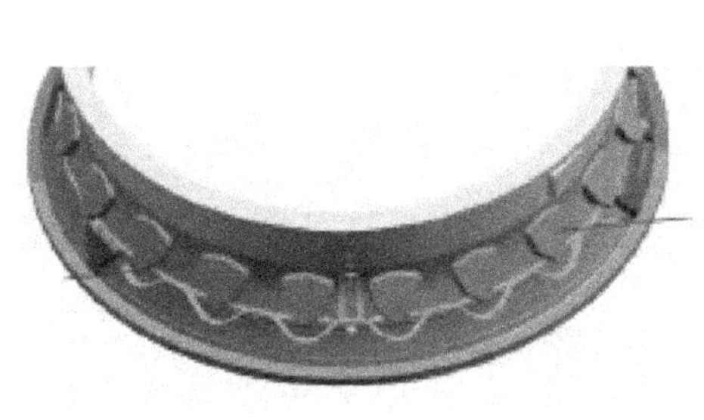

(a) 开敞加工区域

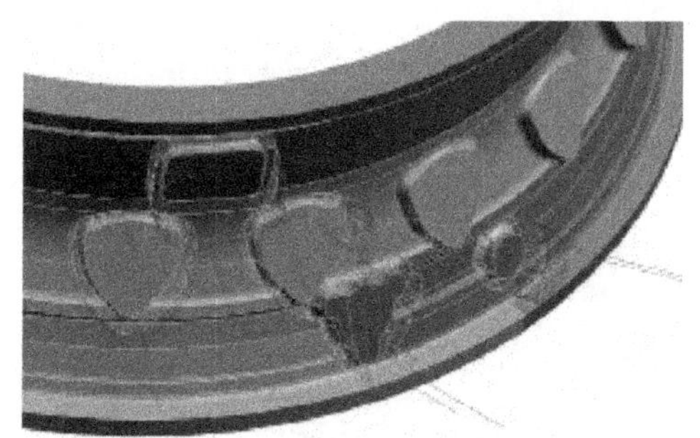

(b) 非开敞加工区域

图 3.60　加工区域划分

针对机匣外形精铣中已铣削到位部分，只留凸台侧面余量 2 mm，采用和凸台定面法线同方向的固定刀轴方式，进行连续两刀的环切加工。为保证切入切出的平稳性，所有凸台精铣均采用圆弧进退刀方式进行加工。其次，采用外形结合凸台的铣削方式，将凸台周围的外圆铣削整合到外形铣削中，虽然增加了刀位轨迹的创建难度，但是减少了加工程序的数量，提高了加工效率，如图 3.61(a)所示。对于与凸台无依附关系的加强筋圆角及相邻轮毂面片之间的过渡圆角通常采用四轴联动加工，如图 3.61(b)所示。对于发生干涉的区域，通过使用机匣表面刀具半径偏置面对刀位轨迹进行裁剪，保留非干涉轨迹，生成回转面铣削加工程序。通过上述刀位估计的优化极大提高了机匣的加工效率和加工质量。

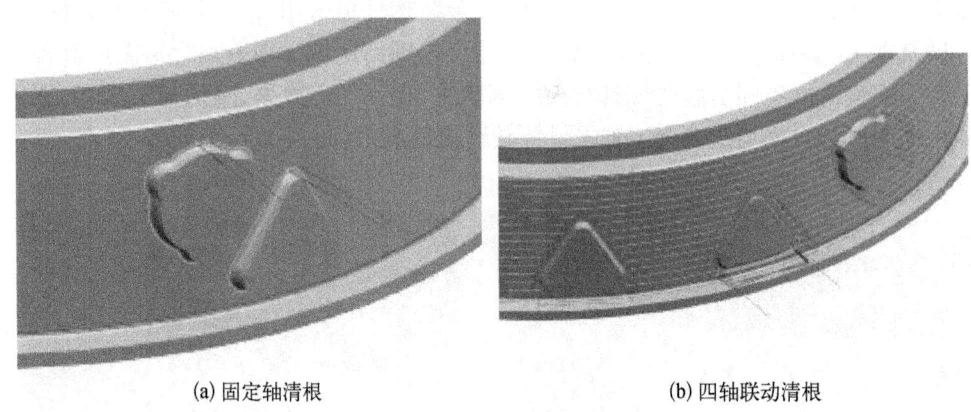

(a) 固定轴清根　　(b) 四轴联动清根

图 3.61　清根加工刀轴控制

第4章 涡 轮

涡轮的作用是将高温燃气中的部分热能和势能转换成机械功,驱动压气机和附件工作。涡轮和压气机均为叶轮机械,涡轮由静子(又称涡轮导向器)与转子所组成,静子由导向器与机匣组成,转子由转子叶片、轮盘与轴组成。在各种复杂工况下,由于涡轮零件温度分布不均匀,零件会在热膨胀受到限制时产生热应力,所以涡轮零件所承受的负荷要比压气机大。在设计涡轮部件时,需要解决高温、高负荷、温度不均引起的问题,例如热变形、热应力、热定心、热疲劳、热腐蚀,以及高温材料的选择、冷却系统的设计等。本章在发动机结构方面重点介绍涡轮转子结构、静子结构、空气系统结构。在制造工艺方面将结合现有先进制造工艺现状,重点介绍粉末高温合金涡轮盘制造工艺、单晶涡轮叶片制造工艺、涡轮叶片气膜孔加工工艺、涡轮叶片热障涂层工艺和传动部件制造工艺。

4.1 涡轮工作原理

涡轮的特点是输出功率大、燃气温度高、转速高、效率高,同时还要求结构重量轻、结构布局紧凑。图4.1为涡轮压力和温度沿涡轮轴向的变化,沿涡轮正向方向温度与压力不断降低。

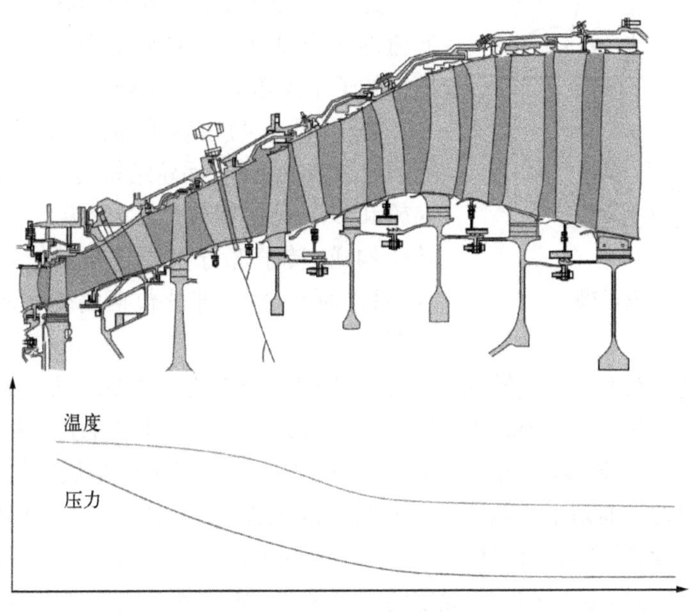

图4.1 涡轮压力和温度的变化

燃气沿轴向由前向后流动膨胀做功的涡轮为轴流式涡轮，燃气由外缘向中心流动膨胀的为向心涡轮。现代航空发动机多采用轴流式涡轮，向心式涡轮在小功率涡轮上得到应用。按照驱动涡轮方式不同，轴流式涡轮一般分为两种类型，即反力（作用）式涡轮和冲力式涡轮，航空发动机上均采用反力式涡轮。反力式导向器叶片改变燃气流方向，不改变压力，收敛式涡轮叶片通道承受燃气膨胀和加速产生的反作用力；而冲力式导向器叶片呈收敛形状，使燃气加速，压力降低，引向涡轮叶片，涡轮叶片承受燃气冲击，如图 4.2 所示。

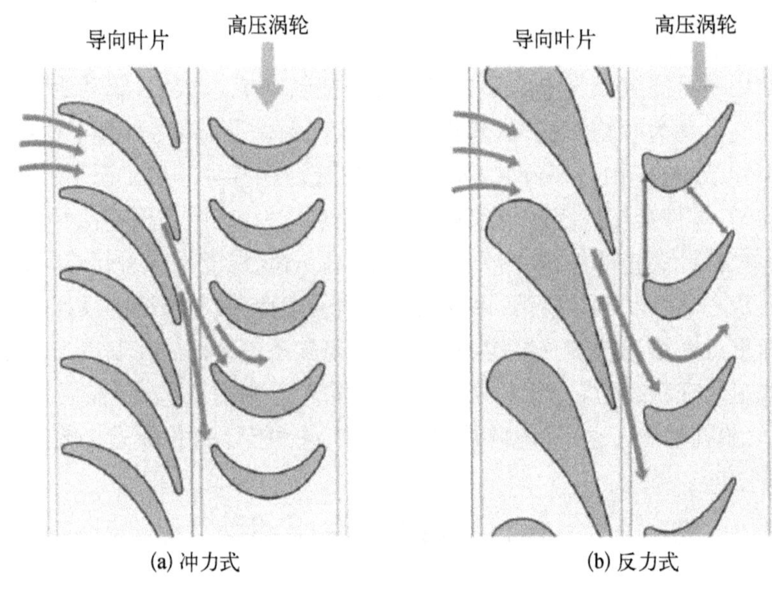

(a) 冲力式　(b) 反力式

图 4.2　冲力式和反力式涡轮

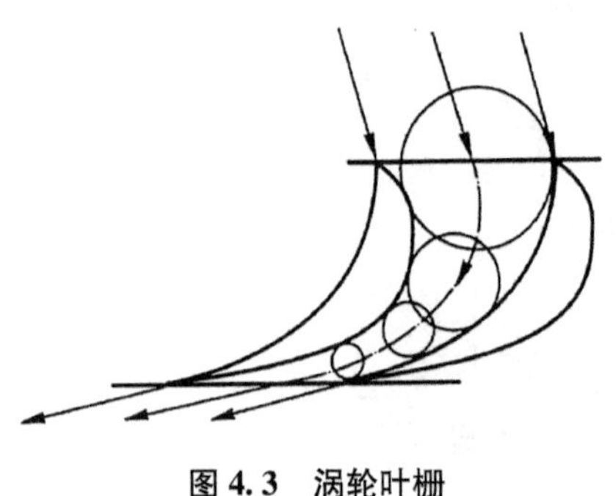

图 4.3　涡轮叶栅

为了实现燃气加速降压的膨胀过程，涡轮叶栅通道形式应设计为光滑收敛形，从涡轮进口到涡轮出口的子午流道通常是扩张形的，如图 4.3 所示。

涡轮（图 4.4）由转子部分和静子部分组成。根据涡轮级数的不同，涡轮结构可分为单级涡轮、双级涡轮和多级涡轮等，每个涡轮级由一排静子和一排转子构成；转子部分主要包括涡轮转子叶片、涡轮盘、涡轮轴等；静子部分包括涡轮导向叶片、涡轮机匣等。

涡轮进口燃气温度是衡量发动机技术水平的一个关键性指标。推重比 10 级发动机的进口燃气温度能够达到 1 850~1 950 K，推重比 12~15 级发动机的进口燃气温度可能达到 2 200~2 400 K。涡轮能够在高温、高速、高压条件下稳定工作是涡轮结构设计的基本要求。涡轮结构设计准则主要包括：① 在规定的工作包线和限制载荷作用下，不得出现有害的永久变形，瞬时变形不允许显著影响发动机工作能力与性能；② 在极限载荷作用下，不允许出现非包容破坏；③ 在规定的寿命期内，蠕变量不应达到影响发动机正常使

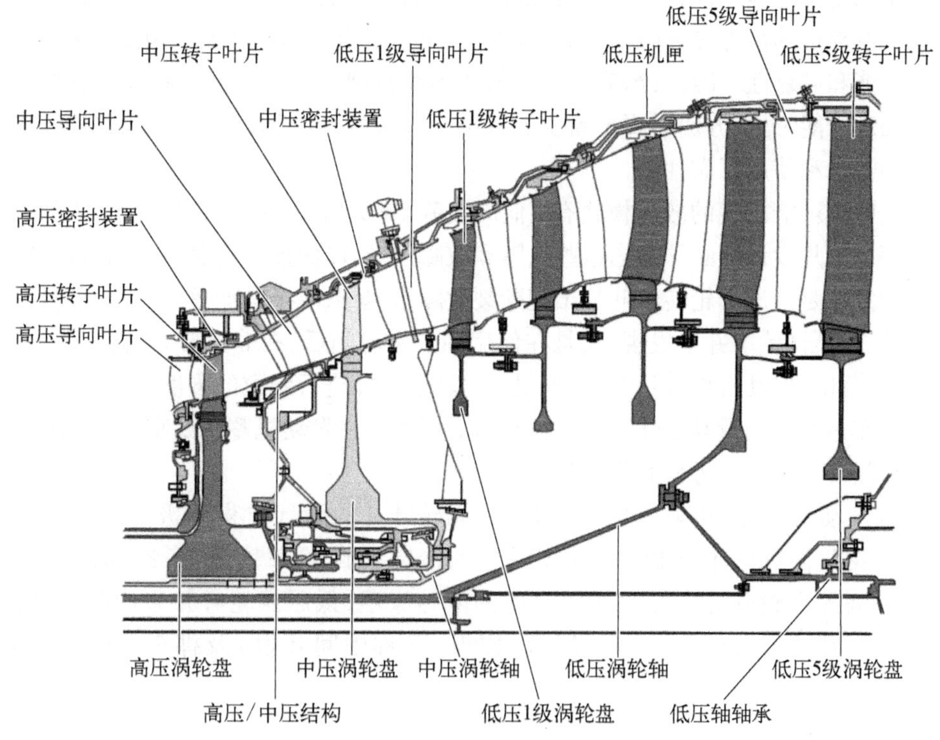

图4.4　航空发动机涡轮结构

用的程度；④ 在飞行和地面包线范围内所有转速和推力状态下，应无破坏性振动；⑤ 在设计用法条件下，耐久性和经济寿命不得低于要求的设计使用寿命；⑥ 机匣应包容断裂的涡轮转子叶片；⑦ 在满足强度要求的前提下，简化结构，减轻重量，选用低成本材料；⑧ 维修性、检测性好。

4.2　涡轮转子结构

涡轮转子一般由转子叶片、涡轮盘、轴及连接件等组成。由于涡轮转子的工作载荷和工作温度高，单级涡轮转子通常选择盘式转子结构，双级和多级涡轮转子一般采用盘式或盘鼓混合式结构。

4.2.1　涡轮转子叶片及连接结构

涡轮转子叶片是把高温、高压燃气的部分能量转化成机械能并以轴功率输出的重要构件。涡轮转子叶片在高温、高速的恶劣环境下工作，要承受高速旋转所产生的离心载荷、气动载荷、热载荷及振动载荷；高温燃气中的某些杂质(例如硫)会对涡轮叶片造成氧化和硫化腐蚀；流入发动机的空气往往会含有砂尘，这些砂尘如果进入涡轮转子叶片使冷却通道堵塞，会立即使叶片超温损坏。所以涡轮转子叶片是发动机中工作条件最为恶劣的零件。当发动机工况不断变化时，各种载荷及其损伤的交互作用，使涡轮叶片成为在发动机研制和使用过程中，出现结构损伤故障最多的构件之一。特别是高压涡轮转子叶片的强度对发动机的热力参数(涡轮前燃气温度)的选择起着决定性的作用，直接影响着发动机的性能和可靠性。因此，当前一方面需要不断研制新的耐高温材料以提高材料的耐高温和强度性能，另一方面需要不断发展各种冷却技术，以降低转子叶片的温度，提高转子叶片的寿命和使用可靠性。

涡轮叶片可能出现的故障模式有：低周疲劳、蠕变/应力断裂、高周疲劳、表面的氧化和腐蚀等。叶片设计中必须考虑这些故障和故障模式，以保证其可靠性和耐久性的要求。涡轮叶片尤其是高压涡轮转子叶片出现断裂故障后，会造成极其严重的后果，而且有些故障在设计、发展试验中并未发现，只是在使用到一定时间后，在非常复杂的使用条件下才会出现。因此在发动机设计过程中，不仅要对转子叶片进行细致的强度和振动分析计算，还要在试车过程中测量其工作应力和振动值。同时要在发动机整机试车中，更多、更全面地模拟外场使用条件来考核其强度与振动。

随着发动机性能、可靠性的不断提高，涡轮叶片的设计也得到极大的改进。随着涡轮进口燃气温度的不断提高，叶片材料的冷却设计越来越复杂，冷却效果越来越高。目前高压涡轮叶片广泛采用了高效的隔热涂层，低压涡轮叶片采用防腐蚀渗层。涡轮转子叶片一般由叶冠、叶身、缘板、伸根(又称中间叶根)及榫头五部分组成，如图 4.5 所示。

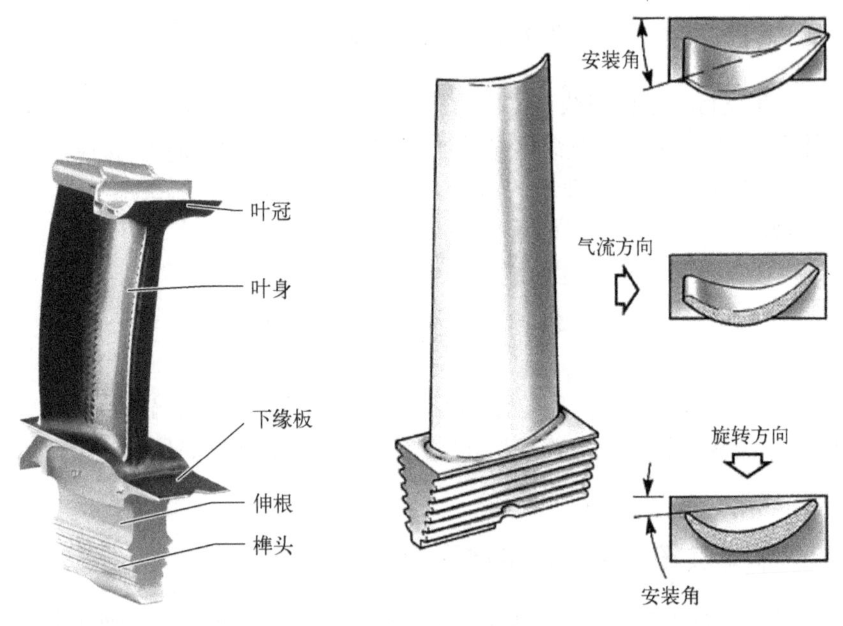

图 4.5　航空发动机涡轮叶片结构　　**图 4.6　涡轮转子叶片叶型结构**

1. 叶身

在涡轮叶片叶型设计中，广泛采用了三元流设计方法，与压气机转子叶片相比，涡轮转子叶片的叶身厚度较大，剖面较弯曲，截面沿叶高的变化较剧烈，叶片的安装角在叶尖处比在叶根处的大(图 4.6)。由于涡轮气流通道是扩张的，位于后端的低压涡轮叶片一般具有较大的展弦比(叶高/叶身弦宽),即为细长叶片。在设计时需要考虑叶尖气动损失和叶片的振动问题。

涡轮叶片叶身的粗糙度、轮廓度、叶背型线曲率分布和前尾缘半径等因素会产生附面层摩擦损失、流动分离损失和尾迹损失等问题,影响涡轮效率,如图4.7所示。为提高涡轮效率,在叶片加工制造过程中,要严格控制前缘、尾缘形状和尾缘厚度,降低尾迹流动损失;控制叶型表面粗糙度,减少附面层内的流动损失;保持叶型表面光滑过渡,控制叶片叶背型线曲率分布,不允许出现凹凸不平(包括模具分模产生的分模线)。

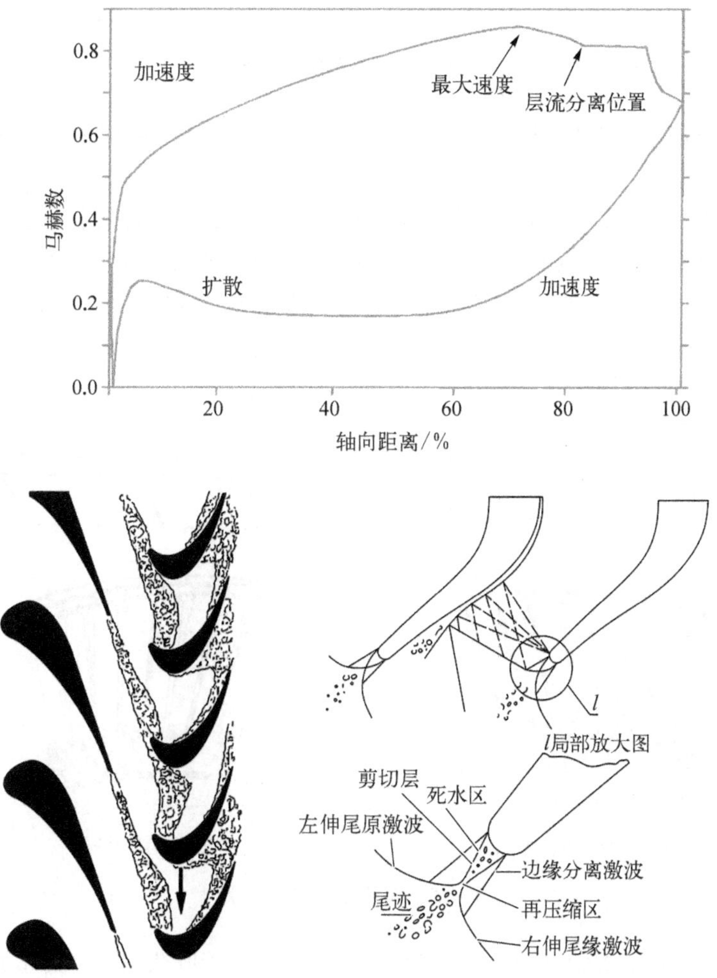

图4.7　叶身对涡轮效率的影响

2. 叶冠

早期的涡轮叶片不带冠,20世纪60年代开始带冠叶片得到了发展和广泛应用。叶片带冠的好处主要有:减小涡轮叶尖间隙,减小漏气损失,如图4.8所示;消除盆、背间的潜流发生,改善流动特性;改善涡轮叶片的振动特性等。

叶冠的形状可以做成平行四边形和锯齿形。平行四边形叶冠结构较简单,如图

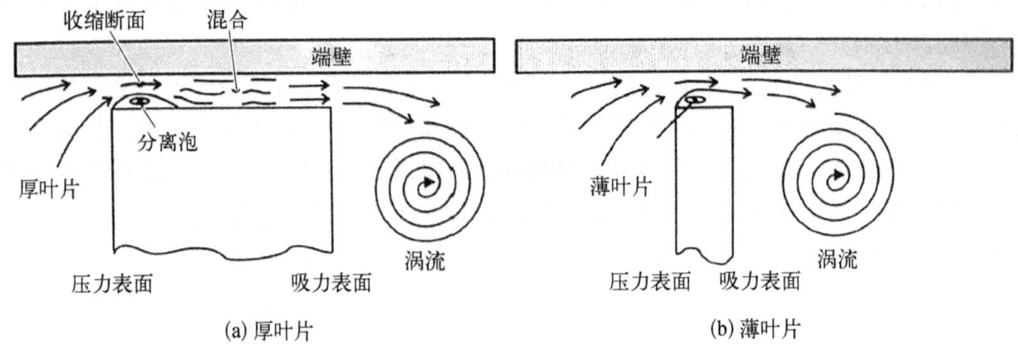

图 4.8　叶尖泄漏损失示意图

4.9(a)所示,在理想工作状态下,相邻叶冠应均匀接触,但在实际使用过程中,由于制造误差及发动机工作状态变化等因素的影响,间隙难于保证,易出现磨损不均的问题。锯齿形叶冠,如图 4.9(b)所示,在装配时靠预扭压紧。工作时由于叶片的扭曲变形,紧度加大,因而减振效果较好。但它不能单片拆装,只能整环装拆,并且加工工艺性和封严效果较平行四边形叶冠差,为了抗磨损,叶冠工作面(A 面)通常喷涂硬质耐磨合金。

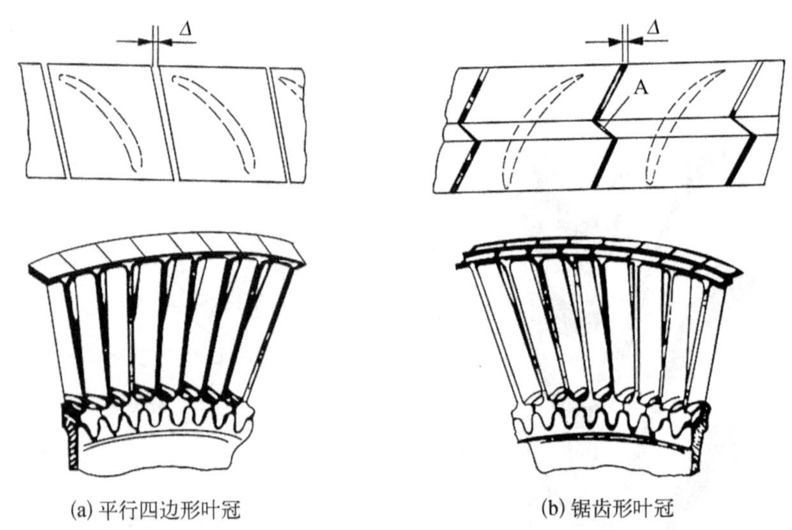

图 4.9　带冠涡轮转子叶片

叶片带冠的缺点是增大了叶片重量,特别是它位于叶尖处,大大增加了叶身的离心应力,同时增加了榫齿和涡轮盘的负荷。另外,叶冠和叶身转接处存在一定的附加弯矩作用于叶身上,且该处易产生应力集中。图 4.10 为罗罗公司高压涡轮转子叶片叶冠结构。

为了保证叶尖间隙,降低燃气泄漏损失,低压涡轮转子叶片叶冠通常设计为篦齿与蜂窝配合的迷宫式封严结构。通过转子叶片叶冠上的篦齿与机匣上转子外环蜂窝间形成节流间隙与膨胀空腔,对通过的燃气产生节流效应来增加流动中的阻力,使泄漏燃气的压差急剧增加,从而起到封严的作用,如图 4.11 所示。

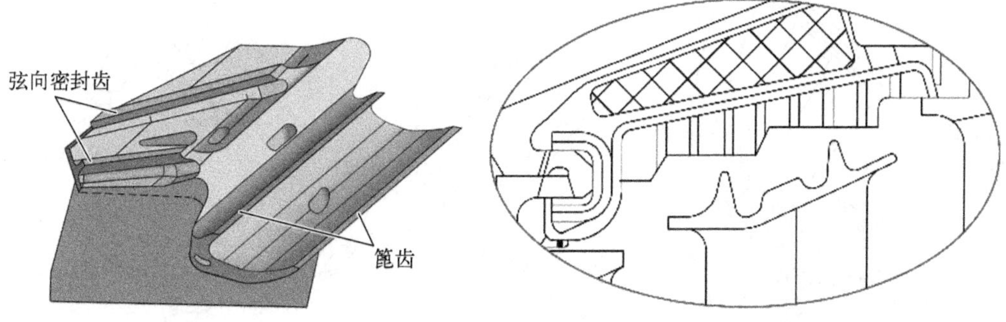

图 4.10　罗罗公司高压涡轮转子叶片叶冠结构　　　　**图 4.11　篦齿与蜂窝配合结构**

涡轮转子叶片叶尖篦齿有直齿、斜坡齿和斜齿三种形状，其中斜齿的封严效果最好，如图 4.12 所示。

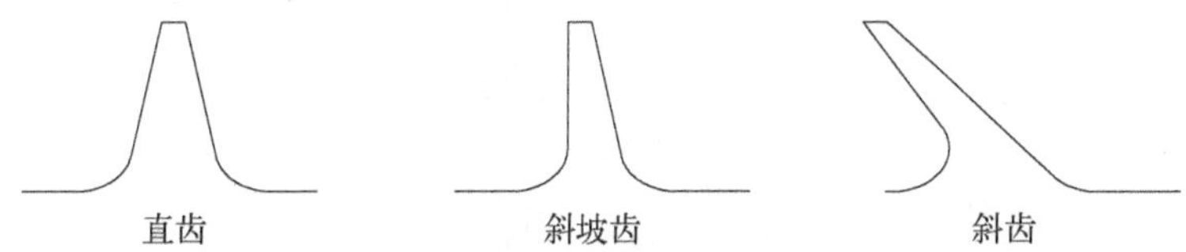

图 4.12　篦齿结构

在发动机工作过程中，低压涡轮转子叶片的叶尖篦齿与蜂窝接触，将蜂窝磨成沟槽状，这样形成的叶尖间隙周向均匀。在叶尖与蜂窝摩擦过程中，转子叶片篦齿尖会发生轻微磨损，为解决该问题，某些发动机的低压涡轮转子叶片叶尖会喷涂耐磨涂层，如图 4.13 所示。

图 4.13　叶尖喷涂耐磨涂层

3. 叶片榫头

榫头是转子叶片与涡轮盘连接的承力构件，盘榫连接位置是承受载荷大且复杂的区域。榫头的工作温度最高可达 600℃ 以上，材料的机械性能在该温度下会大幅度降低。因此，叶片与轮盘连接部位易产生故障，是结构设计时重点关注的位置点。如图 4.14 所示，盘榫连接有很多种方法，其中使用最广泛的是枞树形盘榫连接，按齿数可分为单齿、两齿和多齿结构。

枞树形榫头（图 4.15）呈楔形，两侧做有对称分布的梯形或半圆形齿，涡轮盘轮缘的榫槽呈倒楔形，从各截面承受拉伸应力的角度看，材料利用合理，因而重量轻；榫头在轮缘所占的周向尺寸较小，因而可以安装较多的叶片；榫头和榫槽间有间隙，允许轮缘受热后能自由膨胀，因而减小连接处的热应力；由于有装配间隙，在低速时叶片可以在榫槽内有一定的相互移动，起到一些振动阻尼的作用，并可以自动定心，减小了离心力所引起的附加弯矩；可以

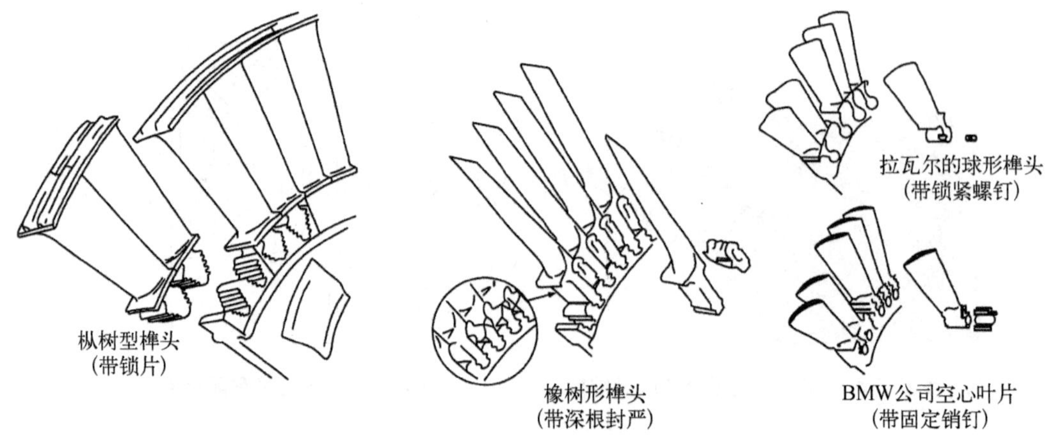

图 4.14　几种盘榫连接方法

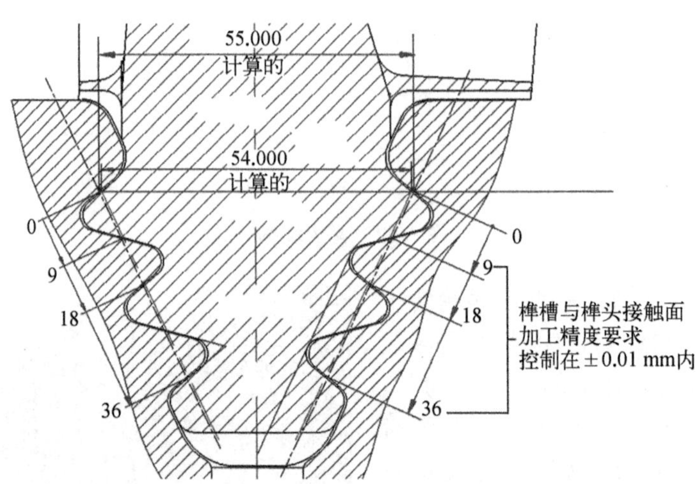

图 4.15　盘榫连接结构(单位: mm,榫槽与榫头接触面加工精度要求控制在±0.01 mm 内)

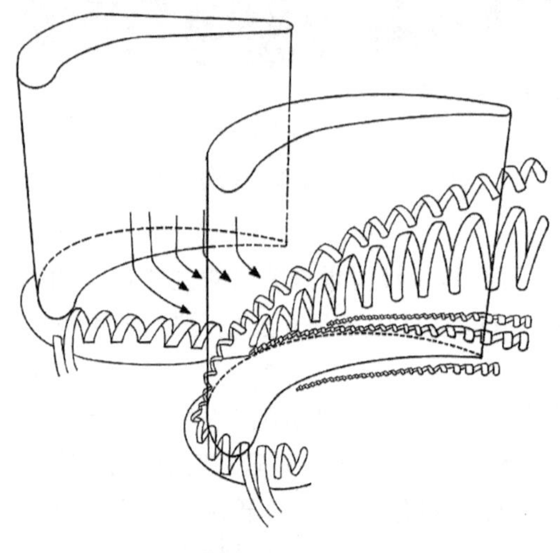

图 4.16　下缘板流动损失

加大叶片榫头和榫槽非支撑面之间的间隙,使冷却空气流过,对榫头和轮缘进行冷却,并可减少叶片传向轮盘的热量,减低盘缘温度,减小热应力。其主要缺点是:由于榫槽圆角半径小,应力集中现象严重,容易出现疲劳裂纹甚至折断的故障;加工精度要求高,为使各榫齿能均匀受力,必须提高齿距、角度、粗糙度等榫齿尺寸和形位公差的加工精度;由于尺寸公差的影响,各齿的受力水平会存在很大差异;在低转速情况下,可能存在个别齿未贴合的情况。为保证盘榫连接的可靠性,某些发动机在装配过程中,会采用选配的方法限制涡轮叶片的偏摆量。

4. 下缘板

下缘板是涡轮流路的内表面,如图 4.16 所示,叶片下缘板存在转、静子轴向间隙泄漏及冷气掺混而引起的流动损失。

为提高涡轮效率减少掺混损失,利用转子叶片向前、后伸出的缘板与导叶下缘板之间形成插入式迷宫封严结构,能降低转、静子轴向间隙泄漏及冷气掺混而引起的流动损失,如图 4.17 所示。

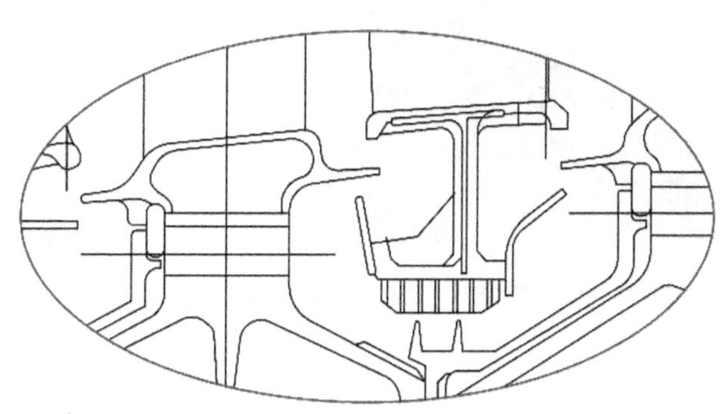

图 4.17　插入式迷宫封严结构

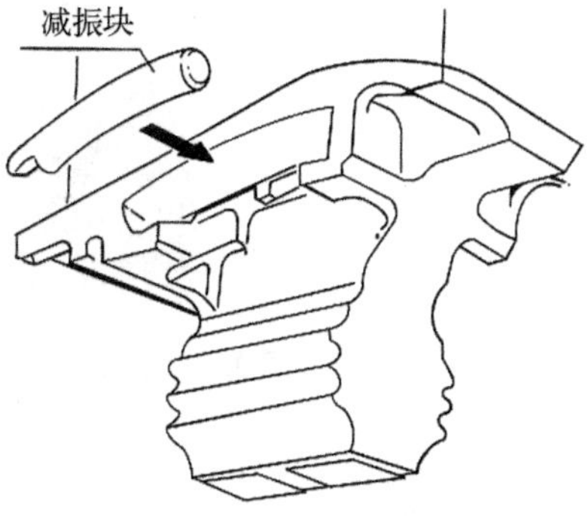

图 4.18　伸根处的减振块

5. 伸根

涡轮转子叶片叶身与榫头之间的过渡段称为伸根(又称中间叶根),伸根可以减小叶身与榫头连接位置的应力集中问题,同时减少叶片对榫头的传热量,降低盘缘温度,从而减小涡轮盘的热应力,减轻涡轮盘的重量。如图 4.18 所示,在某些不带冠的涡轮叶片伸根处,可以设置减振块,改善叶片的振动特性。

6. 材料

涡轮转子叶片的选材应满足循环疲劳寿命、抗蠕变断裂的性能,抗氧化和抗腐蚀能力等要求;在力学性能方面,应具有良好的高温蠕变性能、机械疲劳性能、热疲劳性能和抗冲击性能,以及良好的高温塑性,以便在瞬时超载时不致发生脆断;具有较低的缺口敏感性和裂纹扩展速率;具有良好的铸造工艺性、机械加工切削性和焊接性;热处理过热敏感性小,氧化脱碳倾向小,淬透性高,不易变形和开裂;在保证使用性能条件下,选择经过定型机种使用和在研机种验证过的材料。

涡轮叶片材料经历了锻造高温合金、多晶铸造高温合金、定向凝固柱晶高温合金、单晶高温合金、共晶高温合金、金属间化合物、陶瓷基复合材料(ceramic matrix composite, CMC)和碳碳复合材料的发展,如图 4.19 和图 4.20 所示。目前 CMC 材料涡轮叶片已经在 LEAP 和 GEnx 等发动机上进行了试验考核,并开始投入商业运营。

4.2.2　涡轮盘

涡轮盘(图 4.21)通常由轮缘、辐板、轮毂等部分组成,盘件上设计有与转子叶片、轴等零件的连接结构和通气孔。

涡轮盘的功能是安装叶片来传输功率。涡轮盘处于高速旋转的工作状态,属于承力

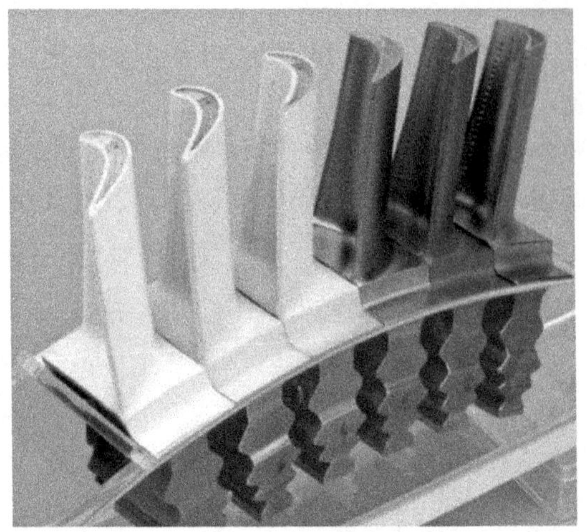

图 4.19　涡轮叶片及电子束物理气相沉积(EB－PVD)热障涂层

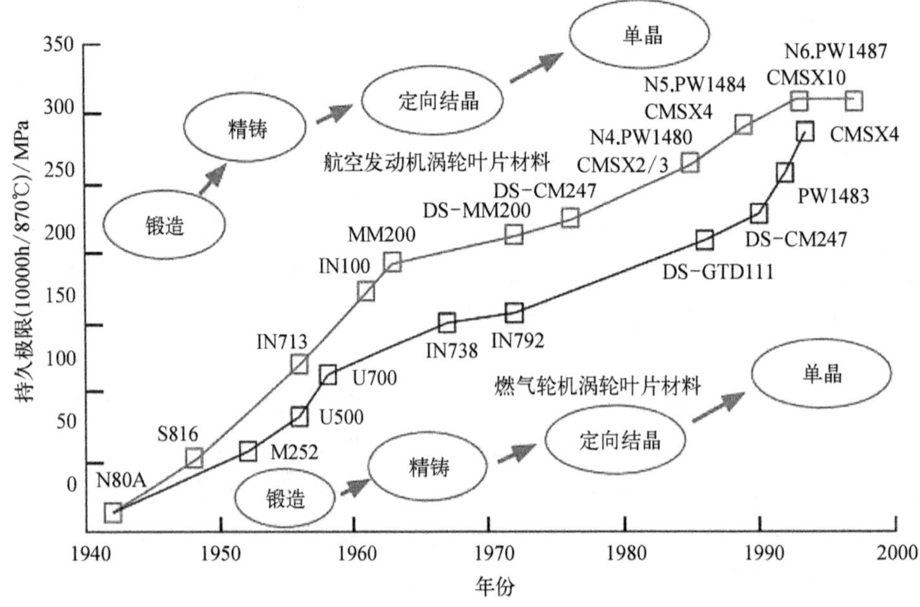

图 4.20　涡轮叶片材料的发展

零件,承受着涡轮转子叶片离心力、涡轮盘本身的质量离心力以及热应力。厚度较薄的涡轮盘在盘片耦合振动会产生高周的振动应力,除此以外还要承受装配应力和由于变形不协调而产生的附加应力,在工作环境方面还要考虑涡轮盘外缘与燃气接触部位的燃气腐蚀的影响。在盘-鼓混合式转子结构中,盘类零件是加强件,用以减少鼓筒形零件的应力和变形。在这种结构中鼓筒的作用主要是增大转子的横向刚性,鼓筒应尽量位于转子的外缘。这时鼓筒的切向速度很高(已远远超过它的限制切线速度),盘缘的径向变形小于鼓筒,它的变形受到轮盘的限制,鼓筒将部分离心负荷转移到涡轮盘上,增加了涡轮盘的协调负荷。

复杂的交变载荷易导致盘件孔边的应力集中，产生疲劳裂纹，导致轮盘破裂。涡轮盘的破裂大多会造成非包容性的毁坏，所造成的后果是灾难性的，涡轮盘破裂的碎片打穿发动机机匣后可能切断油路或操作系统，也可能穿透油箱与座舱，对飞机和乘员构成威胁，因此涡轮盘主体（轮缘、辐板和轮毂）应尽量少开或不开口。

图 4.21 涡轮盘结构

4.2.3 盘-盘和盘-轴连接结构

确定盘-盘和盘-轴之间的连接结构形式，是涡轮转子结构设计的一项重要工作。由于涡轮转子各零件的离心变形量和热响应速度不同，随着发动机工作状态的变化，涡轮转子各零件间的配合面性质会发生变化。因此在设计时要保证：在发动机全工作包线范围内各零件间的可靠定心，避免影响转子的平衡及转子叶尖的径向间隙，同时又不能造成零件间过大的热应力。盘-盘和盘-轴之间的连接方式主要有：短螺栓连接、销钉连接、长螺栓连接、焊接、套齿连接等形式。

1. 短螺栓连接

短螺栓连接是涡轮转子结构中应用广泛的一种结构形式，具有可拆卸、可重复安装等优点，但要求在结构设计中考虑连接刚度、局部应力集中及工艺可靠性等问题。图 4.22 是 CFM56 发动机高压涡轮转子结构示意图，其高压涡轮盘与前轴和后轴之间均采用了圆柱面定心、短螺栓连接、摩擦传扭的结构方案。

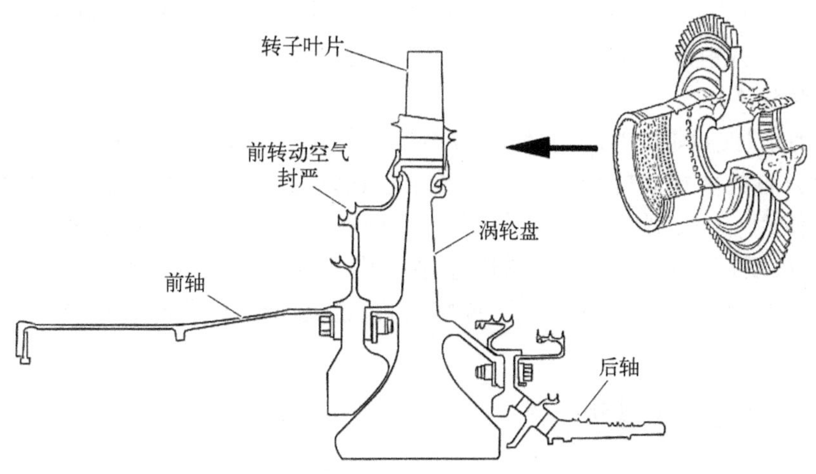

图 4.22 CFM56 发动机高压涡轮转子结构简图

图 4.23 是 CFM56 发动机低压涡轮转子结构简图，低压涡轮轴和转子支撑锥盘之间采用了圆柱面定心、短螺栓连接的结构；低压涡轮转子采用盘-鼓混合式结构，每个轮盘均

带有前、后伸臂；低压涡轮各级盘之间采用了精密螺栓定心连接，用自锁螺母拧紧的结构方案。精密螺栓保证工作定心的原理是零件连为一体而不产生相互移动，当工作状态下零件间的变形量相差很大时，会产生较大的附加应力，孔边存在应力集中，使盘件孔区域易产生塑性变形，影响定心精度。

短螺栓连接结构除了需要传递高扭矩外，还要承受离心、拉压和弯曲载荷，需要在安装边上开多个螺栓孔，为避免涡轮盘等零件因孔边应力集中所导致的可靠性问题，螺栓孔周边多采用卸荷槽结构（图 4.24）。

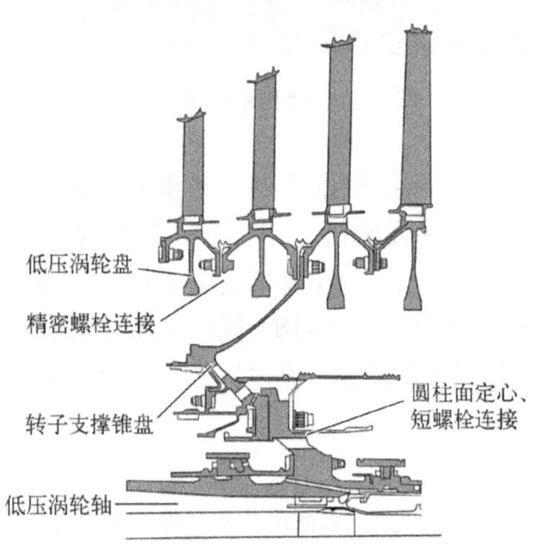

图 4.23　CFM56 发动机低压涡轮转子结构简图

孔边卸荷槽

图 4.24　孔边卸荷槽结构

2. 销钉连接

销钉连接（图 4.25）是俄罗斯发动机常采用的一种连接结构，根据自动热定心原理，主要应用于盘轴之间的连接。优点是结构简单、占用空间小；缺点是销钉与盘、轴之间为紧度配合，在更换销钉的时候需要扩孔，限制了拆装次数。

3. 长螺栓连接

当受到结构空间限制，不便使用短螺栓连接结构时，可以采用一根中心长螺栓或沿圆周分布的多根长螺栓将几级盘和轴连接起来。长螺栓连接结构经常与圆弧端齿配合使用，由长螺栓沿轴向拉紧，圆弧端齿起定心和传扭作用。图 4.26 是 JT8D 发动机低压涡轮转子的长螺栓连接结构示意图。装配时应严格控制螺杆的预紧力，以防工作时转子刚性变差，或螺杆内应力过大，以致断裂；同时还要保证各螺栓受力均匀。

4.2.4　轴及轴承结构

1. 轴结构

航空发动机主轴属于发动机转子部分，主要承受由流经叶片通道的气流切向动量矩变化而产生的扭转载荷，由气流压差所产生的轴向载荷，由转子本身的重力、不平衡力、惯性力和陀螺力矩等所产生的弯曲载荷，由离心力所产生的径向载荷以及由不平衡力所产

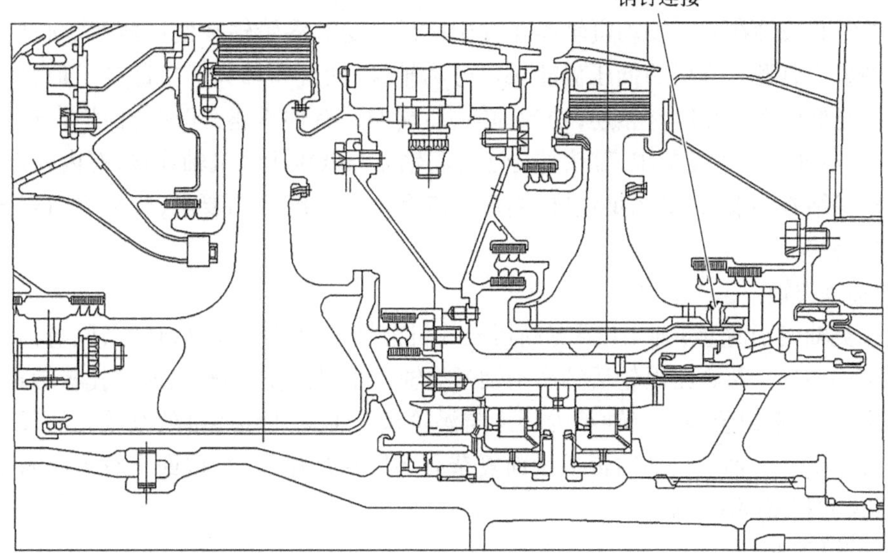

图 4.25 销钉连接结构示意图

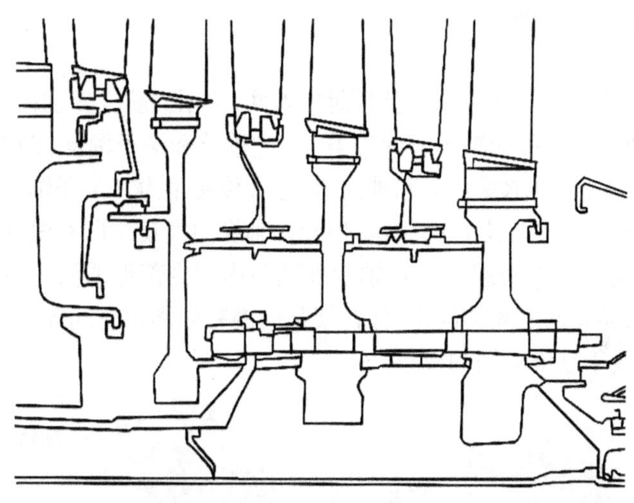

图 4.26 JT8D 发动机长螺栓连接结构示意图

生的振动载荷。由于设计时考虑重量和强度的双重要求,因此航空发动机轴类零件一般设计成空心轴。与轴类零件连接的零件一般有盘类件、联轴器、轴承座和篦齿类件等。压气机轴、风扇轴、涡轮轴都是高速旋转件,每分钟转速达 10 000 转以上。轴在高转速、变负荷条件下工作,除传递巨大的扭矩外,还承受转子自身的重力、不平衡力以及飞行的陀螺力矩。

对于典型的双转子涡喷发动机,轴类零件从功能上可分为高、低压压气机轴以及高、低压涡轮轴。对于涡扇发动机,可分为风扇轴、高压压气机轴以及高、低压涡轮轴。对于涡轴、涡桨发动机,除包含压气机轴和涡轮轴以外,还包含自由涡轮轴。轴类零件从结构形式上可分为空心长轴、轴颈类轴和鼓筒类轴。

1）薄壁空心长轴

薄壁空心长轴在航空发动机轴类零件中应用广泛。涡轮轴常使用薄壁空心长轴，低压涡轮轴最为典型。典型的低压涡轮轴可分为轴颈、轴身和轴头三个部分。轴颈部分通过转接段与低压涡轮盘组件相连，轴颈的前、后端安装有轴承座，其配合面均有较高的尺寸配合、光洁度和位置度要求；轴头部分通过联轴器与低压压气机轴连接，有内外螺纹、花键和键槽等结构要素；为了满足强度、内流系统和滑油系统等的要求，轴身的内表面设计不同台阶结构。

2）轴颈类轴

轴颈类轴属于薄壁短轴，主要有高压压气机前轴颈、高压涡轮后轴颈、风扇轴颈和整体盘轴结构轴颈。某高压涡轮后轴属于轴颈类轴，大端与高压涡轮盘通过托板螺栓连接，圆柱面定心，小端组装四支点轴承内环。与涡轮盘及轴承外环连接处有较高的尺寸要求和形位公差要求。轴颈类轴的辐板型面复杂有多层封严篦齿，在型面上有多圈斜孔和轴向孔，且尺寸精度要求较高。

3）鼓筒类轴

鼓筒类轴属于短粗的筒形结构，高压涡轮轴常采用鼓筒类轴。鼓筒类轴属于薄壁件，为了保持刚性，会设计加强筋。

2. 轴承结构

航空发动机轴承作为支承回转件及载荷传承件，关系到航空发动机的性能、寿命及可靠性。在航空发动机中常用的轴承有两种类型：球轴承和滚子轴承（图 4.27）。球轴承使用滚珠作为滚动元件，可以承受径向和轴向力，适合传递推力。滚子轴承使用滚轮作为滚动元件，滚轮可以沿其直径传递径向载荷，但允许轴纵向滑动。所有滚动轴承都由内圈和外圈、保持架和滚动元件本身组成。在轴承外圈与内圈内部形成滚道，以引导滚动元件。保持架用于保持滚动元件之间的间距，保持架与内圈和外圈都有间隙，主要由其中一个或另一个定位，这取决于轴承应用的要求。

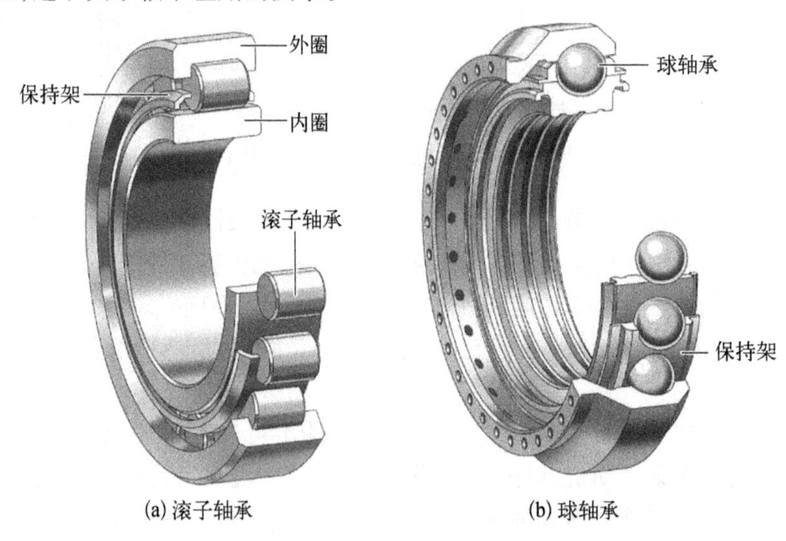

(a) 滚子轴承　　(b) 球轴承

图 4.27　滚子轴承与球轴承

4.3 涡轮静子结构

涡轮静子主要由导向叶片、涡轮机匣和承力机匣等组成，与压气机静子相比，涡轮静子结构设计中要解决好以下几方面的问题：① 尽量保证涡轮机匣周向刚性均匀，同时要保证在高温、高转速工作时，机匣之间良好的定心和密封；② 尽可能减小涡轮转子叶片的叶尖间隙，以提高涡轮效率；③ 涡轮导向器要能经受住热冲击和热疲劳；④ 要解决好承力机匣应力和应变之间的矛盾；⑤ 在结构安排上应满足导向器排气面积可调整的要求；⑥ 在多级涡轮中，涡轮机匣大多设计成整体式，在设计时要十分注意装配问题。

4.3.1 导向器

1. 结构形式

导向器是由多个导向叶片组成的环形叶栅，其作用是将通过导向器的燃气流的部分热能转变为动能，并以一定的方向流出，满足涡轮转子叶片所要求的进口气流方向。涡轮导向器的安装方式应保证它们沿各个方向都能够自由膨胀。涡轮导向叶片（图4.28）由叶身、内环、外环组成，处于高温燃气流的包围中，易发生烧蚀问题；燃气中的游离氧和硫会对叶片表面产生强烈的氧化、腐蚀作用；随着工况不断变化，导向器各处温度难以分布均匀，工作时受到较大的热应力作用，零件承受冷热疲劳的作用，易产生疲劳裂纹，此外导向叶片还要承受燃气的气动力、气流脉动所造成的振动负荷，因此设计时必须在选材、结构、冷却、表面防护等方面采取措施。

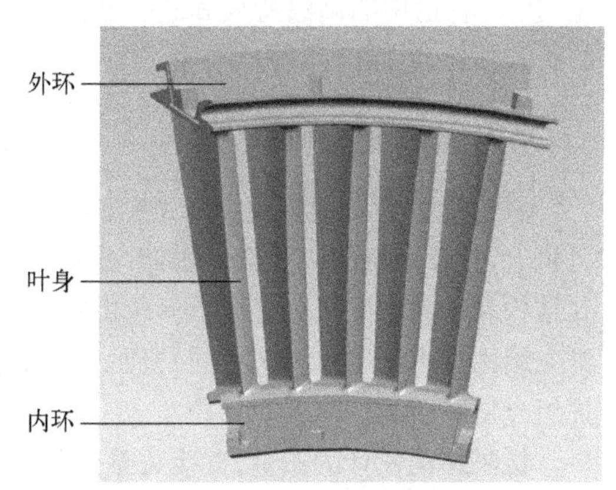

图4.28 导向叶片结构图

高压涡轮导向叶片紧接燃烧室出口，是发动机中工作温度最高的零件，通常为空心带气膜孔结构（图4.29），为了提高冷却空气的利用效率，其内部具有复杂的几何形状，冷却空气在叶片空心结构中流动，一部分通过气膜孔排入发动机流道，起到降低叶片壁面温度的作用。

2. 材料

导向叶片一般采用高温合金精密铸造形成，大部分发动机叶片表面喷涂有隔热涂层。涡轮导向叶片材料要求具有良好的成型工艺性，除了要求材料具有高流动性、良好的机械加工切削性、良好的焊接性和良好的热处理性能外，还要考虑抗氧化/腐蚀、隔热涂层喷涂工艺性、基体材料与陶瓷隔热涂层的匹配性。

涡轮导向叶片出现的故障多为高温烧蚀、热疲劳裂纹和高温氧化腐蚀失效，其对材料性能要求突出表现为以下几项指标：① 具有高的初熔温度；② 具有高的抗冷热疲劳性

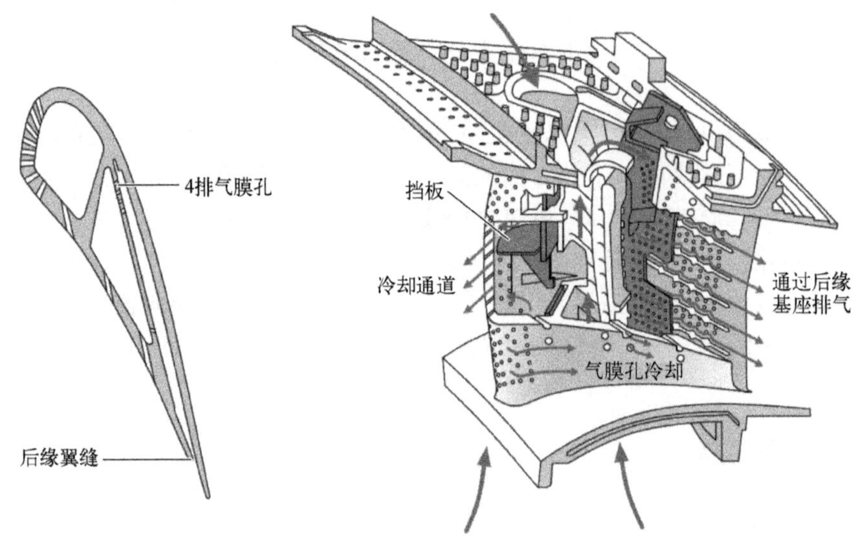

图 4.29　高压导向叶片结构

能;③ 具有适中的高温持久和蠕变性能;④ 具有优良的抗氧化和腐蚀能力;⑤ 具有适中的高温塑性;⑥ 具有高的组织稳定性;⑦ 材料应有良好的工艺性。

4.3.2　涡轮机匣

涡轮机匣是发动机支承转子和固定导向器的重要部件,发动机的推力通过机匣传到飞机上,是发动机的主要承力构件,此外机匣还和其他部件一起形成发动机的气流通道,其结构和承载情况十分复杂。涡轮机匣的结构形式一般为带有安装边或加强筋的柱壳或锥壳结构。由于制造工艺不同,机匣又可分为铸造机匣、锻造机匣、焊接机匣以及铸、锻、焊组合机匣四类。

机匣结构设计的质量,直接关系到发动机的气动性能、寿命、可靠性和推重比。机匣主要承受发动机的气体负荷和质量惯性力,这些载荷以压力差、轴向力、扭矩、弯矩的形式作用在机匣上,此外还有温度载荷、循环载荷和振动载荷等。同时涡轮机匣应能承受叶片断裂时的包容载荷。这就要求机匣:① 具有足够的刚性和强度,并在满足此前提下,尽量减轻重量;② 保证准确可靠的定位、固定和密封;③ 流路气动损失小;④ 装拆维修方便、工艺性好,综合成本低。

当涡轮转子叶片不带冠时,其叶尖间隙对涡轮效率有很大的影响,据估算当涡轮叶尖间隙每增加叶身高度的 1%,涡轮效率将降低 1.5%~15%,发动机排气温度将增加 10~15℃。因此应尽量减小涡轮叶尖间隙,但间隙太小又会使涡轮转子叶片和静子发生碰磨,导致发动机性能快速衰减,严重时甚至会发生故障。影响涡轮叶尖间隙的因素很多,主要包括:离心力和热膨胀所引起的叶片和盘的伸长;机匣受热膨胀及变形不均匀;转子蠕变伸长和机匣的蠕变收缩;加工和装配导致的转静子偏心;机动载荷和进口气流不均匀导致的变形;当采用扩张形流道时,转静子的热响应速度不同导致轴向位置发生变化等。

设计时应尽量提高机匣的刚性和周向均匀性；提高加工精度，采用组合后加工等方法，减小转静子初始偏心量；消除因转静子轴向热响应速度不同而引起叶尖间隙的变化等。叶尖间隙随着发动机工作状态的变化而改变，特别是当发动机在过渡态工作时，叶尖间隙值取决于转子对转速和温度变化的响应速度及静子机匣对温度变化的响应速度。

图 4.30 所示为某大涵道比发动机高压涡轮叶尖间隙随时间的变化规律。间隙最小值出现在发动机工作状态突然变化时，这是由于发动机加速时，转速瞬间加大，离心负荷使叶片和盘径向伸长量迅速加大，这时径向间隙最小。随着涡轮机匣迅速受热膨胀，它的径向膨胀量超过叶片和转子的径向变形量，径向间隙加大。当发动机转速稳定后，涡轮转子温度逐渐升高，转子径向伸长量加大，径向间隙又逐渐减小。当发动机减速时，由于离心负荷骤然下降，转子径向变形量减小，叶尖间隙随之加大，但紧接着涡轮机匣温度下降比转子温度下降得快，所以径向间隙逐渐减小。当发动机稳定在慢车转速时，随着涡轮盘温度的慢慢下降，叶尖间隙又逐渐加大。表 4.1 是一台典型发动机的涡轮叶尖间隙在各种发动机工作状态下的实测值。

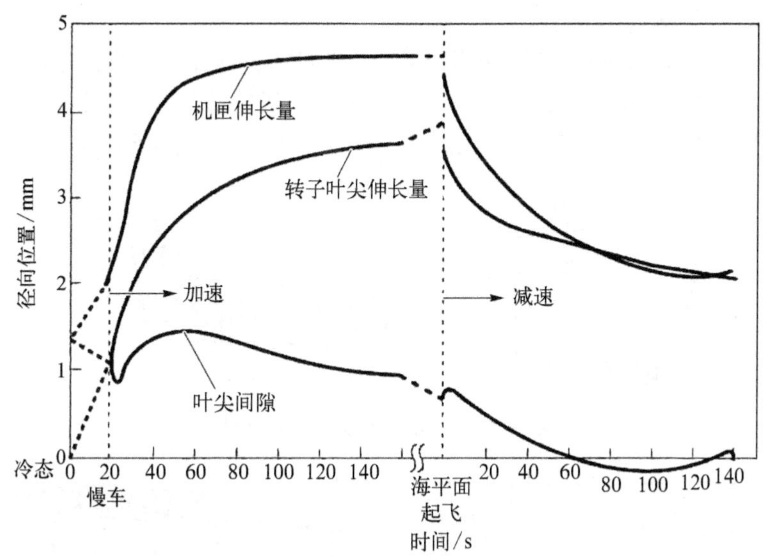

图 4.30 某大涵道比发动机高压涡轮叶尖间隙变化规律

表 4.1 典型发动机的涡轮径向间隙变化

发动机状态		径向间隙值/mm
稳态	起动前(装配间隙)	1.244
	慢车状态	0.889
	最大状态(无加力)	0.584
瞬态	突然加速(慢车→最大)	0.457
	突然减速(最大→慢车)	0.406

从表4.1中得知,发动机在最大状态和慢车状态,叶尖间隙都比较大。但设计时希望发动机在所有工作状态下都拥有尽可能小的间隙,以提高发动机性能。理想的响应特性如图4.31所示,即无论在何种工况下,静子的热响应速度必须等于或略慢于转子的热响应速度。而理想的最小间隙值为零,实际发动机很难达到这种最佳匹配,于是希望能做到尽量减小最大和巡航状态的径向间隙,且在过渡态不产生严重的摩擦,为此在结构设计时采取了一系列措施。

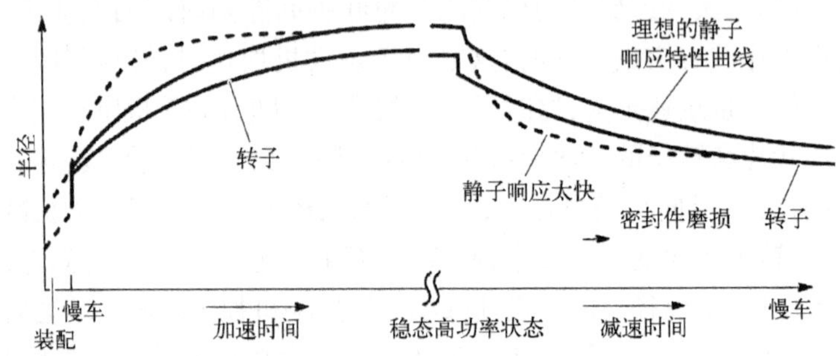

图4.31　理想的转子和静子响应特性

1. 合理的初始装配间隙

减小初始装配间隙,通常可以减小工作状态下的叶尖间隙,但有可能造成转静子在过渡状态下相互摩擦。为避免摩擦所带来的严重后果,减小涡轮转子叶片叶尖磨损量,通常在机匣内侧的流道件采用易磨材料或结构,如易磨涂层(图4.32)或蜂窝结构(图4.33)等。

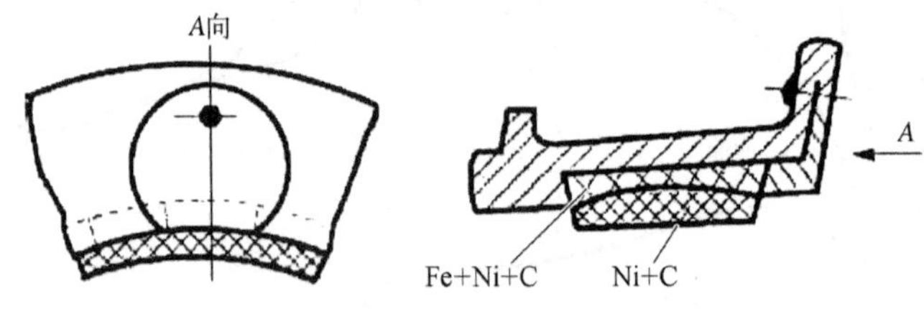

图4.32　涡轮机匣喷涂易磨材料

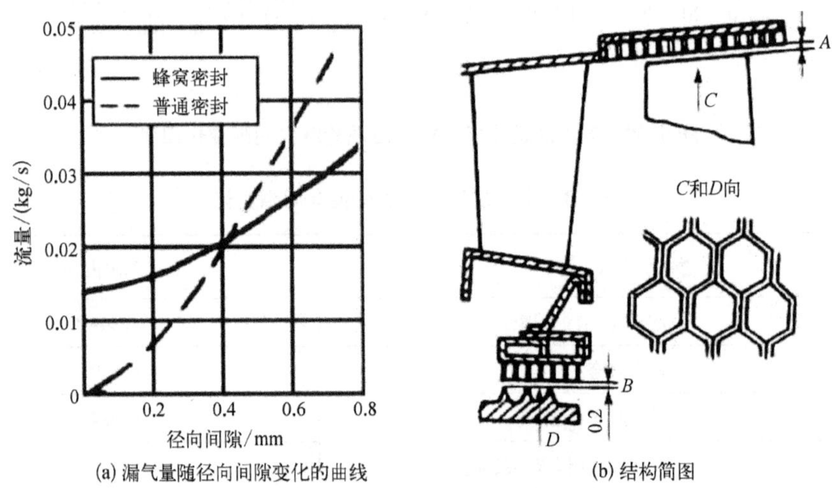

(a) 漏气量随径向间隙变化的曲线　(b) 结构简图

图4.33　蜂窝密封结构简图

2. 双层或多层静子结构

将静子结构分为两层或多层,中间通燃烧室两股气流或压气机引来的冷却空气,使涡轮机匣不直接与燃气接触,改变过渡状态下涡轮机匣的热响应速度,匹配机匣和转子之间热变形速度,达到减小叶尖间隙的目的,如图4.34所示。将机匣的受热件与受力件分开,让温度较低的外层机匣受力,降低涡轮机匣的热应力水平。与燃气直接接触的转子外环等零件通常沿圆周分成若干扇形段,各扇段间留有一定的周向间隙,允许其自由膨胀。为了降低转子外环壁面温度,可以在转子外环上加工气膜孔,形成气膜冷却结构(图4.35)。在两层静子结构之间增加隔热毡垫或隔热层,改变涡轮机匣的壁面温度分布和热响应速度,如图4.36所示。

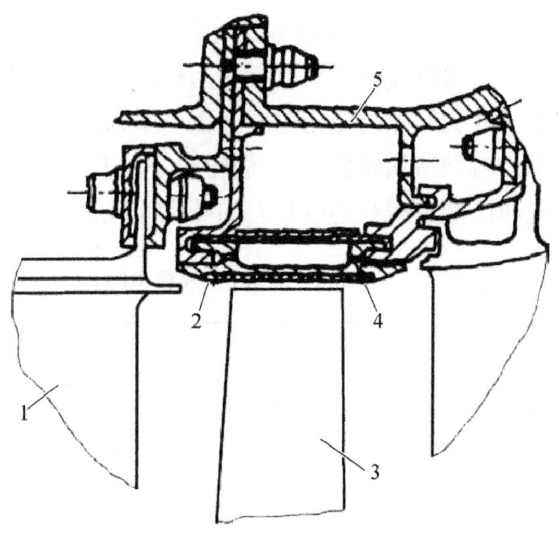

图4.34　双层机匣结构简图

1. 高压涡轮导向叶片;2. 易磨涂层;3. 转子叶片;4. 转子外环;5. 涡轮外机匣

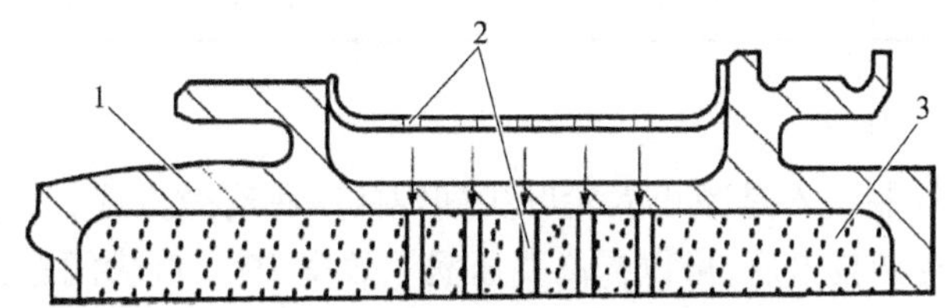

图4.35　带气膜孔及易磨涂层的转子外环

1. 转子外环;2. 冷却孔;3. 易磨涂层

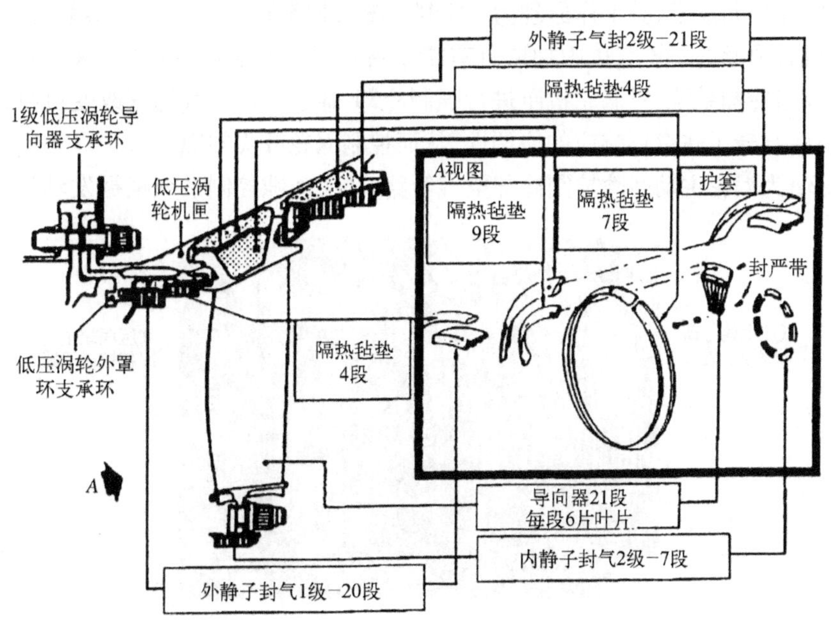

图4.36　低压涡轮隔热毡垫

3. 采用低线膨胀系数材料

采用低线膨胀系数材料制作涡轮机匣，可以减小涡轮机匣的热变形量，从而改变涡轮转子叶尖间隙的变化速度。表4.2列出某双级涡轮转子采用常规机匣材料和低线膨胀系数材料制造涡轮机匣时，涡轮转子叶片叶尖间隙的值对比。采用低线膨胀系数材料的涡轮机匣能够减小巡航状态的叶尖间隙，航空发动机多采用低膨胀系数材料制造涡轮机匣。

表4.2 涡轮机匣采用不同材料时涡轮径向间隙对比

级 数	发动机工作状态	间隙值/mm	
		通用材料机匣	低线膨胀
第一级涡轮径向间隙	冷态	1.40	2.92
	海平面起飞状态	0.74	0.25
	巡航状态	1.24	0.68
第二级涡轮径向间隙	冷态	1.35	2.66
	海平面起飞状态	0.84	0.25
	巡航状态	0.84	0.53

4. 叶尖间隙控制技术

采用叶尖间隙控制技术是减小涡轮叶尖间隙的一种有效方式，某型航空发动机高压涡轮采用主动间隙控制技术后，可以提高高压涡轮效率2%。叶尖间隙控制系统的设计要与发动机空气系统、涡轮静子结构和设计选材等相互配合，从原理上可分为机械式、热力式、压力式等，从控制方式上分为主动控制和被动控制。对于大涵道比涡扇发动机，普遍采用主动间隙控制技术，其工作原理为：控制系统根据发动机实时工作参数发出指令，从外涵风扇或者内涵高压压气机中抽取具有指定流量、压力、温度的冷气，这些冷气流经特别设计的冲击冷却系统，对涡轮机匣进行强制冷却，通过控制冷气温度改变机匣的热膨胀率，改善机匣与转子热变形响应的协调性，从而控制涡轮叶尖间隙。

图4.37为涡轮主动间隙控制冷却空气管路，叶尖间隙控制系统根据发动机的工作状

图4.37 某型发动机涡轮主动间隙控制冷却空气管路图

态，通过控制管路上的阀门开关，调节从压气机或风扇的引气位置和引气量，从而达到改变涡轮机匣的温度，实现对涡轮叶尖间隙的控制。

图4.38为RB211发动机上采用的一种机械式主动间隙控制装置。其特点是利用涡轮流路的扩张型流道，通过一个摇臂静子机匣沿发动机轴向移动，达到控制叶尖间隙的目的。

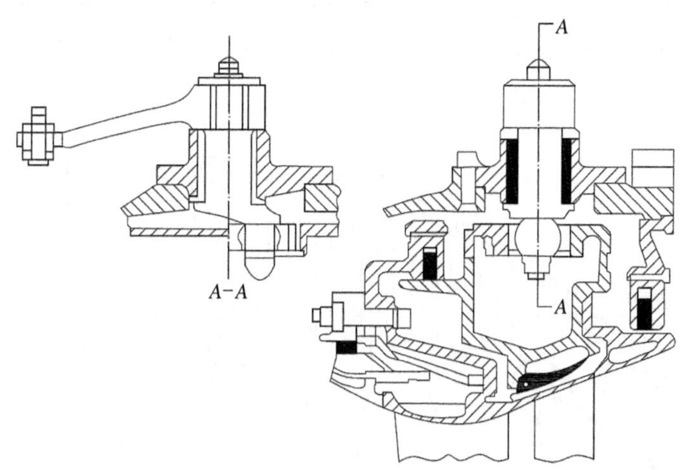

图4.38　RB211发动机可移动式叶尖间隙控制环

5. 包容性设计

若涡轮转子叶片断裂后，打穿机匣将造成二次损伤，严重时会危及飞行安全。在进行涡轮机匣结构设计时必须考虑包容性，高可靠性发动机采取了不同方法来提高涡轮机匣的包容性。例如，在涡轮机匣设计中采用双层或三层机匣，来降低涡轮机匣的热应力水平，提高包容性。

4.3.3　承力机匣

涡轮间机匣和涡轮后机匣是发动机的承力机匣，通常为数个支板连接的两个或三个同心圆环组成的框架结构，如图4.39所示。当传力的承力机匣处于高压涡轮、中压涡轮或低压涡轮之间时，称为涡轮间机匣；在涡轮之后时，称为涡轮后机匣。

承力机匣结构设计上有两个关键而又相互矛盾的问题。在发动机工作过程中，由于机械载荷的作用，会导致承力机匣发生变形，这种变形可能导致转、静子不同心，引起叶片叶尖磨损，进而使性能恶化。正常情况下承力机匣会设计成具有大弹性系数的结构，限制它们在载荷作用下的变形，在极限载荷作用下框架结构也必须保持完整。在发动机工作过程中，内环、支板和外环之间存在温度梯度，这种热膨胀不匹配的现象，使支板受拉或受压，对内环和外机匣一般等距离地施加径向载荷，便产生了热应力。如不能适当地调节承力机匣中的热膨胀，便会产生很大的热应力，导致承力机匣过早修理或更换。

采用斜支板后机匣和在后机匣支板外增加隔热屏，可以减小承力机匣的热应力。采用多边形机匣结构设计，能提供合理的刚度，也能提供协调热膨胀所需的容差。圆形机匣在等距的支板径向载荷作用下，支板间有变成弦的倾向。由支板间扇形段直线所围成的多边形机匣，在支板施加径向载荷的时候，在支板端头沿径向不容易弯曲，沿每个多边形平板上主要承受纯拉或纯压的作用，应力分布更均匀，因而具有满足大刚度和低热应力共同要求的特点。

承力机匣的作用主要包括：① 用限制转、静子间的偏心和维持机匣圆度的办法来达到控制叶片尖部间隙的目的；② 为发动机在飞机上的安装和地面吊装提供需要的结构；③ 支承主要的发动机部件，诸如进口导向器、反推力装置、尾喷口和涡轮转子等；④ 传递气体流路产生的载荷；⑤ 按性能设计要求改变燃气的流动方向；⑥ 采用喷涂涂层或遮挡转子叶片的方法，提供雷达和红外隐身能力。

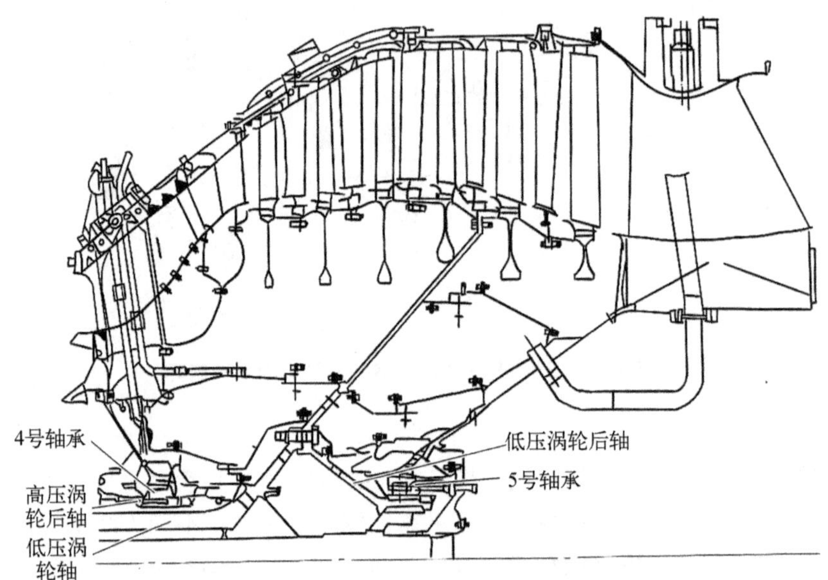

图 4.39　涡轮间机匣和涡轮后机匣示意图

1. 涡轮间机匣

由于涡轮间机匣是在高温燃气包围的条件下工作，在结构设计时，既要求所有零件固定在适当位置，又要允许这些零件在高温时能够自由向径向、周向、轴向三个方向膨胀。如图 4.40 所示，涡轮间机匣通常由内外机匣、整流叶片和承力拉杆等结构组成，将传力的支撑结构和与燃气接触的叶型零件分开，叶型零件做成可以在三个方向自由膨胀，而支撑结构处于叶型零件中心，并通以冷却空气，使它在温度比较低的环境下工作，与内、外环形成结构稳定的传力结构。

2. 涡轮后机匣

涡轮后机匣位于低压涡轮出口处，工作温度较低，如图 4.41 所示。当低压涡轮出口气流角不满足 90°的要求，可以将整流支板设计成叶型结构，起到改变出口气流角的作用，这种结构又称为半级涡轮。

3. 材料

承力机匣可以采用螺栓连接、焊接或整体铸造等结构形式，设计选材以高温合金为主，少数发动机会选用钛合金和不锈钢等材料。涡轮后机匣的材料选择必须遵循如下的基本原则：① 材料选择必须满足构件使用要求，物理性能、机械性能必须满足构件结构强度要求；② 所选材料必须数据齐全，数据来源可靠；③ 材料必须拥有良好的高温性能，例

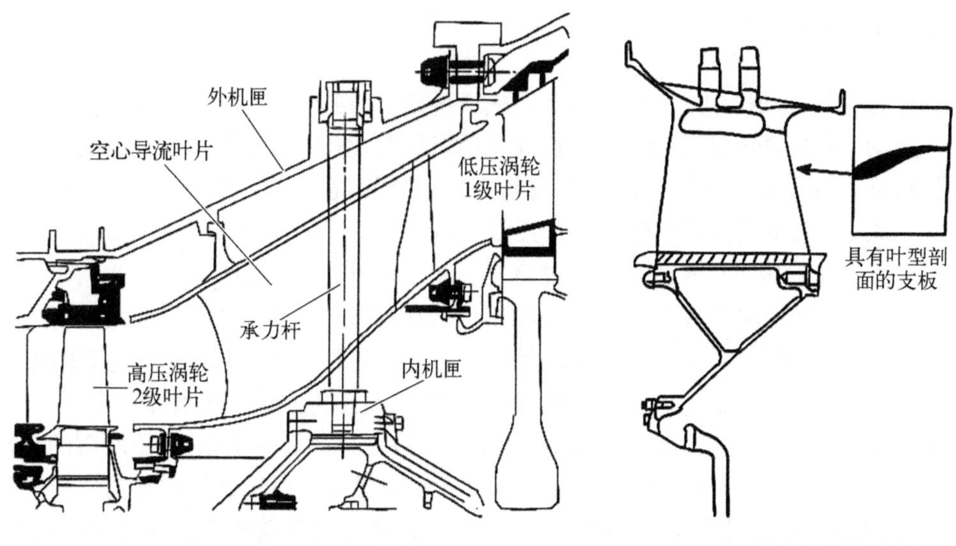

图 4.40 涡轮间机匣结构简图

图 4.41 做成叶型的支板

如热疲劳、高温蠕变和持久性能;④ 机匣制造工艺的可行性,例如焊接、锻铸造、热处理、表面处理、喷涂涂层等要求;⑤ 考虑材料的继承性、可获取性以及材料成本。

4.4 空气系统

空气系统是保证发动机正常工作的重要组成部分,它的功能主要是利用燃烧室的两股气流或从风扇/压气机引来的空气,对涡轮工作/导向叶片、涡轮盘的零件进行冷却,调整发动机转子的轴向力,对发动机主流道燃气和滑油系统进行封严,实现叶尖间隙控制功能,少部分发动机还会利用热空气实现发动机进口防冰。图 4.42 是典型发动机的空气系统图。

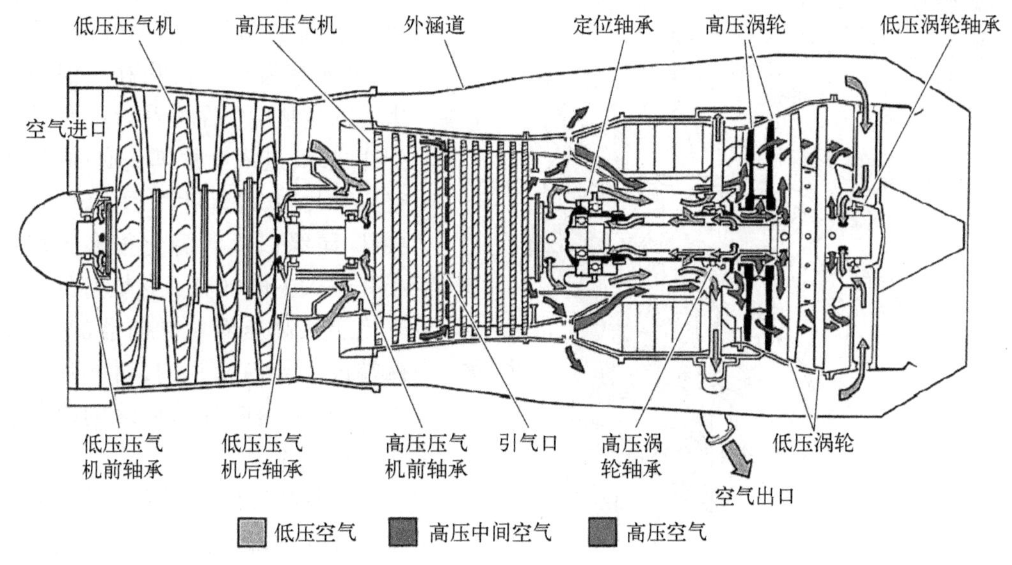

图 4.42 发动机空气系统简图

4.4.1 冷却

涡轮结构是发动机中承受热载荷和机械载荷最大的部件,改善航空发动机的性能(包括增加发动机单位功率、降低耗油率、提高发动机推重比等)的最有效方法是提高涡轮进口燃气温度。现代航空涡轮发动机的涡轮进口温度最高达到 1 800 K 甚至 2 000 K(约 1 727℃,超过绝大多数金属材料的熔点);涡轮进口气压高达几十个大气压;在涡轮叶片边缘的气流速度通常可以接近甚至超过声速。能在高温度、高气压、高气流速的条件下稳定工作是现代航空涡轮发动机对涡轮性能提出的基本要求。要保证涡轮在高温下可靠工作,除了采用热强度高的耐热合金或合金钢来制造涡轮构件外,必须采用先进的冷却技术,针对构件温度分布情况,有效地组织冷却系统,以改善构件的工作条件。

随着涡轮进口燃气温度的逐年提高,为了保证发动机的可靠工作,涡轮所需的冷却空气用量也越来越大;目前正在使用的先进发动机的冷却空气用量已经达到高压压气机进口流量的20%左右。涡轮部件冷却的目的包括:① 提高涡轮前燃气温度,以提高发动机的性能;② 在涡轮前燃气温度已确定的情况下,降低零件工作温度以提高零件工作的可靠性;③ 使零件温度场均匀,以减小零件中的热应力;④ 降低零件的温度,从而可以使用耐热性能较差的材料,降低零件的成本;⑤ 尽量将燃气与零件表面隔离,以避免燃气对零件表面的腐蚀。

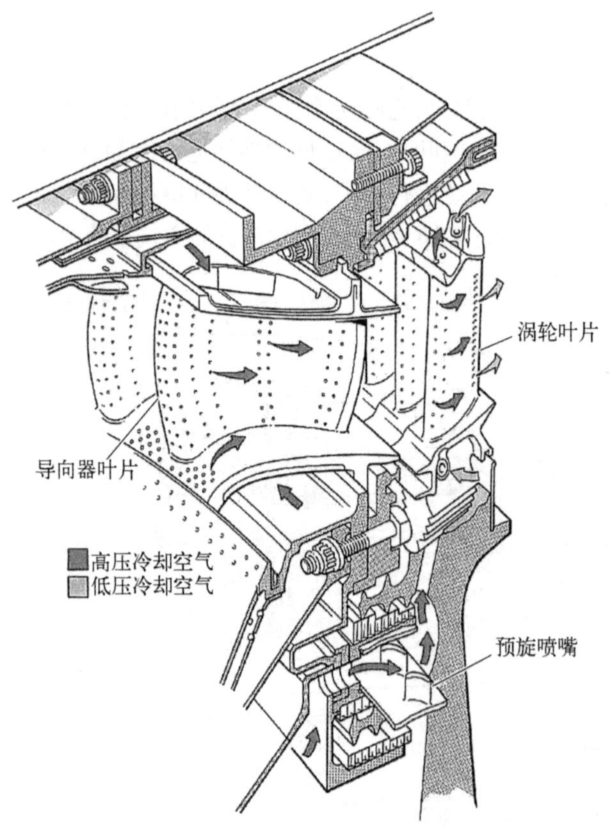

图 4.43 高压涡轮转子叶片冷却气的引入

1. 叶片冷却

涡轮叶片的工作温度越来越高,因此涡轮叶片的材料必须用气流冷却才能正常工作。图 4.43 是 CFM56 发动机高压涡轮叶片的冷却空气流路,从燃烧室后部中心引气口引来的两股气流,经过高压篦齿封严盘前的预旋喷嘴流过封严盘孔,进入篦齿封严盘和高压涡轮盘之间的空腔,然后顺着封严盘外缘到达盘缘,进入叶片榫头底面,流入空心叶片内,冷却叶片后,从叶片的尖部、尾缘以及叶身上很多的气膜小孔进入主燃气流。燃烧室的两股气流还从高压涡轮导向器的上、下两端进入导向叶片内,对叶片进行冷却,然后由叶片前后缘的冷却孔排入燃气流中。

涡轮叶片的冷却方式按冷却空气在叶片内部的流动状况与流出方式,可以分为对流冷却、冲击冷却和气膜冷却。为了改善叶片的冷却效果,叶片冷却结构正在从简单对流冷却,到对流-冲击-气膜复合冷却结构的不断演进。图4.44是罗罗公司带冠高压涡轮叶片冷却方式的演变过程。

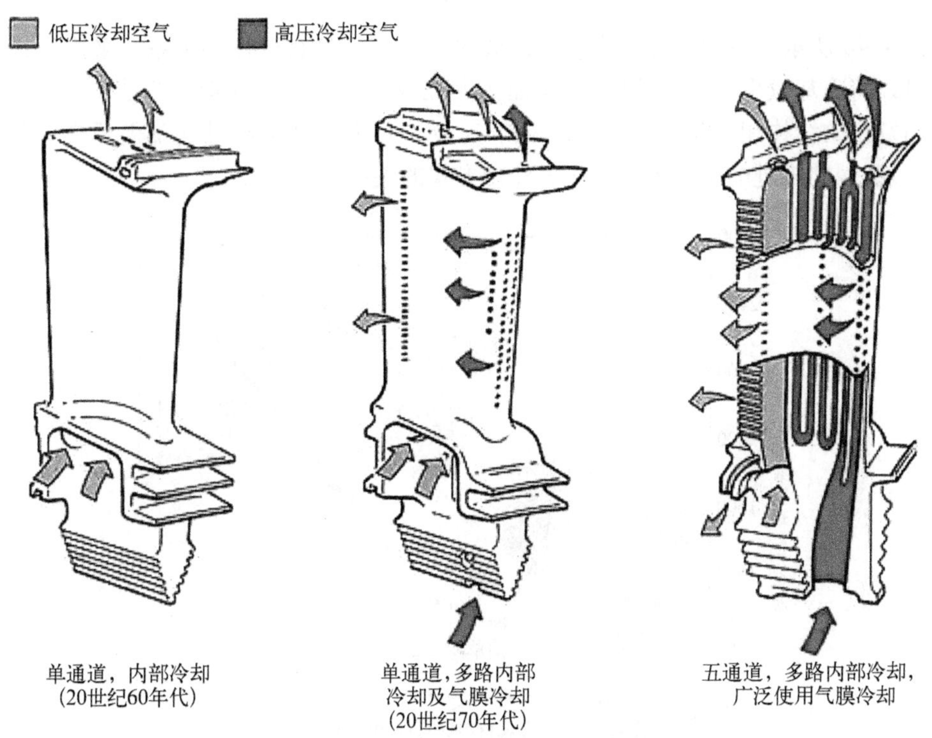

图4.44　涡轮叶片结构冷却方式演变过程

气膜冷却(图4.45)兼有隔热和散热的双重作用,效果最好,冷却空气由叶片端部进入叶片内腔,通过叶片壁面上大量小孔流出,在叶片表面形成一层气膜,将叶片表面

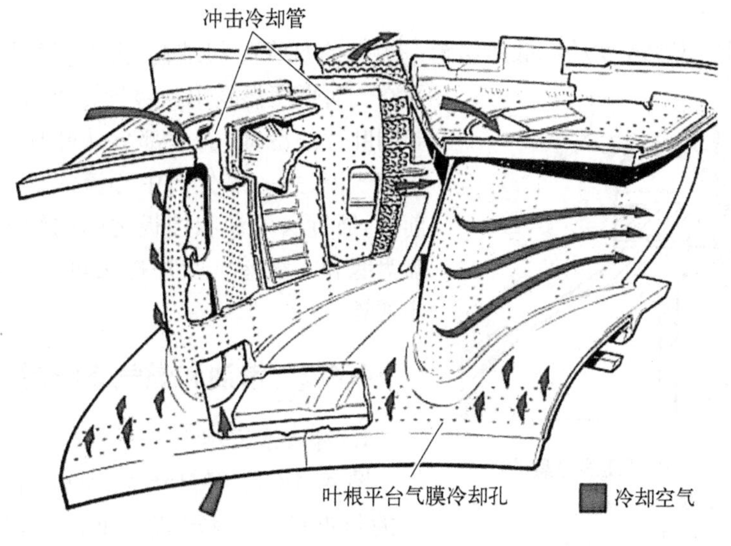

图4.45　气膜冷却

与燃气隔开。但这种叶片因表面小孔太多,制造工艺复杂,叶片强度受到一定的影响,由于冷却空气在叶片内部有流动,因此存在着对流换热,故而气膜冷却也伴随着对流冷却。

图 4.46 所示为不同冷却方式的冷却效率和冷却空气百分比的关系。采用先进冷却技术可以将冷却效果提高 1 倍以上,从而大大减少所需冷却空气量。但是先进的冷却方式都与复杂的结构相联系(如多通道/往返支板式),而这些复杂结构都需要先进的工艺才能实现,因此先进的工艺方法是先进冷却方式的关键。

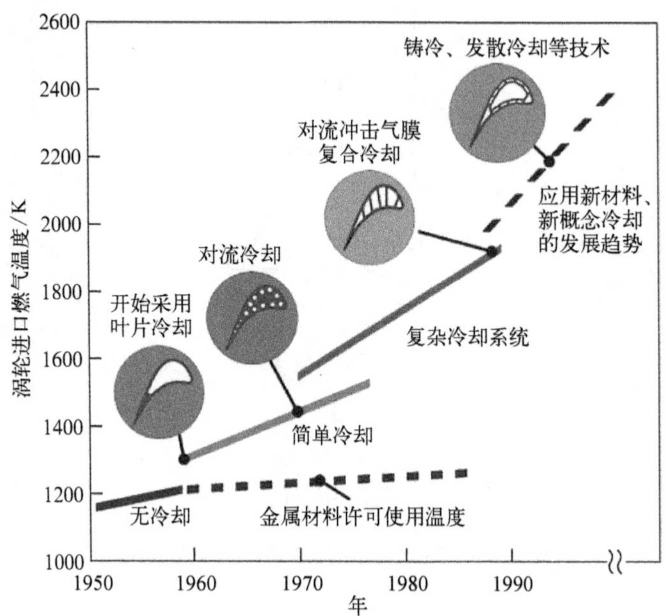

图 4.46　不同冷却方式的冷却效率和冷却空气百分比的关系

2. 盘缘冷却

图 4.47 是 CFM56 发动机低压涡轮一级盘的盘缘冷却结构,由 5 级高压压气机引来的空气对低压涡轮第一级导向器进行冷却。进入导向叶片的冷却气,一部分从叶片上的小孔排入主燃气流,另一部分向中心流入低压涡轮一级盘前腔,通过涡轮盘和挡板之间的缝隙对低压一级盘盘缘和一级转子叶片榫头进行冷却,最后排入主通道。

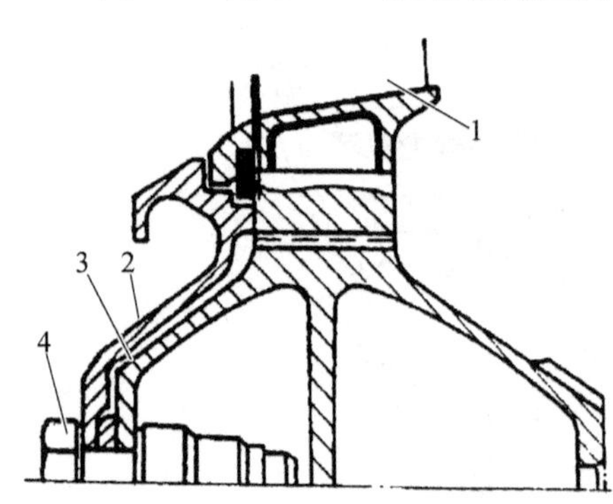

图 4.47　CFM56 低压涡轮盘的轮缘冷却结构

1. 转子叶片;2. 挡板;3. 涡轮盘鼓筒;4. 连接螺栓

4.4.2　滑油和燃气系统封严

1. 滑油系统封严

图 4.48 是 CFM56 发动机四、五支点轴承腔的封严结构,封严气沿低压涡轮轴外壁面向后流动,穿过高压涡轮后轴上的孔,在四、五支

点轴承周围形成冷气包围圈，并防止油腔漏油，最后由排气夹腔经尾锥排入大气。部分气流进入轴承外隔热层，最后由弯成90°的外排气管排入尾锥内。漏入油腔的少量气体，由五支点轴承后的油气分离器内孔进入后通风管，然后经尾锥排入大气。

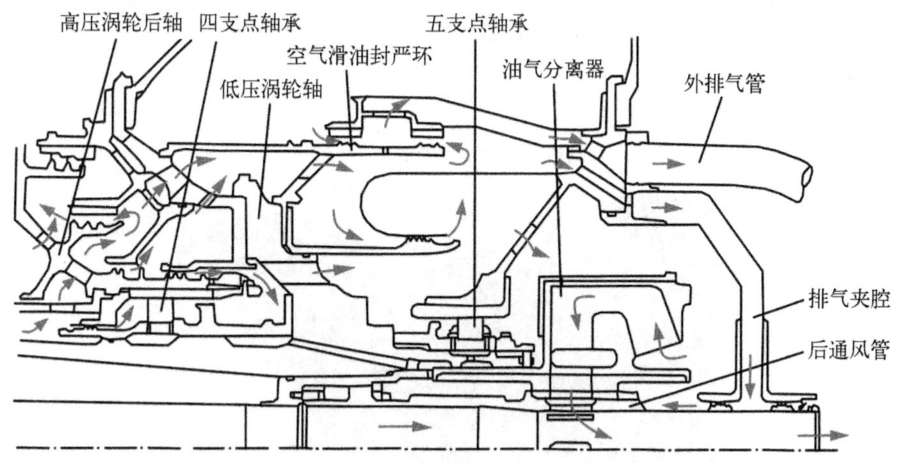

图4.48 CFM56四、五支点封严流路

2. 燃气封严

轮缘封严是在涡轮盘轮缘处设置的封严结构，它可以防止热燃气倒灌进入涡轮盘腔，避免因热燃气温度过高而造成轮盘烧蚀，也防止盘腔外流气干扰主流，如图4.49所示。

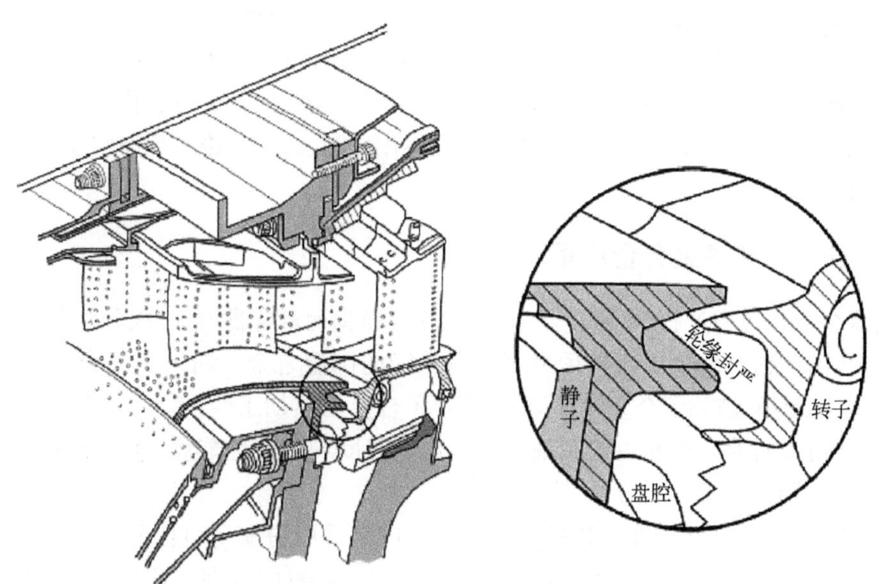

图4.49 轮缘封严结构简图

4.4.3 轴向力平衡

在发动机主通道气动力作用下,风扇/压气机产生向前的力,涡轮产生向后的力,二者的合力就是发动机转子的轴向力。当气动参数确定以后,气动力就已经确定,这时轴向力有可能超过轴承的承载能力,需要通过调整盘腔压力的方法改变轴向力,从而保证轴承能够正常工作。CFM56 发动机在高压涡轮盘后引入高压压气机产生的空气,形成高压涡轮盘后卸荷腔,如图 4.50 所示。

图 4.50 高压涡轮盘后卸荷腔

4.5 粉末高温合金涡轮盘制造工艺

早期涡轮盘采用铸锻高温合金方式制造,存在铸锭偏析严重现象,导致出现显微组织和机械性能不均匀、热加工性能差和难以加工成形等问题。自从 20 世纪 60 年代初美国率先研制成功粉末高温合金并在涡轮盘上成功应用以来,航空发动机粉末冶金盘技术发展迅速,已经在先进的航空发动机上得到广泛应用,并且成为高推重比航空发动机必选的关键材料之一。

4.5.1 粉末高温合金应用现状

高温合金在应用过程中,由于合金化程度高,强化元素含量增加,成分复杂,其热加工性能很差,因此粉末冶金工艺被用来制备高性能的高温合金。粉末高温合金的特点是:① 粉末颗粒细小,消除了合金元素偏析,改善了合金的热加工性;② 合金组织均匀,性能稳定,使用可靠性高;③ 晶粒组织细小,中、低温强度和疲劳性能高;④ 可进行超塑性加工,材料的利用率高。

欧美发达国家和我国在先进航空发动机中广泛采用粉末高温合金涡轮盘,先后研制出四代粉末高温合金(图 4.51),并在军、民用航空发动机中得到了应用。典型的粉末高温合金成分如表 4.3 所示。第一代为 650℃ 高强型粉末高温合金,如 René95、IN100 等;第二代为 750℃ 损伤容限型粉末高温合金,如 René88DT、N18 等;第三代为高强损伤容限型粉末高温合金，如René104/ME3、Alloy10、FGH99和RR1000等；第四代粉末高温合金是在第三代的基础上，通过成分调整和工艺优化来获得更高的工作温度，使其具有高强度、高损伤容限和高工作温度的特点。我国目前已研制出两代粉末高温合金，以FGH4095合金为代表的第一代高强型粉末高温合金和第二代损伤容限型FGH4096合金，近年来国内正在研制高强损伤容限第三代粉末高温合金，并对第四代粉末高温合金进行了初步探索研究。

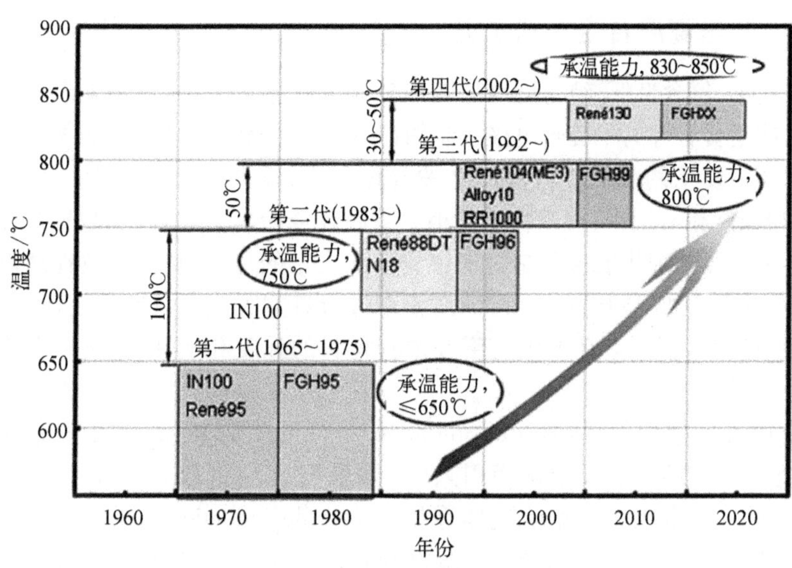

图4.51 国内外粉末高温合金的发展

表4.3 欧美典型粉末高温合金成分 （质量分数/%）

代	合 金	Ni	Co	Cr	Mo	W	Al	Ti	Nb	Hf	Ta	C	B	Zr	V
第一代	IN100	Bal.	18.5	12.5	3.2	—	5.0	4.3	—	—	—	0.07	0.02	0.04	0.75
	Merl76	Bal.	18.5	12.4	3.2	—	5.0	4.3	1.4	0.4	—	0.02	0.02	0.06	—
	René95	Bal.	8.0	13.0	3.5	3.5	3.5	3.5	2.5	—	—	0.07	0.01	0.05	—
	LC Astroloy	Bal.	17.0	15.0	5.0	—	4.0	3.5	—	—	—	0.04	0.025	0.04	—
	Udimet 720	Bal.	14.7	16.0	3.0	1.25	2.5	5.0	—	—	—	0.015	0.018	0.038	—
第二代	René88DT	Bal.	13.0	16.0	4.0	4.0	2.1	3.7	0.7	—	—	0.03	0.015	0.03	—
	N18	Bal.	15.5	11.5	6.5	—	4.3	4.3	—	0.5	—	0.02	0.015	—	—
第三代	René104/ME3	Bal.	20.6	13.0	3.8	2.1	3.4	3.7	0.9	—	2.40	0.05	0.025	0.05	—
	LSHR	Bal.	20.8	12.7	2.7	4.4	3.5	3.5	1.5	—	1.7	0.024	0.028	0.049	—
	Alloy10	Bal.	15.0	10.2	2.8	6.2	3.7	3.8	1.9	—	0.90	0.03	0.030	0.10	—

续 表

代	合 金	Ni	Co	Cr	Mo	W	Al	Ti	Nb	Hf	Ta	C	B	Zr	V
第三代	NR3	Bal.	14.7	11.8	3.3	—	3.7	5.5	—	0.33	—	0.024	0.013	0.052	—
	RR1000	Bal.	18.5	15.0	5.0	—	3.0	3.6	—	0.5	2.00	0.027	0.015	0.06	—

4.5.2 粉末高温合金制粉工艺

制备粒度小、氧含量低、纯净度高的镍基合金粉末是制备高性能粉末涡轮盘的关键技术之一。目前主要有等离子旋转电极法制粉(PREP 粉)和氩气雾化法制粉(AA 粉)两种方法。俄罗斯主要采用 PREP 粉,PREP 粉粒度偏大,夹杂物尺寸较大。欧美主要采用 AA 粉,AA 粉粒度相对细小,夹杂物尺寸小。高温合金粉末正朝着无陶瓷、超纯净细粉方向发展。粉末粒径的细化能够限制粉末中非金属夹杂的尺寸,从而有效提高涡轮盘的低周疲劳寿命、可靠性和使用寿命。此外,对粉末进行真空脱气和双韧化处理(颗粒界面韧化+热处理强韧化),提高盘坯的致密度和改善材料的强度和塑性,也是一个重要的研究方向。

为了克服真空感应熔炼(vacuum induction melting, VIM)惰性气雾化系统中因中间包的陶瓷材料和熔化金属接触而引入的"陶瓷问题",近年来开发了多种纯净化熔炼和制粉技术。在电极感应熔炼气体雾化(electrode induction melting gas atomization, EIGA)工艺中,母合金棒作为电极,当缓慢旋转的电极进入环形感应线圈中时电极开始熔化,熔滴落入惰性气体雾化喷嘴系统后进行雾化。等离子熔炼感应加热气体雾化(plasma melting induction gas atomization, PIGA)法利用等离子弧在水冷铜坩埚中进行熔炼,水冷铜坩埚的底部与感应加热漏嘴相连,该无陶瓷漏嘴系统将熔化金属液体流引入气体雾化喷嘴进行雾化。在基于冷壁坩埚熔炼技术的真空感应熔炼气体雾化(vacuum induction melting gas atomization, VIGA)系统中,坩埚配有一个底部浇注系统,冷坩埚的底部浇注开口与冷壁感应引导系统(CIG)相连,该系统可用于活性金属,如图 4.52 所示。在 ESR－CIG(电渣重熔冷壁感应引导)工艺中,将要雾化的材料以电极的形式给进,电极头在与熔渣的接触点进行熔化,形成精炼熔滴,熔滴向下穿过活性熔渣层进入铜制水冷坩埚中。精炼金属液通过冷壁感应引导系统,然后采用高速惰性气体流进行雾化。

4.5.3 粉末高温合金致密化工艺

1. 热等静压

热等静压(hot isostatic pressing, HIP)是高性能粉末冶金制品致密化的重要手段。通过热等静压致密化和近终成形工艺过程控制,能够为后续等温锻造和热处理提供所需形状、尺寸和组织的热制坯。同时,采用热等静压技术可将粉末高温合金涡轮盘材料与铸造叶片材料复合连接成无机械连接的具有精确设计结构的整体涡轮叶盘。它可将具有高温高强的叶片与中温高疲劳性能的涡轮盘通过热等静压工艺进行复合,实现双合金盘片的

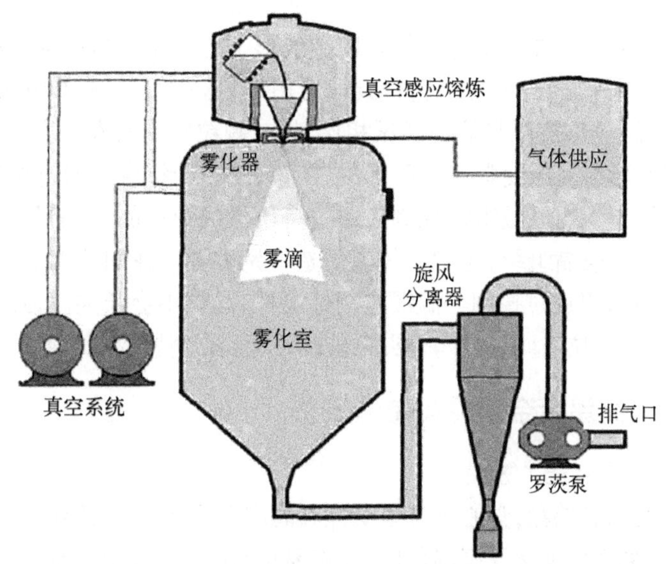

图 4.52 真空感应熔炼气雾化(VIGA)制粉设备示意图

最佳组合,可以明显减少机加工量,减轻部件结构重量,从而提高涡轮转速和性能。此外,盘芯、盘缘双合金热等静压复合连接技术还可以用于制造双合金双性能涡轮盘,使得盘芯材料具有较高的屈服强度、抗拉强度和低周疲劳性能,盘缘材料具有较高的高温蠕变抗力与较好抗裂纹扩展性能。双性能盘制造技术充分体现了粉末冶金技术剪裁结构、组织控制灵活的特点。

随着 HIP 装备制造技术的进步,粉末成形工艺的成本比 20 年前降低了 65%。瑞典 Avure Technologies 公司制造出 HIP 装备(图 4.53),其直径为 2.05 m、长度为 4.2 m,温度为 1 350℃,压力为 118 MPa,这为大型零部件的制备奠定了基础。

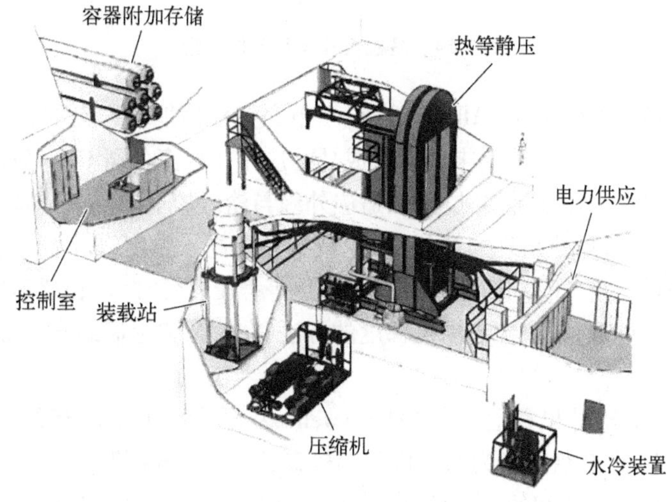

图 4.53 HIP 装备

2. 热挤压

热挤压成型是另外一种高温合金粉末固结成形工艺。先将高温合金粉末进行包套，然而在一定的挤压比下挤压到全致密，得到锻造用坯料。也可以先采用热压或 HIP 进行固结，然后再热挤压。热挤压与热等静压相比，粉末颗粒所受的宏观变形量大，借助横向颗粒界面的剪切变形与高压使颗粒之间形成强有力的冶金结合。通过调节挤压比、挤压速率和挤压温度易于实现显微组织控制。通过挤压形成细小晶粒，消除了原始粉末颗粒边界和原始粉末中的枝晶组织，这对于等温锻造特别重要。在固溶温度以下挤压可以得到小于 5 μm 的晶粒，再通过控制等温锻造制造盘件，晶粒不会长大。借助热挤压的大变形量，可以使有害的颗粒表面膜或陶瓷夹杂破碎，从而有效消除其负面影响。

4.5.4 粉末高温合金涡轮盘制造工艺

1. 双性能涡轮盘制造工艺

高性能发动机用涡轮盘，盘心部位承受低温高应力，需要细晶组织以保证足够的强度和疲劳抗力，而边缘部位则承受高温低应力，需要粗晶以保证足够的蠕变和持久性能。通过热处理工艺控制，在涡轮盘件的轮毂部位获得细晶组织，轮缘部位获得粗晶组织，这种组织结构的盘件被称为双组织/双性能盘件，双性能盘件更好地符合涡轮盘不同位置的服役环境特点，可充分发挥材料的潜能，在结构设计上起到减轻盘件重量的作用。

2. 单合金双重组织双性能粉末盘

单合金双重组织双性能粉末盘采用一种粉末高温合金，使轮盘的轮缘部分获得粗晶组织、轮毂部分获得细晶组织，即具有双重性能，如图 4.54 所示。

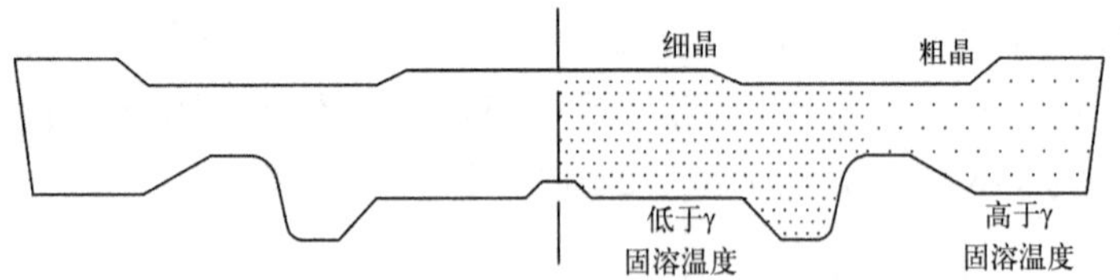

图 4.54 晶粒尺寸与盘部位匹配

美国对 AF115、DTP IN100、Alloy10 进行了单合金双性能粉末盘的研究，其结果见表 4.4。DTP INl00 单合金双性能粉末盘已经成功地应用在普惠公司 F119 发动机的单级高、低压涡轮上。该轮盘采用双重热处理，以适应外缘与轮毂的不同要求，即轮缘提高了损伤容限能力，以适应榫槽可能出现的微裂纹；轮毂部分提高了强度，以满足强度和低周疲劳的要求。普惠公司还将 AF2 - 1DA 合金粉末经热等静压、挤压制坯和超塑性锻造成盘件，再进行真空定向热处理，采取控制温度梯度的方法，在轮缘和轮辐部分获得不同的晶粒尺寸和性能。

Wyman Gordon 公司和霍尼韦尔(Honeywell)公司采用主动冷却的 DMHT 工艺，将 4 种全尺寸 Alloy10 合金盘转换为双结构的涡轮盘，并在 NASA 格伦研究中心对试样进行了对比试验。采用主动冷却的 DMHT 工艺加工的双结构涡轮盘，实现在轮心处高强度和高抗疲劳特性、在轮毂处具有高抗蠕变特性。

表 4.4 典型单合金双性能粉末盘

冶金	工艺
AF115	选择性热机械处理工艺。热等静压(HIP)成形后,轮毂部分锻造获得细晶组织;轮缘部分不锻造,仍然保持热等静压态粗晶组织,热处理后获得了双重组织
DTP IN100	双重热处理工艺。热挤压(hot extrusion, HEX)+等温锻造(isothermal temperature forging, ITF)后轮毂和轮缘两部分同时固溶处理,轮毂部分温度低于轮缘部分;轮毂部分获得细晶组织,轮缘部分获得粗晶组织
Alloy 10	双显微组织热处理(dual microstructure heat treatment, DMHT)。热等静压(HIP)+热挤压(HEX)+等温锻造(ITF)获得细晶组织,轮毂部分低于 γ' 相完全固溶温度以下固溶处理,轮缘部分在高于 γ'' 相完全固溶温度以上固溶处理;轮毂部分获得细晶组织,轮缘部分获得粗晶组织

3. 双合金双性能粉末盘

双合金双性能粉末盘采用两种合金粉末,使涡轮盘轮缘部分具有良好的高温性能、轮毂部分具有高屈服强度,如图 4.55 所示。

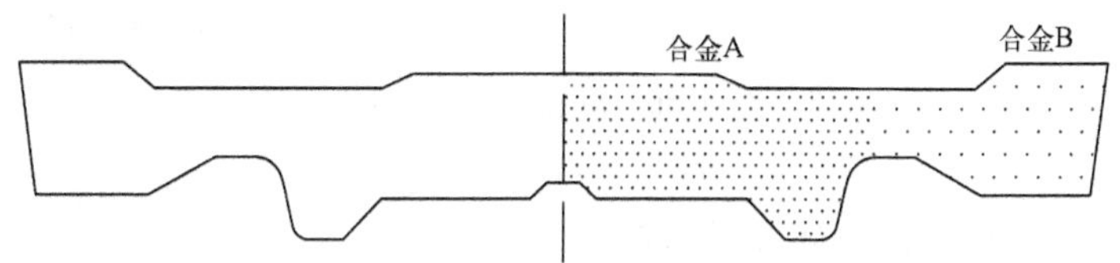

图 4.55 双合金与盘部位匹配

美国在双合金双性能粉末盘方面开展了大量的研究工作。GE 公司和 TRW 公司用 AF115 与 René95 相配合,把热等静压预制成形的 AF115 轮缘环坯与轮辐的 René95 粉末组合包套,再经热等静压成形为直径 415 mm 的全尺寸双性能粉末涡轮盘。GE 公司在 IHPTET 研究计划第 2 阶段的 JTDE 验证机上验证的细粒粉末合金轮毂和单晶合金轮缘的多特性涡轮转子,其抗蠕变和抗疲劳特性较之前的材料提高了 300℉(约 166.7℃),轮缘工作温度可达到 1 500℉(约 815.6℃)。俄罗斯采用 HIP 扩散连接工艺制造了双合金双性能粉末盘。

日本对轮毂采用 TMP-3,对轮缘采用 AF115,从气体雾化粉末开始制造双组织双性能涡轮盘。其过程是:轮毂和轮缘分别以 HIP 成形,将轮毂和轮缘两部分同时进行超塑性锻造,制成了双性能粉末盘。经热处理后,轮毂的显微组织细小,具有良好的低周疲劳性能;轮缘组织粗大,符合蠕变性能要求。

4.6 单晶涡轮叶片制造工艺

随着航空发动机技术的发展,涡轮前进口温度由最初的 930~1 030℃上升至 1 580~1 700℃。为应对不断升高的涡轮前温度,涡轮叶片在材料、结构、工艺 3 个方面都发生着变革,如图 4.56 所示:① 在材料方面,涡轮叶片材料从等轴晶发展到了单晶;② 在结构方面,从实心发展到复杂空心乃至超冷结构;③ 在工艺方面,为配合材料、结构的变革,发展出了多种先进的成形工艺。随着对发动机推重比要求的进一步提高,涡轮叶片将朝着更耐高温、更轻质方向发展。

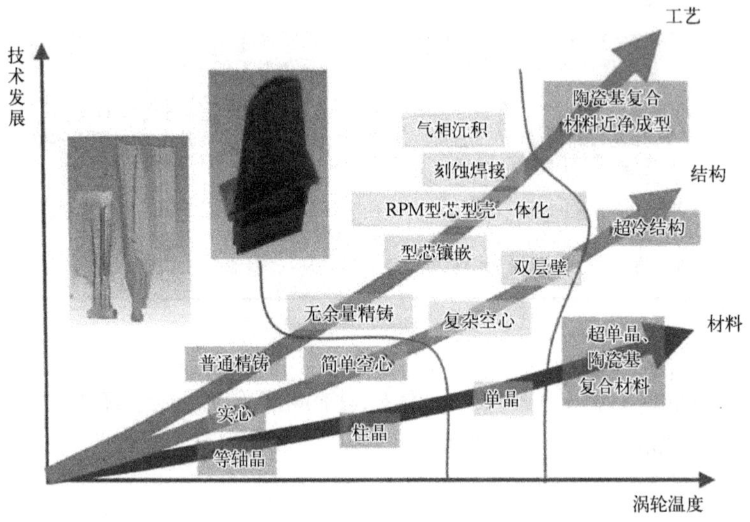

图 4.56　涡轮叶片的发展

4.6.1　涡轮叶片加工工艺历程

NACA(NASA 前身)早期空心涡轮叶片制造工艺包括制芯、制模、制壳和浇注各工序,如图 4.57 所示。

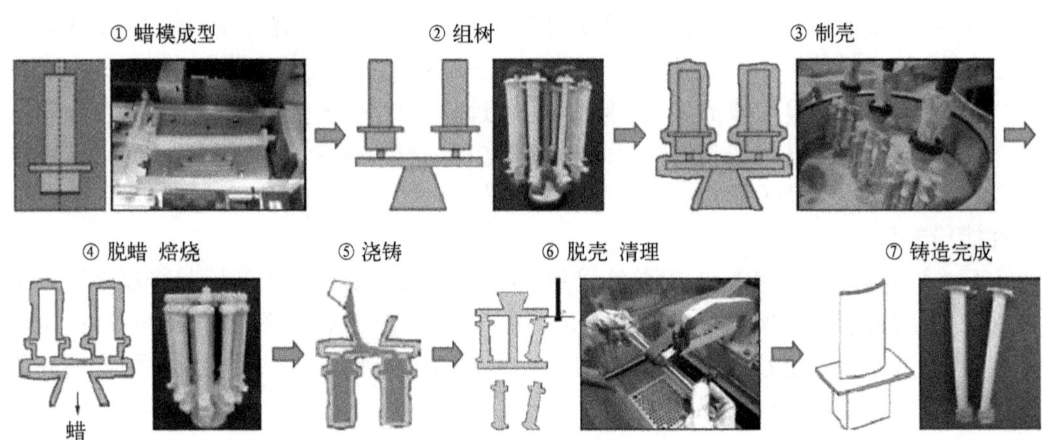

图 4.57　早期涡轮叶片的制造工艺

罗罗公司 RB211 系列发动机冷却叶片的发展过程如图 4.58 所示,叶片毛坯除 1972 年的 RB211－22B 采用锻造叶片外,其余为精铸叶片。1983 年至今开始采用定向结晶叶片。早期发动机的涡轮叶片均用模锻件的毛坯经机械加工制造。随着叶片耐高温性能的不断提高,制造叶片的镍基合金中的含镍量逐渐加多,使铝含量减少,材料的流动性降低,不易锻造。因而从 20 世纪 60 年代开始采用真空精密铸造来加工叶片,这种方法不仅可以获得少余量的毛坯,使加工量大大减少,同时,使它的高温强度有所改善。

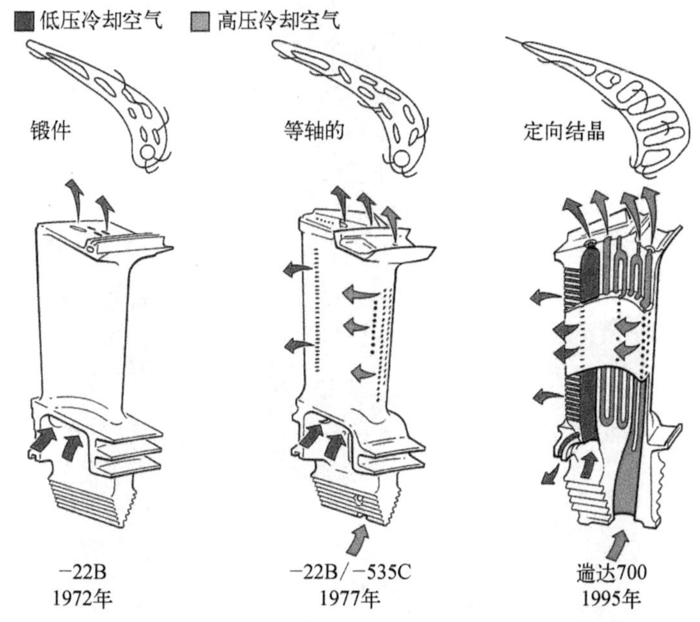

图 4.58 罗罗公司涡轮叶片冷却结构及工艺发展

20 世纪 70 年代后期,发展定向结晶的铸造方法来制造叶片的毛坯,在这种方法中,让材料在蜡模中冷却时,生成的晶粒呈柱状,即成为柱状晶。柱晶的生产方向与叶片工作时离心力的方向一致,在与离心力方向垂直方向中无晶界。与常规的精密铸造叶片相比,柱状晶叶片的高温蠕变/疲劳强度有较大的提高。20 世纪 80 年代中期,涡轮叶片使用单晶材料叶片。单晶,是指整个叶片为一个晶粒,且无晶界存在。图 4.59 是三种铸造方法铸出的叶片显微结构示意图。常规铸造叶片,由许多细小晶粒累积而成,各个方向的机械性能是一致的,因此也称为各向同性的材料;定向结晶的叶片与单晶叶片沿叶片长度方向有极好的机械性能,在其他方向则比较差,称为各向异性的材料。

单晶叶片的制造工艺复杂,涉及母合金纯净化冶炼、模具设计制造、陶瓷型芯和型壳及蜡型制造、定向凝固、无损检测、机械加工、涂层、热处理等,其中定向凝固是关键工序之一,也是最容易出现缺陷、影响叶片合格率的工序。

温度梯度是定向凝固工艺的关键参数,提高温度梯度可以显著提高单晶叶片的合格率。目前,国内外工业生产中常用的定向凝固工艺是高速凝固工艺(high rate solidification, HRS),液态金属冷却(liquid metal cooling, LMC)工艺也应用于部分航空叶片以及大型燃机叶片的生产,此外还开展了气冷(gas cooling casting, GCC)、流态床冷却(fluidized bed cooling, FBC)等新工艺的研发。

表 4.5 总结了几种定向凝固工艺的特点,采用 Sn 作为冷却介质的 GCC、LMC(LMC−Sn)和 FBC 这 3 种工艺温度梯度较高,可获得一次枝晶间距(primary dendrite arm space,

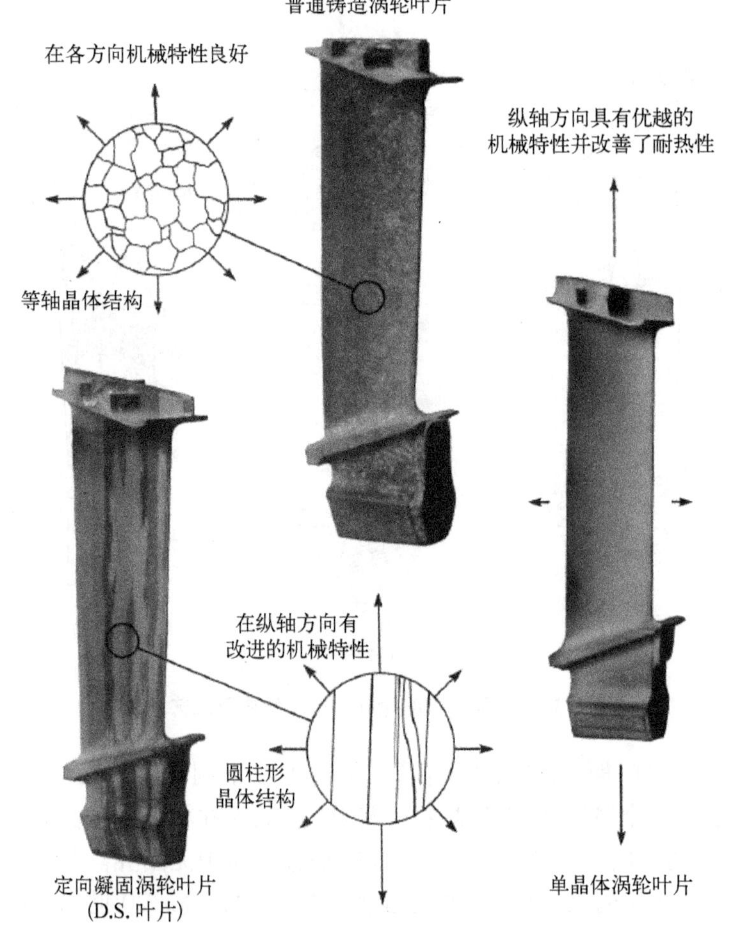

图 4.59　三种铸造方法铸造出的叶片比较

PDAS)和较小的定向凝固组织。HRS 与 GCC 工艺由于散热方式的局限,对受铸件形状和多铸件模组组合方式的影响很大,容易出现阴影效应,实际冷却效果要低于理论冷却效果;LMC 工艺存在冷却介质对铸件的污染问题;FBC 工艺也存在冷却介质和气体的污染等问题。

表 4.5　几种定向凝固工艺的特点

工艺过程	优　点	缺　点	叶片可获得 PDAS* /μm
高速凝固工艺(HRS)	操作简便,技术成熟	温度梯度随铸件尺寸增大而减小	400~600
气冷(GCC)	温度梯度高,受铸件尺寸影响小	操作复杂	320
液态金属冷却(LMC - Sn)	温度梯度高,受铸件尺寸影响小	铸件易污染,操作复杂	220~350

续 表

工艺过程	优 点	缺 点	叶片可获得 PDAS*/μm
液态金属冷却(LMC - Al)	温度梯度较高,受铸件尺寸影响较小	铸件易污染,操作复杂	360
流态床冷却(FBC)	温度梯度高,受铸件尺寸影响小	合金及设备易污染,操作复杂	330

* PDAS 与零件尺寸有关。

采用优化隔热挡板、型壳厚度及强度等设备和工艺参数的方法,来解决 HRS 工艺的不足问题,例如为避免缘板杂晶,在制壳过程中通过局部添加石墨导热体或保温棉,调节叶片局部热流,可以显著减弱或基本消除由于单晶铸件不同位置冷却速率差异诱发的杂晶等缺陷。此外,目前国内外 HRS 工艺通常采用圆形加热器,对于多铸件的模组来说,容易在模组中心形成下凹的凝固界面,诱发凝固缺陷。

LMC 工艺采用低熔点液态金属 Al 或 Sn 作为冷却介质,尤其适合大尺寸定向和单晶叶片的制造。俄罗斯采用液态 Al 为冷却介质,从 20 世纪 80 年代就开始单晶叶片的批产。国内借鉴欧美经验采用液态 Sn 为冷却介质,近年来解决了低熔点冷却介质污染、动态隔热层设计、高强抗热冲击型壳等问题,工艺日趋成熟,利用 LMC 工艺研制的多型定向和单晶涡轮叶片已经开始小批量生产。LMC 工艺中使用的动态隔热层对提高定向凝固中的温度梯度起到了重要作用,动态隔热层可以随铸件的形状变化,有效隔离高温(保温炉)和低温(冷却介质)区,保证温度梯度。但在 LMC - Al 工艺中,冷却介质 Al 的密度低,很难找到合适的动态隔热材料。采用液态 Sn 为冷却介质时,冷却介质 Sn 与高温铸件接触,可能发生反应,影响铸件表面质量。

GCC 是在保温炉下方增加气冷环,环内部的高压气体通过喷嘴喷射到铸件表面对铸件进行冷却。这种工艺可获得很高的温度梯度,冷却效果接近利用 Sn 作为冷却介质的 LMC 工艺。但是冷却气体进入真空室会影响热区温度,另外当模组形状复杂或者铸件数量多时,会形成阴影效应,使铸件的部分位置无法进行高效冷却。

FBC 以悬浮在惰性气体(通常为 Ar)中的稳定非金属粉末或颗粒为冷却介质,冷却介质温度可以保持在 100~120℃,浇注后的铸件在悬浮的冷却介质中冷却,实现定向凝固。传统的 FBC 冷却介质通常为陶瓷材料(如刚玉砂、ZrO_2 陶瓷粉末等),这些材料的细小颗粒容易对合金和设备造成污染。

4.6.2 单晶叶片缺陷控制工艺

单晶叶片的缺陷控制方法通常有 2 种: 螺旋选晶法和籽晶法。

传统的选晶器包括缩颈型、转折型、倾斜型和螺旋型等多种结构。螺旋选晶器中选晶段的螺距、螺旋直径、螺旋厚度、螺旋角等因素对选晶结果均有影响,其结构如图 4.60 所示。

籽晶法是指在模壳底部安装特定取向的籽晶,浇注后籽晶发生部分熔化,晶体沿着与籽晶相同的取向生长获得单晶的方法。采用籽晶法可以获得三维取向可控的单晶,但在

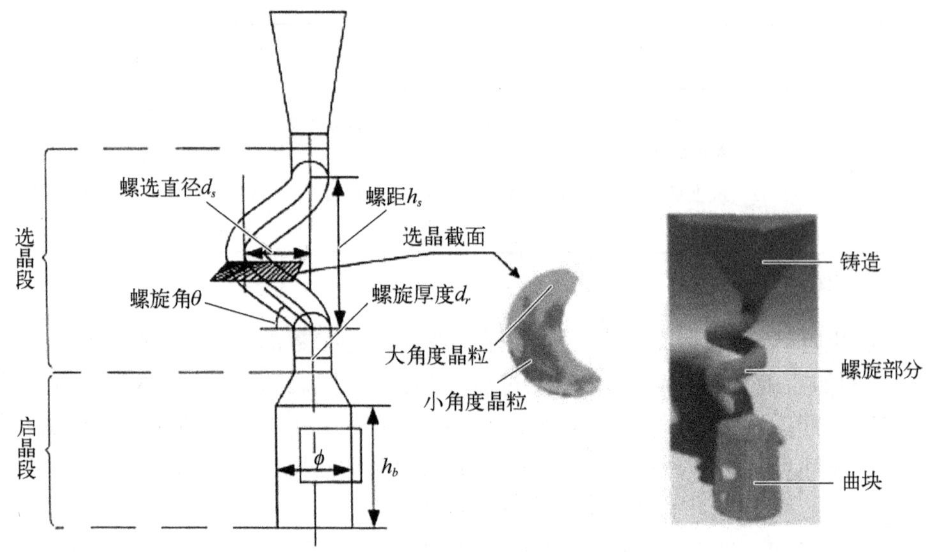

图 4.60　螺旋选晶器的结构

籽晶回熔区与模壳相接触的位置容易形成杂晶，而且隔热挡板参数、浇注温度、保温炉温度、冷却底盘的冷却效率等定向凝固工艺参数都会影响籽晶的回熔，因此与螺旋选晶法相比，籽晶法单晶生长的工艺难度稍大。

4.6.3　单晶叶片增材制造工艺

电子束选区熔化(selective electron beam melting, SEBM)是一种粉末床沉积技术，该技术基于离散堆积原理，以电子束为热源，在计算机的控制下选择性地熔化金属粉末，逐层熔化，层层叠加，最终形成致密的三维金属零部件。

图 4.61 为电子束选区熔化成形装备结构示意图，电子枪的灯丝受热发出电子，电子在加速电压的作用下进行加速，形成高速电子束，电子束通过电磁透镜聚焦成一点，随后通过偏转透镜进行偏转，在计算机的控制下选择性地熔化金属粉末，从而实现零部件的快速成形。粉末材料 SEBM 成形时，粉末在靶子系统的作用下均匀地铺展在基板上，系统利用低电流和低扫描速度的散焦电子束对粉末进行预热，随后采用更大的电流和扫描速度对粉末进行熔化，熔化完成后成形平台下降一个层厚的距离再次进行铺粉-预热-熔化循环，直至整个零部件在真空下成形完成。

利用 SEBM 技术在可以制备 CMSX-4 单晶材料，与铸造单晶样品相比，SEBM 获得的单晶枝晶间距小，热处理后消除了微观偏析，高温和中温蠕变性能与常规铸造样品相当，但 SEBM 样品具有更好的低周疲劳性能和组织稳定性。

4.6.4　单晶叶片发展应用

美国第一代单晶合金 PWA1480 应用于 JT9D-7R4、F100-PW-220、PW2037、PW1130 发动机上，RenéN4 单晶合金应用于 F110-129、CFM56-5 发动机上，英国第一代

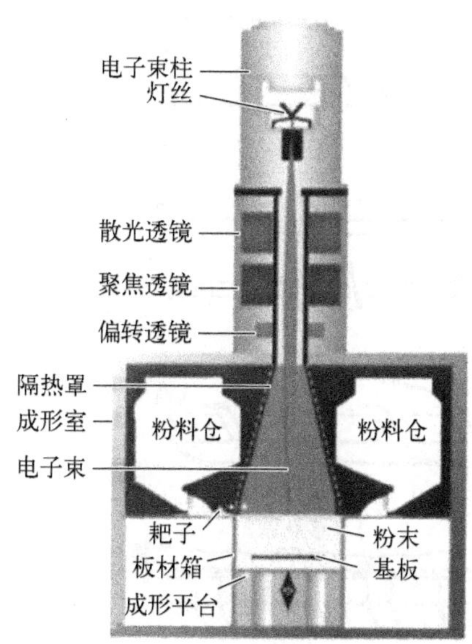

成形室内部结构

图4.61 电子束选区熔化成形装备结构示意图

单晶合金SRR99应用于RB211、RB199发动机上。美国第二代单晶合金PWA1484、CMSX-4分别应用于V2500、EJ200发动机上,英国的N5应用于GE90发动机上。美国第三代单晶CMSX-10应用于宽体波音777飞机发动机上,英国罗罗公司对遄达800系列发动机用更高强度的CMSX-10非气冷叶片代替CMSX-4气冷叶片,由于不需要冷却空气,提高了发动机的效率。美国F135、F136战斗机发动机涡轮叶片采用CMSX-10单晶高温合金。

4.7 涡轮叶片气膜孔加工工艺

随着航空发动机性能要求的提高,涡轮前进口温度在不断增加。为了满足涡轮工作温度不断升高的需求,涡轮叶片的冷却技术在不断地改进(图4.62),从径向冷却到冲击、气膜冷却,从单排气膜冷却到先进的多排气膜冷却、叶身全气膜冷却、气膜冲击冷却,从复合冷却(冲击冷却、肋强化冷却、扰流柱冷却)到铸冷、发散冷却、射流冷却等。涡轮叶片不断地尝试采用更耐高温的单晶材料和高效的冷却方法,保证发动机安全可靠地工作,延长发动机的使用寿命。

气膜冷却技术的主要结构特点是在涡轮叶片前缘、叶身型面等部位设计了大量的气膜孔,孔径一般在0.2~0.8 mm,空间角度复杂。因而,气膜孔的加工技术成为涡轮叶片制造的关键技术之一。气膜孔的作用是为了在叶片表面形成一层气膜,从而对叶片进行冷却。涡轮叶片上的气膜孔直径一般在0.4~0.8 mm,单个叶片上可能分布着数百个小孔。而且为了达到高效的冷却效果,这些小孔还具有不同的空间角度和出口形状。叶片气膜冷却孔的加工主要采用电火花打孔、电液束打孔、激光打孔等方法,各种方法均有各自的特点。激光打孔效率高,但重熔层较厚。电火花打孔重熔层相对较薄。而电液束打孔无

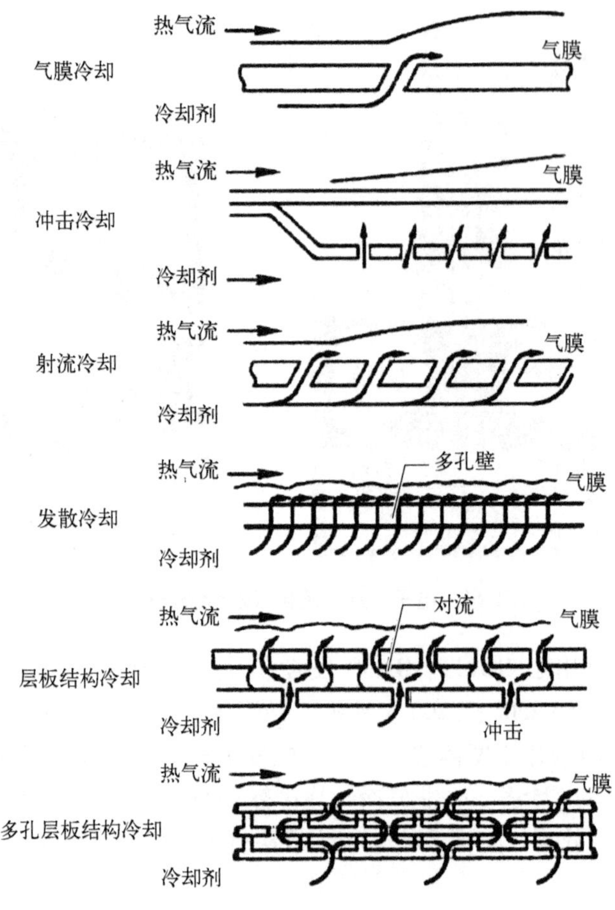

图 4.62　冷却技术改进示意图

重熔层,质量好,但效率较低。

4.7.1　电火花打孔

电火花打孔是在旋转的中空管状电极中通以高压工作液,冲走加工屑,同时保持高电流密度连续正常放电。电极旋转可使端面损耗均匀,不致受高压、高速工作液的反作用力而偏斜。在气膜冷却孔主要打孔工艺方法中,电火花打孔工艺应用的时间最长,技术也最为成熟。电火花打孔工艺最突出的特点是,其重熔层厚度仅有激光打孔重熔层厚度的一半,可控制在 0.02 mm 以下,能够满足所有发动机热端部件的冶金质量要求。对于某些位于叶身型面的气膜冷却孔,国外标准允许有少量重熔层存在,且均使用高速电火花打孔机床,重熔层厚度一般控制在 0.04 mm 以内。

近年来随着数控技术的发展,国外制造公司开始装备多轴、多通道数控电火花专用打孔机,其加工效率与激光打孔工艺已有可比性,国外航空发动机热端部件采用电火花打孔加工工艺,已成为发展新趋势。图 4.63 为多轴数控高速电火花小孔机加工叶片气膜孔示意图。

电火花打孔工艺主要适用于以下 4 个方面: 对重熔层厚度有严格要求的零部件;非

图 4.63 电火花高速打孔金相图片

圆异形孔的加工;加工路线不开敞、无法用激光方法加工的气膜冷却孔;材料用电解束打孔工艺无法加工的零部件。

4.7.2 电液束打孔

电解打孔根据加工用的电极不同,有以下两种方法:一种是毛细管加工,采用玻璃管内的金属丝电极,也就是我们所说的电液束打孔,加工孔直径在叶片气膜孔加工工艺参数参考值 ϕ0.25 mm~ϕ0.5 mm,最大加工孔深 50 mm;另一种是型管电极加工,采用中空的外壁涂有绝缘涂层的金属管作为电极,加工孔直径在 ϕ0.5 mm~ϕ7 mm,最大加工孔深 600 mm。两种加工方式分别如图 4.64、图 4.65 所示。

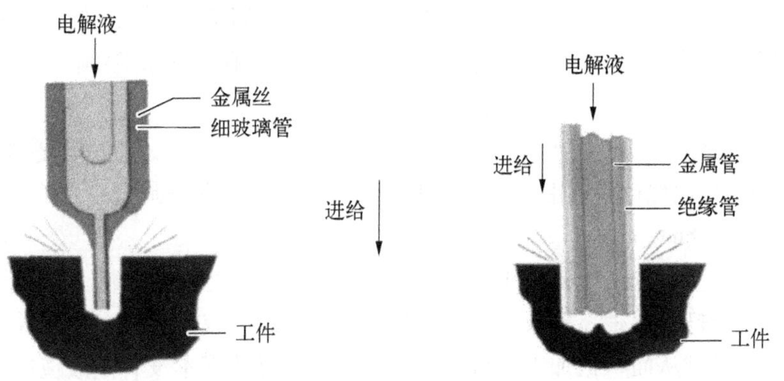

图 4.64 毛细管电液束加工　　图 4.65 型管电极电液束加工

对于冷却孔位于叶片后缘或叶片顶部,采用电液束加工工艺打孔。采用电液束加工工艺的主要原因较多,包括:冷却孔间距和孔径过小;孔外缘距外壁的间距过小;孔的深径比较大等。

目前国内研究所已研制了电液束打孔工艺及设备,并在发动机单晶涡轮叶片气膜孔加工上应用,该工艺方法加工的气膜孔不存在重熔层、微裂纹、热影响区,进出口可自然形成一定的圆角,孔壁光滑。电液束打孔形貌如图 4.66 所示。但电液束打孔加工速度一般在 1.8~2.5 mm/min，低于电火花高速打孔速度(50 mm/min)。其特点是：可用于表面精加工；孔径 ϕ0.25 mm~ϕ5.0 mm；表面粗糙度 Ra 取决于材料和工艺；由于流动问题会产生平滑的表面波纹；金相无热影响区域；无残余表面应力；无裂化现象；如果出现碳化物，可能出现晶粒间腐蚀；不溶金属会导致氧化皮。

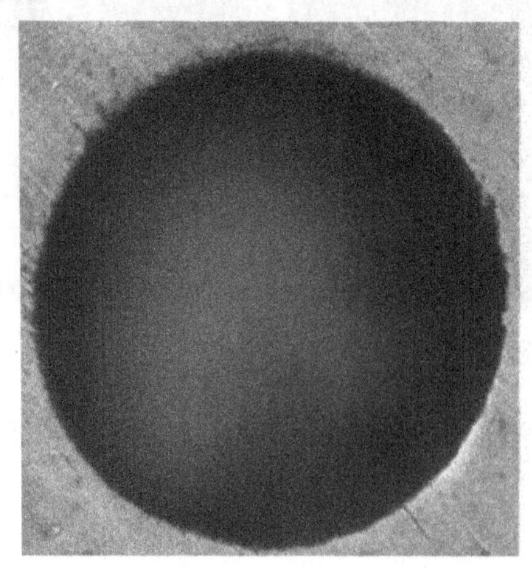

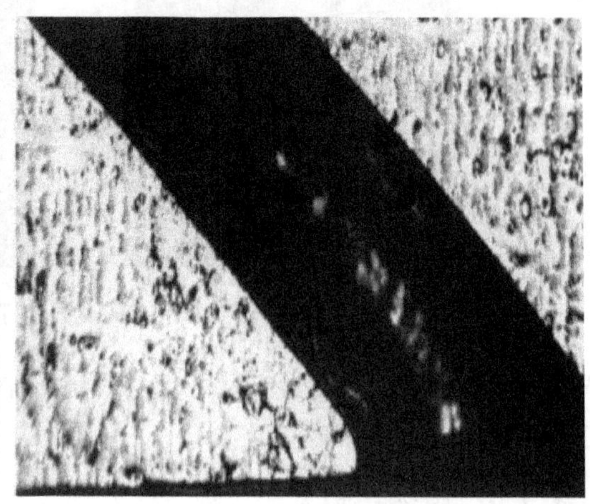

图 4.66　电液束打孔形貌

4.7.3　激光打孔

激光打孔是将能量密度高的激光束聚焦在工件上，使工件材料瞬间受热熔化或气化，从而达到加工气膜孔的目的。激光打孔成形的工艺方法分为定点冲击打孔和旋切打孔：① 定点冲击打孔：聚焦的面功率密度不低于 106 kW/cm^2；② 旋切打孔：激光束旋转，工件旋转。其优点为孔壁冶金质量好，孔形规矩，孔径不受限制。其缺点为孔深受限。

激光打孔的优点是应用范围较广，但精度差、重复精度低。针对特殊零件，采用激光打孔优势较大，如涡轮叶片气膜孔加工采用激光旋切，仅在孔壁局部范围存在重熔层，最大厚度小于 0.05 mm。

超快激光属于脉宽接近或小于皮秒量级的激光打孔工艺。超快激光打孔有皮秒激光打孔和飞秒激光打孔两种。超快激光原理是使用皮秒激光或飞秒激光极高瞬时功率直接破坏材料的分子键从而将被加工区域气化。超快激光打孔基本没有热效应的产生，因此，没有重熔层等问题。激光脉宽量级对比如图 4.67 所示，超快激光加工气膜孔如图 4.68 所示。

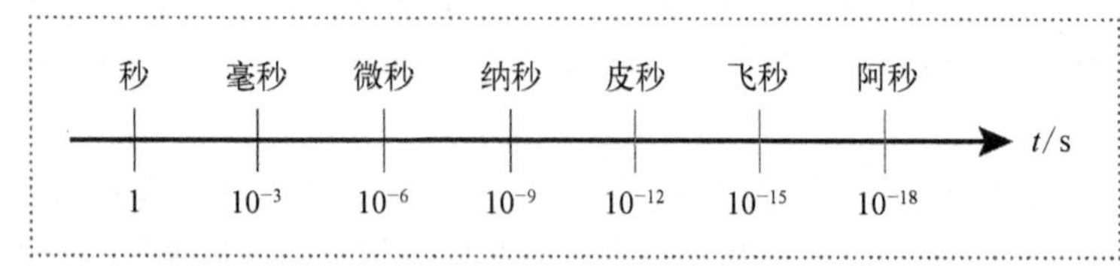

图 4.67　激光脉宽量级对比图

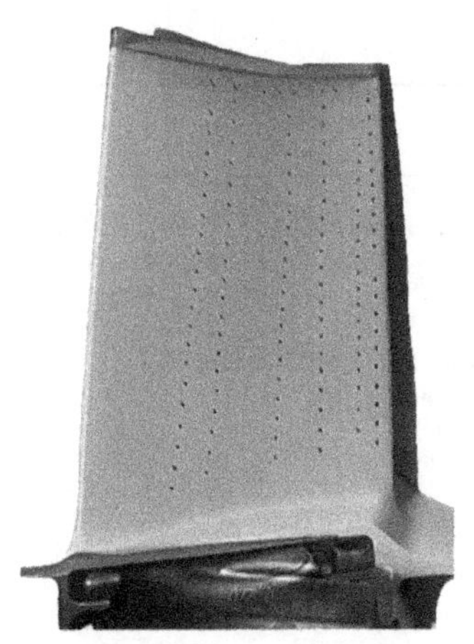

图 4.68　超快激光加工气膜孔

4.8　涡轮叶片热障涂层工艺

航空发动机不同部件由于工作环境的差别需要不同的涂层，按功能可以分为：热障涂层、高温抗氧化涂层、耐磨涂层、耐腐蚀涂层、抗冲刷涂层、封严涂层、抗微动磨损涂层、阻燃涂层、环境障碍涂层、憎水涂层、隐身涂层等。采用的技术主要有：电子束物理气相沉积、大气/真空等离子喷涂、超声速火焰喷涂、冷喷涂、真空电弧沉积和磁控溅射等。各种涂层大概分类、功能、性能要求、制备方法与典型应用部件如表4.6所示。

表 4.6　航空发动机涂层技术及应用

涂层种类	功　能	性能要求	制备方法	应用部件
热障涂层	耐高温燃气冲击且有隔热功能，提高部件使用温度和寿命	耐高温、热导率低、耐热应力、抗热冲击和热循环	EB－PVD、等离子喷涂、多弧离子镀(底层)	燃烧室、涡轮叶片、尾喷管
封严涂层	减小气体泄漏、降低油耗，提高压气机和涡轮效率	抗热震性能、抗氧化性能、足够的结合强度、优良的可磨耗性能及抗气流冲刷性能	等离子喷涂、冷喷涂	压气机机匣、涡轮外环
耐磨/耐蚀/耐冲刷涂层	抵御空气中的尘埃、水滴和沙粒等在高速气流作用下对风扇/压气机叶片的冲蚀及海洋环境对部件的腐蚀	硬度高、抗腐蚀、涂层结合力高	多弧离子镀、磁控溅射、等离子喷涂	风扇叶片、压气机叶片、轴、轴承、燃油泵柱塞
高温抗氧化涂层	抗高温氧化，提高部件使用寿命	抗高温氧化、耐腐蚀	化学气相沉积、等离子喷涂	涡轮叶片
抗微动磨损涂层	承受表面反复加载和卸载周期性应力而阻止或减少基体零件蠕动腐蚀或表面疲劳损伤	良好的韧性和结合强度、抗氧化、耐腐蚀	等离子喷涂、多弧离子镀	压气机/涡轮叶片榫头和榫槽、紧固件连接部位、摩擦副结构
阻燃涂层	阻止摩擦热的积累，有效延缓或阻止燃烧的进展	燃烧热值低、抗氧化、导热性好、可磨耗、摩擦系数低、较高的硬度	等离子喷涂、多弧离子镀	压气机叶片、压气机机匣

续 表

涂层种类	功 能	性能要求	制备方法	应用部件
环境障碍涂层	阻止或减小发动机环境对高温结构材料性能的影响	高温和发动机环境稳定性；耐热应力及机械应力；热导率低；热和环境防护性能	等离子喷涂、化学气相沉积、EB-PVD	陶瓷基复合材料构成的涡轮叶片、喷嘴、喷管
憎水涂层	通过制备超疏水结构的涂层，使涂层与水的接触角变大，从而达到防止结冰的作用	结合强度高、接触角大	多弧离子镀、磁控溅射	进气机匣、帽罩、发动机进气道、桨叶、翼面前缘、垂尾
隐身涂层	红外隐身、雷达隐身	吸收雷达波、热发射率低	等离子喷涂	尾喷管

4.8.1 涡轮叶片热障涂层技术概况

随着推重比需求的提高，涡轮前温度要求不断提升。为了保证长期可靠工作，涡轮叶片普遍由镍基单晶基体、热障涂层（TBC）以及复杂气冷结构组成。热障涂层是一种有效的热防护手段，它在提高涡轮前温度和延长叶片使用寿命方面成效显著，已成为高性能发动机研制的关键技术之一。

热障涂层技术是指将具有高耐热性、高抗腐蚀性以及低热导率的陶瓷材料以涂层的形式覆盖在热端部件表面的一种热防护技术，能够在一定程度上阻止燃气温度向基体材料传递，降低基体的工作温度，从而保障以涡轮叶片为主的热端部件在高温环境下稳定运行，典型的热障涂层如图 4.69 所示。目前热障涂层技术已经在现役的军用、民用涡扇发动机燃烧室、涡轮以及喷管等部件得到广泛应用。

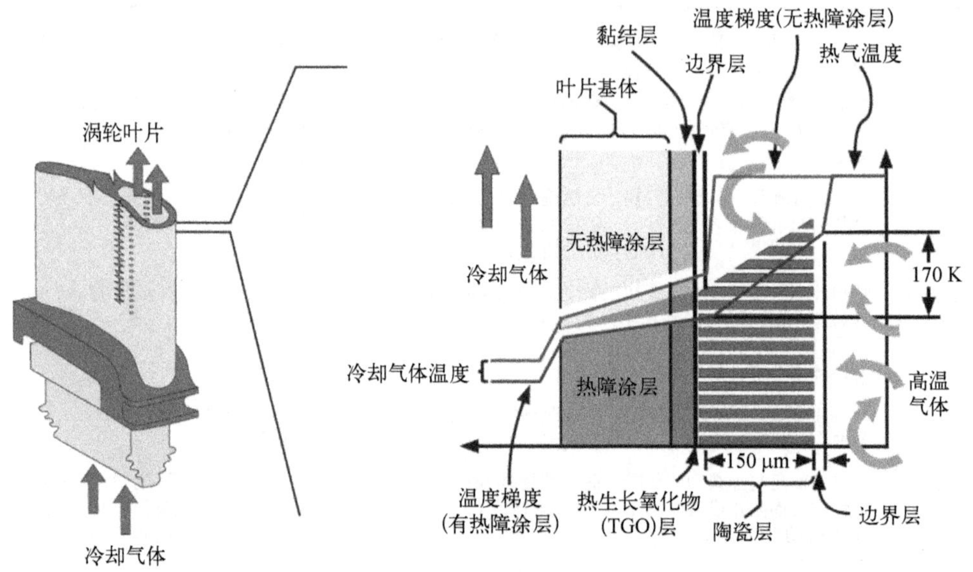

图 4.69 热障涂层典型结构

热障涂层结构形式主要包括双层材料结构、多层材料结构以及梯度材料结构 3 种，如

图4.70所示。双层材料结构制备工艺成熟,是目前主流热障涂层材料结构,主要由金属黏结层和表面陶瓷涂层组成。其中,金属黏结层位于基体与陶瓷涂层之间,起到减小界面应力以及抗氧化的作用,防止陶瓷表面过早剥落,双层材料在高温环境下还会在陶瓷层与黏结层之间生成热生长氧化物(thermally grown oxide, TGO)层。TGO对于双层材料结构存在优点和缺点:它一方面可以阻止氧气的进一步渗透,起抗氧化腐蚀作用;另一方面,TGO破坏了涂层系统的力学相容性,使陶瓷与金属界面成为限制涂层使用寿命的最薄弱环节。

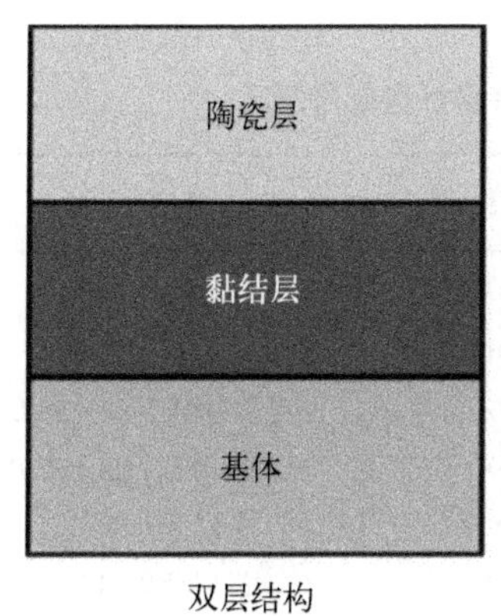

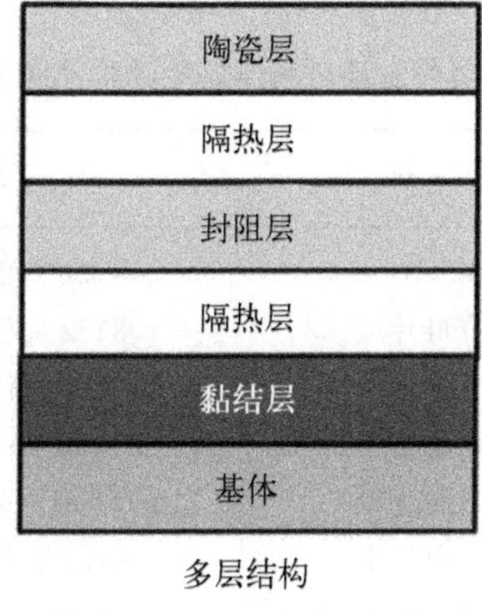

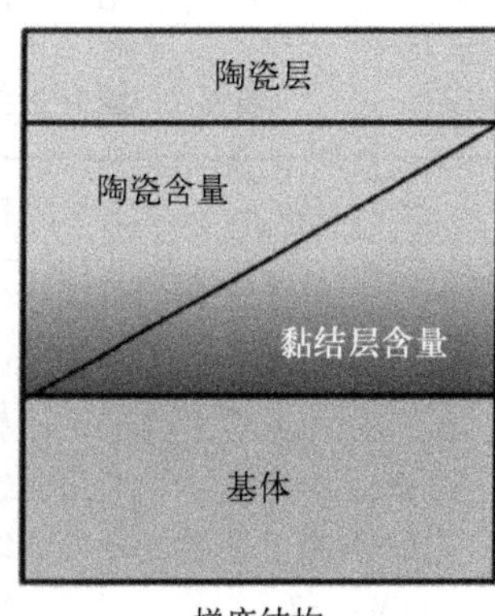

图4.70 热障涂层结构形式

多层材料结构是为了提高涂层的抗腐蚀和抗氧化性能,同时缓解涂层内的热力不匹配,在双层结构的基础上增加了封阻层和隔热层。但由于多层材料结构界面应力更加复杂,制备工艺烦琐,目前大多还处于研究阶段。经研究发现,双陶瓷结构,即在典型热障涂层之上再添加一层热稳定性更高的陶瓷层,对热障涂层的寿命延长和使用温度的提高有着显著的效果,且其制备工艺相对简单,是目前最具有发展潜力的热障涂层结构。梯度结构是陶瓷层和黏结层的成分结构在基体上连续变化的一种结构,该结构在涂层力学性能改善和降低热膨胀系数不匹配问题上具有明显优势,但在制备技术上还存在诸多问题待解决。

4.8.2 涡轮叶片热障涂层应用发展

热障涂层的研究起源于20世纪40年代末至50年代初,首次应用是在20世纪60年代。美国国家航空航天局(NASA)将热障涂层技术用于X-15高超声速飞机的火箭发动机上。同时JT8D发动机和JT9D发动机的燃烧室、涡轮以及其他热端部件也采用热障涂层工艺。

20世纪70年代后期,英国罗罗公司采用等离子喷涂工艺制备第一代热障涂层,并应用在J75发动机上。20世纪80年代,美国普惠公司成功研发了第二代等离子体喷涂(PS)热障涂层PWA264,该热障涂层首先在JT9D发动机的涡轮叶片上成功应用,之后在PW2000、PW4000和V2500等发动机的涡轮叶片上逐渐使用。20世纪80年代末,普惠公司采用电子束物理气相沉积技术(EB-PVD)研制第三代热障涂层,其金属黏结层采用低压等离子喷涂(LPPS)技术制备。该涂层在 JT9D 和 PW2000 上成功得到验证,后陆续应用于 JT9D－7R4、V2500、F100－PW－229 和 F119 发动机上。20 世纪 90 年代初,美国 GE 公司成功采用大气等离子喷涂(APS)和 EB－PVD 热障涂层,分别用于 CF6－80 发动机的第二级涡轮导向叶片和 CF6－80 发动机的第一级涡轮转子叶片,同时将 EB－PVD 陶瓷热障涂层应用于 CFM56－7 发动机的第一级涡轮导向叶片和 F414 发动机。在役发动机高压涡轮叶片热障涂层应用的主要材料及制备技术见表 4.7。从表中可见,欧美发达国家 MCrAlY 黏结层制备技术主要以低压等离子喷涂和超声速火焰喷涂为主,8YSZ 陶瓷层制备技术主要以 APS 和 EB－PVD 为主。

表 4.7 国外主要型号发动机高压涡轮叶片热障涂层批量应用情况

型　号	部　件	涂　层	工　艺
F414	叶片	8YSZ 陶瓷层	EB－PVD
F119	转子叶片	8YSZ 陶瓷层	EB－PVD
F110	转子叶片	PtAl/8YSZ	电镀+渗层/EB－PVD
CF6－80	1 级转子叶片	PtAl/8YSZ	电镀+渗层/EB－PVD
CF6－50	2 级导向叶片	MCrAlY/8YSZ	LPPS/APS
CFM56－7	1 级导向叶片	铝化物/8YSZ	渗层/EB－PVD
PW2000	1 级转子叶片	MCrAlY/8YSZ	EB－PVD/EB－PVD

4.8.3 涡轮叶片热障涂层材料分类

热障涂层的材料主要包括热障涂层表面的陶瓷材料和热障涂层的黏结层材料。

1. *热障涂层表面陶瓷材料*

热障涂层的陶瓷层主要起隔热作用,要求材料具有高熔点、低密度、低热导率、高热发射率、化学惰性和高相稳定性等重要物理化学特征,同时应该具有与基体材料相匹配的热膨胀系数。在高温燃气环境下还应该具有抗高温氧化和热腐蚀,以及具有较低烧结率和高抗热冲击能力。目前,常用的热障涂层陶瓷材料是 6%～8%氧化钇(Y_2O_3)部分稳定氧化锆(ZrO_2),即 YSZ。

YSZ 是目前最成功、应用最广泛的热障涂层陶瓷材料,主要由基体材料 ZrO_2 和稳定剂 Y_2O_3 组成。ZrO_2 具有熔点高、导热系数低以及与金属材料有着相近的热膨胀系数等特点,且相比 Al_2O_3 和 $3Al_2O_3 \cdot 2SiO_2$,ZrO_2 有着更好的综合性能。但由于 ZrO_2 在 1 373 K 左右时会发生相变,引起 4%左右的体积变化,体积的变化会使得涂层内部应力增加,最终会引起涂层破裂而失效。因此,为了保证 ZrO_2 能够在相变温度区间稳定工作,需要在 ZrO_2 中添加金属氧化物 Y_2O_3 来控制相变的发生。研究表明,当 Y_2O_3 的质量分数占比在 6%～8%时,YSZ 具有高硬度、高熔点、低密度、低弹性模量、低热导率和高膨胀系数等特性,且具有较高的抗腐蚀性能和更好的相稳定性。YSZ 尽管是目前主流的热障涂层材料,但在使用温度高于 1 473 K 时容易发生相变和烧结,引起涂层产生裂纹或剥落,最终导致涂层失效。因此,在温度超过 1 473 K 以后,YSZ 热障涂层使用具有较大的局限性。

为了适应更高的使用温度，需要进一步开发新的热障涂层材料。目前，开发耐更高温度、具有更高隔热效果的新型陶瓷材料主要通过两种方式，即对现有热障涂层材料 YSZ 进行改良和寻找新的具有潜力的热障涂层材料。研究表明，在 ZrO_2 中掺杂两种以上的稀土氧化物可进一步降低其热导率和改善其高温相的稳定性，且提升热障涂层的热循环寿命，如 $ZrO_2(Y_2O_3)+HfO_2$、$ZrO_2(Y_2O_3)+Gd_2O_3$、$ZrO_2(Y_2O_3)+SiO_2$、$ZrO_2(Y_2O_3)+Sc_2O_3$ 等。除了在 YSZ 中增加稀土氧化物，有研究者还通过在 ZrO_2 中添加不同稀土氧化物来获得性能更好的涂层材料。

第二种方式是寻找耐超高温且高隔热的热障涂层陶瓷层材料。目前，研究发现具有潜力的材料包括钙钛矿结构化合物、烧绿石和萤石结构化合物、磁铅石型结构化合物等。钙钛矿结构化合物具有高熔点、低热导率以及高膨胀系数等特点，是热障涂层陶瓷的备选材料之一，典型的包括 $SrZrO_3$、$CaZrO_3$、$BaZrO_3$ 等。其中，$SrZrO_3$ 的熔点高达 2 650℃，且相比 YSZ 具有更高的热膨胀系数、更低的弹性模量和更好的韧性。烧绿石和萤石结构化合物（$A_2B_2O_7$）具有比 YSZ 更低的导热系数和高温下更好的相稳定而被广泛研究，但由于热膨胀系数较低且与黏结层和基体的匹配性不好等原因，导致目前还难以在工程中应用。石榴石型化合物则因具有高的相稳定性和极低的氧透过率而成为陶瓷材料的候选材料之一，如典型的石榴石型化合物 $Y_3Al_5O_{12}$ 直至熔点都不会发生相变，且其氧透过率比 ZrO_2 低 10 个数量级，可有效防止黏结层被氧化，但其热膨胀系数低以及制备困难是主要应用难点。磁铅石结构化合物因其具有高熔点、高膨胀系数、低热导率、低烧结速率和良好的抗氧化腐蚀性等特点，是目前最有可能取代 YSZ 成为新的 TBC 材料。

2. 热障涂层黏结层材料

黏结层是连接陶瓷层和基体的中间层，其主要作用是改善基体材料与陶瓷表面涂层热膨胀系数不匹配问题，同时也起到抗氧化腐蚀的作用。目前常用的黏结层主要有 MCrAlY 合金和 PtAl。

MCrAlY 合金的抗氧化机理是在高温环境下，黏结层表面首先形成 Al_2O_3 保护性氧化层，进一步阻止涂层的氧化，达到保护基体的目的。MCrAlY 中 M 是合金中的基体材料，主要指 Fe、Ni、Co 或 NiCo，其中除了 FeCrAlY 以外，其他 3 种合金都在热障涂层中使用过，且 NiCo 组合则兼具了 Co、Ni 的优点，有着较好的抗氧化腐蚀性能和较好的韧性。Cr 不仅可以保证涂层的抗腐蚀性能，还可以促进 Al_2O_3 的生成，Al 是生成 Al_2O_3 的主要元素。元素 Y 可以提高 Al_2O_3 氧化层与基体的结合力，改善涂层的抗震性能，其含量一般低于 1%。同时，涂层中还可以通过添加 Re、Th、Si、Hf、Ta 等元素改善涂层的性能。但是 MCrAlY 黏结层在高温环境下生产的 Al_2O_3 氧化膜会不断增厚，同时还会在氧化膜和陶瓷层之间形成脆性氧化物，导致抗震性和寿命下降。

PtAl 具有优异的抗氧化性能和抗高温蠕变性能，其氧化层的黏附性相对较强，是未来大推力发动机热障涂层黏结层的主要材料。目前在 GE 公司的 CFM56 - 7B、GE90 和 GEnx 发动机以及罗罗公司的遄达 1000、遄达 900 发动机涡轮部件的转子叶片或导向叶片上，大多采用 PtAl 作为黏结层。

4.8.4 涡轮叶片热障涂层制备工艺

热障涂层的制备主要是将颗粒状的金属或陶瓷材料熔化之后均匀地覆盖在基体表面,形成具有隔热特性的涂层。目前已有的热障涂层制备技术包括超声速火焰喷涂(HVOF)、高频脉冲爆炸喷涂(HFPD)、化学气相沉积(CVD)、等离子喷涂(PS)和电子束物理气相沉积(EB-PVD)等方法,目前使用最广泛的是PS和EB-PVD。

PS应用于热障涂层制备的研究始于20世纪50年代末,其工作原理是利用等离子弧发生器(喷枪)将通入喷嘴内的气体加热电离,形成高温高速的等离子流,等离子流将金属或陶瓷粉末加热到熔化的状态,然后通过高速焰流喷射到预处理器件的表面,快速凝固形成热障涂层。等离子体喷涂技术主要包括大气等离子体喷涂技术(APS)和低压等离子体喷涂技术(VPS)两种,其中APS主要用于陶瓷层的制备,而VPS主要用于制备黏结层。EB-PVD是以聚焦的高能电子束将金属或陶瓷材料加热熔化至蒸发,然后将气相的涂层材料沉积在基体上形成热障涂层,其设备及工作原理如图4.71所示。EB-PVD的蒸发速率高,可以蒸发几乎所有物质,且其沉积得到的涂层与基体的结合力较好。

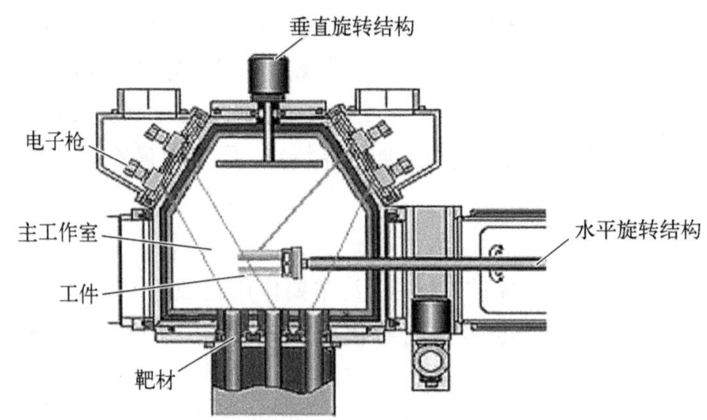

图4.71 EB-PVD设备及工作原理

用不同工艺制备的TBC微观结构存在较大差异,如图4.72所示。APS制备的涂层呈层状结构,涂层比较疏松,涂层内部存在较多孔穴和微小裂纹。而EB-PVD制备的陶瓷层是由许多垂直于基体表面的柱状晶体组成。相比于APS涂层,EB-PVD涂层的柱状晶体结构具有更高的应变容限、涂层更加致密且有更高的结合力,从而具有更高的热循环寿命、更好的抗氧化和抗热腐蚀性能。EB-PVD涂层尽管比PS涂层具有更好的性能,但是其沉积速率低、涂层热导率较PS高,且其制备成本高,目前EB-PVD涂层主要应用于运行环境比较恶劣的部件如涡轮叶片的涂层制备。而PS制备具有成本低、操作简单、制备速度高、对涂层材料的要求较宽松和沉积率高等特点,尤其适应于大面积涂层制备,如燃气轮机燃烧室和喷管部件的热障涂层制备。

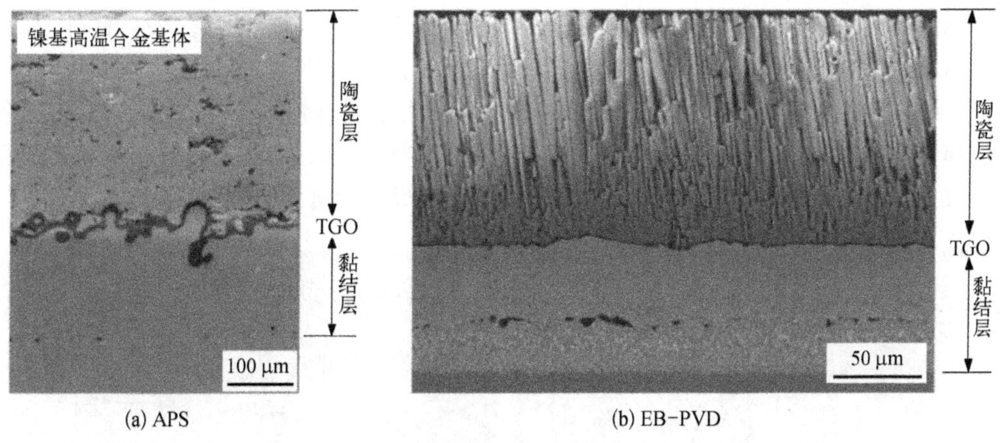

(a) APS (b) EB-PVD

图 4.72 不同制备方法的 TBC 截面 SEM 形貌

4.8.5 涡轮叶片热障涂层失效机理

热障涂层的特殊性能取决于涂层材料特性以及涂层特殊的组织结构，而材料特性及组织结构优化设计及精细化控制取决于涂层在复杂多耦合因素下的退化失效机制，热障涂层寿命周期内性能影响因素如图 4.73 所示。

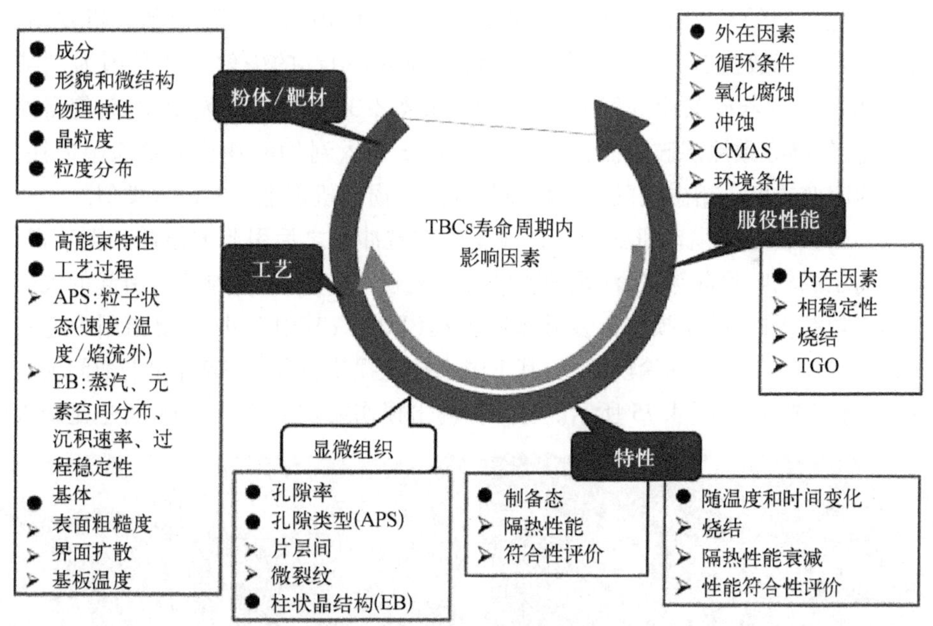

图 4.73 热障涂层寿命周期内性能影响因素

热障涂层的失效机理包括涂层破碎或剥落、烧结和颗粒冲击等。涂层破碎或剥落是热障涂层失效的主要表现形式，在纯净的燃气环境中，TGO 的发展是涂层破碎或剥落的主导因素。实际运行中，燃气中混合的杂质也会对涂层寿命造成影响，如环境中含有的 CaO、MgO、Al_2O_3、SiO_2 颗粒（CMAS）的熔融沉积侵入到陶瓷层与 Y_2O_3 反应，而导致涂层寿命降低。同时,燃气中颗粒的冲击、挤压以及外物损伤也会造成涂层失效。此外,高温下黏结层的蠕变强度很低,当叶尖速度和温度较高时,厚的 TBC 可能会从叶尖滑脱。

烧结主要发生在 1 373 K 以上,造成陶瓷柱状晶羽毛状形貌消失,相邻柱状晶连接,陶瓷层弹性模量增加,如图 4.74 所示。同时,烧结的柱状晶簇收缩,在陶瓷层形成纵向泥滩状裂纹,引起 TGO 界面的面外应力,加速界面缺陷形成和剥落。

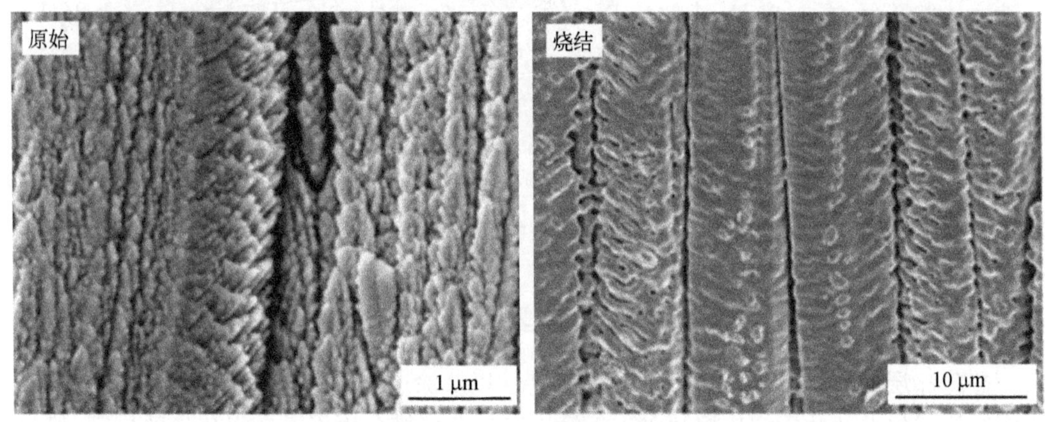

图 4.74　烧结前后 EB-PVD 陶瓷层的羽毛状形貌对比

在高灰尘吞咽的航路、较低的飞行高度以及海军使用(低空巡航)的飞机发动机中,需考虑 CMAS 与硫酸盐沉积引起的涂层失效。CMAS 引起的失效主要是因为黏结层中 Y_2O_3 容易在 CMAS 与硫酸盐沉积腐蚀中脱落,导致 ZrO_2 在高温下发生相变,使得涂层体积发生变化,最终导致涂层破碎而脱落,同时 CMAS 侵入到 TBC 中会导致涂层损耗,进而减小涂层的应变柔度。熔融硫酸盐沉积引起的涂层损伤机理也与 CMAS 类似。

颗粒冲击损伤是指发动机热端部件在受到颗粒冲击之后引起的侵蚀和剥落现象,主要发生在高压涡轮叶片前缘,所涉及的颗粒直径大于 100 μm。颗粒冲击引起的失效模式主要包括小颗粒侵蚀、挤压损伤以及外来物损伤(FOD),其中 FOD 主要指用中速的大颗粒或高速小颗粒冲击引起的涂层损伤,其下限为挤压损伤,可能会带有冲击期间大应变产生的横向/剪切裂纹,如图 4.75 所示。在 3 种冲击损伤模式中,FOD 的危害也是最大的。

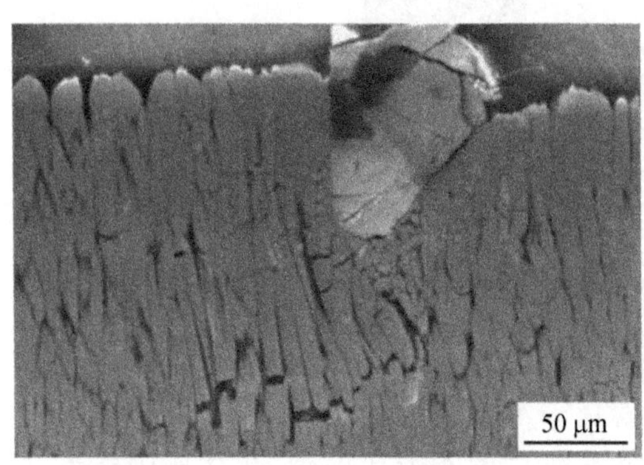

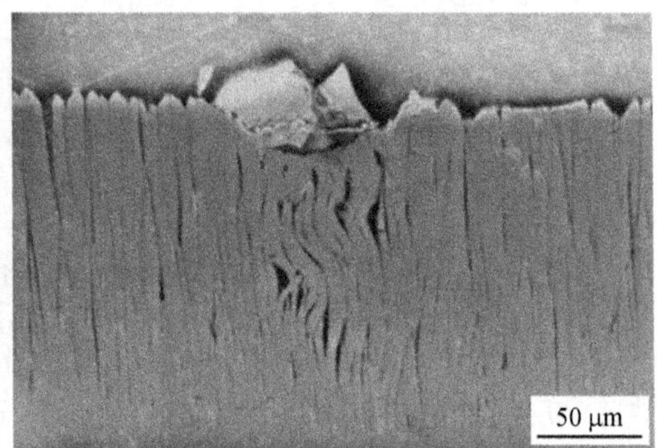

图 4.75　TBC 的 FOD 形貌

目前，从几种失效机理来看，氧化产生的 TGO 是决定热障涂层使用寿命的最根本因素，而烧结、CAMS 和颗粒冲击等则制约着涂层的使用环境和温度。

4.9 传动部件制造工艺

4.9.1 轴类零件制造工艺

1. 薄壁空心长轴加工工艺路线

某型薄壁空心涡轮轴的加工工艺路线如图 4.76 所示，毛坯为模锻件，包含粗加工、半精加工和精加工三个加工阶段。加工阶段包含了车削加工、磨削加工和孔类加工。在加工过程中还包含了热处理工艺、表面处理工艺和无损检测工艺。该典型零件的毛坯阶段没有进行超声波探伤，但对于目前大部分的薄壁空心长轴，在粗加工之前需进行最终热处理，并对内部缺陷进行超声波探伤，对于机械加工的三个阶段，粗加工阶段主要是粗车外圆及钻内孔，去除大部分余量，并保证后续工序的余量均匀。粗加工阶段需选用功率大、刚性好和生产效率高的机床。车外型面、磨外表面等安排在半精加工阶段进行，主要目的是消除粗加工阶段和热处理后产生的变形，为精加工做好准备。精加工阶段需达到零件设计图样的全部要求。主要表面采用磨削和精车加工，一般表面采用抛光方法进行光整加工，以保证符合设计技术要求。

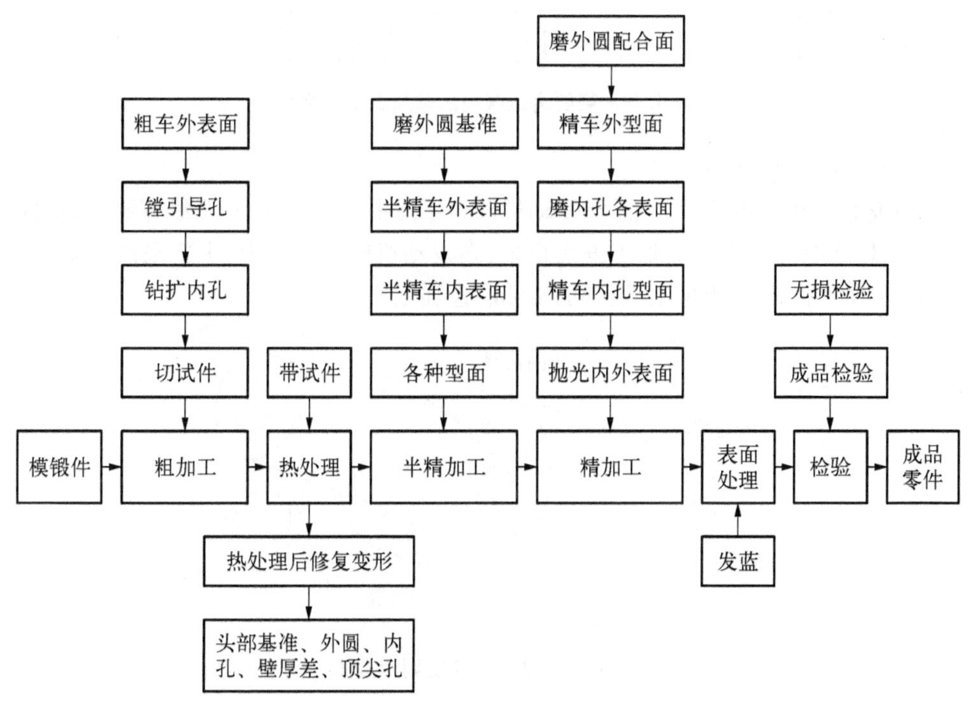

图 4.76 某薄壁空心涡轮轴的加工工艺路线

2. 轴颈类轴加工工艺路线

图 4.77 为某轴颈类轴(某高压涡轮后轴)的加工工艺路线。在机械加工方面,除常规的车、铣、钻、铰等工艺外,还包括磨削加工和深孔电解加工;在表面处理方面,包含喷丸、镀铬和喷涂三种工艺,与薄壁空心长轴相比,该轴颈类轴的加工工艺更复杂。

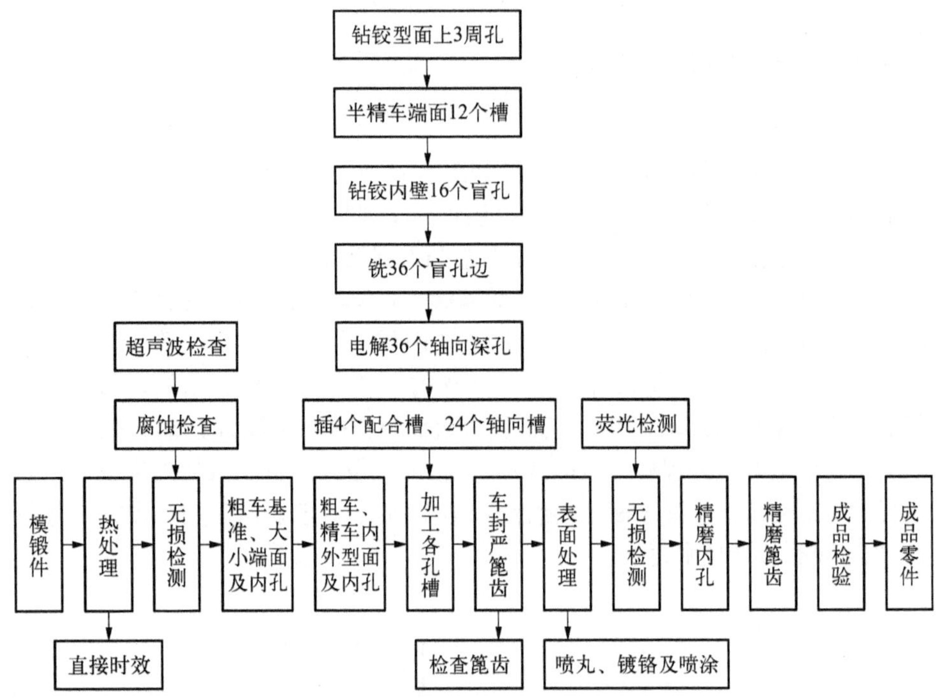

图 4.77　某型高压涡轮后轴加工工艺路线

3. 轴类零件的花键加工工艺

花键是传扭的主要方式,在航空发动机轴类零件中,广泛采用渐开线花键。花键副示意图如图 4.78 所示。花键的加工方法很多,在发动机轴类零件中,主要采用切削加工的方法,包括铣削加工、滚齿加工、插齿加工和磨齿加工等。

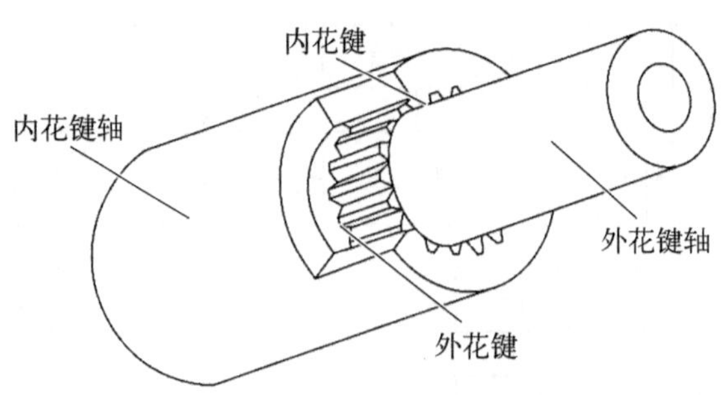

图 4.78　渐开线花键副示意图

1）铣削加工

铣削加工是利用与齿廓曲线相同的成形刀具在机床上直接铣出花键齿槽。该方法多用于矩形外花键的加工。在铣床上用轴向剖面形状与被切花键齿槽形状完全相同的铣刀进行铣削加工，铣削加工出一个齿槽后，再加工下一个齿槽，依次铣削出所有的齿槽。在用成形刀具铣削渐开线齿廓花键时，要求每种不同的花键参数都要专门设计专用的成形铣刀。

2）滚齿加工

滚齿加工是用花键滚刀在花键轴铣床或滚齿机上按展成法加工花键，这种方法的生产效率和加工精度都较高，适用于批量生产。滚刀与工件的啮合相当于一对空间交错轴的斜齿轮啮合，滚刀可以看作是一个蜗杆，它的旋转为主切削运动，沿花键轴长度有纵向进给运动，沿键槽深度有横向的进给运动，以及调整花键滚刀轴线的上下移动，同时机床完成分度运动。

滚齿常用于轴外花键的粗加工，特别适合加工柔性细长轴的外花键。轴在滚齿时采用"一夹一顶"的方式装夹。花键滚刀的主要形式有30°压力角渐开线花键滚刀，45°压力角渐开线花键滚刀和矩形花键滚刀。

切削速度与进给量的选用应以保证工件质量、提高生产率、延长滚刀寿命为前提，根据机床、工件、刀具系统的刚度，根据工件的模数、齿数、材料及精度要求来综合考虑。选用较慢的切削速度可使滚刀磨损减小；采用大进给量比采用高切削速度对提高滚刀的寿命更有利，但加工表面粗糙度值更大；采用的切削速度越高，进给量越小，则加工表面的粗糙度值越小。另外，滚齿机的刚度对滚刀寿命影响很大。

3）插齿加工

插削法加工花键是用成形插刀在插床上逐齿插削，但花键的加工效率和精度都较低，因此适用于单件小批生产。插齿可用于柔性细长轴的外花键和内花键的粗加工和半精加工，但不适合加工淬硬的花键，不适合精密花键的精加工。加工时常采用专用夹具或拼装夹具进行轴的装夹，装夹时需考虑定位、支靠和压紧位置的合理性。

4）磨齿加工

磨齿是用成形砂轮在花键轴磨床上磨削花键齿侧和底径的加工，磨齿适用于加工淬硬的花键轴，或精度要求更高的，特别是以内径定心的花键轴。磨齿可以加工内花键，也可以加工外花键，常用于内外花键的半精加工和精加工。

磨削花键的目的是：提高花键分度精度，以提高传递转矩的能力；使花键轴连接有较高的同轴度；使轴上零件获得良好的导向性；去除热处理后的变形，保证花键的最终尺寸满足设计要求。

轴花键磨削时常采用"一夹一顶"的装夹方式，或采用两顶尖顶住轴两端顶尖孔的装夹方式，若轴较长，可采用中心架辅助支撑。

4.9.2 轴承制造工艺

1. 轴承的加工路线

轴承结构主要有轴承内、外圈、钢球（轴承滚子）和保持架组合而成。轴承的加工工艺就是完成轴承成品的实现过程，包括零件的加工过程和产品的装配过程，它是通过不同的加工方式，直接改变原材料尺寸、形状和性能，使之成为满足要求的成品过程。轴承生产工艺流程包括：轴承原材料、钢球或滚子加工、外圈加工、保持架（冲压或实体）加工、轴承装配、轴承成品；轴承内外圈工艺流程包括：棒材、下料、锻造、球化退火、车加工、热处理、磨加工、超精加工、零件终检、防锈入库。钢球的加工过程包括：棒料或线材冷冲（有的棒料冷冲后还需冲环带和退火）、挫削、软磨或光球、热处理、硬磨、精磨、精研或研磨、终检分组、防锈、粗磨、包装、入库（待合套装配）。滚子的加工过程包括：棒料车加工或线材冷镦后串环带及软磨、热处理、串软点、粗磨外径、粗磨端面、终磨端面、细磨外径、终磨外径、终检分组、防锈、包装、入库（待合套装配）。保持架的加工过程：铸铜件、车内径、端面、倒角、钻孔（或拉孔、镗孔）、去毛刺、酸洗、终检、防锈、车外径、包装、入库（待合套装配）。轴承质量最终取决于轴承的制造过程。先进的制造技术是先进轴承理论、先进轴承设计和先进轴承分析方法最终得以实现的唯一途径。先进制造技术研究是高品质航空发动机和燃气轮机轴承的最关键环节。

2. 陶瓷材料的应用

发动机主轴轴承的工作条件要求极高，主轴转速超过 30 000 r/min，轴承最高极限温度约 800～900℃。从研究可以看出，在 650℃以上的工作温度使用高温合金材料，要想得到长寿命，难度较大，而陶瓷材料可将轴承工作温度提高到 650℃以上。SKF（Svenska Kullargerfabriken，瑞典滚珠轴承制造公司）通过研究，选出了一组可以满足超高温轴承工作要求的高性能陶瓷材料，在 1 100℃以上高温条件下，热压氮化硅或等压氮化硅（Si_3N_4）具有最佳性能。氮化硅之所以是理想的材料，是因为它具有良好的高温强度和硬度，以及有利的强度/重量关系。当润滑充分时，还具有极佳的抗滚动疲劳特性。1984年，SKF 在美国用固体润滑剂对该材料进行了 500℃以上高温下的长期试验。然而，氮化硅也有缺点，包括抗拉强度低，止裂韧性差和热膨胀系数极低等。因此，要制造和应用陶瓷轴承，还需要做大量的研究工作。目前，SKF 公司对碳化硅（SiC）、碳化钛（TiC）和氧化氮硅铝（SiAlON）等其他一些陶瓷材料用作球和套圈材料的适用性进行评定，SKF 已将碳化硅用于 40 000 r/min 的轴承试验。

4.9.3 齿轮制造工艺

齿轮因其类型的不同，可分为直齿轮和螺旋锥齿轮；因其结构的不同，可分为盘类和轴类；因其应用场合的不同，其重要性能也各不同，如有的齿形要求寿命长，强度高，有的齿轮则需要精度高；还有一些其他的因素，使齿轮的加工工艺方案有一定的区别。但是一般来说，一个通用的齿轮加工工艺方案可以满足大部分齿轮的一般性能要求，如果有特殊要求，则可以在这个通用工艺方案的基础上进行调整。表 4.8 为齿轮常用的加工工艺方案。

表 4.8 齿轮常用加工工艺方案

序号	加工内容	工　艺　方　法
1	毛坯制造	锻造：自由锻造：用于品种多，单件小批量生产。 模锻：主要用于大批量生产。 铸造：用于铸铁齿轮毛坯生产

续 表

序号	加工内容	工 艺 方 法
2	齿坯加工	如果材料去除量较大而切削性能又不好，在此加工之前可以先进行调质处理以改善切削性能，可分为普通车粗车和数控车精车。 轴类齿坯加工：车两端面；打两中心孔；精车轴颈、外圆、圆锥和端面；磨工艺轴颈和定位端面。 盘类齿轮加工：车端面，锥内孔，粗精加工分两道工序完成；车端面，镗内孔，粗精加工在一次装夹中完成；拉内孔，车端面和外圆工艺
3	加工花键、键槽、螺纹等	根据生产规模、设备情况和精度要求，可以灵活采用多种组合方案；根据不同精度要求选择相应的加工方法，如拉、插、车、磨等
4	齿形粗加工和半精加工	根据精度要求，从整体毛坯上切出齿槽，有时在槽侧留出适当的精加工余量（如果齿轮要求等级不高，此处可以不进行齿形的半精加工）。 圆柱齿轮：成形铣削、滚齿、插齿等。 直齿锥齿轮：成形铣削、精锻、粗拉齿、刨齿等。 螺旋锥齿轮：铣齿
5	齿端倒角、去毛刺	换挡齿轮：齿端按一定要求修整成一定形状。 一般齿轮：去掉齿两边锐边、毛刺（齿轮倒角也可安排在磨齿后进行）
6	热处理	根据材料和性能要求不同而异，常用：渗碳、淬火、回火
7	安装基准面的精加工	轴类齿轮：精磨各安装轴颈和定位端面，修整中心孔。 盘类齿轮：精磨内孔及定位端面。 热处理后还有精车辐板、轴颈、内孔、铤扁（轴类齿轮为拆卸方便都会有扁）等工序
8	齿形加工	根据齿轮的精度要求、生产批量和尺寸形状选择加工方法。 磨齿：用于精度要求较高的圆柱、圆锥齿轮，生产效率低，成本较高，应用得最广泛，能有效提高齿轮精度，满足使用要求。 珩齿：用于降低表面粗糙度值，降低噪声，生产效率很高，主要用于大批量生产。 研齿：用于曲线齿锥齿轮，可降低表面粗糙度值，降低噪声及改善接触区，但表面去除余量较少
9	喷丸	改变零件表面应力状态，提高齿轮的弯曲疲劳强度和接触疲劳强度
10	磷化处理	降低摩擦因数；在高载荷下防止摩擦面胶合
11	成品齿轮的配对检验或最终检验	圆柱齿轮：按图样要求检验其几何精度、接触区、噪声。 圆锥齿轮：在滚动检验机上配对，检验接触区位置、大小和形状，并检验噪声，按配对齿轮打上标记，以便成对装配使用

第5章 装　配

航空发动机的结构特征、设计和维护等技术要求，决定了装配工艺过程、工装和设备的配置。为满足发动机高推重比、大推力（功率）和低耗油率的设计要求，现代航空发动机选择高的热力循环参数，增压比、温度和转速都较高、压气机和涡轮级数多、发动机零件数量多，同时要具有各种复杂的控制功能，这些都使发动机的结构趋于复杂。在装配方面，要保证零件间精密配合和牢固连接、具有良好的表面完整性、高的同心度/同轴度、精密和稳定的转/静子间隙、高速转动件的良好平衡、大功率传动的平稳可靠。这些要求进一步增加了发动机装配、尺寸测量和检验的技术难度。先进的装配工艺是解决复杂结构装配、满足结构设计要求和提高生产效率的重要保证。本章对航空发动机压气机、燃烧室、涡轮、加力燃烧室的装配方式及制造工艺过程进行重点介绍。图 5.1 为 Trent 系列发动机模块化分解示意图。

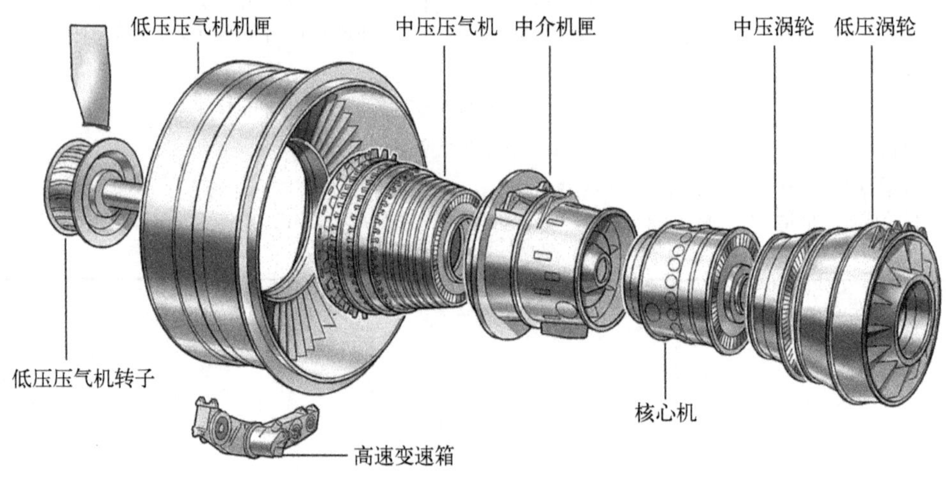

图 5.1　Trent 系列发动机模块化分解

5.1　压气机装配

压气机是用来提高进入发动机的空气压力，供给发动机工作时所需要的压缩空气。在航空发动机中，采用了轴流式和离心式两种基本类型压气机，有的航空发动机采用轴流式和离心式的组合，即混合式压气机。

轴流式压气机又分单转子和双转子压气机，双转子压气机又分低压压气机和高压压气机，在双转子风扇发动机中，低压压气机就是风扇。低压压气机转子就是风扇转子或者是风扇转子与低压压气机转子的组合。轴流式压气机由转子和静子（包括机匣、整流器等静子组件）组成。压气机装配过程是转子装配、静子装配、转子与静子等构件的连接和装配。

5.1.1　压气机转子装配

压气机转子有鼓式、盘式、盘鼓（混合）式 3 种结构形式，盘鼓式又分为可拆卸的转子（轴向拉杆或螺栓连接）和不可拆卸转子。尽管转子结构形式不同，但都由盘、鼓筒、轴、轴颈和叶片等基本构件组成。

转子装配的主要过程是盘与盘、盘与鼓筒、盘与轴的连接、安装叶片和动平衡，装配工序与机械加工工序交叉进行，如盘与盘，盘与鼓筒，盘与轴连接销钉孔的加工；叶片安装后的叶片外径磨削工序等。因此，压气机转子按照工序分为转子机械加工组件和转子平衡组件，通常在机械加工车间的装配工段或部件装配车间进行装配。压气机转子有可拆卸式转子和不可拆卸式转子两种连接形式，两种连接形式的特点如表 5.1 所示。

表 5.1　压气机转子连接形式的特点

转子连接形式	可拆卸式转子	不可拆卸式转子
特点	1. 各级间的连接用锥度螺栓固定； 2. 各级用长螺栓和短螺栓连接，拧紧均匀（一般用限力、限角度和限伸长量的方法保证）； 3. 各级间用中心螺杆，有足够的拧紧力并保证连接可靠	1. 各级间零件（盘与鼓、盘与轴）均用止口大过盈配合，圆柱面定心，径向销限位； 2. 焊接式，要求保证定心准确； 3. 整体式

1. 可拆卸式压气机转子装配

1）端面圆弧齿和轴向拉杆式转子装配

叶盘分离转子结构主要由 3 级转子叶片、带端面圆弧齿的轮盘、后轴颈、紧固拉杆、紧固螺栓、平衡螺钉等零、组件组成。第 1 级转子叶片榫头为轴向燕尾形结构，通过径向销将叶片固定在轮盘上并轴向限位；第 2、3 级转子叶片榫头为销钉榫结构，通过销钉将叶片分别固定在 2、3 级轮盘上；各级轮盘之间以及轮盘与后轴颈之间采用端面圆弧齿连接结构，端面圆弧齿起定心和传扭作用；紧固拉杆连接所有轮盘，起轴向压紧作用。转子主要装配工艺流程如下。

a）检查转子配套情况

根据转子装配明细目录及集件文件，检查配套是否齐全，实物批次与卷宗是否一致。

b）叶片装配

此转子叶片可在单盘上进行装配，也可在轮盘组件上进行装配。

（1）选配叶片。为提高转子的平衡性，叶片安装前要按配合尺寸（叶片榫头尺寸）、质量、固有频率（选频或错频）和静力矩进行选配。

（2）叶片编号与安装。各级叶片按质量递减的次序编号，如最重的叶片为 1 号，装在轮盘最轻点方向的槽中（根据第一次平衡标明），除特殊情况外，一般在轮盘上相对直径上叶片的质量差最小，其余按质量差依次排列相邻两叶片（质量差很小）在相对直径位置上安装，即最重叶片与次重叶片相对安装，最重叶片与最轻叶片相邻安装，次重叶片与次轻叶片相邻安装，以此类推。叶片安装完后，检查叶片的切向活动量和轴向活动量及其他技术要求。

（3）带叶片的各级盘静（或动）平衡。

c）转子装配

（1）安装各级盘。安装过程中，各级盘重点位置错开 180°进行装配。在专用夹具上固定拉杆并调整垂直，前轴颈与前盘套装在拉杆上，依次套装各级盘与后轴颈，沿其端面齿啮合连接；在拉杆螺纹端，拧紧螺母用拉杆预紧（预紧力可按拉杆伸长量检验）。

（2）跳动检查并最后固定。将转子安放在专用 V 型支架上检验盘表面跳动量。如跳动量超过规定，则将拉杆上的螺母松开，同时将被检验的盘转过某一角度沿端面齿重新放置，使盘在这个位置上的跳动量在合格范围内。用螺母、拉杆将盘最后固定。在装配这一类转子时，预紧力是很大的（有的发动机此力为 50～100 kN）。用螺母预紧时，会在沿螺纹与端面的接触处产生塑性变形。所以预紧工步应在被预紧中预先建立弹性的挤压应力之后进行，这个挤压应力与规定的预紧应力相应。为此，需用各种压床或专用的液压夹具，在转子中保持应力状态的条件下，将螺母拧到不动为止，而后卸掉载荷。

d）组合磨削叶尖

转子装配完成后，以前、后轴颈为基准找正转子，按要求磨削各级转子叶片叶尖。根据设备差异（普通叶尖磨床和高速叶尖磨床），确定叶尖磨削前叶片是否缠胶皮带，保护叶片磨削过程中不受伤害。一般情况下，普通叶尖磨床转速为 800 r/min，高速叶尖磨床转速为 2 000 r/min，普通叶尖磨床在磨削叶尖前需将转子叶片用胶带缠紧，以防损伤叶片。

e）转子组件动平衡

用专用吊具将转子组件吊装到平衡机上，以前、后轴颈为基准，检查轴颈和轮盘规定表面的跳动，跳动值满足要求后，通过选配前后平衡配重或增减平衡配重的方法进行转子动平衡。一般情况下，转子动平衡转速不低于 800 r/min。

叶盘整体转子结构主要由 5 级轴流叶轮、1 级离心叶轮、紧固拉杆和轴螺母组成。5 级轴流轮盘和 1 级离心叶轮均为整体叶盘结构，盘与盘之间、盘与离心叶轮之间采用端面圆弧齿结构，通过端面圆弧齿进行定心和传扭。前、后盘盘心通过花键与紧固拉杆连接并传递扭矩，用轴螺母轴向固定限位。转子主要装配工艺步骤除叶片外，其余零、组件的装配工艺与叶盘分离转子结构的装配工艺步骤基本相同。

2）一根轴轴向连接的盘式压气机转子装配

一根轴和多个轮盘连接的盘式转子结构见图 5. 2。

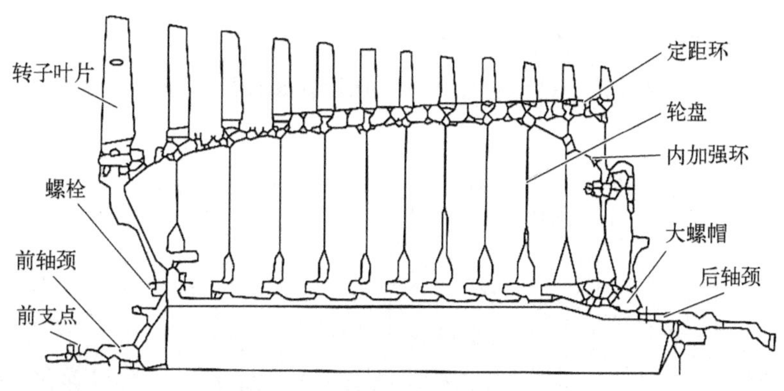

图 5. 2　一根轴连接的盘式压气机转子

转子主要由轮盘、封严篦齿盘、叶片、轴、轴颈、定距环、螺栓等零、组件组成。采用叶盘分离结构，用一根轴将各级轮盘连成一体。盘缘有不同形式的榫槽用来安装转子叶片，其中第 1 级转子叶片榫头为销钉榫结构，其余转子叶片榫头为轴向燕尾形榫头结构。盘心加工成不同的形式，即用不同的方法在共同的轴上定心和传扭。转子叶片和轮盘的离心力由轮盘承受，转子的抗弯刚性由轴保证。其优点是承受离心载荷能力强，抗弯刚性差。为提高转子的抗弯刚性，盘缘间增加了定距环，并将轴的直径加大，目的是加强转子的可靠性。转子主要装配工艺流程如下：

a）检查转子配套情况

根据转子装配明细目录及集件文件，检查配套是否齐全，实物批次与卷宗是否一致。

b）叶片安装

各级转子叶片在单盘上进行安装，选配叶片、叶片编号和安装叶片。各级转子安装完成后，按要求对转子进行静平衡或动平衡，并用规定的标印方式在允许标印的位置标“重点”标识。

c）转子装配

以前盘作为基础件安装在专用支座上，通过精密螺栓和止口定心，将轴固定在前盘转子上，依次安装各级轮盘转子、定距环、内加强环、封严篦齿环，最终用大螺帽按规定的拧紧力矩将各级盘轴向紧固。各级转子和定距环安装时，重点位置错开 180°进行装配，有利于后续转子组件的平衡。

d）组合磨削叶尖

e）转子动平衡

用专用吊具将压气机转子吊装到平衡机上，以前、后轴颈为基准，测量固定轮盘表面的跳动，检查转子是否安装到位，跳动满足要求后进行最终动平衡。前、后端面通过更换平衡配重的方法达到最终平衡要求，并将初始不平衡量和最终不平衡量计入质量证明文件。

有的转子规定了初始不平衡量和最终不平衡量要求，只有两者满足要求后才能提交检验并办理入库手续。若初始不平衡量不满足规定要求，通过调整各级转子周向安装位置的方法予以解决。

3）短螺栓连接的盘鼓式转子装配

短螺栓连接的盘鼓式转子结构见图 5.3。叶片安装及固定结构见图 5.4。

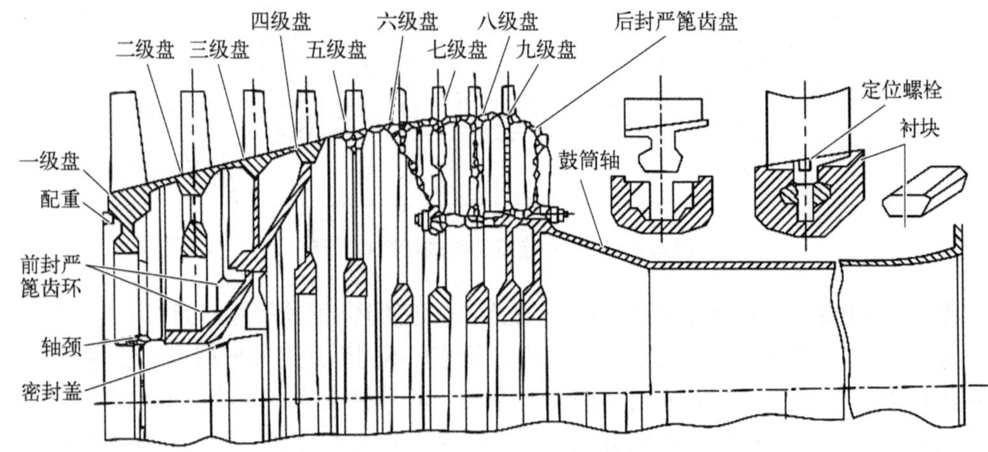

图 5.3 短螺栓连接的盘鼓式压气机转子

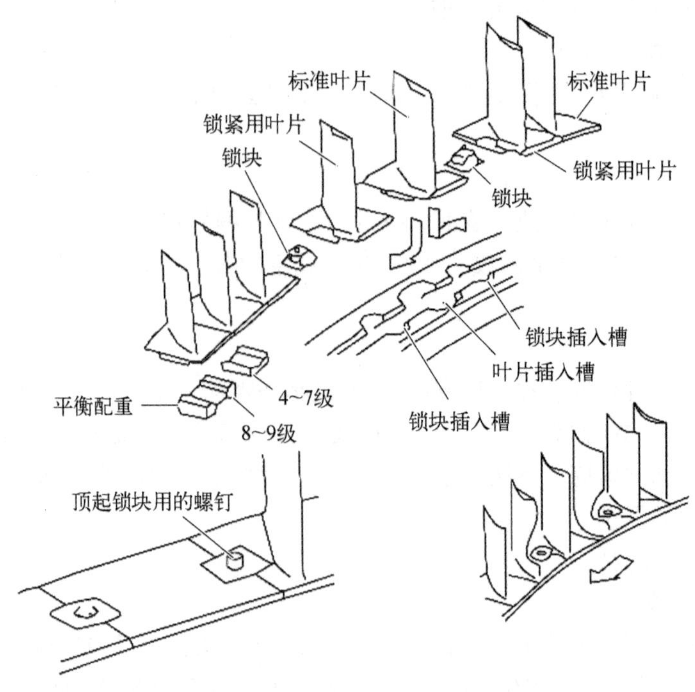

图 5.4 叶片安装及固定结构示意图

转子为九级轴流式叶盘分离结构。主要由 1 至 9 级盘、后封严篦齿盘、前轴颈(含前封严篦齿环)、鼓筒轴、两组精密螺栓、1 至 9 级转子叶片、平衡配重、定位螺栓、衬块等零、组件组成。转子叶片通过周向燕尾形榫头安装在轮盘的燕尾形榫槽中;其中 1、2、3 级盘和 4、5、6 级盘采用惯性摩擦焊或电子束焊焊成两组盘组件(即前鼓筒和中间鼓筒),7、8、9 级盘、后封严篦齿盘、前轴颈和鼓筒轴采用两组短螺栓与前鼓筒和中间鼓筒连接成盘鼓式转子。7、8、9 级盘和后封严篦齿盘之间装有前、中、后定距环,用于转子定心。为了保证装配要求,涉及的两组精密螺栓孔采用组合配钻加工工艺。转子主要装配工艺步骤如下:

a) 检查转子的配套情况

根据转子装配明细目录及集件文件,检查配套是否齐全,实物批次与卷宗是否一致。

b) 前鼓筒、前轴颈与中间鼓筒的装配

前鼓筒、前轴颈和中间鼓筒通过一组精密螺栓孔定心和轴向紧固。首先将中间鼓筒装到可旋转的专用支座上并固定,在中间鼓筒上安装精密紧固螺栓(为保证装配过程中精密螺栓不脱落,在螺栓上设置有装卡簧的槽),然后依次安装卡簧、前鼓筒和前轴颈,按拧紧力矩要求用限力扳手拧紧螺母,拉紧前鼓筒、中间鼓筒和前轴颈,达到精密螺栓连接的预紧力要求。最终对螺母进行收口并缩紧。

c) 7、8、9 级盘、后封严篦齿盘和鼓筒轴的装配

旋转安装支座,使中间鼓筒后安装边朝上,首先安装精密螺栓,检查精密螺栓前端的凸出量,满足要求后,对螺母进行收口并缩紧,然后依次安装 7 级盘、前定距环、8 级盘、中定距环、9 级盘、后定距环、后封严篦齿盘、鼓筒轴,最后拧紧螺母,保证螺栓的伸长量符合设计要求,对螺母进行收口并缩紧。螺母收口缩紧按标准样件进行验收。

d) 组合加工前、后轴颈

为了保证前轴颈配合面与鼓筒轴的同轴度要求,以鼓筒轴后端为基准组合加工前轴颈,然后以前、后轴颈为基准找正转子,车前、后封严篦齿直径,保证篦齿跳动要求。

e) 叶片的装配

在前鼓筒、中介鼓筒、7~9 级各盘上安装衬块、定位螺栓和叶片。每级缘板带槽的叶片成对装配,槽中装锁块和顶起锁块用的螺钉,装配完成后,检查各级叶片的间隙,满足规定要求。叶片按静力矩递减的次序排列安装,按静力矩叶片分布示意见图 5.5。叶片静力矩在叶片称量仪上测量。称量仪见图 5.6。

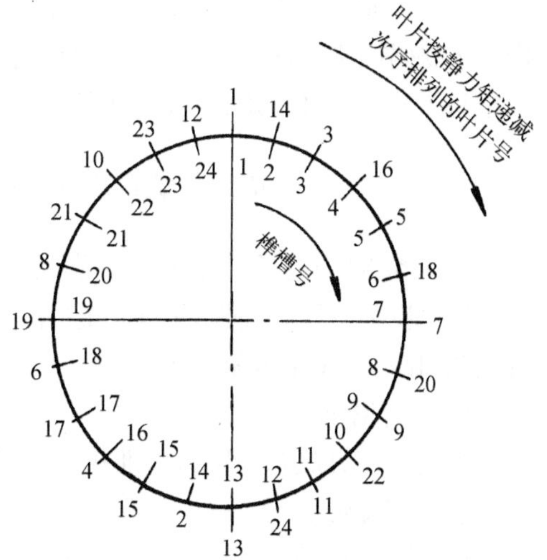

图 5.5 按叶片静力矩分布图

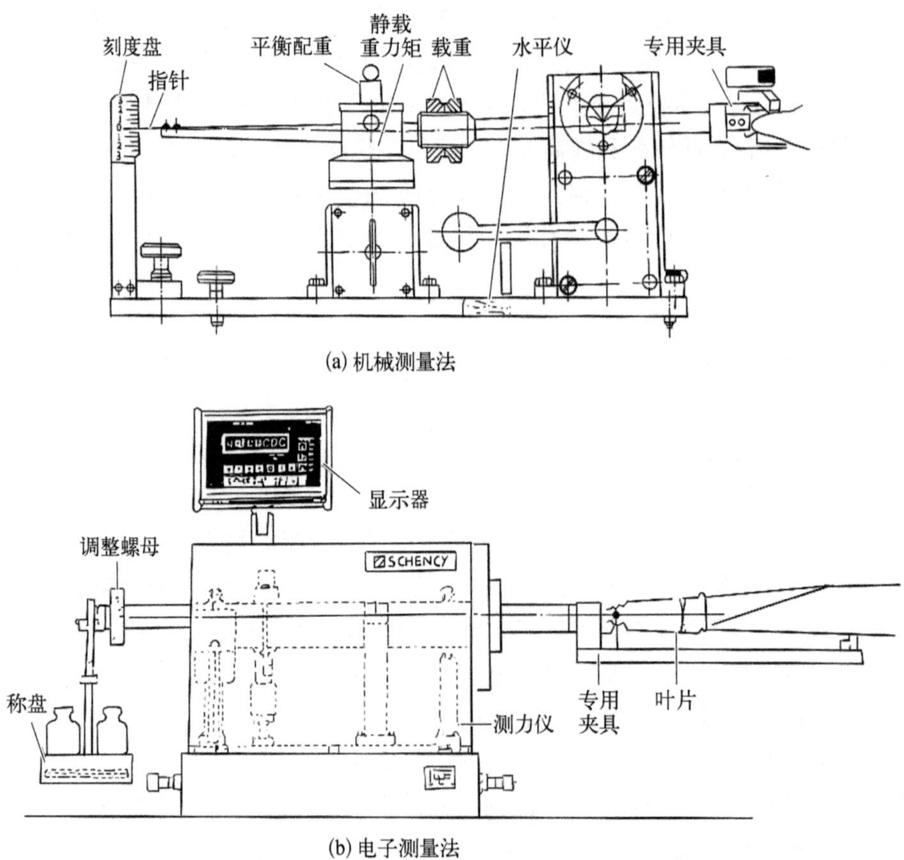

(a) 机械测量法

(b) 电子测量法

图 5.6　叶片静力矩称量仪

图 5.6(a)为机械测量法,叶片静力矩称量程序是:将要称量的叶片装到专用夹具上;借助小砝码确定平衡配重的质量(单位为 g);用彩色铅笔将平衡配重的质量写在叶片上;确定每个叶片的静力矩,静力公式即

$$M_L \leqslant (\text{载重质量总数} + \text{平衡配重}) \times \text{夹具臂长} \tag{5.1}$$

图 5.6(b)为电子测量法,叶片静力矩称量仪由称量部分和称量软件组成。其称量程序:叶片装在夹具上,选择配重质量(单位为 g),将显示仪示数调整到"0",通过计算机系统测量,显示器示出测量值。

f) 组合磨削叶尖

借助工装,以前、后轴为基准找正转子组合磨削各级叶片叶尖。根据设备差异确定叶片是否缠胶皮带。

g) 转子的动平衡

在转子上安装工艺轴和工艺轴承(或转子本身轴承),在转子内腔安装支承轴和支承座,在平衡机上检查各级叶片叶尖跳动,并进行动平衡。通过在一级盘前端增加配重块以及轮盘环形槽中装配配重块的方法实现转子的动平衡要求,将转子的初始不平衡量和最终不平衡量计入质量证明单。

4) 锥度螺栓连接的转子装配

对锥度螺栓与相关配件要进行着色检查,保证着色面积满足规定要求,一般不小于85%;装配前,检查锥度螺栓端面与被连接件之间的间隙,并保证同一侧间隙差符合规定,确保装配的预紧力,装配后连接件间的紧密贴合。为此锥度螺栓孔要组合加工,并保证孔的表面粗糙度要求。每个锥度螺栓用着色剂检查其密接度。密接度需满足规定要求,一般不小于75%,并且均匀分布在螺栓的锥形部分。

2. 不可拆卸式压气机转子装配

径向销连接的盘鼓式转子见图5.7。转子装配的主要阶段:

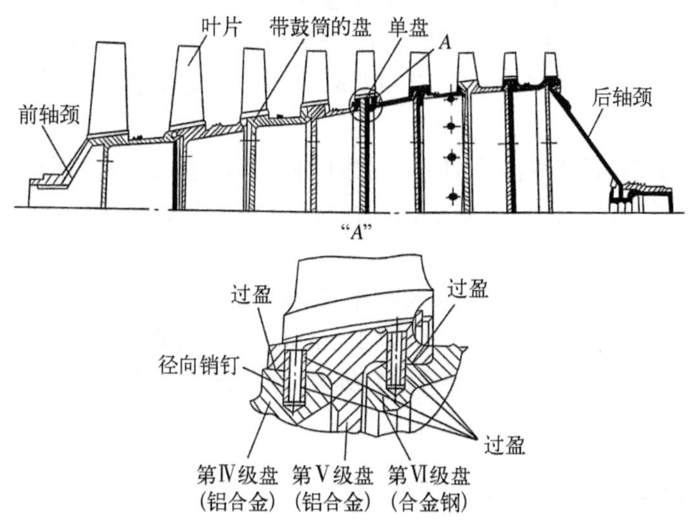

图5.7 径向销连接的盘鼓式转子

转子主要由前轴颈、各级轮盘、叶片、后轴颈、径向销等零、组件组成。不可拆卸式压气机转子各级盘与鼓筒、盘与前后轴颈之间一般采用止口大过盈量的装配工艺结构,并用径向销过盈装配锁紧。

(1) 各级盘的装配,前部各级盘和后部各级盘在专用夹具上按顺序安装:以中间单盘为装配基础件,两部分盘分别安装在中间盘前、后端面上,随后用专用夹具夹紧,其夹紧螺栓用限力扳手拧紧,并保证相邻盘间的配合过盈量。安装盘时,根据标注在各级盘上的重点位置,按重点位置错开180°进行装配,以提高转子的平衡性。

(2) 装配径向销钉,各级盘组成的鼓筒在盘与盘连接部位钻、铰径向孔,并按销孔的大小选配径向销(以便保证规定的过盈),安装径向销。

(3) 安装前、后轴颈,为达到定心的目的,需对盘与盘用径向销钉连接后的鼓筒和前、后轴颈配合的表面进行加工,然后安装前、后轴颈,钻、铰径向孔,选配径向销,安装径向销。设计装配要求规定,盘与盘、盘与轴颈间的配合为过盈,用选配盘或轴颈的方法保证。过盈量根据盘、轴颈的直径尺寸和材料(铝或钛合金、钢)性质进行选择,一般在 0.05~0.07 mm。安装前,用加热包容件或冷却被包容件的方法进行装配。加热可选在电炉中或油槽的滑油中进行,冷却可采用固体二氧化碳(干冰)或其与酒精和丙酮的混合液、氨冷却器、液态空气、氧气或氮气在冷却装置中进行。

加热或冷却温度按式(5.2)计算:

$$t = \frac{\delta + \Delta}{\alpha 10^{-6} d} + t_0 \tag{5.2}$$

式中,t 为加热和冷却温度,单位为℃;δ 为实际配合过盈量,单位为 mm;Δ 为最小装配间隙,一般取(0.002~0.01) d, 单位为 mm;d 为配合直径,单位为 mm;t_0 为装配环境温度,单位为℃;α 为温度系数,$\alpha 10^{-6}$ 为线膨胀系数,单位为 1/℃。

为补偿压合时温度的变化,通常是实际采用的温度比计算温度高或低 15%~30%。一般盘加热温度在 130~150℃,保持 10~12 min。轴颈与盘安装时,盘要加热的同时轴颈还需要冷却。

(4) 前、后轴颈和封严篦齿的加工。装配叶片前,通过装配方法或机械加工方法保证前后轴颈装轴承的表面的同轴度要求,然后以前后轴颈为基准,组合加工各级盘上的篦齿,保证篦齿的跳动量要求。

(5) 转子动平衡。在各级盘上安装叶片(各级叶片按质量、榫头配合尺寸进行选配后安装);叶片安装后,1~6 级叶片安装卡环轴向固定,用止动销扩口锁紧卡环,不让其周向活动;7~9 级每个叶片安装单独的锁片固定锁紧。然后以前后轴颈为基准,组合加工各级叶片叶尖后进行转子的动平衡。

5.1.2 压气机机匣装配

压气机机匣的结构形式是根据发动机的总体结构方案、静子传力路径及材料选用等综合因素确定的。一般情况下,优先选用转子组件装配和动平衡完成后,发动机正式装配时不再分解转子组件的原则,对机匣结构形式进行设计。如果发动机正式装配时,采用分解转子的方案,应考虑机匣结构设计带来的优势及转子动平衡结果所受影响进行评估,以取得最优的设计效果。

压气机机匣主要分为两种结构形式:整环机匣和对开机匣。另外,机匣又分为单层机匣和双层机匣。对开机匣拆装维护方便,但周向刚度不均,工作时易变形,影响圆度,导致叶片叶尖间隙不一致,进而影响发动机性能。整环机匣径向变形较均匀,加工工艺性较好,有利于保证流道面的圆度和机匣安装基准的同轴度,加工效率高,但分段数多,需要的紧固件多,结构复杂,装配性和拆装性差等。

机匣结构形式与转子结构形式相对应,当压气机转子为整体不可拆卸时,机匣结构为纵向分开式;当压气机转子为可拆卸结构,机匣多采用分段整体式。机匣的基本结构形式见图 5.8。

图 5.8 为机匣的基本结构,机匣由第 1 级机匣,第 2 级整流器,第 3 级机匣和第 4、5 级机匣组成,其中,第 1~3 级机匣是分段整体式结构,第 4、5 级机匣是半分开式结构,转

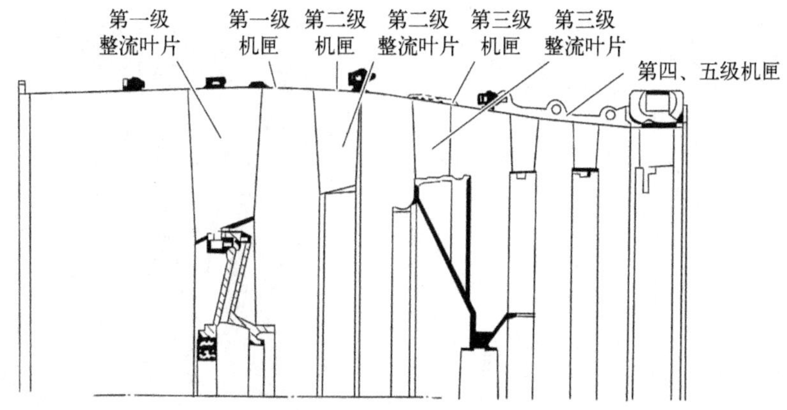

图 5.8 机匣的基本结构

子是可拆卸的结构。

机匣的装配是指在机匣上安装整流器或在机匣上直接焊整流叶片和安装整流叶片；在机匣上安装可调整流叶片及其构件；组合加工机匣壳体内表面或整流器内环内表面上的封严可磨耗涂层（滑石、涂料等）。因此压气机机匣是焊接、机械加工和装配组件，焊接、机械加工工序与装配工序交叉进行，通常在机械加工车间的装配工段或部件装配车间进行装配。

1. 静子叶片安装

叶片与机匣的连接，按叶片和机匣结构形式有直接固定和间接固定两种形式。直接固定是叶片安装在分开式机匣外壁的特形槽内；间接固定是叶片安装在整体式和分段整体式的整流器外环上或机匣上。

1）叶片直接固定式装配

a）带上、下轴颈的叶片与装配方法

图 5.9 为带螺纹轴颈叶片的固定结构示意图，通过外缘板与叶型连接，安装时按顺序直接将叶片装在机匣内壁的环形槽内，并用螺母固定上轴颈，装配过程如下：

（1）将机匣放置在装配支座上，按技术要求依次将带上轴颈和上外缘板的静子叶片直接装到机匣内壁的环槽内，放上锁片，用限力扳手将螺母固定在叶片上轴颈上，叶片不能有轴向活动量。

（2）将静子叶片下轴颈固定在带径向安装孔的内环组件上（内环分前、后半环），按要求的拧紧力矩用螺母将前、后半环固定。

（3）检查叶片安装板之间的间隙以及相邻叶片表面之间的凹凸量，为满足气动需求，叶背一侧的缘板应凸出相邻叶片叶盆一侧的缘板。不满足技术要求时允许松开螺母调整或更换叶片，也允许在技术条件范围内修磨。

b）带各类榫头的叶片安装

（1）带 T 形榫头的叶片或叶片组安装。

按照技术要求和顺序，将叶片直接插入分开式两半部机匣内壁的 T 形槽内，通过选配

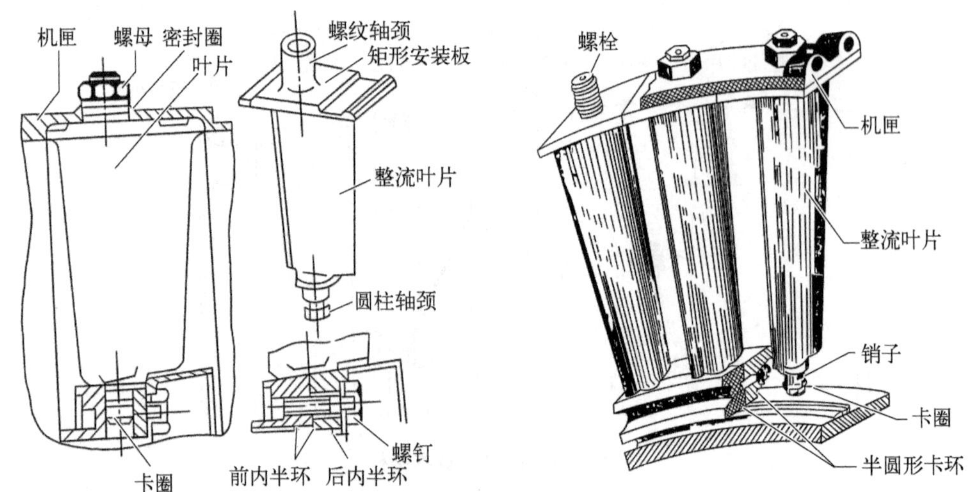

图 5.9　带螺纹轴颈叶片的固定

叶片组别或嵌块保证装配间隙要求，并用止动片将叶片固定在分开式两半部机匣内，防止叶片周向转动。检查和调整外缘板和内缘板的间隙，见图 5.10。从该端面切除金属获得内缘板间隙 A_p 尺寸。

（2）带燕尾形或 W 形榫头的叶片直接固定在机匣内壁上，见图 5.11。

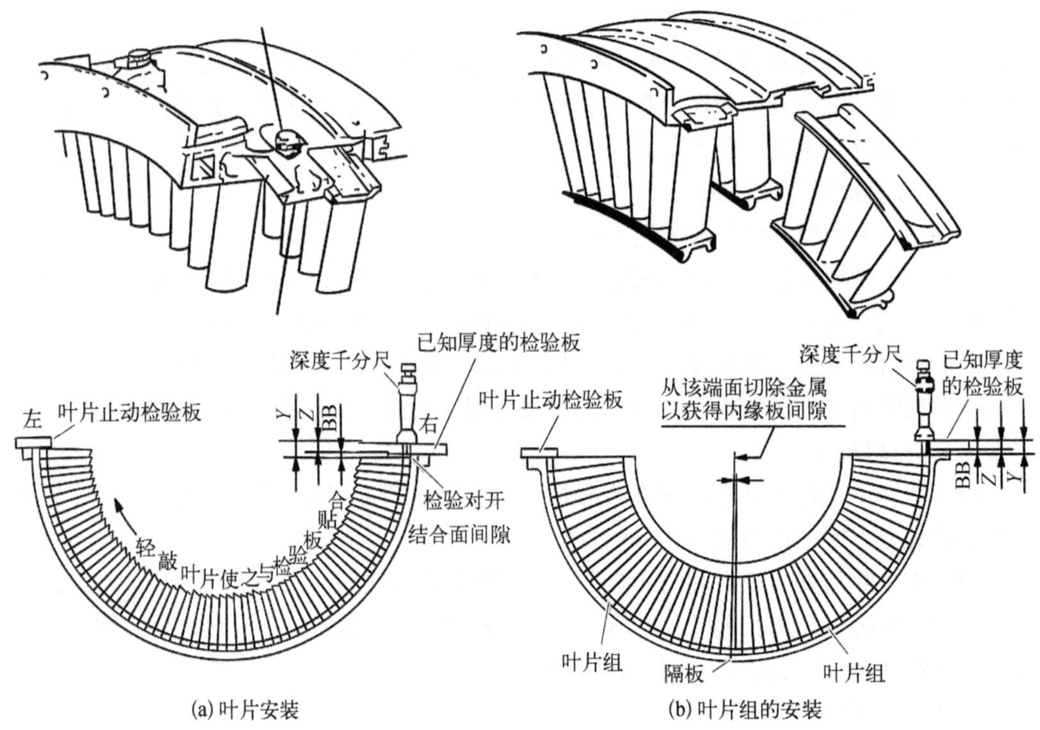

(a) 叶片安装

(b) 叶片组的安装

图 5.10　缘板间隙的检查

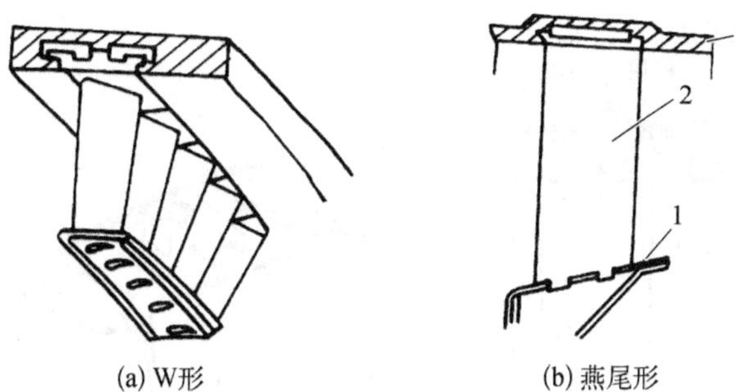

图 5.11　叶片榫头直接固定在机匣上

1. 内环;2. 叶片;3. 机匣

叶片榫头直接固定在机匣上的连接形式,结构简单、拆装方便、连接可靠。

c) 叶片直接点焊在机匣上

图 5.12 为叶片内安装板焊接在内环上,叶片及其外端安装板用夹具固定在机匣上,随后,用专用样板在机匣表面上划出焊点位置,并放置在焊接设备上,将每个叶片点焊一点或几点,卸去夹具,补齐其余焊点,使叶片直接固定在机匣上。

2) 叶片与机匣的间接固定

叶片安装在整环和半环内,组成整流器或整流器半环,然后固定在机匣内。叶片与内环和外环组成的整流器见图 5.13。叶片点焊在内环与带安装边的外环上,组成整流器,以外环圆柱面定心,借安装边与机匣 1 和机匣 2 用螺栓连接一起。

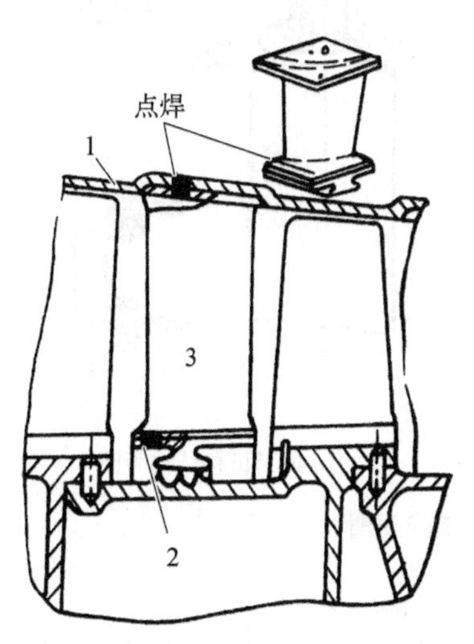

图 5.12　叶片直接点焊在机匣上

1. 机匣;2. 内环;3. 叶片

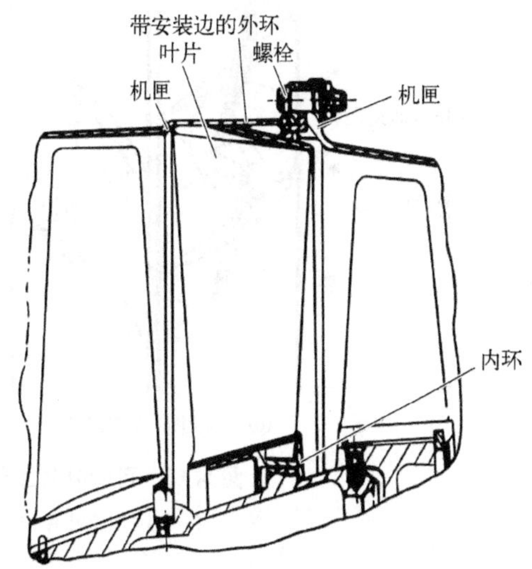

图 5.13　叶片与内环和外环组成的整流器

叶片与内半环和外半环组成的整流器半环(分半式整流器)与机匣的固定见图 5.14。如图 5.14(b)所示,叶片焊接(高温钎焊)在分半内、外半环上,组成分半式整流器,分半整流器用螺钉固定在分半机匣上。

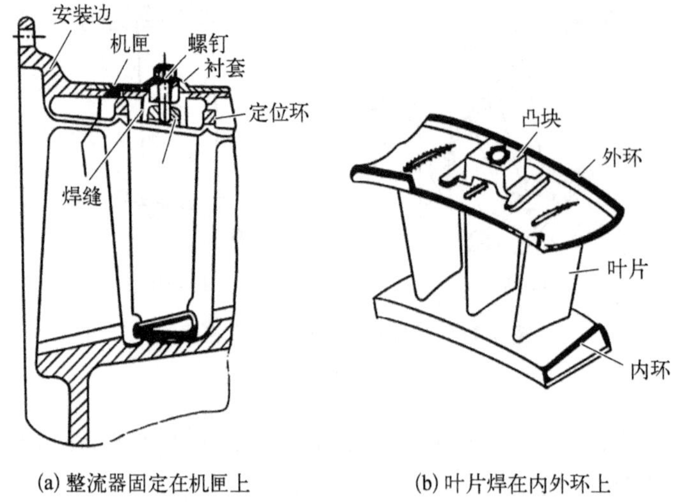

(a) 整流器固定在机匣上　　(b) 叶片焊在内外环上

图 5.14　分半式整流器与机匣的固定

2. 可调整流叶片(IGV)及其可调构件装配

为改变压气机进口气流方向,扩大其稳定工作范围并保持较高的效率,在压气机机匣的结构上采用安装一级和多级可调整流叶片,其工作原理及结构简图见图 5.15。

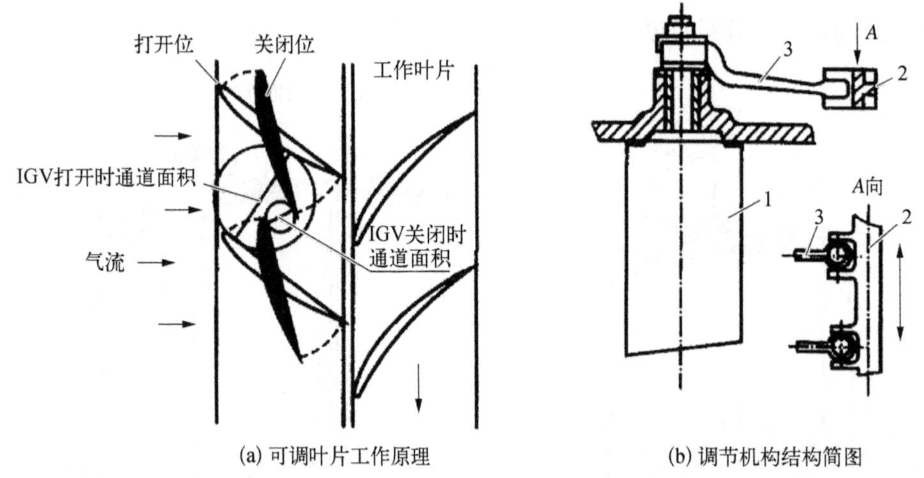

(a) 可调叶片工作原理　　(b) 调节机构结构简图

图 5.15　可调叶片工作原理及结构简图

1. 可调整流叶片;2. 作动环;3. 摇臂

可调整流叶片的传动机构有内部传动、外部传动和齿轮传动等方案。调节机构主要由可调整流叶片、主动摇臂、从动摇臂、作动环、作动环支架、连动杆、密封衬套、作动筒等零、组件组成。调节机构结构如图 5.16 所示。

调节机构的装配:首先将各级可调整流叶片装在对应级的机匣和内环的径向孔内,在轴颈对应位置装上防磨衬套或关节轴承;然后用专用工装将带摇臂的主动叶片固定在要求的角度位置(一般情况下为叶片的零度位置),用销子将作动环与主动摇臂连

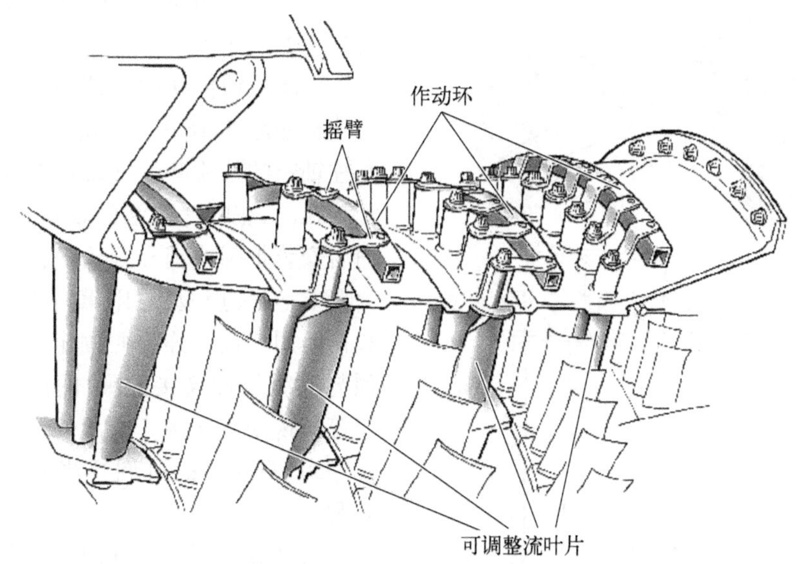

图 5.16 调节机构结构图

接,然后将其余所有从动摇臂装在作动环对应的孔中并用销子缩紧;安装作动环支架,保证作动环的同心度,多位置测量作动环与机匣壁的高度差,使其满足规定要求;用检测样板检查叶片某一高度上的叶型轮廓,样板与叶型之间的间隙满足规定要求后表明叶片安装到位;最后将各级主动摇臂用连动杆通过销子固定并串联起来形成压气机的可调联动机构。可调机构所有构件装配完成后,需对调节机构进行打压,检查作动筒上指针的刻度以及调节机构的转动灵活性,当有多个作动筒时,指针指示的角度差不能超过规定值。

当压气机径向尺寸较小时,一般采用一个作动筒带动可调机构,当压气机径向尺寸较大时,一般采用两个作动筒带动可调机构,以保证可调叶片在同一转速下的角度位置基本相同。

1）随动环传动的进口可调整流叶片结构与装配

随动环传动的进口可调整流叶片结构与装配,如图 5.17 所示,装配顺序是：在叶片小端轴颈安装定位衬套和内衬套,并用螺母固定,随后将其大端轴颈插入机匣壳体叶片安装孔中,小端放于机匣壳体分开式内半环上,并固定内环,在安装孔与叶片大端轴颈间安装衬套和弹性卡圈。在内环内部安装随动支撑环,叶片小端安装摇臂以及联动构件的连接。

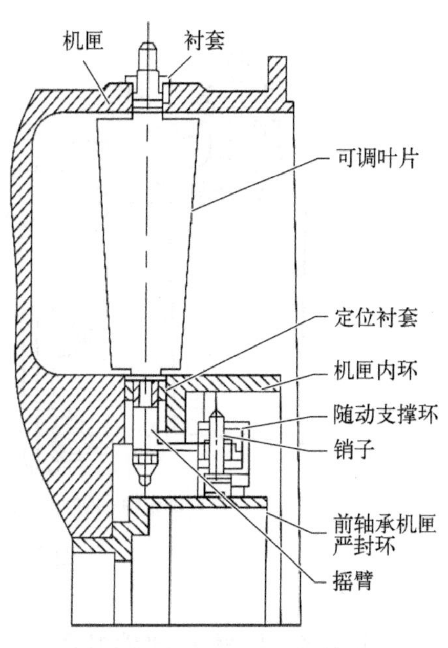

图 5.17 随动环传动的进口可调整流叶片结构

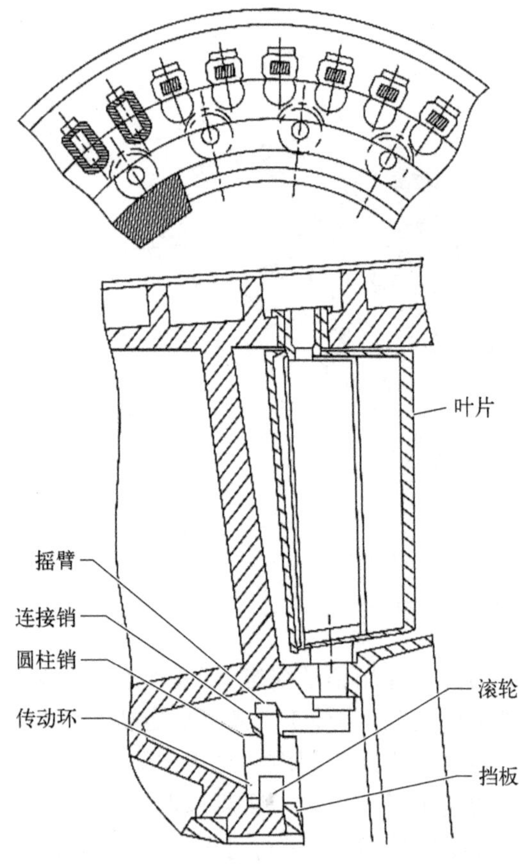

图 5.18　圆柱销传动的可调整流叶片

2）用圆柱销传动的可调整流叶片的结构与装配

用圆柱销传动的可调整流叶片的结构与装配如图 5.18 所示，装配顺序：两端带圆柱轴颈的整流叶片安装在机匣上的径向安装孔内，在叶片内端的轴颈上安装摇臂，随后安装带圆柱销和滚轮的传动环于机匣内环上，安装挡板，并用螺钉固定。圆柱销和摇臂用连接销连接并固定。在叶片外轴颈与操纵结构连接，叶片的内凸肩通过摇臂等与传动环连接。

3）外传动的可调整流叶片的结构与装配

可转动叶片上端圆柱轴颈安装在机匣轴颈孔中，如图 5.19 所示。可转动叶片下端轴颈套上衬套再装入内封严环轴颈孔中，如图 5.19(b)所示。每一片叶片上部轴颈顶端安装摇臂并固定，摇臂另一端与操纵环相连，叶片可绕轴颈自由转动。为保证操纵环的刚度以及与发动机的同心度，操纵环与机匣之间设置有支撑结构。

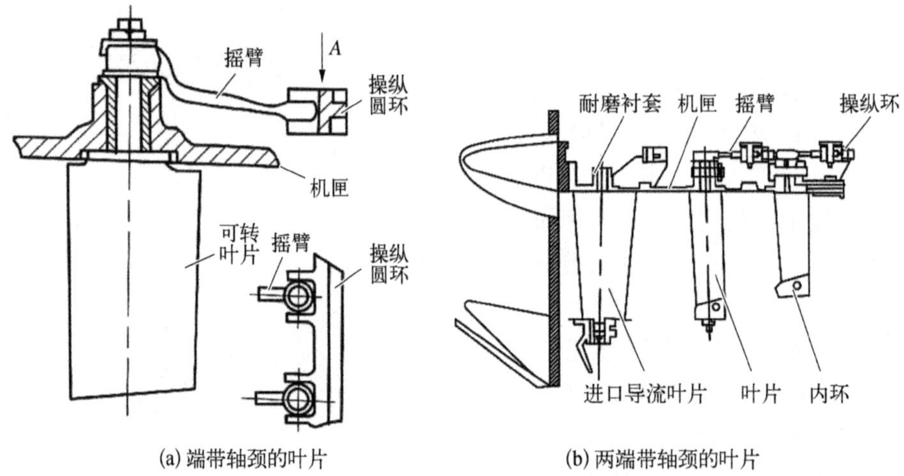

(a) 端带轴颈的叶片　　(b) 两端带轴颈的叶片

图 5.19　外传动的可调整流叶片

5.1.3　压气机部件装配

从装配工艺性分析，根据压气机是单转子、双转子等不同结构形式大致分两类，一类为压气机结构是一个独立的装配单元,可以独立地进行装配,总装时直接将压气机单元体装在发动机上;另一类为压气机结构不是一个独立的装配单元,压气机装配是在发动机总装配的传动装配过程中按顺序装配的。

压气机装配,先要确定装配基准,并选好装配基础部、组件。装配基准通常是由发动机部、组件的设计结构决定。

1. 工艺装配单元的压气机装配

这一类压气机多是单转子压气机,其机匣是带有纵向结合面(工艺分离面)结构或是按单元体设计的双转子压气机的低压压气机和风扇等。

1) 具有可分解机匣的压气机

具有可分解机匣的压气机由三部分组成,中机匣具有纵向结合面(工艺分离面)的轴流式单转子压气机,见图5.20。

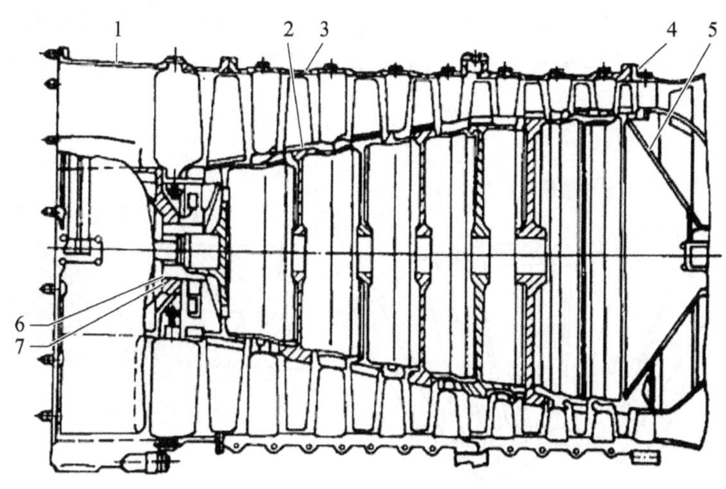

图5.20 轴流式单转子压气机

1. 前机匣;2. 转子;3. 中机匣;4. 后机匣;5. 后轴颈;6. 前滚子轴颈;7. 前轴颈

装配过程按三个主要工序垂直方式进行。

a) 配套准备工序

① 配套零、组件;② 选配轴承,保持轴承的成套性、质量和尺寸要求,测量轴承内、外钢圈直径尺寸,滚珠直径,通过内、外钢圈与相配件的装配要求(间隙或过盈)选配轴承,决不允许轴承内、外钢圈、滚珠互换或串装;③ 零、组件标配套标记;④ 安装基础组件。前机匣的专用支座(或小车)调整水平。

b) 预装工序

① 前机匣安装在专用支座上;② 用专用夹具、起吊设备垂直吊起压气机转子并安装在前机匣上;③ 安装中机匣的一个半匣;④ 在转子最长叶片外端上和后轴颈封严篦齿上贴上黏土蜡混合料或者软铅丝棒;⑤ 安装后机匣;此时,要保证各机匣各结合面的装配位置正确,并要用精密定位紧固螺栓和一般螺栓固定;⑥ 转动压气机转子数圈;⑦ 检查轴承的轴向活动量。轴流式压气机间隙示意见图5.21。

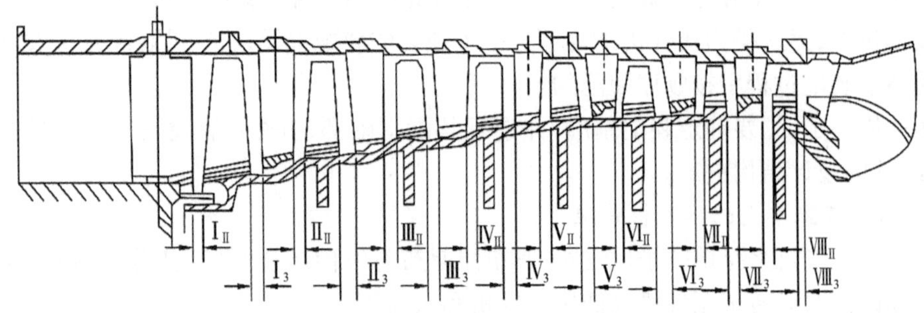

图 5.21　轴流式压气机的间隙示意图

轴向间隙用专用塞尺检查,径向间隙是转子最长和最短的叶片顶端与机匣壁的间隙,用专用塞尺或贴黏土蜡混合料印痕测量,也可按照套装在最长和最短叶片上,有一定厚度且经校准过的小量规是否与机匣相碰的办法进行检查。通过测量转子叶片尖跳动找到各级的最长和最短叶片,并标注标识。检验方法见图 5.22(a),封严篦齿间隙检查见图 5.22(b)。

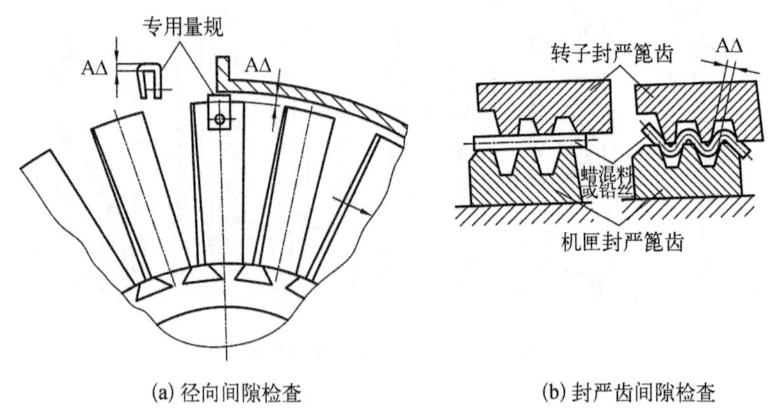

(a) 径向间隙检查　　(b) 封严齿间隙检查

图 5.22　压气机径向、篦齿间隙检查法

实际间隙不符合技术要求时,更换转子或机匣并重新预装配。另外,有的发动机可通过选择不同厚度的调整垫,改变转子轴向位置达到规定值,并使径向、轴向间隙满足要求;同时,通过加工转静子叶片外径、加工机匣涂层等方法也可实现。

c) 最终装配工序

最终装配工序所完成的工作与预装配工序内容基本相同,但要增加中机匣另一半机匣的安装工步;机匣各结合面涂密封漆并用螺栓连接固紧工序等。

2) 低压压气机转子单元体装配

组装后以工艺装配单元进行发动机安装。单元体结构见图 5.23。

低压压气机单元体的装配主要有以下工序。

(1) 测量压气机轴向、径向间隙。转、静子轴向径向间隙测量需在排除转子轴向活动量的条件下进行测量。吊装进气整流器使其前端安放在检验平台上,工艺衬套安装

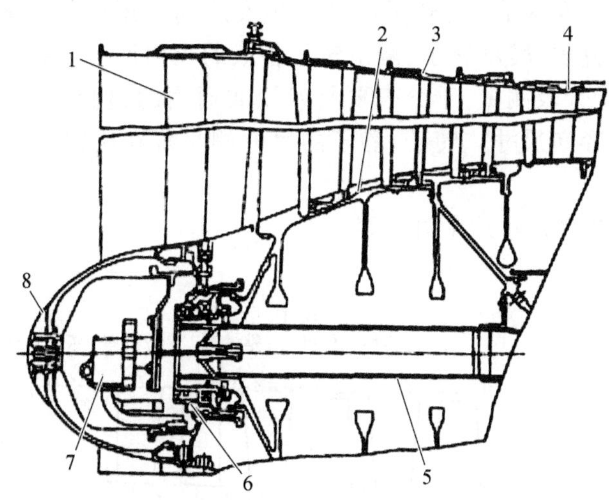

图 5.23 低压压气机单元体结构

1. 进口整流器;2. 低压转子;3. 低压静子;4. 低压压气机出口整流罩;
5. 管子;6. 前支承;7. 滑油回油泵;8. 整流罩

到进气整流器内腔中,垂直吊起转子,缓慢地将转子前轴颈装于工艺衬套上,顺次地安装 1 级机匣、1 级整流器、2 级机匣、2 级整流器和 3 级机匣、3 级整流器和 4 级机匣。将专用夹具的 4 个板条固定在 4 级机匣上顺次检查各间隙。

(2) 转子与静子的装配。压气机转子前轴颈朝下安装在基座夹具上,1 级机匣前安装边朝下,安装在已装上转子的基座夹具上;两半组成的 1 级整流器安装在 1 级机匣上,依次安装 2、3、4 级机匣,各两半组成的 2、3、4 级整流器分别安装在各自的机匣上;用专用的提升调转夹具装在进口整流器上,从前端安装在专用基座夹具上;工艺衬套安装在进口整流器内腔;从转子基座夹具上吊起已装配好的低压压气机组件,借助夹具工艺衬套将其安装在进气整流器上并用螺栓固定。用吊具将低压压气机组件以四级机匣朝下安装在基座夹具上,分解进气整流器及工艺衬套。

(3) 进气整流器组装后装在低压压气机组件上。

(4) 控制机构的装配并安装在低压压气机静子机匣上。

(5) 低压压气机单元体的最终检查。

低压压气机前部整流罩、回油泵等构件在发动机总装配时安装。

2. 不能单独进行装配的压气机

这一类压气机转子盘是可拆卸的,机匣是整体式或分段整体式没有纵向结合面(工艺分离面),转子与整流器不能单独进行装配。在发动机总装配的传动装配过程中,需在机匣中交替地安装整流器和相应级的已装好叶片的转子的方式进行装配。这一类压气机各级径向间隙、级间的轴向间隙,一般根据静子和转子的实际径向尺寸和轴向尺寸的预先测量结果计算出来。

装配基准通常是机匣壳体,双转子压气机的低压压气机的装配基础部件是高压压气机机匣,高压压气机的装配基础部件是燃烧室机匣(壳体)。

转子的径向尺寸测量是：将转子沿其轴颈安放到专用或通用的V型铁架上，按标准样件调整好千分表，转动转子，测出转子各级的径向尺寸。静子内表面的径向尺寸，也用调整好的千分表测量，千分表要与专用或通用的检验夹具的心轴相连，转动心轴测出静子各级径向尺寸。转子、静子的尺寸测量都在机械加工车间的装配工段进行。

1）低压压气机的装配示意见图5.24。

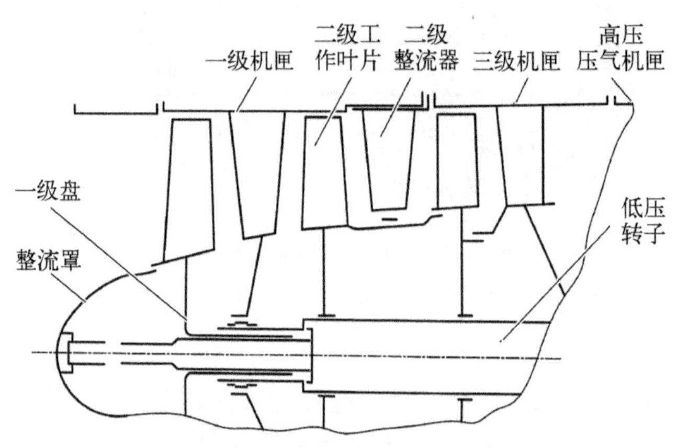

图5.24　低压压气机装配示意图

装配基准通常是机匣壳体，双转子压气机的低压压气机的装配基础部件是高压压气机机匣，高压压气机的装配基础部件是燃烧室机匣（壳体）。

2）高压压气机装配示意见图5.25。

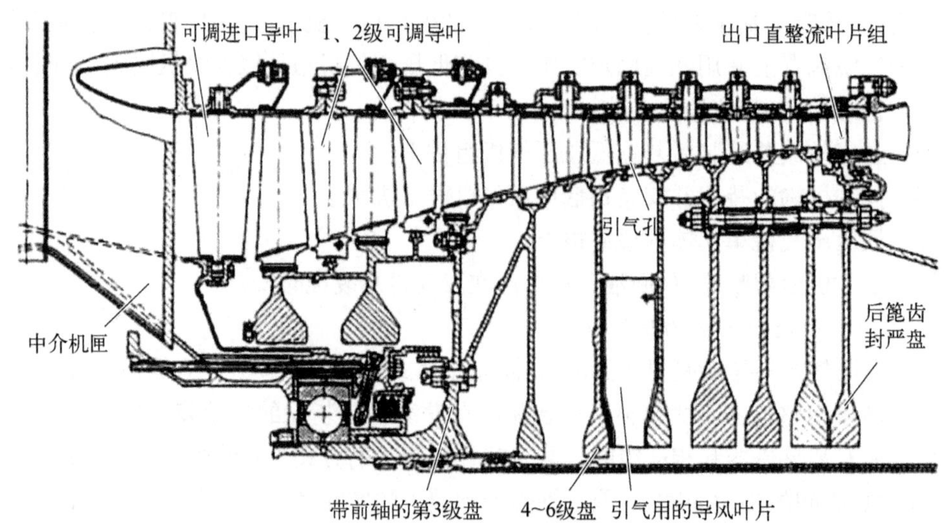

图5.25　高压压气机装配示意图

图5.25为高压压气机装配示意图，高压压气机为9级轴流式等外径压气机，具有混

合型结构转子和可分解静子,由压气机转子、机匣、整流器及工作级静子环(简称工作环)组成。装配的主要阶段如下。

(1) 装配的第一阶段: 检查部件配套情况。根据压气机装配明细目录及集件文件,检查配套是否齐全,实物批次与卷宗是否一致。

(2) 装配的第二阶段: 按装配卡片(质量保证单)的测量数据计算确定压气机转子调整垫尺寸以及计算间隙尺寸,确保转子的轴向位置和径向间隙值。

高压压气机的装配以中介机匣为基础件按垂直方式进行装配。中介机匣预先安装在装配车的专用夹具上,并在台式托架上与夹具定心。

(3) 装配的第三阶段: 安装压气机转子。先将第1级整流器(含进口可调整流叶片)装在中介机匣上。然后利用电动起重机将转子从运输车上吊起使转子呈垂直状态,并小心地往下移动,使其前轴颈安装到中介机匣的轴承座内,装配轴承,并用专用工装固定,保证转子未装偏并能灵活转动。

(4) 装配的第四阶段: 安装压气机静子。第1、2级可调整流叶片装在整环机匣安装边的径向孔内,装第2、3级整环机匣,1、2级作动环,后面级半开式整流器通过分段整环工艺机匣进行装配,每级整流器之间通过挡环定心和轴向定位,当所有整流器装完后,拔出工艺机匣,将整体双层机匣压装到整流器上并用螺栓固定双层机匣。

(5) 装配的第五阶段: 转、静子间隙测量。压气机装配过程中,装1级静子,用专用测具测1级转、静子之间的径向间隙和轴向间隙。通过选配工作挡环的组别、调整垫的厚度或磨削转、静子叶片叶尖来保证转、静子之间的装配间隙。叶片叶尖的测量通过找每级最长和最短叶片测量叶尖最大值和最小值的方法进行。

5.2 燃烧室装配

燃烧室是用来将燃油中的化学能转变为热能,将压气机增压后的高压空气加热到涡轮前允许温度,以便进入涡轮和排气装置内膨胀做功。因此,燃烧室能保证在一定区域内的均匀燃烧,而不应有局部过热。所以对燃烧室的装配所提出的要求,主要是应保持喷嘴、火焰筒、套罩及其他构件彼此之间的间隙和具有正确的相对位置。

航空发动机中,采用单管(分管)、环管(联合型或混合型)和环形燃烧室。各种类型的燃烧室都由进气装置(扩压器)、外套(机匣)、火焰筒、内套(内壳体)、喷嘴和点火器等基本构件组成。

5.2.1 单管燃烧室装配

从装配工艺观点分析,单管、环管和环形燃烧室之间有许多共同点,但它们之间也有很大差异。单管燃烧室,即若干个单管燃烧室装在离心式发动机上,它是一个工艺装配单元,可以在部件装配线上进行装配和检验,而在发动机总装配线上,直接装配在发动机上。单管燃烧室见图5.26。

装配次序是: 燃烧室外套为装配基准件,固定在专用夹具内;火焰筒安装在外套内,用空心固定销固定,检查有关间隙;头部安装在外套上,用螺栓、螺母固定,总装配时安装

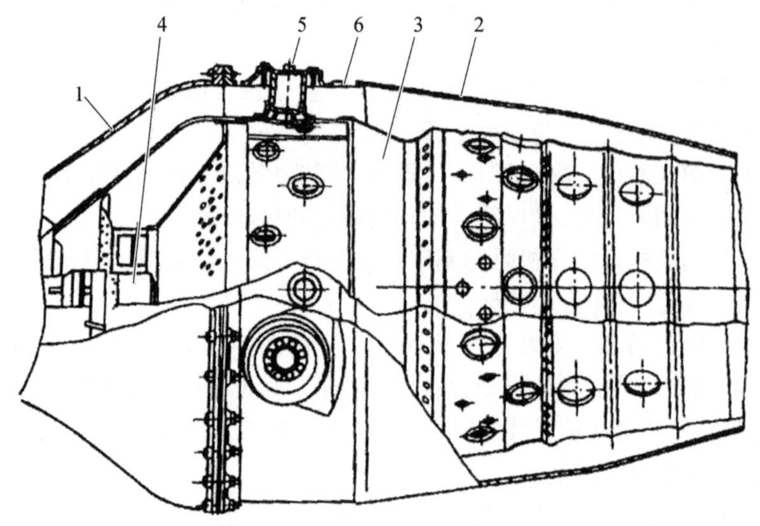

图 5.26 单管燃烧室

1. 燃烧室头部;2. 燃烧室外套;3. 火焰筒;4. 喷嘴;5. 空心固定销;6. 传焰管

喷嘴。

环管和环形燃烧室大多不是一个工艺装配单元,不能单独进行装配,在总装配的传动装配过程中按顺序依次安装燃烧室的结构件。以下分析讨论环管和环形燃烧室的装配。

5.2.2 环管燃烧室装配

环管燃烧室的结构特点是若干个管式火焰筒,沿圆周均匀地安装在内、外套的环腔内,相邻火焰筒燃烧区之间用传焰管联通。典型的环管燃烧室见图 5.27。

分半式外套壳体的管型燃烧室由燃烧室外套、内套、10 个火焰筒、燃油喷嘴等构件组成。燃烧室外套是具有带纵向结合面(分合面)的分半式壳体,并用螺栓连接。装配是在发动机总装传动装配过程中按顺序安装火焰筒结构件。装配过程分三个阶段。

(1) 装配第一阶段,在扩压机匣上安装燃油喷嘴及其部分总管,安装火焰筒固定销等构件。

(2) 装配第二阶段,以已装配好的扩压机匣作为装配基础部件,在专用装配车(架)上垂直地进行装配,安装燃烧室外套半壳体与扩压机匣相连接并固定。以燃油喷嘴周向定位安装火焰筒,并用前端固定销固定;连接传焰管安装燃烧室内套(隔热屏)并固定,检查内套与扩压机匣等的间隙。

(3) 装配第三阶段,安装燃烧室外套的另一半壳体,用螺栓分别连接扩压机匣和燃烧室外套的另一半壳体并固定。安装导向器,在火焰筒燃气导管安装边上边与外扇形板相连接,外扇形板插入到导向器外环中;燃气导管安装边下边与内扇形板相连接,导向器内定位件插在内扇形板与燃气导管之间。燃烧室外套与导向器外环用螺栓连接并固定。

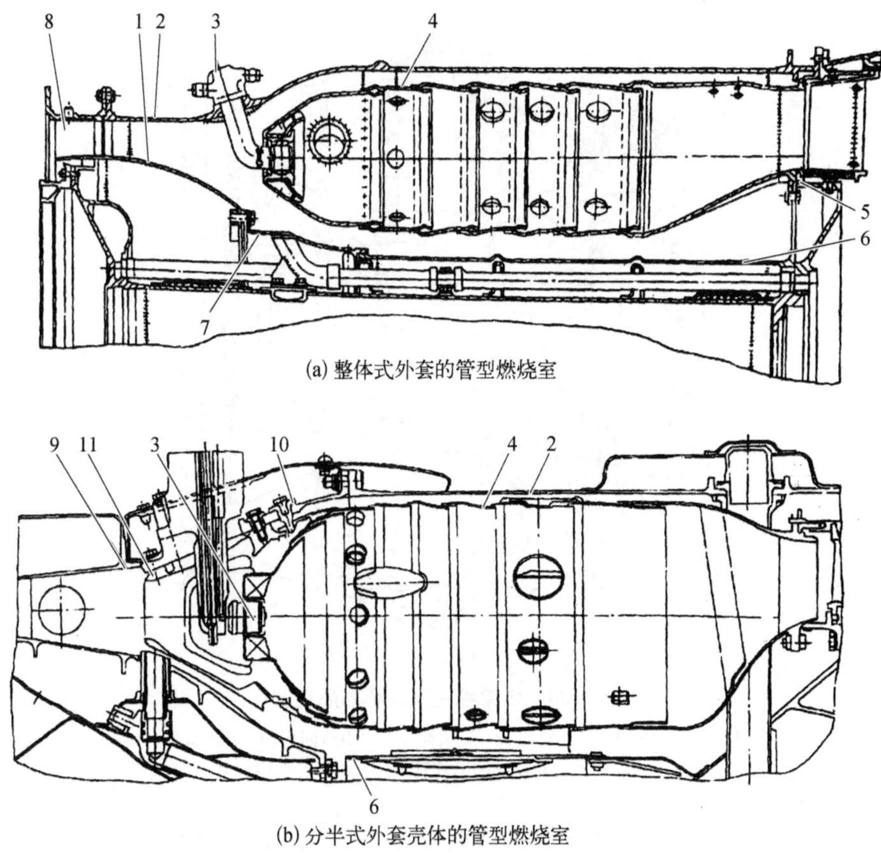

(a) 整体式外套的管型燃烧室

(b) 分半式外套壳体的管型燃烧室

图 5.27 典型环管燃烧室

1. 前内套;2. 燃烧室外套;3. 喷嘴;4. 火焰筒;5. 固定环;6. 隔热罩(内套);7. 中套;8. 承力机匣;9. 扩力机匣;10. 火焰筒固定销;11. 进气口

5.2.3 环形燃烧室装配

环形燃烧室的结构是在燃烧室内、外壳体之间的环腔内,安装一个由共同的内、外壁构成的具有环型燃烧区和掺混区的环形火焰筒。根据不同形式的环形火焰筒组成不同形式的环形燃烧室,如直流环形、折流环形和回流环形燃烧室,直流环形燃烧室又分带单独头部的环形燃烧室和全环形燃烧室。

1. 单独头部环形燃烧室

典型的带单独头部的环形燃烧室见图 5.28。

环形燃烧室由 2 个工艺装配单元组成。装配过程分 2 个阶段。

(1) 装配第一阶段,扩压机匣和燃烧室外套工艺装配单元的装配。

(a) 扩压机匣(承力机匣)的装配。以机匣前安装边安装在可旋转装配车(架)上,安装发动机滑油系统的进油管、输油圈、喷嘴、滑油回油管和压气机、涡轮轴承封严腔通气导管等,安装环形燃烧室构件,包括燃油总管、8 个燃油喷嘴。检查输油圈(喷嘴的流量),检查输油圈与喷嘴连接的密封性等。

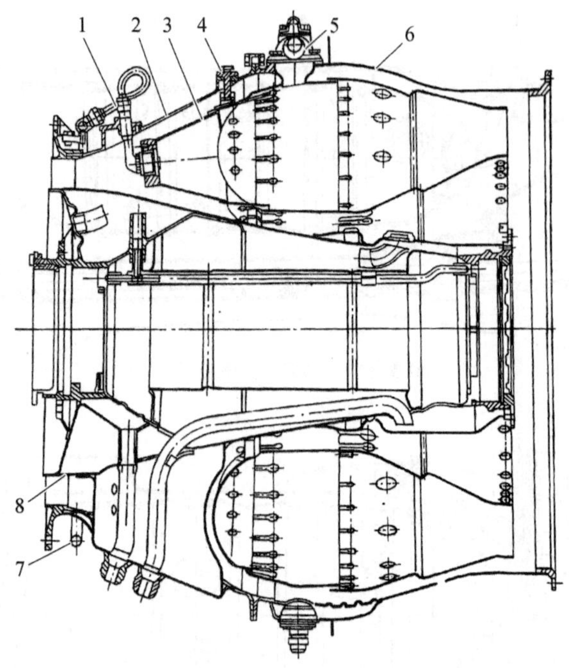

图 5.28 带单独头部的环形燃烧室

1. 燃油喷嘴;2. 扩压机匣;3. 火焰筒;4. 火焰筒固定销;5. 点火器;
6. 燃烧室外套;7. 燃油输油管;8. 扩压器锥形内壳体

(b) 燃烧室外套的装配。在外套外表面安装座上安装漏油活门等。

(2) 装配第二阶段,环形燃烧室的最终装配是以已装配好的扩散机匣为装配基础件垂直进行装配,以各喷嘴的圆柱面定位,安装环形火焰筒,用 8 个固定销固定火焰筒;在扩压器机匣或安装边上安装燃烧室外套,用螺栓连接并固定;在燃烧室外套上安装点火器。

2. 全环形燃烧室

典型的全环形燃烧室结构见图 5.29。

全环形燃烧室的装配以燃烧室机匣(外机匣、内机匣与 14 个空心支板连接起来)作为装配基础件,装配过程分两个阶段:

1) 预装配

环形火焰筒以涡流器向上安装在专用支架(座)上,检查带喷嘴的燃油总管与涡流器的可装配性,使用工艺固定销将总管与火焰筒相连接,喷嘴用手能自由地装入火焰筒涡流器衬套内。

2) 最终装配

① 燃油总管安装在燃烧室机匣内腔,总管的两个进油管插入机匣外壳体的孔中,用工艺固定销固定在全部支架(座)上;② 检查燃油总管与燃烧室机匣沿圆周的间隙;③ 把带燃油总管的燃烧室机匣翻转 180°,前安装边朝上,检查测量 1 级、2 级油路进油管安装边凸边的尺寸;④ 翻转带燃油总管的燃烧室使机匣前安装边朝下,卸下喷嘴上的堵头;⑤ 在燃烧室机匣上安装火焰筒,装上固定销固定;⑥ 检查火焰筒头部涡流器的活动性;

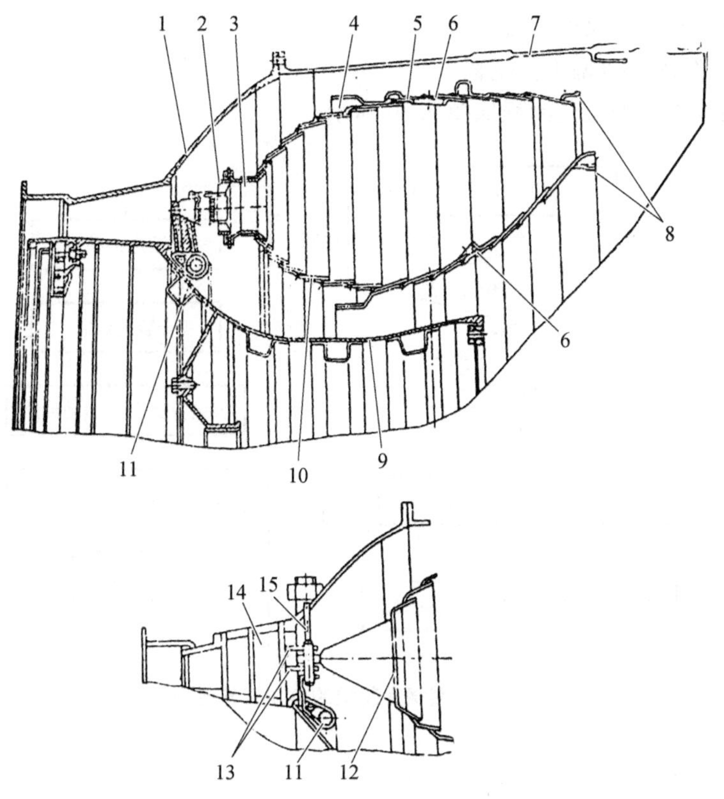

图 5.29 典型的全环形燃烧室

1. 外机匣;2. 叶片式涡流器;3. 掺混室;4. 进气口;5. 火焰筒;6. 掺混孔;7. 换热器机匣;8. 安装边;9. 内机匣;10. 环境;11. 燃油总管;12. 环;13. 支架;14. 支板;15. 销钉

⑦ 堵头拧入机匣壳体内并锁紧;⑧ 测量机匣与火焰筒之间的间隙;⑨ 测量火焰筒外壁对机匣直径的跳动;⑩ 检查左、右点火装置能否自由的安装到火焰筒内,依次装入机匣、火焰筒内。

3. 燃烧室装配工艺要求与流程

1) 燃烧室的装配工艺要求

燃烧室装配的工艺要求如下:① 避免高温烧结,所有螺纹部位涂白垩膏,燃烧室壳体与轴承座等有关结合面进行着色检查,着色密接度不允许小于面积的 80%,色带应连续无间断,用专用研磨工具研磨表面来保证;② 结合面仔细除油后,按要求涂封严胶或高温漆,以保证结合处的密封;③ 所有的密封垫等密封件第二次装配时,更换新品;④ 环管火焰筒及燃油喷嘴位置和流量组别按设计图样装配,火焰筒的装配顺序根据连通结构而定,选取便于装配的顺序;⑤ 火焰筒与喷嘴头部或传焰管连接时应小心,装配困难时允许用胶锤轻轻震击,或用心棒调整头部浮动环的位置;⑥ 后端采用浮动环连接的火焰筒,按顺序组装后,用吊具装入燃烧室环腔;⑦ 环型火焰筒安装时,要注意对正定位销孔,定位销安装要到位;⑧ 火焰筒装好后,要测量有关要求间隙尺寸,以保证其正确位置;⑨ 对于采用直接点火的点火器,装配时需按要求选配合适的调整垫,以保证电嘴的伸入量;⑩ 燃烧室装配前应对机匣内腔及滑油管路用热滑油仔细冲洗并用绢布检查清洁状况,滑油喷油嘴或滑油环应进行流量及方向流量检查。

2）燃烧室装配的典型工艺流程

燃烧室装配的典型工艺流程如图 5.30 所示。

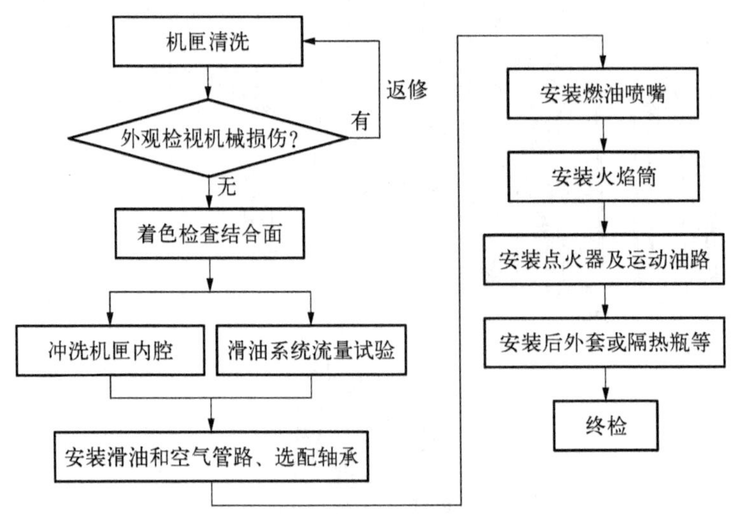

图 5.30　燃烧室装配的典型工艺流程

5.3　涡轮装配

涡轮的功能是将高温高压燃气的压力势能和热能转变为动能和机械能,用于驱动风扇、压气机、螺旋桨、直升机旋翼和附件传动装置工作。按燃气的流动方向,涡轮分为轴流式和向心式,现代航空涡轮发动机基本都采用轴流式。按转子数量可分为单转子、双转子和三转子涡轮,按结构形式又可分为不可拆卸和可拆卸的两种。轴流式涡轮由转子部分和静子部分(涡轮机匣、导向器等)组成。

5.3.1　涡轮转子装配

单级涡轮转子通常是盘式结构,双级和多级涡轮转子通常采用盘式或盘鼓混合式结构,转子装配是将盘、轴、叶片等零组件连接起来,并进行组合磨削叶尖和动平衡的过程。

1. 不可拆卸涡轮转子装配

图 5.31 为用径向销连接的高、低压涡轮转子示意图,高、低压涡轮转子的盘与轴都是过盈配合,用径向销连接,且高、低涡轮都是单级转子;转子的盘轴利用特制的凸缘上圆柱面定心,过盈配合,径向销钉连接固定。转子装配分以下 5 个主要工序。

1）盘轴装配

利用专用设备支撑定位涡轮轴,将已经平衡好的盘加热后,借助专用夹具、吊具平稳地套压在涡轮轴上,或者轴冷却、盘加热,借助专用夹具支撑盘,轴压入盘上。

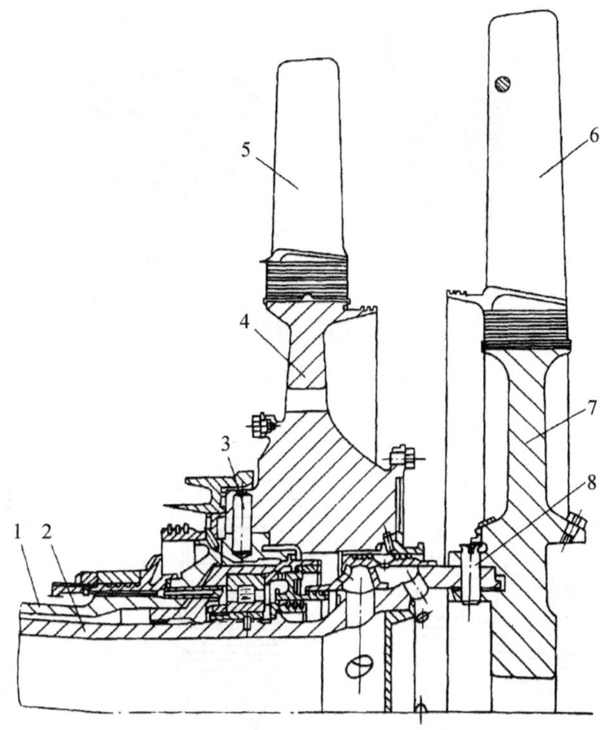

图 5.31 用径向销连接的高、低压涡轮转子

1. 高压涡轮轴;2. 低压涡轮轴;3. 径向销钉;4. 高压涡轮盘;5. 高压涡轮工作叶片;
6. 低压涡轮工作叶片;7. 低压涡轮盘;8. 径向销钉

2) 安装径向销钉

在组合好盘轴的圆柱定位面上钻孔和铰孔,测量内孔直径,根据孔销的配合要求选配径向销钉,借助专用工具压入径向销钉,在孔边冲坑锁紧径向销钉。

3) 安装结构件及动平衡

按需要的角向关系,安装篦齿封严环、轴承衬套等结构件,按需求进行动平衡。

4) 安装叶片并锁紧

安装叶片,按重量或静力矩及榫齿中的间隙选配叶片、排列编号并安装。先将锁片装入榫槽内再装叶片,检查叶片的切向活动量及其他技术要求,弯曲锁片使叶片轴向固定。各种结构形式的锁片固定形式如图 5.32。如果叶片带冠,采用锁板轴向固定结构,见图 5.33。装配时要严格控制锁板周向间隙,如果锁板周向间隙 A 太小,则发动机工作时锁板易鼓包;A 太大,则锁板易串动,影响转子平衡性,致使发动机工作时振动。

当低压涡轮转子叶片的结构是带减振环的结构时,在安装叶片和减振环过程中,要严格控制叶片与叶片、叶片与盘的相互位置,图 5.34 所示为安装叶片与减振环的情况。先装 1 号叶片(图中未示出),再装减振环 1,然后依次安装 2 号叶片、减振环 2、3 号叶片,以此顺序安装全部叶片和减振环。安装时要使叶片均匀地进入盘槽中,借助专用心棒(夹布胶木)轻轻敲叶片榫头端面,使每次进入量不大于 1 mm,保证各叶片在盘中的深度在一定范围内。使全部叶片进入盘的榫槽中,直至轴向固定。

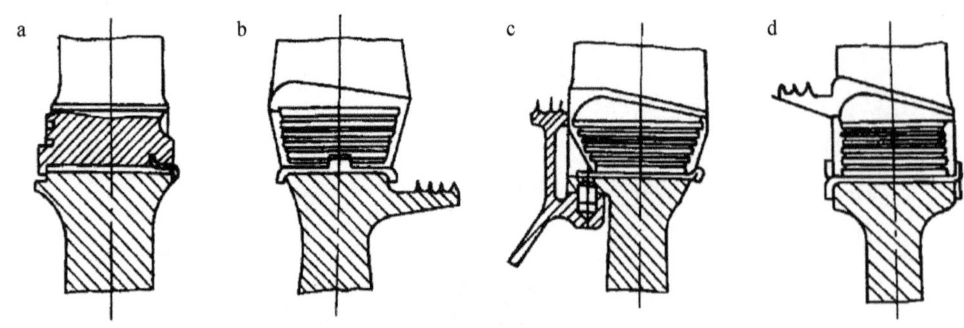

图 5.32　用锁片固定涡轮叶片

a 为底座和锁片固定；b、c、d 为锁片固定

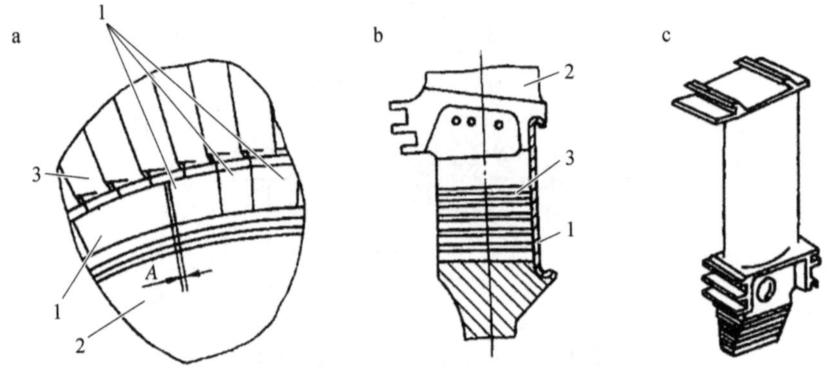

图 5.33　用锁板固定及检查周向间隙

1. 锁板；2. 盘；3. 带冠叶片；a、b 为锁板固定；c 为带冠叶片

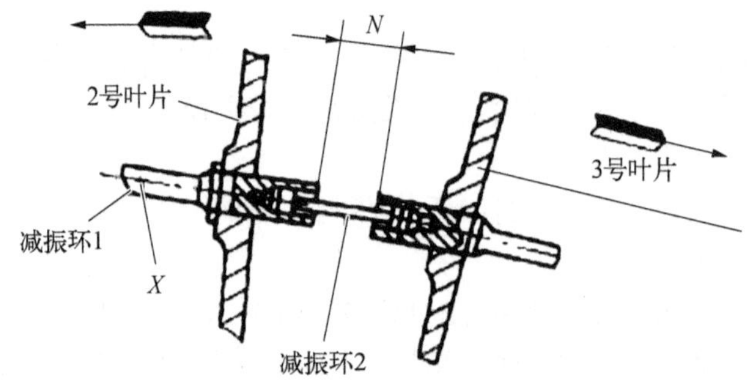

装锁片前零件X在箭头方向拉开时测量

图 5.34　叶片与减振环安装

5）转子的动平衡

安装轴承或工艺轴承，借助专用工艺衬套在动平衡机床上平衡，用加/减配重、去材料或串换叶片的方法达到平衡。

2. 可拆卸涡轮转子装配

1）盘轴可拆式的涡轮转子装配

如图 5.35 所示，盘和前轴、前转动空气封严、后轴等均通过螺栓连接，圆柱面定心，摩

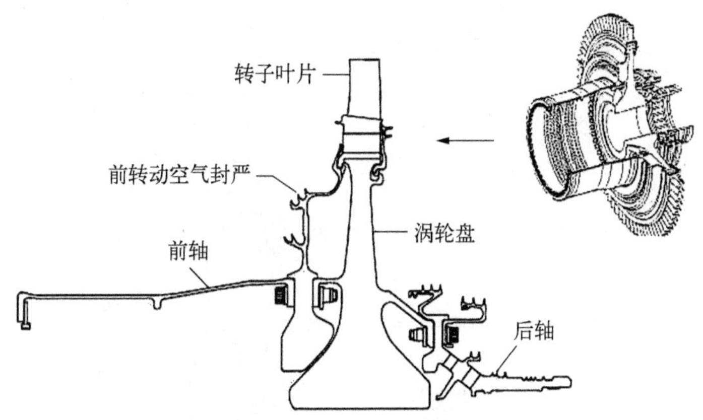

图 5.35 盘轴螺栓连接的涡轮转子

擦传扭。

转子的装配过程是:

(1) 将涡轮转子叶片安装到涡轮盘上,组合后磨削涡轮叶片叶尖直径,然后将涡轮叶片分解;

(2) 将盘、前轴、前转动空气封严和后轴等零件装配到一起,装配过程中采用叠加投影的方法,调整盘和前轴、前转动空气封严、后轴的相对位置关系,保证零件间的跳动值满足设计要求;

(3) 对涡轮转子叶片的重量或重量矩进行测量并排序,将涡轮转子叶片按规定的顺序装配在涡轮转子上;

(4) 将涡轮转子与压气机模拟转子相连接,并安装到平衡机上进行动平衡,采用安装平衡配重或调换叶片安装位置的方法,保证不平衡量满足设计要求。

2) 盘与盘可拆式的涡轮转子装配

通常发动机 3 级以上的涡轮转子,盘与盘连接均采用可拆卸式结构。

(1) 3 级涡轮转子可拆卸式盘与盘的连接见图 5.36。

该例为一种可拆卸的悬臂式转子,每级盘前后端面都有安装边,利用 5 根长螺栓和 5 根短螺栓与盘、轴连接,盘与轴、盘与盘之间的定心和传扭,通过长、短螺栓上锥度为 1 : 48 的 A、B 表面与盘上对应的锥形螺栓孔压紧实现。

转子的装配过程: 在各级盘榫槽中安放锁片,按要求的位置安放已选配好的叶片;通过调整叶片装配位置的方法平衡各级盘片组合间距;借助于专用夹具(或支撑座)支撑涡轮轴,夹具定位销(或引导销)穿入涡轮轴锥孔;依次安装各级盘片组合件;取出导销,安装专用夹具依次压入长、短螺栓,拧上、拧紧螺母,保证锥形配合面具有 0.01~0.02 mm 的过盈,拧紧螺母前,应用手或工具抵紧螺栓头,检查螺栓头与涡轮轴安装边之间应有 0.5~1.0 mm 的间隙;安装滚子轴承及其他结构件;最后进行整个涡轮转子的动平衡。

(2) 筒支式可拆卸式 4 级低压涡轮转子见图 5.37。

图 5.37 为可拆卸式 4 级低压涡轮转子示意图,该转子为长短螺栓混合使用的挑担式结构,第 1、4 级盘与鼓筒、涡轮轴分别利用第 2、3 级盘上安装边的圆柱面定心,通过长螺

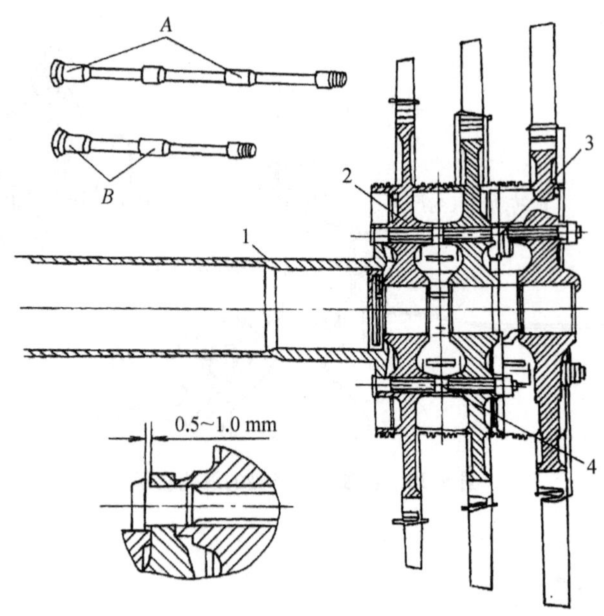

图 5.36　可拆卸式盘与盘连接的 3 级转子

1. 涡轮轴;2. 涡轮盘;3. 长螺栓;4. 短螺栓

栓压紧,短螺栓将各级盘与定距环连接起来。为了方便装配,短螺栓连接采用了带托板结构的自锁螺母,见图 5.38。

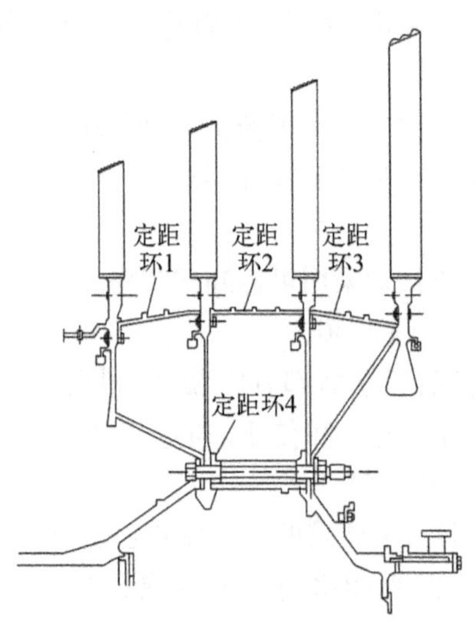

图 5.37　可拆卸式 4 级低压涡轮转子

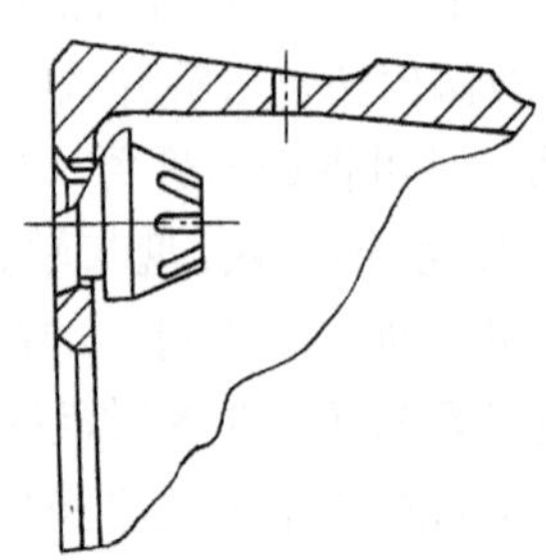

图 5.38　冲铆固定的自锁螺母

转子的装配过程如下。

(a) 安装定距环 1。在一级盘上安装定距环 1,并用螺栓固紧。

(b) 安装一级盘。借助于专用夹具支撑轴,夹具定位导销穿过轴的螺栓孔,安装带定距环 1 的一级盘。

(c) 安装 2 级盘。以 2 级盘螺栓孔穿过导销定位,将 2 级盘平稳地压套在 1 级盘及轴上。

（d）安装定距环2。安装定距环2，并用螺栓连接定距环1、2级盘和定距环2，并最终固定。

（e）安装压紧定距环3、4及3、4级盘。安装压紧定距环4，依次安装3级盘、轴，安装定距环3，并用螺栓固定定距环2、3级盘和定距环3，安装4级盘，用螺栓固定4级盘与定距环3。

（f）连接各级盘和轴。依次退出定位导销装上长螺栓，采用十字交叉法拧紧螺母，用力矩扳手测量拧紧力矩或测量螺栓的伸长量。

（g）安装叶片。按质量或静力矩选配各级叶片，按规定的位置安装叶片，检查叶片的切向摆动量和轴向间隙。

（h）安装轴承及其他构件。

（i）转子动平衡。

5.3.2 涡轮静子装配

涡轮静子由涡轮机匣、导向器及承力框架等组成。导向器通常由内、外环和导向叶片等组成。导向器装配过程中通常需要测量导向器的排气面积，测量方法分为机械、三坐标、气流量、水流量等，有些发动机也使用电感量仪。当排气面积不在设计规定的范围内，为排除发动机试车过程中的性能故障或者为了获得发动机试车过程中的某些性能参数，就需要对排气面积进行调整。导向器排气面积的调整方法主要由选配法改变叶片安装角度和改变叶片排气边弦长等。

涡轮机匣通常为圆柱形或锥形壳体结构，除固定导向器外，还借前后安装边分别与燃烧室及喷管（加力燃烧室）连接。涡轮机匣的装配是指在机匣上安装导向器或在机匣上安装导向叶片及其他构件。导向器叶片的连接有可拆卸的和不可拆卸的两种结构形式。导向器在高温条件下工作，需要保证导向叶片能实现轴向、径向和周向的自由膨胀。

涡轮静子的装配是指涡轮外环、静子叶片和内支承组合成导向器的装配过程。导向器的装配分为预装配和最终装配。预装配的目的是调整叶片缘板间隙、排气面积及组合加工。导向器的结构形式分为可拆卸式和不可拆卸式，不可拆卸式导向器叶片和内、外环之间采用焊接或铆接连接。可拆卸式导向器静子叶片与内、外环之间采用多种连接形式。

各种结构形式的静子叶片装配过程如下：

1. 叶片焊接在内、外环之间

图5.39为不可拆卸结构的涡轮导向器示意图，装配过程如下。

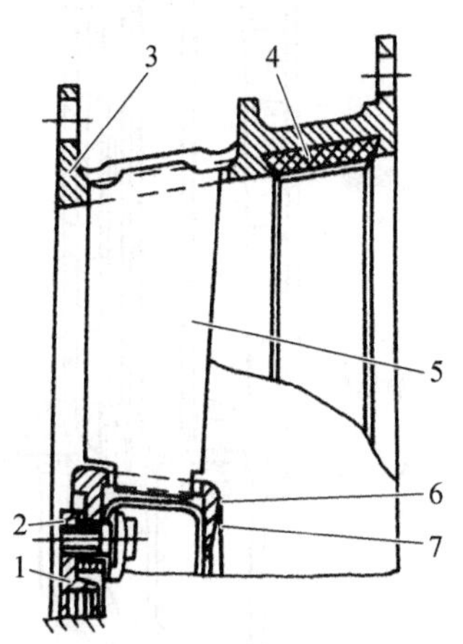

图5.39 不可拆卸结构的涡轮导向器

1. 篦齿封严环；2. 调整环；3. 涡轮机匣（导向器）外环；4. 嵌入件；5. 叶片；6. 内环；7. 套环

（1）叶片装配。把涡轮机匣壳体（导向器外环）安装在专用夹具上；将叶片的内端插入内环的异型孔中；将叶片外缘板与外环焊成一体，保证叶片内缘板与内环之间的间隙满足设计要求，并使之相对于外环定心。

（2）安装套环、调整环。将套环安装在内环上，并焊接在内环上，轴向固定叶片；安装调整环、篦齿封严环，并用螺钉连接固定。

（3）调整篦齿封严环间隙。用调整环调整篦齿封严环径向间隙。

（4）安装嵌入件。将嵌入件安装在壳体内，组合加工到规定尺寸，保证涡轮转子叶片的叶尖间隙。

2. 叶片浮动安装在内、外环之间

图 5.40 为叶片浮动安装在内、外环间的结构示意图，这种结构的导向器内、外环连接是靠穿过空心叶片的长螺钉，螺钉一端的螺纹拧入内环拉紧。为了使长螺钉均匀拉紧，保证内、外环之间同心，用穿过叶片、套在长螺钉外面的承压支撑管定位，在相邻枕垫间形成了一个异形缝槽。具体装配过程如下。

（1）按设计要求选配叶片、支撑管。按技术要求选配支撑管、配套叶片，并对支撑管、叶片的位置进行标记。

（2）装配叶片。在选配好的支撑管上套装叶片，并装在内、外环间，用长螺钉初步固定。

（3）安装枕垫及叶片。在内、外环上装上内、外枕垫，同时安装叶片，依次安装其余内、外枕垫和叶片，拧上螺钉固紧内、外枕垫，用长螺钉固紧所有叶片。

（4）枕垫间隙检查。检查枕垫间的间隙，枕垫的凸凹度（用锉修枕垫型面方法保证间隙）。

（5）拧紧螺钉。按拧紧力矩要求，用限力扳手拧紧长螺钉。

（6）测量排气面积。

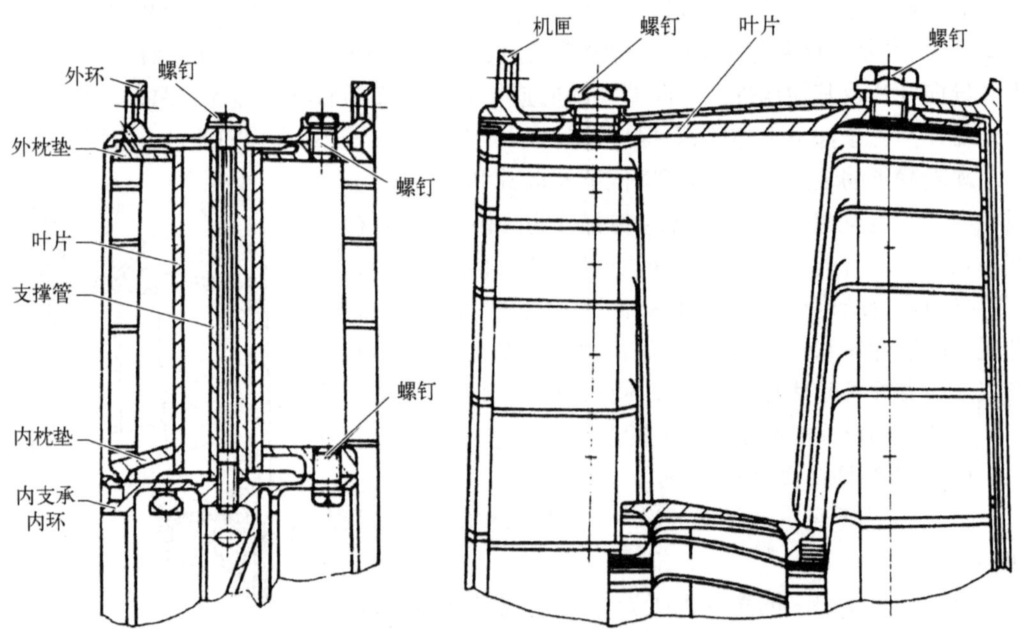

图 5.40　叶片浮动安装在内、外环间

图 5.41　叶片外缘板用紧固螺钉固定

3. 叶片外缘板用紧固螺钉固定在机匣外环上

叶片下缘板构成导向器的内环，叶片借助与机匣配合的加工表面定心，叶片靠精密螺钉轴向定位，如图5.41所示。装配顺序如下。

(1) 叶片安装。配套叶片，在专用夹具对叶片标识顺序号、按顺序安装叶片，并用固紧螺钉固定在机匣外壁上。

(2) 调整内、外缘板间隙。检查、调整内、外缘板间的周向间隙。

(3) 紧固螺钉。按拧紧力矩要求，用限力扳手拧紧固定螺钉并打保险锁紧。

(4) 组合加工。对叶片内缘板形成的内表面进行组合加工，以便保证与涡轮盘上封严篦齿装配间隙。

(5) 测量排气面积。

4. 叶片借助辐条和螺钉固定在外环和内支承上

该结构采用实心辐条，提高了机匣承载能力；偏心衬块可使叶片绕辐条旋转，改变叶片后缘角度，调整排气面积，如图5.42所示。装配顺序如下。

(1) 配套零件并做标识。配套零件、借助夹具在叶片上标识顺序号。

(2) 固定辐条。以内支承为基础件，用螺钉连接各辐条与内支承并拧紧固定。

(3) 安装叶片。按顺序将各叶片套装在各自辐条上，按标记安装在机匣外壁上。

(4) 固定辐条与机匣。用螺钉连接机匣外壁和各辐条并拧紧固定。

(5) 安装偏心衬块并固定。在叶片的特型孔内安装偏心衬块并用螺钉固定。

(6) 拧紧隔热屏并固定。用扭力扳手按拧紧力矩要求最终拧紧各螺钉。

(7) 安装隔热屏并固定。在内支承上安装隔热屏并用螺钉固定。

(8) 测量排气面积。

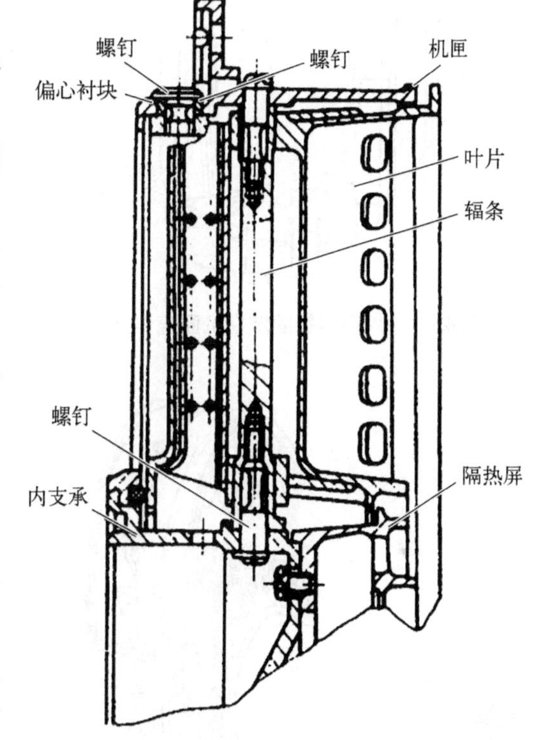

图5.42 叶片借助辐条和螺钉固定

5. 叶片装入内支承环的导向器

叶片装入内支承环，带叶片的内支承环整体用螺钉固定在涡轮机匣壳体上，如图5.43所示。涡轮叶片下缘板具有轴颈结构，叶片借轴颈安装在内支承环的定位孔里，这种结构提高了导向器的刚性，偏心衬块可改变叶片后缘角度，调整导向器排气面积。装配顺序如下。

(1) 配套零件。配套零件，并在叶片上标识顺序号。

(2) 安装叶片。固定内支承环，按顺序将叶片安装到内支承的定位孔中，叶片安装后，将带叶片的内支承环一起安装在涡轮机匣(导向器外环)内。

(3) 叶片定位。拧紧定位螺钉，固定叶片位置，装上偏心衬块，拧上并拧紧螺钉。

(4) 检查间隙。调整检查叶片上、下缘板间隙。

(5) 拧紧螺钉。用限力扳手将螺钉拧紧到规定力矩。

(6) 测量排气面积。

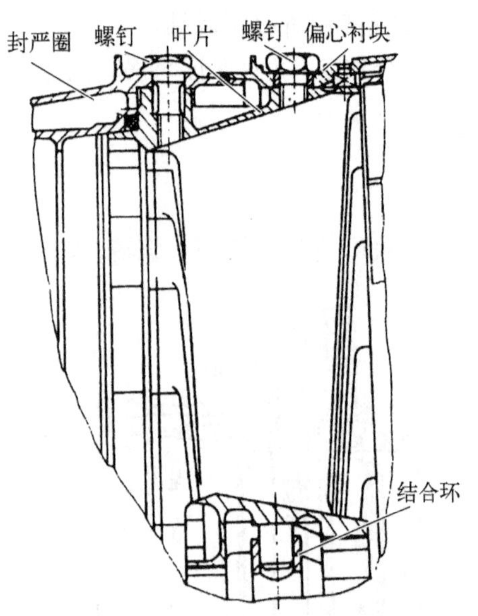

图 5.43　叶片用螺钉固定在机匣壳体上

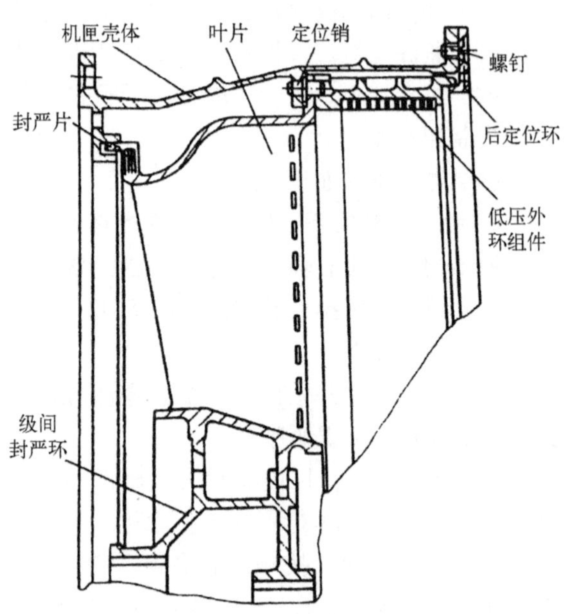

图 5.44　叶片径向定位机匣槽内，定位销角向定位

6. 叶片径向定位于机匣槽内，定位销角向定位的导向器

该结构将叶片径向定位于机匣槽内，采用定位销角向限位，如图 5.44 所示。其装配过程如下。

(1) 配套零件。配套零件，标记叶片顺序号。

(2) 安装叶片及封严片。固定级间封严环(内支撑环)，叶片安装在级间封严环上，在两叶片间装上封严片。

(3) 安装叶片及封严环并定位。固定涡轮机匣壳体，将带叶片的级间封严环安装在机匣壳体内，叶片外缘板前端进入叶片定位槽内，后端采用定位销限位。

(4) 安装低压涡轮外环组件。以定位销为基准，安装低压涡轮外环组件。

(5) 安装后定位环，并用螺钉固定。

7. 对开式涡轮静子的装配

图 5.45 为 3 级涡轮转子和静子机匣示意图，

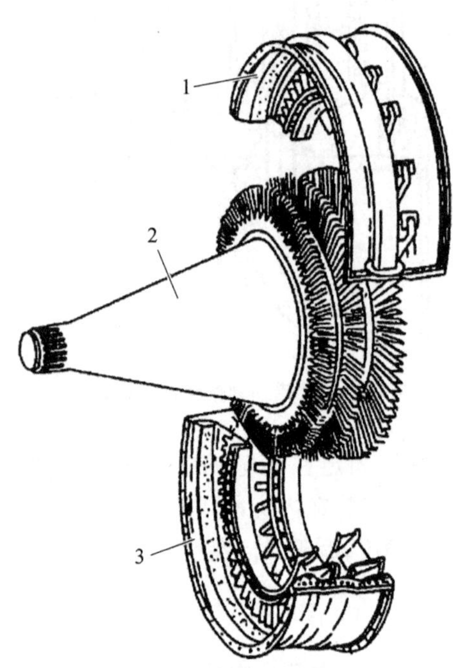

图 5.45　3 级涡轮转子和静子机匣

1. 涡轮静子上半部；2. 涡轮转子；3. 涡轮静子下半部

3级涡轮转子是不可拆卸的,因此其2、3级静子机匣(导向器)设计成沿纵向分半式结构。

涡轮静子的装配顺序如下。

(1) 组合后加工。配套零件,借助专用夹具将带叶片的两半部机匣用螺栓螺母拧紧固定,测量与调整各级导向器排气面积,在静子叶片上标识顺序号,将涡轮导向叶片、机匣等装配到一起,检查和调整内、外缘板间隙,完成组合加工后,分解清洗。

(2) 组装涡轮静子上、下半部。在涡轮静子机匣上依次安装导向叶片。

5.3.3 涡轮部件装配

涡轮部件的装配是将涡轮转子和静子组成转静子单元体,或在发动机总装过程中,在已装配好的燃烧室与压气机工艺装配单元上安装涡轮静子和涡轮转子的装配工序。多级涡轮结构要求涡轮静子与涡轮转子的装配配合进行,其装配工艺路线取决于涡轮转、静子的结构特点,可分成几种结构工艺方案。第一种工艺方案,转子为不可拆卸的,而涡轮机匣(导向器)具有纵向分解面(分半式机匣)。第二种工艺方案转子为可拆卸的,而机匣仅在垂直于轴线的平面有分解面。第三种工艺方案,转子为可拆卸的,涡轮机匣为整体结构。

1. 第一种工艺方案的装配

第一种装配工艺的装配过程为:① 安装一级导向器与燃烧室机座壳体连接固定;② 连接三级涡轮转子与压气机转子,检查一级涡轮与一级导向器叶片的轴向间隙;③ 在一级导向器后安装边上安装涡轮静子机匣下半部;④ 在各级转子叶片的叶尖涂涂料混合物;⑤ 安装静子机匣的上半部,转动涡轮转子,分解静子机匣的下半部,按涂料印痕检查叶片径向间隙;⑥ 用专用测具检查轴向间隙和篦齿间隙。

2. 第二种工艺方案的装配

第二种装配工艺方案如图5.46所示,装配过程如为:① 装配涡轮转子,对涡轮转子动平衡;② 将二级涡轮导向叶片装配到涡轮机匣上;③ 将二级导向器静子组件装配到涡轮转子上,使用工装确定转、静子位置;④ 将涡轮转静子组件装配到发动机上。

3. 第三种工艺方案的装配

第三种装配工艺方案,将涡轮转子与导向器装配到一起,使用工装固定转静子位置,进行带静子的动平衡,在平衡完成后不需要进行局部分解。

多级低压涡轮如图5.47所示,装配工序为:① 将各级导向叶片和涡轮转子外环安装到涡轮机匣上;② 将各级低压涡轮转子叶片装配到相应的涡轮盘上,组合磨削转子叶尖篦齿,单个盘片进行静平衡;③ 将涡轮机匣固定到装配工装上,依次将各级盘片组件、导向器和转子外环等装配到涡轮机匣上,组成转静子单元体;④ 将装配好的涡轮后机匣单元体装配到转静子单元体上,以涡轮机匣前安装边为基准,组合后加工轴承外环装配位置(图5.47中A处);⑤ 将涡轮后机匣分解,将涡轮轴组件装配到转静子单元体上,使用工装固定转静子位置,进行带静子的涡轮转子动平衡;⑥ 将涡轮后机匣装配到平衡好的涡轮转静子上,组成主单元体,装配到发动机上。

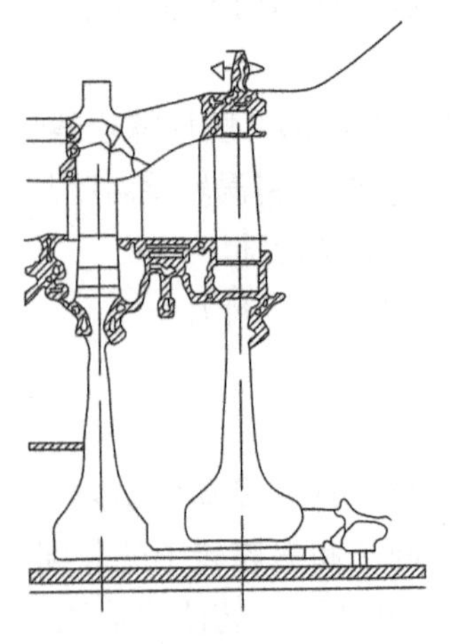

图 5.46　两级涡轮装配

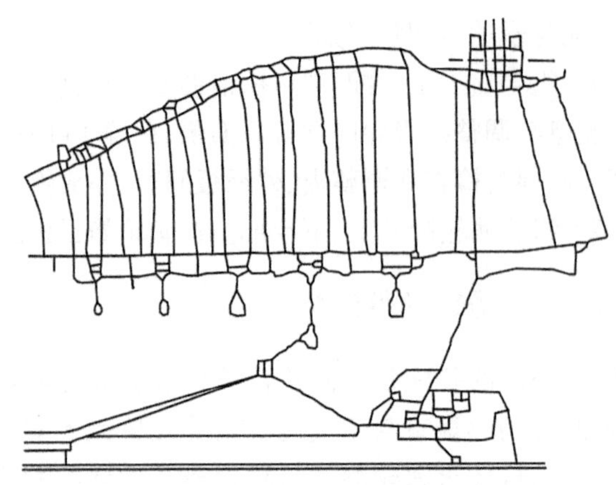

图 5.47　多级低压涡轮装配

5.4　加力燃烧室装配

加力燃烧室通常由环形扩压器、预燃室、火焰稳定器、喷嘴和燃油总管、加力燃烧室筒体等构件组成。

1. 带单火焰稳定器的扩散器装配

图 5.48 为加力扩散器简图，扩散器的装配主要工序如下。

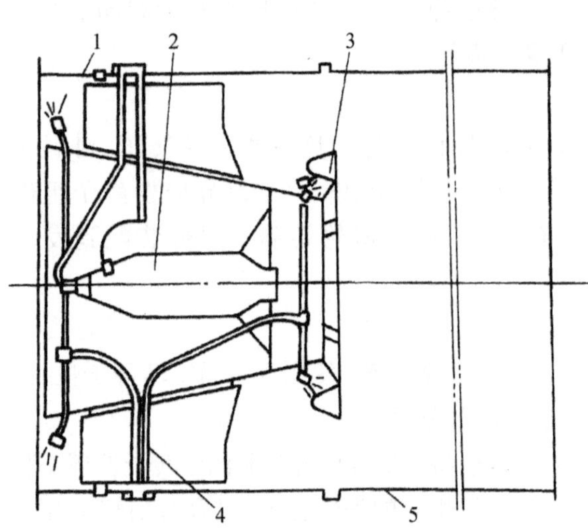

图 5.48　加力扩散器简图

1. 环形扩压器；2. 预燃室；3. 火焰稳定器；4. 喷嘴和燃油总管；5. 加力燃烧室壳体

准备工序：配齐经过试验的点火电嘴、燃油总管、预燃室、稳定器、空气管、扩散器壳体等零件并做标记。

装配工序：扩散器壳体固定在专用装配车（架）上；安装预燃室并固定；点火电嘴拧入预燃室；安装带电嘴的预燃室与扩散器内截锥壳体前安装边连接并固定；安装导电杆及汇流片与电嘴连接；安装空气管与预燃室连接；安装大、小燃油总管；安装稳定器并固定在截锥壳体上；检查规定间隙，装上各堵盖。

2. 双火焰稳定器扩散器的装配

扩散器的结构如图 5.49 所示，装配的主要工序如下。

准备工序：配齐全套零件并标上套号。

装配工序：扩散器壳体（外壁与内壁由支板连接好）固定在专用装配车（架）上；两电

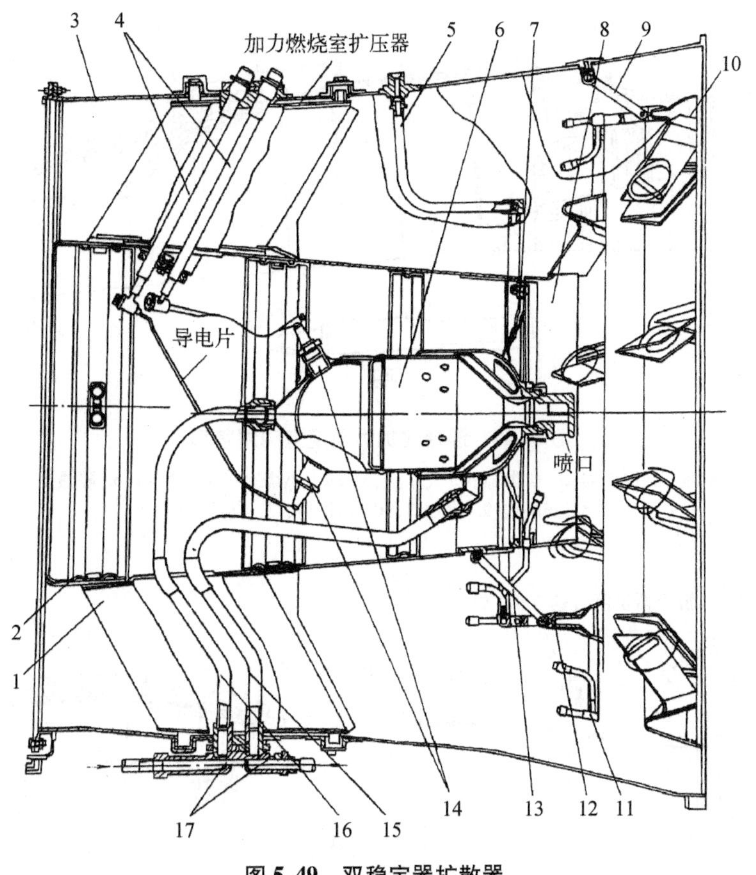

图 5.49　双稳定器扩散器

1. 整流支板;2. 内壁;3. 外壁;4. 导电杆;5. 内输油管;6. 预燃室;7. 隔热屏;8. 稳定器壳体;9. 拉杆;10. 外圈稳定器;11. 外输油管;12. 内圈稳定器;13. 拉杆;14. 电嘴;15. 空气管;16. 油气混合管;17. 管接座

嘴安装在预燃室上,预燃室安装在内壁,内腔用工艺螺栓固定;在内壁后安装边上安装隔热屏、稳定器壳体,取出工艺螺栓用螺栓将预燃室、隔热屏、稳定器壳体连在内壁后安装边上并固定;在预燃室上拧上、拧紧喷口并锁紧。安装两个导电杆,通过导电片与电嘴连接;安装油气混合器管和空气管,拧在预燃室接头上并拧紧保险,安装管接座;在内壁上安装 5 个拉杆并固定;从扩散器壳体后安装边往壳体内安放内输油圈,输油管经外壁的安装座伸出;安装内圈稳定器(传焰肋径向朝着稳定器壳体),用 5 个拉杆固定在内壁上;内圈输油管用耳环铰接在内圈稳定器上。在外壁上安装拉杆并固定;传焰肋径向朝着内圈稳定器安装外圈稳定器;用拉杆铰接在外壁上。外输油管用耳环铰接在外圈稳定器上。

3. 混合式加力燃烧室装配

双轴、双涵道发动机中,内涵道与外涵道两股气流在涡轮后加力燃烧室前段进口混合一起加力,混合加力燃烧室和尾喷口如图 5.50 所示,在扩散器与外涵机匣、涡轮后机匣之间装有混合器。

(1) 混合器的装配,如图 5.51 所示。以混合器机匣壳体作为装配基础件,将其固定

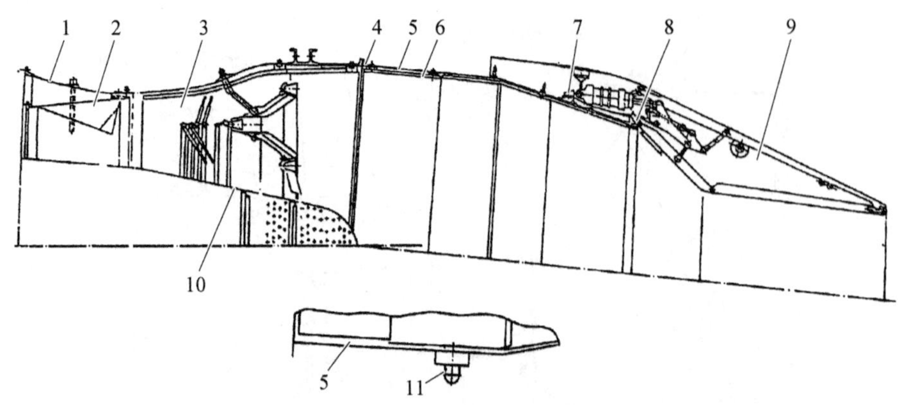

图 5.50　混合式加力燃烧室和尾喷口

1. 混合器机匣;2. 混合器;3. 扩散器;4. 安装边;5. 加力燃烧室机匣(筒体);6. 隔热屏;7. 轮箍;8. 安装边;9. 尾喷口;10. 内锥体;11. 漏油活门

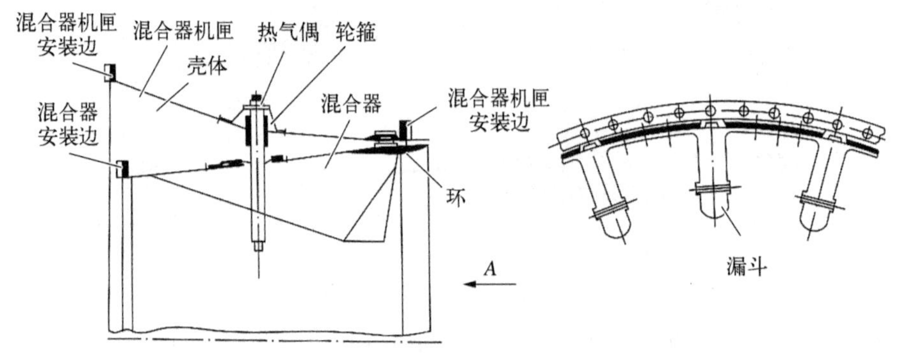

图 5.51　混合器

在专用装配车(架)上,在壳体上安装混合器并固定,将环活动地支撑在机匣上;在轮箍上安装热电偶,安装加力"热射流"点火系统的离心喷嘴;安装漏油导管并固定。

(2) 不带点火预燃装置扩散器的装配。有的发动机加力燃烧室的点燃由进入射流喷嘴的燃油喷射到主燃烧室,开始燃烧,在气流作用下穿过低压涡轮;从射流喷嘴来的火焰在此被离心喷嘴喷出的燃油放大,形成火焰,在加力燃烧室点燃起动总管排出的燃油。因此加力扩散器不设置点火预燃装置,其结构见图 5.52。

扩散器装配顺序:大圈稳定器和小圈稳定器分别装在专用支座上,按顺序安装大稳定器传焰槽、小稳定器传焰槽;稳定器安装在大、小圈稳定器的传焰槽上并连成一体;检查传焰槽型面与稳定器弯边壁及主稳定器之间的间隙不小于规定值。

安装拉杆:借助耳片将拉杆安装在壳体上;先将工艺螺母拧在耳片螺纹上;将起动总管 5 安装到主稳定器耳环上,借助支座轴,用耳片依次连接固定处;将总管 6、5、4、3 相互连接进行安装。

扩散器壳体前安装边固定在专用工作台上,将安装过的 4 个总管,按顺序从壳体后安装边外装入扩散器内腔;从壳体后安装边处安装带总管 5 的大圈稳定器;安装小

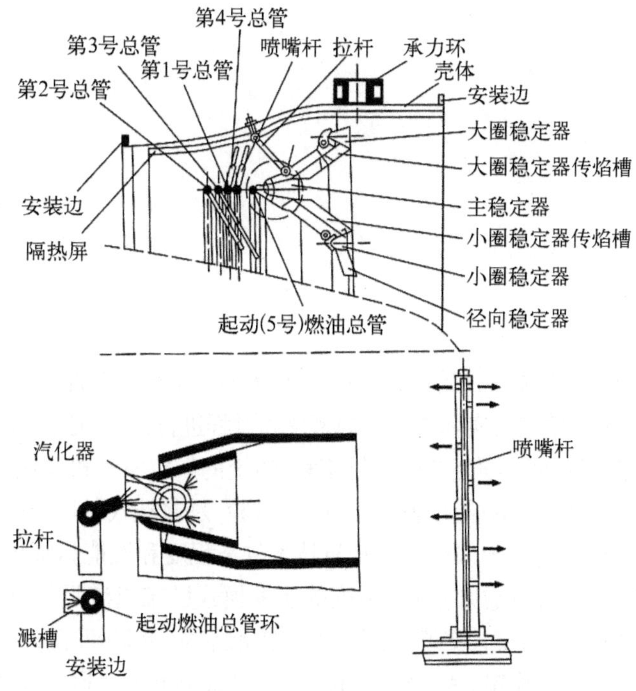

图 5.52 无点火预燃装置的加力扩散器

圈稳定器与主稳定器于壳体内;各管接头伸入壳体孔内;用工艺心轴连接拉杆与主稳定器。

第6章
仿真技术

仿真是基于控制论、系统论、相似原理和信息技术的多学科综合性技术。它以计算机系统和专用设备为工具,利用模型对实际或设想的系统和过程进行模拟,是支撑产品研发的重要手段。航空发动机正向研发是一项复杂的系统工程,传统的航空发动机研制通常依靠实物试验暴露设计问题,采用“设计-试验验证-修改设计-再试验”反复迭代的串行研制模式,导致其研制周期长、耗资大和风险高。未来航空发动机技术复杂程度和性能指标要求越来越高,产品研发难度显著增大,研制进度愈加紧迫,传统的研发模式已难以满足发展需求,需要实现从“传统设计”到“预测设计”的模式变革,而仿真是助推航空发动机研发模式变革的重要手段。

根据美国空军研究实验室(Air Force Research Laboratory,AFRL)2002年发表的研究报告,综合考虑F100、F404、F414和F119发动机的研发情况可以得出,一个发动机研发项目理论上需要10年周期、15亿美元研制经费以及14台整机试车用发动机,试验时数长达11 000多小时。采用先进的设计仿真工具,可使总试验时数减少到7 000多小时,减少约30%(表6.1),相应地,用于试验的发动机整机数量从14台减少到9台,研制经费也从15亿美元减少到7亿美元,降低幅度高达50%(表6.2)。

表6.1 由于模拟而减少测试时间的潜力 (单位:小时)

测试项目	理论值	建议值
航空/机械	775	400
功能/环境	675	500
加速任务测试/耐力	3 225	2 875
可操作性(海平面)	750	450
可操作性(海拔)	2 595	1 325
热部件寿命/耐久性	3 000	2 000
总测试时间	11 020	7 550

表6.2 开发成本对比 (单位:百万美元)

开发项目	理论值	建议值
初步设计	46	37
最终设计	198	160

续　表

开 发 项 目		理 论 值	建 议 值
工具/制造/装配	装置	30	22
	核心机/发动机	481	164
	飞行试验发动机	310	156
测试	装置	16	16
	核心机/发动机	126	126
项目管理/其他		213	52
总金额		1 496	733

航空发动机仿真是融合了先进航空发动机设计技术和信息技术的最新成果,是在计算机虚拟环境中,实现对航空发动机整机、部件或系统等的高精度、高保真多学科耦合数值模拟。通过仿真可深化对航空发动机内部运行本质和规律的认识,提前暴露可能出现的故障、发现设计缺陷,大幅提高研制效率和质量,减少实物试验反复,降低研制风险和成本,加快研制进程。航空发动机的仿真对象包含气动/燃烧/结构/强度/材料等学科领域维、部件/子系统/系统等产品结构层次维,以及设计/试验/制造/维修等全生命周期维等对象。本章结合现有先进仿真技术,重点介绍数值仿真技术的研究计划与发展、航空发动机设计制作协同仿真技术、航空发动机智能制造及智能装配技术。

6.1　多国的数值仿真技术研究计划

航空发动机的数值仿真包括稳态仿真和动态仿真。稳态仿真用于设计点分析,并兼顾非设计点的性能,可以用于控制系统方案论证和发动机系统寿命的估算。动态仿真用于研究发动机控制规律/逻辑和确定发动机稳定工作极限,发动机实时仿真以闭环方式可以与控制系统一起工作,动态仿真也可用于研究发动机产生故障的原因。当地面设备不能模拟那些出现异常特性的飞行状态时,动态仿真尤其有价值。

20 世纪 80 年代末以来,西方航空强国相继制定并实施了多项航空发动机仿真技术专项研究计划,并开发了多个航空发动机数值仿真系统。经过数十年的发展与应用,航空发动机仿真理论和算法已经成熟,仿真置信度较高,仿真精度已达到相当高水平(表 6.3)。

表 6.3　建模与仿真精度

物 理 性 能	目前准确度/±%	要求准确度/±%
性能(稳态和瞬态)	2.0	0.5
可操作性	20.0	2.0

续 表

物理性能		目前准确度/±%	要求准确度/±%
空气热力学		3.0	1.0
3D 结构分析		5.0	2.0
HCF/断裂力学		20.0	10.0
性能控制		2.0	0.5
寿命	LCF	25.0	5.0
	HCF	100.0	20.0
	抗氧化性	10.0	5.0
	应力集中破裂	10.0	5.0
材料特性		10.0	5.0

1991 年美国开展了“高性能涡轮发动机综合技术”(IHPTET)计划。为了充分利用先进的数字化信息和通信技术,促进 IHPTET 计划的加速进行,NASA 格伦研究中心(Glenn Research Center)与美国国防部在“航空航天推进系统仿真”(Aerospace Propulsion System Simulation, APSS)研究的基础上,在 1989 年提出了发展“推进系统数值仿真”(Numerical Propulsion System Simulation,NPSS)技术的研究计划。该计划采用最先进的面向对象及远程网络协同工作技术,将推进系统各部件、各子系统及多学科综合设计、分析与评估集成在一起,对推进系统的性能、稳定性、费用、寿命及取证等进行数值仿真计算,形成航空航天推进系统“数值试车台”,如图 6.1 所示。根据 NPSS 计划,将使发动机研制的时间和经费减少 25%~40%。此后,1991 年 NASA 刘易斯研究中心基于 NPSS 的上述研究,进行了面向对象方法的研究和实践,目的是建立一个供北美主要发动机和飞机制造商在各个阶

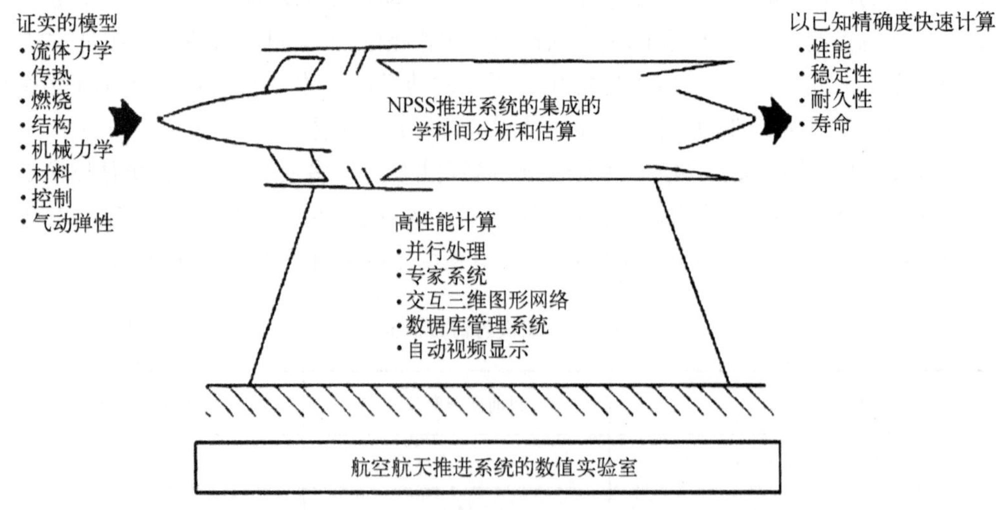

图 6.1　推进系统数值仿真试验台(NPSS)

段对各种型号燃气轮机进行仿真的、统一的、集成的数值实验台。

进入20世纪90年代，从传感器、作动器、控制器至终端都已实现了数字化控制。自动化设备采用以传感器为基础的操作系统，数字化器件是信号处理和通信中的主要器件，自适应控制技术和专家系统已获得应用。20世纪90年代的测控仪器是以微处理器为基础、带有专家知识库、具有一定推理能力的智能仪器。测试系统是采用多机与网络技术为基础的系统，实现参数测量-数据处理-试验过程控制-试验管理全自动化，很大程度降低了费用和消耗，提高了试验效率和质量。为了更进一步提高测试系统数据处理能力，正在大力发展并行处理技术，计算机辅助技术进一步得到应用。建立发动机试验数据库、开发仿真技术和发动机状态监控和诊断已成为迫切的需要。

美国阿诺德工程发展中心的ASTF推进系统高空模拟试车台配置了世界最先进的测试系统，该系统将数据采集、处理、显示、分析和控制综合为一体，缩短试验周期、节省发动机工作寿命、降低运行费用及减少工作人员，并能存储更多的有用数据，为优化发动机设计提供可靠的依据。GE公司在发动机试验中，采用一种大闭环测试系统，从起动到停车共用53个程序（慢车、起飞、巡航、最大功率、进场和冷却停车等），所有试验结果、数据表格均可通过三台显示终端显示给试验人员。据统计，采用这种测试系统可使试验时间减少27%、燃油节省25%。类似的高空模拟试车台在英国国家燃气轮机研究院（NGTE）有5座，罗罗公司有2座，法国萨克里试验中心有7座，它们也都配置了高度自动化、综合化的先进测试系统。

俄罗斯中央航空发动机研究院（ЦИАМ）也建立了大型、小型高空模拟试车台，其规模与美国相差无几，它们也相应地配置了先进测试系统。例如，ЦИАМ的连接式高空模拟试验台的操纵台与测试系统组成及联网如下：

（1）发动机操纵台监视仪表、计算机显示终端、设备台监视仪表、计算仪显示操作工作站、动态测试记录仪、稳/瞬态计算机数据采集系统是系统主要组成部分；

（2）设备操纵台计算机显示、操作系统与气源站主机联网，阀门控制通过计算机功能键来实现；

（3）发动机操纵台计算机显示终端与台上数据采集系统联网；

（4）动态测试记录分析仪由磁带机、示波器配合实时记录显示，现场可选点做频谱和相位分析。

该设备和测试系统能进行性能考核试验（中间和巡航状态测定耗油率、中间和最大状态测定推力）、节流特性和高度速度特性试验、加速性试验、工作稳定性检查、模拟进/出口压力和温度、稳态和动态测量等，试验高度自动化与综合化。

欧洲通过实施VIVACE（Value Improvement through a Virtual Aeronautical Collaborative Enterprise）计划中的虚拟发动机项目，推动各发动机公司和研究机构建立了统一的行业标准，搭建了统一的仿真平台，即面向对象的推进系统性能仿真软件（PROOSIS）。其构建的多学科协同设计系统，具有友好的用户操作界面、标准的数据接口、完善的动力系统零部件库，可针对各类航空发动机系统进行建模，功能涵盖发动机可行性研究、概念设计、详细设计、服务保障等全生命周期，目标是使新型发动机研制费用降低50%，研制周期缩短30%。目前，PROOSIS已成为欧洲商业航空发动机公司如罗罗、GE、普惠和MTU公司等开发新型航空发动机的首选标准工具。

国内的航空发动机仿真技术研究起步较晚,最早是由刘大响院士在2000年提出"在我国预研和型号研制已有的软件基础上,再适当引进并消化、吸收国外一些先进软件,建立一套中国自己的设计软件体系和数值仿真系统,不但是必要的,也是有可能的",指出了我国进行仿真研究的可能性和途径,并建议集中一批高水平的优秀中青年技术骨干,成立"中国航空发动机仿真研究中心",以较少投入、较快速度缩小与国际先进水平的差距。西北工业大学等使用由德国MTU Aero Engines公司开发的GasTurb软件,在SIMULINK下建立了包含涡喷、涡扇、涡轴、涡桨在内的22种发动机类型的部件级模型库。基于MATLAB/SIMULINK高级图形仿真环境,南京航空航天大学利用图形模块化技术开发了某型双轴涡扇发动机的通用部件级模型仿真系统。而在发动机控制系统开发领域,MATLAB及其SIMULINK建模仿真工具包、Control System控制工具包、Real Time Workshop实时代码转化工具包等配套工具,组成了可以快速实现控制系统开发与设计的图形化仿真平台。

6.2 数值仿真技术的发展

6.2.1 学科领域维仿真技术

1. 流体仿真

计算流体力学(computational fluid dynamic, CFD)是通过数值方法求解流体力学控制方程,并预测流体运动规律的学科。由于航空发动机的进排气、风扇、压气机和涡轮都是内部流动,因此在航空发动机中主要进行的是内流计算流体力学研究。

随着计算机技术发展,CFD网格模型、求解算法等也得到了相应的发展。支持的网格从单块结构化网格到多块结构化、非结构化网格;从四面体、三棱柱发展到球型、混合网格。CFD求解算法从势方程、Euler方程、雷诺平均N-S(Reynolds averaged Navier-Stokes, RANS)方程、大涡模拟(large eddy simulation, LES)发展到直接数值模拟(direct numerical simulation, DNS)。目前工程应用的主要是RANS方法,而RANS与LES混合方法可能是未来发展的趋势。

2014年,美国NASA经过大量的调研,形成了一份综合分析报告,对CFD中所涉及的大部分技术到2030年时的需求及能力进行了分析和预测,并给出了技术发展路线图,如图6.2所示。报告认为:① 到2030年,RANS方法可能仍是工程中主要的分析手段;② 大涡模拟及其基于近壁面建模的简化方法将在工程中获得大规模应用;③ 需要在物理模型、数值格式、求解算法、网格生成等一系列方向上开展大量研究,以形成完全自动化的高效分析工具;④ 未来15年CFD的重点研究方向应为高精度数值方法和高效求解算法、与物理现实尽量一致的高保真物理模型及仿真、误差评估(数值误差、几何误差及模型误差等)、多学科/部件耦合分析及多目标优化等技术。

2. 燃烧仿真

计算燃烧学(computational combustion dynamics, CCD)是对燃烧的基本现象和实际过

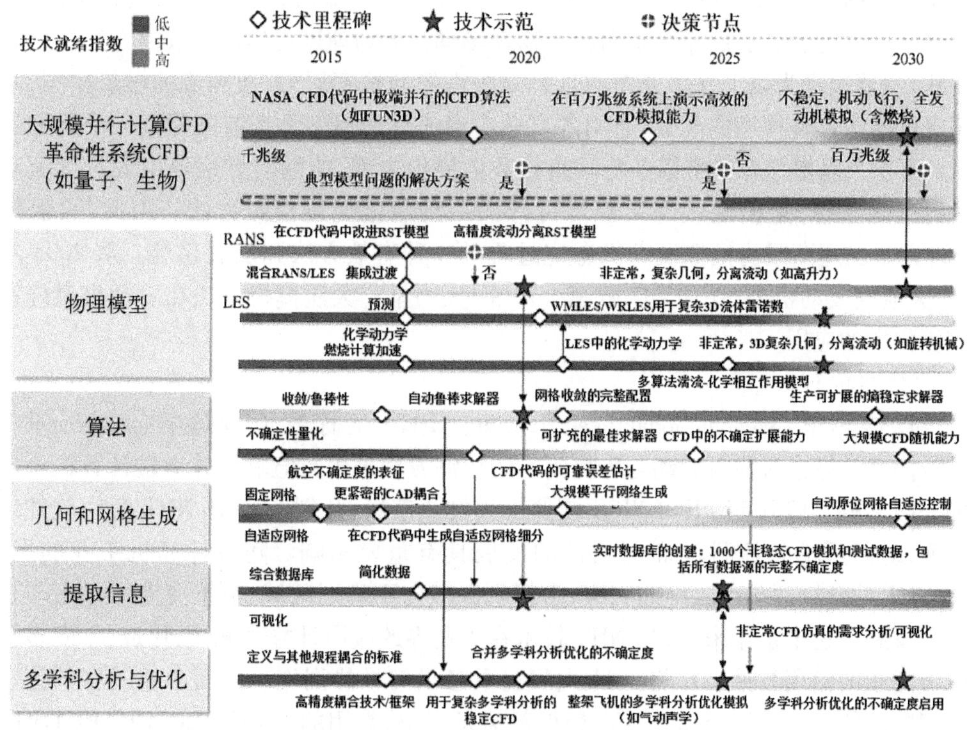

图 6.2　CFD 技术发展路线图

程进行计算机模拟的一门科学，为深入认识航空发动机燃烧过程和燃烧装置的设计及研制提供了重要手段。

20 世纪 70 年代，美国研制了先进的高温升回流燃烧气动热力计算程序，这是可以进行实际燃烧室性能预估的第一代计算模拟软件。20 世纪 80 年代，美国先后实施了国家燃烧计算模块（NCC）、先进模拟和计算（ASC）、燃烧室设计模拟评估（CDME）、推进系统数值仿真（NPSS）等一系列数值模拟领域的重大研究计划，开发了可用于燃烧室气动稳态模拟的国家燃烧代码（NCC）等发动机数值计算核心软件。同时各大航空发动机公司如美国 GE、普惠公司和英国罗罗公司等也针对各自的工程研究需要，开发了专门的燃烧性能仿真软件或物理仿真模型，指导燃烧室设计与研制。2000 年以后，已经能够用数值计算预估二维和三维定常的燃烧室内流复杂流动，并用数值计算方法预估三维非定常两相有化学反应的流动，FLUENT、STACD 等软件通过不断的技术完善，都可实现对燃烧过程进行数值模拟。一些主要航空发动机制造商已经用燃烧数值计算方法进行燃烧室设计，如美国 GE 公司基于 NCC 计划搭建性能分析平台，完成了包括 CFM56 的双环腔燃烧室（DAC）等多个新型燃烧系统的设计。此外，美国政府发动机热端部件技术项目对燃烧数值仿真软件进行了系统的试验验证和评估，使得发动机研制周期从过去的 10~15 年缩短到 6~8 年甚至 4~5 年。

当前燃烧数值仿真技术进一步朝着高保真、高效的方向发展。美国国家航空航天局在最新公布的 CFD 2030 年远景规划中也将航空发动机燃烧流场高保真、高效模拟列为四个 CFD 应用重大挑战性和亟须解决问题之一。高保真、高效燃烧数值仿真技术的需求,对燃烧室内强旋流、三维、非定常两相多物理场耦合的物理过程建模和数值方法提出了新的挑战,主要表现为以下几个方面:① 针对先进发动机宽压力、强湍流的燃烧模拟,基于概率密度函数燃烧模型的高效、通用的自适应湍流燃烧模型是当前国际上一个研究的热点;② 由于大涡模拟介于雷诺平均和直接数值模拟之间,能够对燃烧场中大尺度流动结构进行准确求解,是精度较高又经济可行的一种湍流燃烧模拟方法。因此,大涡模拟(LES)方法已逐渐成为模拟发动机燃烧过程的一种有效方法和发展趋势。从 2008 年开始,各大航空发动机公司(如 GE、普惠公司等)大力推广大涡模拟方法在发动机燃烧室设计和优化中的应用。

3. 传热仿真

计算传热学(computational heat transfer, CHT)又称数值传热学(numerical heat transfer, NHT)是指对描写流动与传热问题的控制方程采用数值解法并通过计算机予以求解的一门学科。1981 年 PHOENICS 软件正式投放市场,开创了 CFD/NHT 商用软件市场的先河,对以后的热流科学商用软件的发展具有重要影响。随着计算机工业的发展,CFD/NHT 的计算逐步由二维向三维、由规则区域向不规则区域、由正交坐标系向非正交坐标系发展。近十余年来,CFD/NHT 技术在工业界的应用日益普遍,已形成了 50 多种求解热流问题的商用软件。目前 NHT 发展已具备求解导热到气、液、固多相并存的流动与换热问题的能力。前后处理软件也获得迅速发展,从常用的 GRAPHER, GRAPHTOOL 到比较专业的前后处理软件 IDEAS, PATRAN, ICEM－CFD 等。多个计算传热与流动问题的大型商业通用软件,如 FLUENT(1983 年)、FIDAP(1983 年)、STAR－CD(1987 年)、FLOW－3D(1991 年)等陆续投放市场,除 FIDAP 为有限元法外,其余产品均采用有限容积法。1989 年,计算流动-传热-燃烧等过程的系列软件出现。流动与传热问题数值计算商业软件的蓬勃发展,一方面有力地推动了计算传热学研究成果应用于求解工业实际活动,另一方面也促进了对高性能数值方法的研究。未来数值计算方法将向更高的计算精度、更好的区域适应性及更强的健壮性方向发展并呈现三大趋势:一是对分析结果的精度要求越来越高,需大力开展具有有界性、高分辨率的对流项格式研究;二是对分析对象的要求越来越庞大和复杂(系统级分析),需进一步发展网格生成技术方法、同位网格方法和非结构化网格方法;三是对多物理场、多相连续介质耦合分析尤其是气动、结构、传热耦合分析的需求越来越多,需进一步研究算子分裂算法 PISO、基于可压流的 SIMPLE 系列算法等压力与速度耦合关系的处理方法。

4. 结构强度仿真

结构强度仿真是应用计算结构力学计算从零件到部件、组件、分系统和整台发动机的结构性能,包括应力、应变、振动频率、寿命、重量、可靠性等。

自 20 世纪 70 年代初开始至今,以美国为代表,在发动机结构强度方面有三次重大理论发展、创新和实践。20 世纪 70 年代发展了发动机应变疲劳和断裂理论。20 世纪 80 年代发展了高温材料和结构的非线性应变理论和疲劳/蠕变寿命模型。20 世纪 90 年代,发展了包括高循环疲劳科学与技术计划(HCF S&T)、高温复合材料结构(火焰筒、涡轮导向叶片)以及概率寿命设计(叶片、轮盘、涡轮)方法等。

以美国为代表的西方发达国家，经过数十年的发展和应用验证，发动机结构强度仿真技术本身的理论和算法已经趋于稳定，积累了大量高置信度仿真模型、仿真输入数据（载荷、边界条件、材料力学性能数据库）和仿真算法程序，仿真置信度较高。例如：在涡轮盘、叶片、机匣等关键结构寿命设计方面开展了包括低周疲劳、高周疲劳、蠕变、高低周复合疲劳、热机械疲劳等多失效模式的研究，建立了详尽、完备的基础数据库与分析模型。

未来结构强度仿真一方面朝着更高精度的要求发展，这需要大量的试验数据，包括材料性能数据支撑；另外一方面朝着多学科耦合，以及整机结构强度仿真方向发展。

5. *材料仿真*

材料仿真是指通过模拟材料的组成、结构、性能及服役性能，研究材料从纳观、微观、介观到宏观多个尺度范围内存在的各类现象与特征，从而预测材料的结构和物化性质，是进行材料设计、优化与实践的重要手段。材料仿真的理论方法主要包括：基于统计物理学的分子动力学方法、基于量子力学原理的第一性原理计算以及基于连续介质力学的有限元方法等。其中，分子动力学方法和第一性原理计算用于电子和原子尺度的材料计算，有限元计算方法用于宏观尺度的材料计算。介观尺度材料仿真的研究兴起于 20 世纪 90 年代，主要计算方法包括：空间离散化位错动力学、相场动力学、元胞自动机（celluar automata, CA）方法、波茨模型、几何及组分模型、拓扑网格和顶点模型。近年来，逾渗模型被逐渐引入到材料仿真领域，在材料导电路径、微区塑性性能、扩散、断裂力学以及多孔介质的模拟预测等方面具有重要应用。

2000 年以来，美国国防部高级研究计划局（Defense Advanced Research Projects Agency, DARPA）资助美国 GE、普惠和波音公司启动“加速引入材料（Accelerating the Insertion of Materials, AIM）”计划，以航空发动机叶片和盘件快速研制为目标，加强了材料及工艺多尺度建模仿真、结构可制造性分析、设计-材料-制造一体化多学科集成应用，大幅度地缩短航空发动机材料的研制与应用周期，如 GE 公司利用材料仿真技术，将轮盘合金材料的开发周期降低一半。2011 年 6 月 24 日，美国启动“先进制造业伙伴关系（Advanced Manufacturing Partnership, AMP）”计划，旨在联合美国政府、高校及企业，共同推进美国制造业的发展，以保持其在制造业的世界领先地位。APM 计划中的一个重要组成部分是“材料基因组（MGI）计划”，即通过建立描述材料的成分-结构-性能关系的数据库，基于已有的材料学基本原理和计算模型，可以设计出满足特定需求的功能性材料，以大大提升研发速度。美国 GE 公司在 MGI 计划推动下，通过将公司内部相近合金的数据库与计算热力学相稳定性的预测相结合，成功研发出应用于燃气轮机的 GTD262 高温合金材料，且从概念设计到实际生产只耗费 4 年时间，经费是以前同类合金开发成本的 1/5 左右。

6. *多学科设计优化仿真*

多学科设计优化（multidisciplinary design optimization, MDO）是一种通过探索并利用工程系统中各学科间相互作用的协调机制来设计复杂系统和子系统的方法。在设计过程中，需“同步”考虑各学科间的耦合作用，“实时”平衡各学科间的冲突，利用先进 MDO 策略及适于 MDO 的先进优化算法来寻求系统最优解，从而提高产品综合性能水平，缩短研制周期并降低成本。

1974 年,美国国家航空航天局提出了 MDO 思想;1991 年,AIAA 成立了专门的 MDO 技术委员会,发表了第一份 MDO 白皮书,列举了 MDO 的研究内容与核心技术,标志 MDO 作为一个新的研究领域正式诞生;1998 年,MDO 技术委员会发表了第二份白皮书,描述了 MDO 的工程应用情况,总结了利用 MDO 技术的方法及经验,提出了需要解决的困难问题,推进了 MDO 技术的工程应用;目前,美国政府已将 MDO 技术纳入"美国国家关键技术发展规划",希望通过对 MDO 技术的研究与工程应用,促使企业从传统的串行设计模式向先进的并行、一体化设计模式转换。

目前,已建立了集成不同学科软件、自动实现数据交互、可并行分布式计算的 MDO 框架,如 NASA 兰利研究中心开发的 FIDO 框架、NASA 格伦研究中心联合密歇根大学等高校开发的 Open MDAO(多学科分析与优化)、加拿大普惠公司开发的 PMDO(初步多学科设计优化)系统等,基于协同优化(CO)策略对整个设计流程进行分解,整个多学科设计优化包括两个层级:整机(系统)级和部件(子系统)级。当前的主流方法有顺序迭代、设计结构矩阵方法(DSM)以及分析模型近似方法。通过这些方法对系统建模、分解后,结合全局灵敏度方程和近似模型技术,采用并行子空间策略(CSSO)、协同优化(CO)、二级集成系统综合方法(BLISS)和解析目标层解方法(ATC)等 MDO 策略进行求解。未来的 MDO 将采用多学科耦合协调及复杂设计流程分解的机制、复杂系统的多保真度建模技术,开展更高精度的代理模型、更高效的优化算法及优化策略等研究。

6.2.2 产品结构层次维仿真技术

1. 控制系统仿真

航空发动机控制系统仿真包括发动机建模仿真和发动机控制系统仿真两项核心技术。

美国 NASA 格伦研究中心在 20 世纪 90 年代中期,基于 MATLAB/SIMULINK 和面向对象技术,完成了 NPSS 平台开发,建立了发动机非线性部件级实时仿真平台,实现了对发动机性能的分析和预估,支撑发动机控制系统的设计;2003 年,完成了军用级的通用推进系统仿真模型(Modular Aero-Propulsion System Simulation, MAPSS)、控制系统和故障诊断仿真模型的开发;2008 年,完成了民用级的通用推进系统仿真模型(Commercial Modular Aero-Propulsion System Simulation, C-MAPSS)的开发以及在 40 000 kg 级推力和 18 000 kg 级推力的大涵道比民用涡扇发动机上的应用验证,为控制系统(控制规律、控制计划、控制逻辑)的设计与开发提供支撑,并在此基础上,构建了发动机仿真模型和发动机控制系统仿真模型集成的整机闭环仿真平台,为 FADEC 系统的快速成功研制奠定了基础。

美国空军研究实验室(AFRL)构建了由涡轮发动机部件级非线性实时模型、控制系统和健康管理系统等组成的涡轮发动机动态仿真系统 TEDS(Turbine Engine Dynamic Simulator)。TEDS 是一个虚拟测试平台,也是一个共享资源平台,由基于 dSPACE 硬件(包含模拟量、数字量输入输出)的仿真模块组成,用以支持实时仿真环境下先进控制方法和健康管理的研究,并成功实现了涡轮发动机及其控制系统的实时仿真验证。2005 年,AFRL 开发了通用的发动机模型 GEM(Generic Engine Model),具备发动机实时仿真、全飞行包线内仿真、高精度的稳态特性与过渡态特性分析、硬件在回路试验验证等功能。

随后,又开发了扩展型通用发动机模型 AGEM(Augmented Generic Engine Model),它作为一个 0-D 计算小涵道比军用发动机稳态、过渡态性能的仿真模型,可用于 GE 的 F110 和普惠的 F100 发动机性能的分析验证。同时,基于通用的发动机模型,AFRL 完成了智能控制设备(Intelligent Controls Facility, ICF)的开发,为原型机试验提供预先验证的平台,实现了 FADEC 硬件在回路(Hardware-in-the-Loop)的快速高效半实物仿真验证。

2. 液压机械执行机构仿真

液压机械执行机构是控制系统的一个重要组成部分。目前专用于液压仿真的典型软件有英国巴斯大学的 BATH/FP、德国大学等多家机构研制的 FluidSIM,以及用于机械或机电系统的液压仿真软件,如美国 MSC 公司的 Admas、波音公司的 Easy5、西门子公司的 AMESim 等。这些产品在建模图形化、模型库的丰富性、界面友好性和操作的方便性等方面做得都比较成功,同时在三维实体运动和动力分析和仿真、查错功能、建模的具体方法和功能的多样性方面又各有所长。

3. 燃烧室仿真

在航空发动机中,燃烧室的作用在于燃烧气体,并形成高温高压的燃气,推动涡轮旋转做功。燃烧室一直被公认为仿真模拟难度较大的部件,近年来也取得了重要突破。普惠公司采用数值计算方法预估三维非定常两相有化学反应的流动,对某民用航空发动机全环燃烧室进行数值模拟,所设计的燃烧室不做部件调整试验,就可直接装在发动机整机上试验。另外,仿真技术在 GE90、CFM56 和 F124 发动机的燃烧室设计中也获得了成功应用。例如,完成了 GE90 发动机全燃烧室几何建模、气动/传热/燃烧耦合仿真、电子样机建模/整机流道三维稳态气动仿真、整机流道三维稳态气动与考虑化学反应的燃烧室耦合仿真。

4. 压气机、涡轮等机构仿真

在航空发动机中,确保气动稳定性是最为重要的技术标准之一。从航空发动机的构造来看,风扇、压气机和涡轮对于气体的流动量最为敏感。因此,需要采用数值仿真技术对压气机以及涡轮的效率进行分析,确保三者的各级流动可以相互匹配;还要分析涡轮叶片的冷却效果。例如,采用 NPSS 计划的研究成果,完成了大量的应用,包括 PW6000 高压压气机一维欧拉可压流分析模块与零维整机缩放演示仿真、E3 发动机进气道压力畸变三维非定常仿真和低压系统三维稳态气动仿真、AE3007A1 发动机热力循环分析/电子样机建模/带冷却气的高低压涡轮耦合仿真、T58 发动机压气机三维非定常仿真。

6.2.3 生命周期维仿真技术

1. 设计业务域

在航空发动机设计中,仿真技术主要用于推进系统、整机、部件和系统的辅助设计和性能分析。例如:GE 公司运用仿真技术,仅耗时两个半月就完成了 GE90 发动机的改进设计,使得高压压气机级数从 7 级减至 6 级,单机减重 200~250 lb(约 90~113 kg),单位耗油率下降 1%,单台发动机寿命周期内运营成本平均节约 25 万美元,大大提高了研制效率;罗罗公司采用仿真技术成功完成了遄达 800 的弯掠风扇设计,具有效率高、喘振裕度大、抗外物能力强、噪声低等优点;普惠公司发展了 NASTAR 程序,应用于 F119、PW4000、

PW6000、PW8000 等发动机的风扇/压气机设计，性能大大提高，设计风险显著降低。

2. 试验业务域

目前，航空发动机部件级和系统级的大部分实物试验都可由数学仿真试验为主的虚拟试验代替，半实物仿真试验也初步得到了应用，特别是受试验条件限制难以进行的危险性或破坏性试验（如鸟撞、包容试验），少量实物试验只用来进行模型校核和最后试验结果的验证。航空发动机试验仿真能力已实现从常规的稳态和过渡态特性仿真到动态特性（如喘振、旋转失速和进口流场畸变等）仿真的发展。

美国阿诺德工程发展中心（AEDC）和空军飞行试验中心（AFFTC）建立了全包线状态变量分段线性化的自适应机载实时模型（STORM）和增强的自适应机载实时模型（eSTORM），形成了航空发动机地面和飞行联合仿真试验条件，具备了对航空发动机的稳态和瞬态工作性能进行在线评估的能力。经 F－22/F119 各种飞行状态下的验证表明，上述模型均具有很高的预测精度。

3. 制造/装配业务域

目前航空发动机制造工艺全流程仿真技术研究比较成熟，取得了航空发动机零部件/系统及制造工艺流程仿真等软件成果。例如：在 2005～2010 年，Volvo 公司实施了 VERDI 计划，完成了航空发动机零部件制造工艺的全流程仿真技术研究，涉及金属沉积、焊接、热处理、机加等多种制造工艺，完成了航空发动机叶片制造工艺的全流程仿真软件的开发，实现了工艺参数和加工路径等优化，大大减少航空发动机零部件的研制周期和成本。

4. 维修业务域

GE 公司利用仿真技术建立了一套先进的航空发动机监视与诊断系统，包括 1 000 多台发动机和几十年使用经验的数据库。该系统可应用于故障的实时预测、性能变化趋势分析和关键件的使用寿命管理，可大大节省维修工时和备件数量，提高经济性和工作可靠性。GE 公司正在将“数字孪生（digital twin）”技术应用于航空发动机的研发，建立“数字孪生”发动机，在仿真环境下完成对飞行过程中真实发动机实际运行情况的完整透视，实现对航空发动机磨损情况和维修时间的正确预判，达到早期预警或故障监控的目的。研发的先进涡桨发动机（ATP）号称是世界第一台真正意义的“数字孪生”发动机，GE 公司已成为航空发动机仿真技术应用的标杆。

6.3 航空发动机设计制造协同仿真技术

由于历史原因，在航空行业，长期以来一直采用厂所分离的产品科研生产体制，形成了多个既合作又分离的集团。其中设计所负责产品的需求管理、设计开发和试制、设计定型工作，而生产厂则根据设计所提供的图纸和相关数据进行产品的规模化生产。这些年来，科技发展迅速，航空发动机的复杂度和集成度也越来越高，单一领域的产品已经很难满足需求，导致产品研制的广度及深度都有所提升，需要设计所和生产厂进行紧密交流，而一直以来大量的交流工作都是通过人工纸质方式完成，往往数据传输效率较低，数据的安全性和数据版本的一致性无法充分保证，且过程很难予以控制。厂所分离造成了设计制造流程串行，各部门之间信息交换不流畅，形成信息孤岛，理想的模式应该是设计、工艺、制造协同管理,使产品研发的信息充分共享,缩短复杂产品研制周期,提高产品质量。

近十年来,利用数字化技术、先进管理理念以及数字化装备为代表的数字化制造技术,改变和提升传统加工工艺、加工设备和生产过程管理,建立先进的数字化生产制造模式,对提升航空生产制造综合能力有着重要的作用。随着越来越多的航空制造业企业采用三维计算机辅助设计(computer aided design, CAD)进行产品设计,基于三维产品模型进行工艺规划已经成为航空企业提升工艺设计质量、提高整体工艺水平的迫切需求。

航空发动机是典型的复杂结构产品,具有研制周期短、小批量生产、制造工艺极其复杂、加工精度要求高等研制特点,传统的串行设计制造已远远不能适应研制快速变化的需求,因此并行工程应运而生。企业实行并行工程时,要求设计、制造各个过程的多项任务同时、交叉进行,减少设计过程的多次反复。并行工程的协同效应使得各部门协调工作,能够对众多方案进行及时准确的评价,以达到最优方案。计算机支持的协同工作能使在不同的计算机上的用户分工协作、共同高效地完成一个复杂问题。

6.3.1 基于模型的数据集成

基于模型的定义(model based definition, MBD)技术是当前数字化产品定义的标志技术,也是实现智能制造的关键基础技术,广泛应用于复杂产品的数字化设计与制造,将成为我国商用航空发动机数字化研发体系建设的重要保障和支撑基础。数据集成是实现航空发动机协同设计与制造的基础和保障,统一的产品数字化定义是实现智能制造的基石。产品定义经历了二维图纸数字化、二维数字图纸+三维模型到基于模型的产品数字化定义。

MBD 与其说是产品数据的表征方法,不如说是统一的产品数字化定义模式,MBD 是通过定义特征和控制特征关系完成模型定义的方法。MBD 的核心是基于特征定义的三维模型,围绕三维模型集成了包括设计、工艺、制造、检验等各部门的信息,形成单一数据源,成为产品设计与设计、设计与制造和制造与制造之间统一的信息载体,并且可以根据协同研制需求提供不同视图用于装配、仿真和工艺设计等。同时 MBD 能够通过对设计、制造等工程特征进行语义描述,融合可更新的工程知识。

MBD 模型中主要管理两类数据,一类是几何信息(几何模型),另一类是非几何信息(标注信息)。非几何信息基本不是独立存在的,而是与几何特征有关,并通过特征关系实现关联。几何信息通过 CAD 系统进行管理,而非几何信息通过产品数据管理系统进行存储和管理,通过这种机制就实现了几何信息与非几何信息的高度集成。这种集成机制解决了航空发动机产品研制过程中设计与设计、设计与制造和制造与制造协同过程中的数据集成问题(图 6.3)。

1. 设计与设计协同过程

在设计与设计协同过程中,由于航空发动机结构复杂性,设计更改频繁,以往的二维设计模式难以满足,既不能保证设计数据的关联性,增加了设计更改的工作量,同时无法保证总体与各单元进行并行协同设计。基于 MBD 模型,航空发动机部件设计单位可以建立气动、结构、强度、热力、传热、燃烧等多领域仿真环境,开展多学科综合优化设计技术及

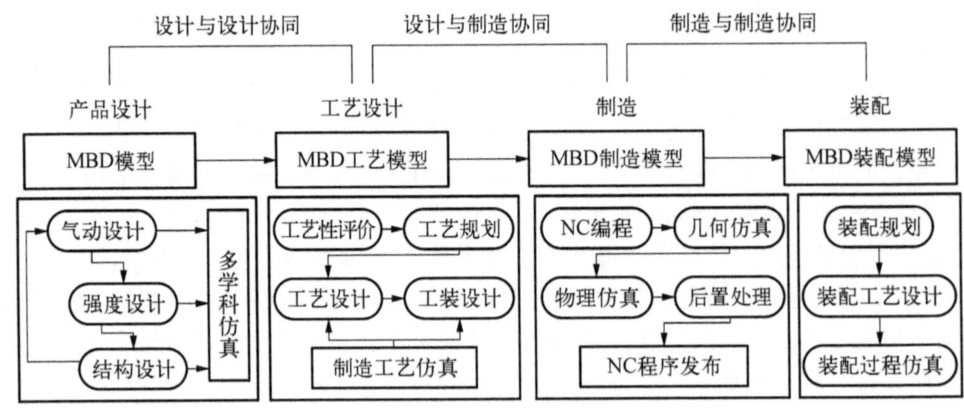

图 6.3　基于 MBD 的设计制造协同

实现设计过程中主要专业的协同与并行。

2. 设计与制造协同过程

航空发动机设计过程中存在设计与工艺的协同，主要任务是对产品的设计进行可制造性分析和工艺审查，同时对某些生产准备周期长的零件，可以提前进行工艺准备（毛坯设计、工装设计等），基于 MBD 单一数据源的出现能够保证在统一的数据模型下进行工艺设计及工艺准备工作，针对长周期关键零件实现设计制造协同。

3. 制造与制造协同过程

制造过程覆盖了工艺设计、工装设计、加工、装配等诸多环节，这些制造活动之间存在着数据交互和集成，工装设计、数控加工和装配工艺设计都需要数据模型作为单一数据源，进行并行协同工作。

6.3.2　航空发动机的研制流程及特点

1. 航空发动机的研制流程

航空发动机采用成熟度的管理办法来开展设计和制造的并行工作，首先约定产品数字化定义数据成熟度的等级，其次确定工程和制造在每个成熟度阶段的任务、目标和分工，以此为依据开展设计和制造的相关工作。成熟度是对产品定义数据完成情况和详细程度的描述，并且将达到一定技术状态的定义数据（包括产品结构信息、几何信息、工艺信息、分析结果、技术说明和检测结果等）提供给用户，以便于下一步工作的顺利开展。在数字化飞机产品研制的业务流程中，为产品定义数据的对象和关系赋予成熟度标识，以反映该对象从设计到发布的进展情况，为相关工作的协同提供依据。

航空发动机数据成熟度按照产品数据的信息完整程度，按设计和制造工作需求，以模块为单位，进行成熟度管理，分为 MG0 到 MG6 共 7 个阶段。

MG0（初步设计阶段）：开展设计总方案、主结构布置、主结构剖面形状、主结构典型剖面参数、结构功能明确、内部结构布置、传动装置布置、结构对接方式明确等相关工作。

MG1：开展模块基本产品结构、零组件编号及名称、材料制品形式、材料规格、材料规范、零件成形工艺要求、加工工艺、零件热处理、表面处理等相关工作。

MG2：开展零件三维数据定义、零件与系统界面确定、重要尺寸及公差、关重件特性、装配关系明确、紧固件选择完成、飞机理论外形冻结等相关工作。

MG3：开展零件强度初步校核、重量初步验证、运动机构仿真完成、零件数模细节完善（含细节尺寸）、确定互换替换要求等相关工作。

MG4：开展连接补偿设计明确、装配技术条件、零件公差配合明确、完整的产品结构（标准件、成品件）等相关工作。

MG5：开展强度分析最终验证、总体分析最终验证、重量指标最终验证、零件细节标注完成等相关工作。

MG6：开展密封区域及密封方式明确（仅含防腐蚀密封、油封）、结构喷漆要求明确（仅含面漆）等相关工作。

2. 航空发动机的研制特点

(1) 航空发动机属于大型复杂产品，其设计过程是多学科、跨企业协作过程。

航空发动机由于产品复杂，其设计过程不仅仅是系统设计、机械结构、电气、控制等的设计，还包括各个分系统、组件系统从物理结构、功能和性能等方面进行分析、仿真、优化以及虚拟验证等，这涉及机械、力学、空气动力学、经济学等多个学科的专业知识；相应的工艺设计更为复杂，仅机械结构件就涉及零件加工、成形、焊接、铆接、热处理等多个专业，且往往一个零件就需要跨多专业进行工艺设计，因此型号产品的设计过程是一个跨学科、跨专业的协同过程，往往需要多个部门、多家企业共同对同一产品、模型、数据进行编辑、修改、审查和维护工作，对于协作工作环境的要求很高。

(2) 多阶段、多轮研制逐次递进的并行设计过程。

航空发动机研制的整个流程中，存在着多轮研制逐次递进的规律。全系统需要经过方案、工程等多个阶段的研制工作，在每个阶段中，全系统的各个组成部分都要进行新一轮的设计、生产和改进，但不同阶段的研制考核重点又不相同，依次由单机（子系统）、分系统、全系统（总体）逐次递进。每一阶段都是以前一阶段的工作为基础，在巩固前一阶段研制成果的同时，开展新的研制内容。

严格意义上来说每一个阶段之间的关系都应是串联的，但是在一些特殊情况下，例如为了缩短产品的设计周期，设计单位会将一些工期时间较长或时间要求紧迫的部件或分系统进行提前转阶段处理，使后续工作能够尽早开展，但是一个产品两个阶段的设计数据需要同时能够修改、同时生效，这就是型号产品设计阶段的多阶段并行设计过程。

(3) 多个型号产品并行设计。

为了在宏观上把握大型复杂产品的整体性，提高产品的可靠性和生产效率，制造企业通常会要求设计师尽量在设计中采用通用件。因此演化出航空发动机的构型管理，采用模块化的思路对产品系列进行设计。因此，要求设计时要尽量考虑多个型号产品的需求，以及多型号设计师之间的相互协同。

6.3.3 基于MBD的产品设计与仿真

1. 航空发动机设计的系统工程

系统工程是一个多学科交叉的过程，它的目的是保证用户的需求在系统的整个生命周期中均得到满足。它从系统层对问题进行整体分析，将问题划分为子问题或子系统，识别子系统之间的关系，开展总体设计；之后，再对各个子系统进行具体设计。

基于模型的系统工程（model-based system engineering, MBSE）是复杂系统开发领域企业和研究机构目前正在广泛应用和推广的现代系统开发流程，见图 6.4。在 MBSE 方法中，利用图形化、结构化的方式将系统需求、功能、组成等描述为需求模型、功能模型、物理架构模型等，将这些模型作为主要方式描述系统的组成，并且对其演化过程进行控制，以便于实现系统工程项目的设计与管理过程。MBSE 方法可有效地解决基于文档方法在参数获取及技术状态管理方面面临的问题。

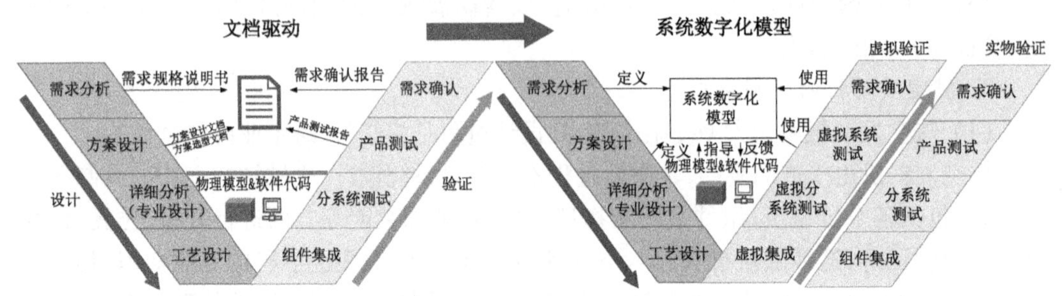

图 6.4　MBSE 示意图

2007 年，系统工程国际委员会（International Council on Systems Engineering, INCOSE）在国际研讨会上，将 MBSE 定义为“对建模的形式化应用，用来支持系统的需求、设计、分析、验证和确认活动，这些活动开始于概念设计阶段并持续到整个开发和以后的寿命周期阶段。”系统工程活动及其流程是系统工程体系的核心。根据当前航空发动机研制需求，明确系统工程各阶段任务划分和实施要求，对关键技术活动开展集中攻关，不断开展系统工程流程的梳理和优化。面向产品的全生命周期，建立覆盖型号需求模型、功能模型、产品模型、工程模型、制造模型、实物模型等全阶段的型号模型体系和研制流程体系。同时，针对复杂产品总体、分系统设计协同的需求，基于协同设计和并行工程的理念，利用信息化技术和手段，建立起适用于产品各研制阶段，支持多学科、多专业综合集成的设计流程和环境，实现高效的信息表达、数据管理、数据传递，为产品研制流程的上下贯穿提供根本性保障。

航空产品是典型的、高度复杂的系统产品。现代飞行器的复杂程度越来越高，其系统变量越来越多、目标或任务也越来越多、硬件/软件越来越复杂，同一单位不同研发部门之间的建模软件都存在很多的差异，而 MBSE 技术要求确保全程传递和使用的是基于同一模型，因此统一的建模标准成为 MBSE 实现道路上的一个问题。美国国家航空航天局、美国波音公司、洛克希德-马丁公司、欧洲空客公司、达索公司都在多种型号的不同研发阶段进行了尝试。在中国，中国商用飞机有限公司、中国航空工业集团、中国航空发动机集团等航空工业企业也纷纷加入这一领域，启动了众多关键技术研究。

2. 基于 MBD 的三维标注模型设计

三维标注主要针对尺寸、公差、粗糙度、技术要求等内容如何在模型进行组织和表达进行定义。实现三维标注首先要解决的是三维标注标准问题。建立基于 MBD 的三维模型应该从基于 MBD 的三维标注入手。基于 ISO 16792－2006 和 GB/T 24734 等标准，或根据企业、行业特点建立自己的标注标准。

针对三维标注的详细程度问题，如果是数控零件，只需要最少的标注即可；如果该零件在企业内部加工，只需要典型标注即可；如果该零件需要供应商加工，可能需要完全标注。

（1）最少标注：一般包括外形轮廓、技术要求、材料信息、零件信息。

（2）典型标注：一般包括外形轮廓、技术要求、材料信息、零件信息、典型尺寸、尺寸公差、形位公差信息。

（3）全部标注：一般包括外形轮廓、技术要求、材料信息、零件信息、所有尺寸、尺寸公差、形位公差信息。

最后是效率问题，基于标注标准结合产品开发的特点，在CAD系统上进行三维快速标注工具模块的开发。

3. *知识工程驱动的航空发动机创新设计方法*

航空发动机设计是一个继承与重用设计知识的过程，通常需要借鉴已研制产品典型结构件的设计过程中所形成的设计知识与经验。并且，由于其设计的复杂性和多学科性，每一个设计者不可能掌握相关所有领域的知识。在方案设计和研制过程中，需要设计者根据已有产品的设计成果及多年积累的经验，同时借鉴其他设计者的成果及经验来解决设计中遇到的多领域问题。图6.5所示为知识工程驱动的航空发动机创新设计方法，重点研究以下几点。

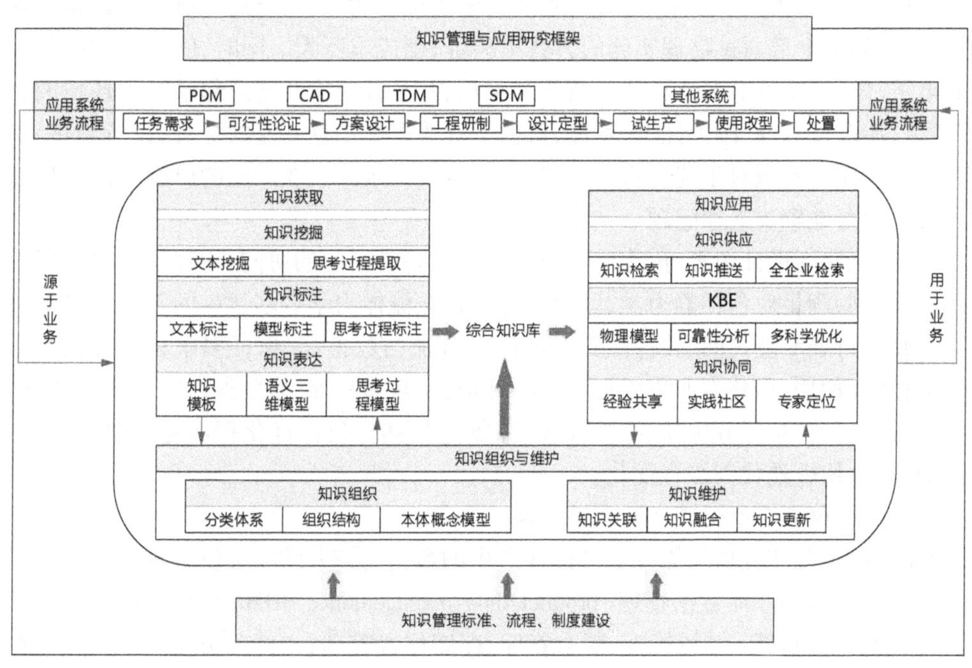

图6.5 知识驱动的产品创新设计方法

1）基于知识工程的产品研制模式和流程

在产品的协同设计中，传统模式下设计人员往往只能凭借个人经验或者知识积累来制定设计方案和开展设计工作。基于知识工程的产品研制通过梳理产品研制流程，以及每个流程节点中所需要和应用的知识点内容，形成研制知识应用地图，利用信息化手段和工具，将知识和型号研制的工具系统进行集成和融合，构建知识驱动的型号创新研制环境。针对研制流程中不同阶段、不同问题的知识需求，基于型号研制知识库进行问题的匹配，进行型号研制知识、问题求解方法，形成知识驱动的研制模式。

2）基于本体的知识表达和关联方法

航空发动机研制涉及专业领域众多，对产品知识的分类、表达是知识应用的基础。基于本体论的方法，构建产品研制知识建模框架，形成涵盖顶层、领域、应用不同层级的领域产品本体体系，实现对产品研制知识的分类表达，然后梳理本体顶层框架以及相关术语的上下位继承关系，以及属性/功能/科学原理等各种本体关系的内在联系，总结归纳术语本体之间的关系，构建不同知识之间的关系和影响规则，为知识的检索和应用奠定基础。

3）基于参数化模板的知识应用方法

知识的深化应用一直是知识工程的瓶颈。通过对产品研制中一些具有趋同性的研制问题、经典的分析和计算问题等，引入参数化技术，利用多种信息化工具和手段，将典型结构模板化、将经典计算方法模板化、将典型设计和工艺案例结构化和模板化；实现对相似对象的所有共同特征抽象而形成的知识模板，形成集成多种知识、供产品研制时进行知识重用的结构化模板，避免大量的知识搜索与重复设计，大大提高型号研制效率。

4. 多学科协同设计仿真

航空发动机作为大型复杂产品，产品及其分系统的功能、性能的分析和验证是非常重要的工作。如果全部通过物理实验的方式来验证，则成本巨大。同时，航空发动机是涉及机械、电子、电气、软件等多学科的复杂系统工程，其系统结构及与外部系统和环境的相互作用复杂，涉及可靠性、维护性、保障性、价值工程等多个工程专业的综合，仅考虑单专业，或串行设计，无法实现对系统的真实模拟，并影响设计效率。在产品的研制中运用仿真技术，将能够很好地解决上述问题。

对数字化协同设计仿真、优化应用技术是通过各学科间的协同，构建研发多学科的数字化表达模型，满足对包括静力学、动力学、热力学、流体力学等多学科的复杂的动态设计优化的要求，打通专业之间、软件工具之间的业务流与数据流，保证多学科设计仿真数据的统筹管理和使用，搭建专业集成设计仿真环境，实现多专业、多学科之间的协同研发，实现学科间的设计仿真任务传递、结果反馈、数据迭代和多目标优化等功能，实现设计过程可追溯和设计快速迭代与综合优化。

5. 产品结构及三维模型数据管理平台

对于复杂产品相互协调需要对其设计产生的数据、模型、结构提供管理平台以及管理协同流程，通常采用产品数据管理(product data management, PDM)平台完成产品的数据和流程管理，一般包括：结构管理、版本管理、存储位置管理、文件分类管理、借阅管理、数据可视化、电子化审签、模板管理等功能，支持产品数字化体系框架、设计流程、虚拟样机、数据接口、能力单元等。为数字化研制活动提供统一的运行、操作与管理环境，且具有可扩展性、灵活性与易操作性。

航空基于 MBD 的产品数据管理系统的重点实施内容主要包括：集成产品数据管理、物料清单(bill of material, BOM)管理、构型管理、数字样机管理、基础资源库管理、系统工程管理、客户服务支持及系统集成等方面。主要建设内容由中国商飞信息中心统一规划，分模块协助开发完成。基于大客产品数据管理和协作工作(integrated digital environment for aircraft lifecycle, IDEAL)平台的产品数据管理系统框架如图6.6所示。

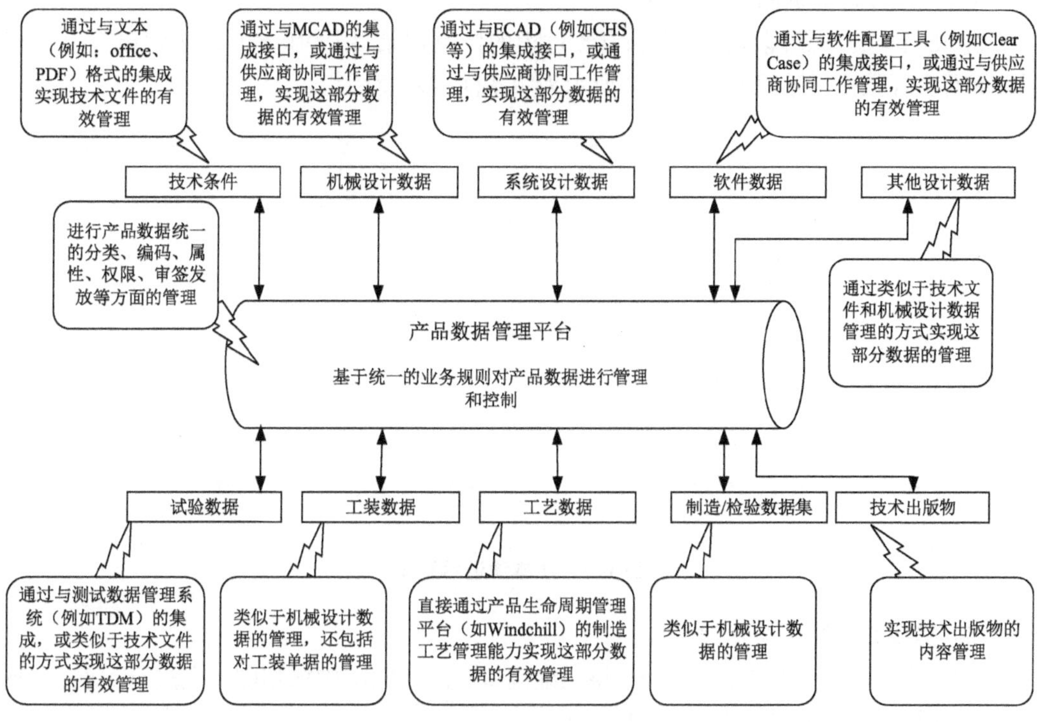

图6.6 产品数据管理平台

1) 集成产品数据管理

产品定义数据管理是产品数据管理系统的基础功能,通过这部分功能的实施,为大型客机全生命周期过程中,设计、工艺、制造、质量、检验、适航、客户服务等部门产生的各种类型产品数据,包括三维模型、二维图样、技术文档、工艺规程、质量规范等数据,进行统一的存放和管理,并将实现产品数据管理系统和计算机辅助电子设计(MCAD)、计算机辅助机械设计(ECAD)、机载软件配置等工具软件的集成,确保数据的方便传递和有效组织,并通过对产品的严格控制保障数据的一致性、有效性、完整性、可追溯性和安全性。

2) 基于MBD的制造跟踪的构型管理系统

基于大型客机产品数据管理系统全面支撑大型客机构型管理中涉及的构型标识、构型控制、构型审核及构型状况等相关的各项业务流程,实现大型客机在生命周期各阶段、各架次中构型变化过程的严格控制和准确记录,并确保过程信息的可追溯性。具体包括:有效性管理,试验构型管理,构型基线管理,工程更改管理。

3) 基于MBD的资源库

在产品研制过程中,相关业务部门将产生和应用大量的标准件、通用件、材料及电子元器件等基础信息。为了更好地对飞机研制过程中的生成的这些信息进行重新利用,需要应用成组技术对数据进行分类和整理,并建立对应的零部件分类索引目录及标准件、通用件及元器件等基础资源库,提供便捷的信息检索和重新利用手段。大型客机数据管理系统建立的基础资源库，包括飞机结构标准件库、飞机管路标准件库、飞机电气标准件库、工装标准件库、材料库、成品件库、通用件库等。

4）三维设计数据的版本管理

定义用小版本管理设计过程和审签过程的修改记录，用大版本管理工程更改过程记录，从而实现数据可追踪性。图 6.7 所示为版本演进示意图。

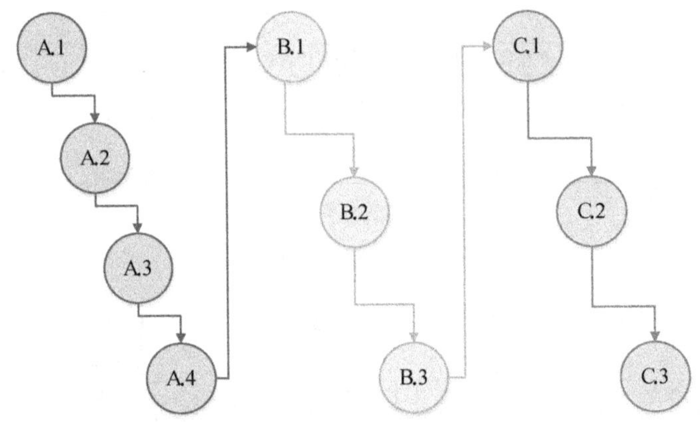

图 6.7　版本演进示意图

5）实现产品结构树管理

建立完整的图形化产品结构树，将三维模型和图档同结构树相应节点进行关联，实现以产品结构为核心的产品数据管理。

（1）针对零部件增加业务需要的各种属性信息，实现零部件和三维模型属性管理。针对三维模型参数要求，为三维模型对象扩充必要属性，并在三维模型数据集成到产品数据管理(product data management, PDM)过程中将这些属性传递给产品结构，形成完整的技术状态信息。

（2）建立三维数据的分类管理机制，定义具体分类信息，实现各类信息的分类存储、显示和管理。

（3）依据型号、专业、分类建立零部件和三维模型的存储机制。按数据类型、状态、存储位置和人员、角色分配访问控制权限，在审签流程中分配临时动态访问控制权限。

6）技术通知单管理

（1）定义技术通知单文档类型、属性、审签流程以及流程各环节参与人员的职责。

（2）定义技术通知单的存储规则及访问控制权限规则。

（3）实现技术通知单和对应模型或装配的关联。

（4）实现针对技术通知单的汇总统计能力。

7）多专业的一体化集成环境

全型号技术状态管理的一个基础是需要一个多专业集成的单一数据源。型号协同研制平台必须在技术状态管理方面提供对型号描述信息的单一数据源管理，这些数据源，不仅包括不同设计部门和供应商提供的不同应用软件格式的结构设计信息，还包括像管路设计、电缆设计的其他信息；同时，包括不同专业的应用数据，如电子设计专业、软件设计专业和光学设计专业等。

（1）机械结构设计的集成：机械结构设计师能够在CAD的工具中进行产品设计或者从服务器上下载数据进行修改，并通过CAD集成接口，将设计结果提交到服务器进行数据保存和其他用户进行协同设计。平台提供了包括Pro/E等软件的商业化接口，利用该接口，用户可以直接在MCAD应用工具中检入/检出CAD模型文件，建立产品结构树，并将产品结构和型文件、图纸等进行关联，在系统和应用工具之间实现属性的双向传递。

（2）电子设计的集成：电子设计工程师在完成电子计算机辅助设计（electronic computer aided design，ECAD）原理图或印制电路板（printed circuit board，PCB）设计后，设计师可以通过ECAD集成模块，将设计的结果以及BOM表上载到企业的PDM服务器中进行管理和后续的签审工作。

（a）电子设计工程师能够在ECAD的工具中，直接启动集成界面进行包括文档控制、BOM集成、可视化文档生成等各种集成操作。

（b）设计文档上载及版本控制：系统能够自动将ECAD设计文档打包成一个压缩文档，上载到服务器上进行版本控制。

（c）设计BOM自动上载：系统能够自动将原理图或者PCB中所对应的元器件编号/规格/厂商信息等上载到PDM系统中，建立与原理图相一致的产品结构。

（d）自动生成中性格式可批注文档：系统自动将原始文档格式在后台转化为中性格式的文档，以便后续的标准化/工艺部门进行电子化签审和批注。

（3）软件配置的集成：对于软件设计过程的管理，建议采用以下的原则对软件文档进行管理。

（a）所有的软件技术文件，例如概要设计、测试计划、详细设计等文档将直接纳入PDM进行管理。

（b）所有源程序以及编译程序将纳入软件配置管理系统进行管理，但当阶段评审或者冻结后，将对应的源程序/可执行程序打包后，纳入PDM系统进行管理，并与对应的软件整件编号进行关联。

8）设计规范检查工具

设计流程的规范化是保证设计质量和提高设计效率的重要工具。建立一套完整的适合产品设计特点的流程，并通过制定相应的规章制度加以保证，对规范的执行情况通过设计规范检查工具加以实现。具体的检测内容可以根据产品特点，在CAD自带的规范检查基础上加以细化和开发。根据相关标准和企业要求进行标准检查，并可以统计三维标注所使用到的相关标注生成报告。

9）设计特征管理工具

设计特征管理工具是一个面向功能的特征库管理模块，用于提高对单个零件的设计效率。与几何特征相比，设计特征管理工具特征库中的特征主要是面向功能的特征，这种基于功能的特征库设计模块为产品快速设计提供了前期准备和设计数据库，是产品进行快速设计的前提和基础。设计特征管理工具将允许设计者以功能特征的方式进行三维设计。每一个典型特征都有独立的对话框建立和修改参数。每个创建的功能特征将在NX零件浏览器里面显示与普通特征一样，每个功能特征都有相应的对话框用于特征的创建和编辑，并被赋予唯一的名称。工艺信息将被嵌入到功能特征里面。工艺信息包括：尺寸公差、形位公差，表面光洁度，检测要求，这些工艺信息将为后期基于 MBD 的加工工艺的制定提供依据。

6.3.4 基于 MBD 的工艺设计与仿真

1. 基于 MBD 的设计制造协同

产品协同研发模块，主要完成对产品设计工艺协同的业务需求，从生产部门的数据要求来看，工艺数据的准确性和 BOM 信息的完整性来源于设计 BOM，工艺是否能够早期介入参与设计工作决定了车间生产周期是否能够提前。因此，设计制造协同可从可视化协同方面解决工艺与设计之间的沟通问题；从数据协同方面解决 BOM 数据的完整传递问题；从流程协同方面解决工艺早期介入问题。图 6.8 所示为从流程方面解决制造协同问题示例。

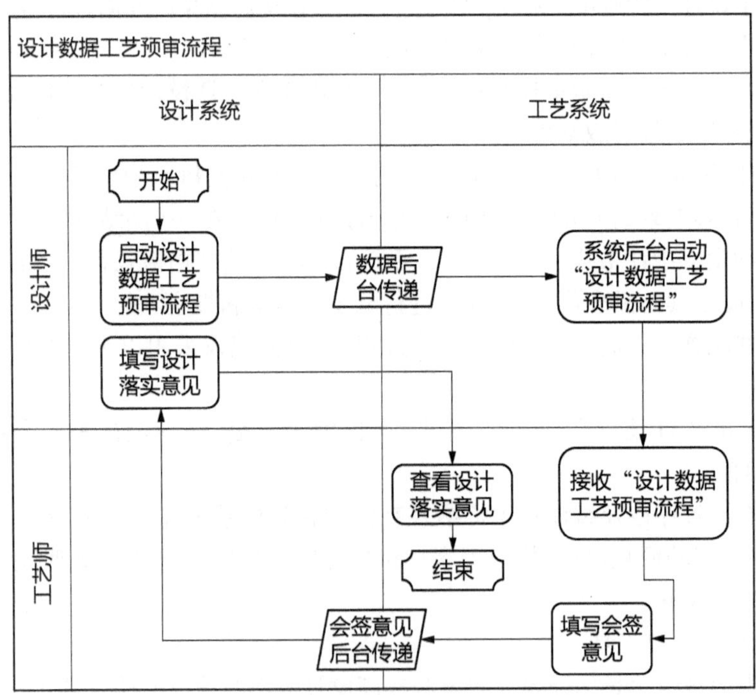

图 6.8 从流程协同方面解决制造协同问题示例

1）工艺会签

设计者在自己的 PDM 系统中发起工艺会签流程，工艺人员在自己的 PDM 系统中接收到工艺会签任务，同时可以浏览、检查、批阅待会签的设计模型和设计图纸，完成电子化工艺会签。

2）接受设计数据

设计者在自己的 PDM 系统中发起数据包发放流程，工艺部门/公司系统管理/数据管理人员收获数据包对数据包进行浏览、检查，将数据包数据导入自己的 PDM 系统中，形成 EBOM，EBOM 上挂接有设计数据。

3）计划物料清单的创建

工艺人员以工程物料清单（engineering bill of material，EBOM）为基础创建计划物料清单(plan bill of material, PBOM),并对 PBOM 实现电子化审签和工艺任务下发。

4) 闭环的变更

根据企业或行业标准实现对更改问题的描述、确认,更改请求或建议的提出、评定、审核、批准,更改通知的下达、执行,更改结果的落实、审签、发布等进行有序和闭环控制,保证更改信息的正确性、及时性和完整性。实现以下管理:

(1) 问题报告(problems report, PR)及流转过程;

(2) 工程更改请求(engineering change request, ECR)或工程更改建议(engineering change proposal, ECP)及审核批准过程;

(3) 工程更改指令(engineering change notice, ECN)或更改单及审批过程;

(4) 更改产生的新数据及其审核、批准和发布过程;

(5) 其他信息的管理和记录,包括由于该次变更导致的相关更改管理、更改以后新版本数据的有效性信息设置和记录等。

2. 三维工艺信息建模的表达问题

产品设计建模领域的三维数字化技术的研究和应用已比较成熟,但工艺设计系统以二维三维工艺设计为主,缺乏对三维产品模型的支持。在工艺设计领域尚未深入研究工艺信息的三维表达和动态演化。三维数字化工艺设计模式的实现需要从支持集成、过程性、动态性和三维化表达的角度研究三维工艺信息建模,综合运用计算机信息建模、基于模型的数字化定义和三维标注等理论和技术构建三维工艺模型。

设计部门发放的 MBD 模型是针对零件的功能定义的,仅包含零件的最终形状和工艺信息,并未考虑装配过程中的工艺信息。为了工艺规划中充分利用 MBD 模型,需要在 MBD 设计模型的基础上增加标记、注释、工艺属性等,生成面向工艺规划的装配规划模型;同时满足工艺规划中所需要的仿真和分析。

以装配工艺为例,基于 MBD 的装配工艺信息模型以 MBD 装配模型为基础实现了产品设计信息、装配工艺信息与三维 MBD 模型的紧密关联。MBD 装配模型作为设计信息和装配信息的载体,为装配规划模型和装配仿真模型提供了基础;工艺规划模型和工艺仿真模型共同构成了完整的产品零件信息;装配特征、注释、标记、工艺属性等作为设计信息的补充,为工艺规划提供参考,如图 6.9 所示。

3. 知识工程驱动的航空发动机创新设计方法

工艺知识库是经过验证的典型工艺知识的积累。对成熟以及可以重复借鉴利用的典型工艺进行有效管理,建立企业工艺知识库,可以大幅提高工艺设计效率和工艺知识的利用率。工艺知识库的建设是实现数字化工艺设计的重要途径。

工艺设计知识智能推送技术:对每个型号基本固化的研发流程进行梳理,对研发流程节点任务进行建模,定义任务的输入、约束条件、工具支撑、知识系统支撑、输出,利用知识和研发流程的属性,建立知识与研制流程的各项任务的关联,让研发流程中的每一项工作都能获得知识的支撑。

知识驱动的工艺快速设计方法:以上游设计输入的全三维装配模型为依据,并在已有的装配知识库的基础上进行快速装配工艺规划。利用产品的功能模型、结构模型、规划

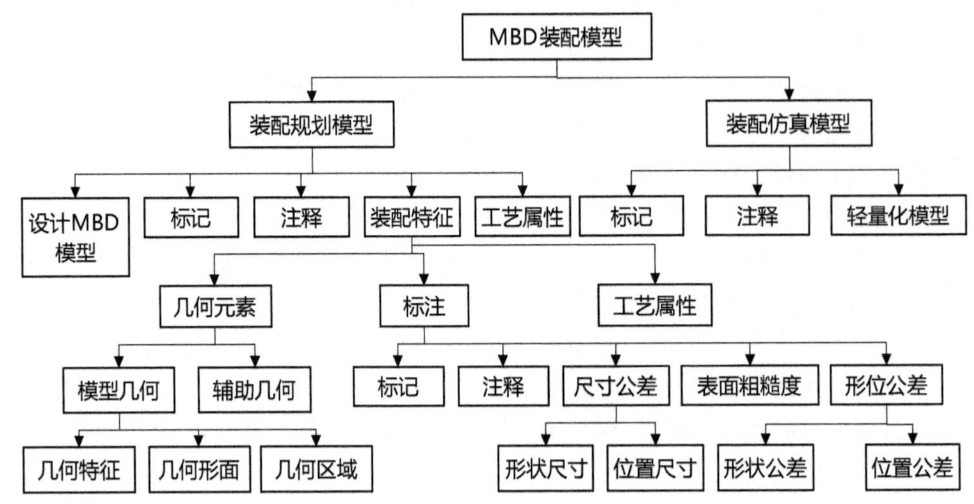

图 6.9 MBD 装配模型

知识和模型,首先确定可能的子装配并对其进行评价,并在子装配中进行前驱关系分析;在确定了子装配和零部件间的前驱关系约束情况下,生成装配顺序:首先根据指示模型中的规则确定产品的基础件,然后检查实例库找出典型部件装配顺序,最后分析产品的层次结构模型中的所有零部件,生成装配顺序树;最后基于知识对生成的所有可行性装配顺序进行评价,从而得到最优的装配顺序。

1) 基于特征的复杂零件数控编程自动实现(图 6.10)

以上游设计输入的全三维设计模型为依据,提取零件的几何形状信息、标注信息、零件属性信息等。建立零件的全息属性面边图,形成特征的准确数学表示,通过特征识别规则组合几何体素将面及面组合识别出制造特征,通过标注的关联体转换和匹配,得到特征的加工属性。以零件的特征信息为输入,在典型工艺知识库和制造知识库的支持下,通过驱动信息的重构(包括驱动几何重构、加工方式及参数重构、进给方式及参数重构),输出以加工特征为组织单元的工艺规程,实现编程流程的自动化和标准化,以期降低编程过程中的重复劳动,提高效率并保证编程质量的稳定性。主要包括:筋顶特征工艺决策、槽腹板特征工艺决策、槽内型特征工艺决策、转角特征工艺决策等。

2) 知识驱动的产品装配工艺路线快速实现(图 6.11)

以上游设计输入的全三维装配模型为依据,并在已有的装配知识库的基础上进行快速装配工艺规划。装配知识库中定义了装配、子装配、原件、特征等类型,同时知识库中存储了装配模型的几何信息、结构信息(包括零部件与零部件关联关系、装配信息等)、工艺信息等。

利用产品的功能模型和结构模型,首先确定可能的子装配并对其进行评价,并在子装配中进行前驱关系分析;在确定了子装配和零部件间的前驱关系约束情况下,生成装配顺序:首先根据指示模型中的规则确定产品的基础件,然后检查实例库找出典型部件装配顺序,最后分析产品的层次结构模型中的所有零部件,生成装配顺序树。基于知识对生成的所有可行性装配顺序进行评价,从而得到最优的装配顺序。

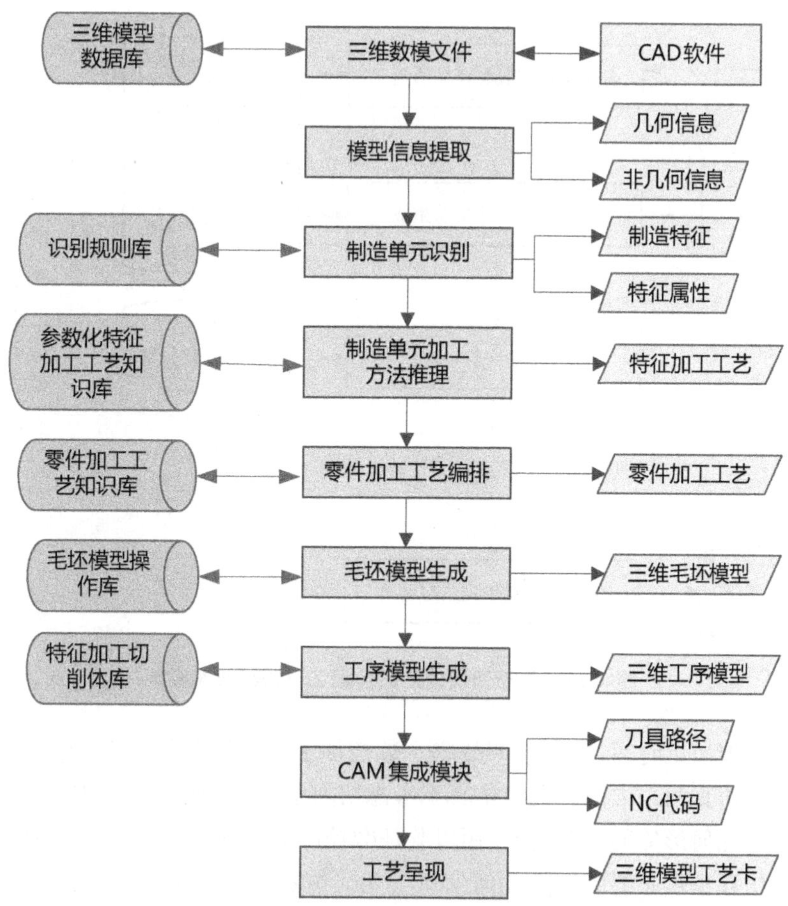

图 6.10 知识驱动的复杂零件数控自动编程实现

4. 三维工艺设计技术

三维数字化工艺设计是一种以工艺过程的建模与仿真为核心的设计方法,其核心是通过建模与仿真技术来实现数字化的工艺验证及优化。三维工艺验证与优化涉及加工、铸造、装配等专业,加工过程建模和仿真主要包括切削加工过程和成形加工过程。切削加工过程的工艺验证与优化主要包括几何仿真优化和物理仿真优化。美国诺思罗普公司通过对钣金件成形的模拟,可预测回弹量、撕裂、起皱等缺陷,使废品率减少95%,周期缩短78%。三维装配工艺验证与优化也是近年来得到迅猛发展的技术,通过该技术不仅可以发现产品设计上存在的装配干涉,并对零部件的装配顺序、装配路径和工装夹具的使用进行验证,随着近几年技术的发展,还可以对装配误差累计、装配顺序和零件制造误差的影响进行分析和预测,从而在产品实物装配之前,通过对物理特性和精度信息的装配过程仿真,及时发现产品设计、工艺设计和工装设计存在的缺陷,达到有效减少工艺更改和设计更改、保证装配质量的目的。

数控加工仿真指数控加工过程在虚拟环境中的映射,它是CAD/CAM的重要组成部分,它能有效保证CAD/CAM生成的数控代码的正确性,无过切和碰撞等干涉现象,能有

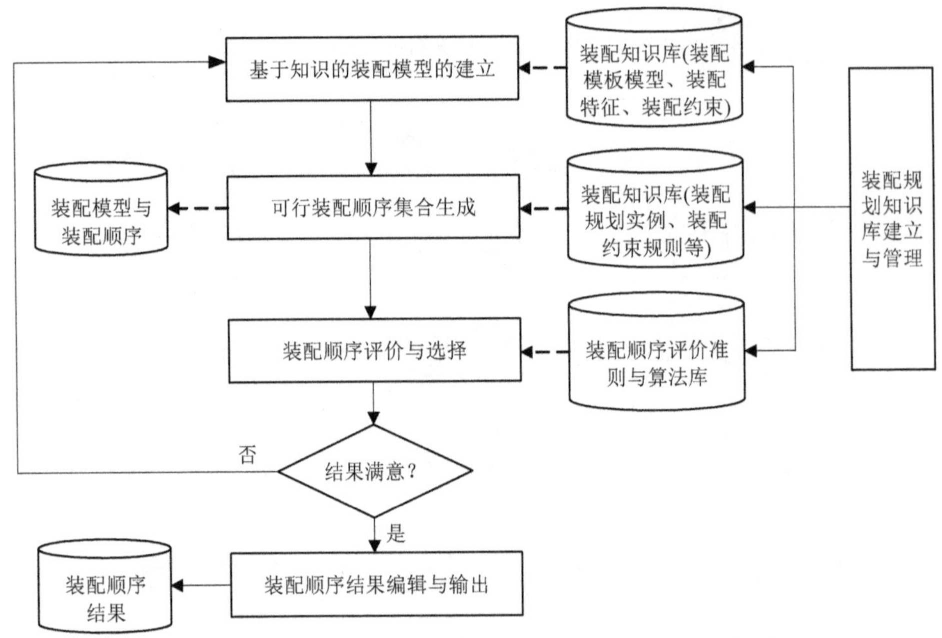

图 6.11　基于知识的产品装配工艺路线快速实现

效减少实际数控加工时间,提高生产效率。数控加工仿真按照是否有物理因素可分为几何仿真和物理仿真两个方面。几何仿真不考虑切削参数、切削力及其他因素的影响,只仿真刀具和工件几何形体的相对运动,用以验证数控(numerical control, NC)程序的正确性,同时为物理仿真提供必要的切削几何信息。几何仿真的对象不仅有刀具和工件,还包括夹具、工作台、刀库、主轴箱等,另外还有声音、光照效果等。物理仿真是将切削过程中的各物理因素的变化映射到虚拟制造系统中,在实际加工之前进行分析与预测各切削参数及干扰因素的变化对加工精度的影响,分析具体工艺参数下的工艺规划质量及加工质量,辅助在线检测与在线控制,并对工艺规程进行优化。物理仿真越来越受到重视,研究内容包括车、铣、钻等加工形式,涉及有关切削力、振动、切屑形成、工件表面质量等诸多方面。研究较多的是切削力和切削参数优化问题,对于物理仿真所涉及的问题还包括切屑形成过程仿真、振动仿真与预测以及工件由于刚性不足、内应力重新分布、装夹不当等原因引起的变形等,仍有待解决。目前国外已有物理仿真相关商用软件出现,如美国 TWS 软件,可以结合被加工材料、刀具材料和涂层、刀具形状、加工方式、切削条件(如进给速度、主轴转速、冷却液形态等),对刀具加工零件时的受力、变形、温升进行仿真分析。

热处理模拟仿真技术,是将热处理原理、材料学、弹塑性力学、流体力学、数学等多学科理论知识加以集成,建立定量描述热处理过程中各种现象及其相互作用的数学模型,利用计算机模拟热处理生产条件下工件内温度场、相变和应力场的演变过程,作为制订合理的热处理工艺和开发热处理新技术的依据。计算机模拟的应用将使热处理摆脱依赖于经验和操作者技能的落后状态,向着精确预测生产结果和实现可靠的质量控制的方向跨越。例如,针对 CZ－5 运载助推器轴承支座零件进行热处理淬火过程数值模拟,通过多场耦合模拟，获得大型复杂结构件热处理过程中的内部温度、组织、应力状态的演变过程，进而预测最终的微观组织分布、残余应力分布和变形等信息，通过工艺试验，优化热处理工艺参数。

钣金数值仿真技术是基于有限元法，把计算区域划分为有限个互不重叠的单元，在每个单元内，选择一些合适的节点作为求解函数的插值点，将微分方程中的变量改写成由各变量或其导数的节点值与所选用的插值函数组成的线性表达式，借助于变分原理或加权余量法，将微分方程离散求解。

在板料加工成形方面，通过在计算机上进行虚拟仿真，有限元技术可发挥以下作用：① 及时发现产品设计的潜在缺陷，将缺陷消灭于设计阶段，提高产品的可靠性与可制造性；② 在工艺及模具设计阶段发现潜在问题，减少试模次数，缩短开发时间；③ 优化成形工艺，降低生产及材料成本。与传统开发相比，利用有限元仿真技术，可实现从经验设计到科学设计，从实验测试到虚拟测试，从传统分析技术到计算机仿真技术的转变，从而提高产品质量、缩短开发周期、降低生产成本、增强产品的可靠性和竞争力。

装配仿真技术提供了一个数字化的虚拟环境，将产品、工装、车间、操作者以数字模型在虚拟环境中展现出来，提供一系列的技术方法如干涉检测、人因分析、运动分析、数理统计等，对制定的装配工艺在虚拟环境中进行预先验证与改进，将装配工艺中存在的问题暴露在实物生产装配之前，并预先进行解决，而且这一过程在计算机上完成，摆脱了传统依靠实物验证的方法。近些年来，国内的航空工业，部分单位引入商业软件（DELMIA/TECNOMATIX），在一些试点型号上进行了装配仿真工作，取得了一定的成果。但是，装配仿真的应用还处在起步阶段，其必要性也需要得到更广泛的共识。

生产系统仿真主要包括工艺布局及物流规划仿真、生产单元及生产线仿真、虚拟现实采用面向对象的方法，建立生产系统仿真模型，综合考虑产品工艺流程、工厂布局、生产资源等信息，对生产系统的结构布局、生产计划、作业调度及物流进行仿真，通过分析结果的综合与评估，验证结构布局的科学性和合理性、计划调度的可操作性，评估生产能力，分析并平衡设备利用率，解决瓶颈问题，为工厂及车间的规划、资源的配置与布局及调度计划提供科学依据。

5. 设计制造协同平台及系统集成

基于 MBD 的工艺设计系统主要包含工艺顶层规划、装配工艺规划、工艺仿真验证、工艺配置管理、工艺业务管理、工艺/工装计划管理、工艺验证管理、工装设计、作业指导书输出、基础资源管理、工艺业务支撑工具集、工艺基础平台管理、工具集成管理等 13 个功能模块或子系统。图 6.12 所示为三维工艺规划系统功能架构。

1）工艺顶层规划模块

接收设计 PDM 的设计数据，在数字化工艺设计与管理系统内重构装配关系，可按照工艺要求构建顶层 BOM 并具备 BOM 编辑和三维模型及设计数据预览功能，完成工艺信息添加和完善。可具备接收 PDM 的设计更改信息，完成更改。同时在系统内，该模块可与工艺/工装计划管理子系统具有良好的集成性，可完成顶层工艺规划任务接收与反馈及跟踪。在顶层制造物料清单（manufacturing bill of materials, MBOM）结构上，根据产品的科研与批产性质，定义分单位信息，形成工艺总路线，依据研制或者批产阶段的要求，对各零组件指定具体生产或装配的单位，生成分单位目录。

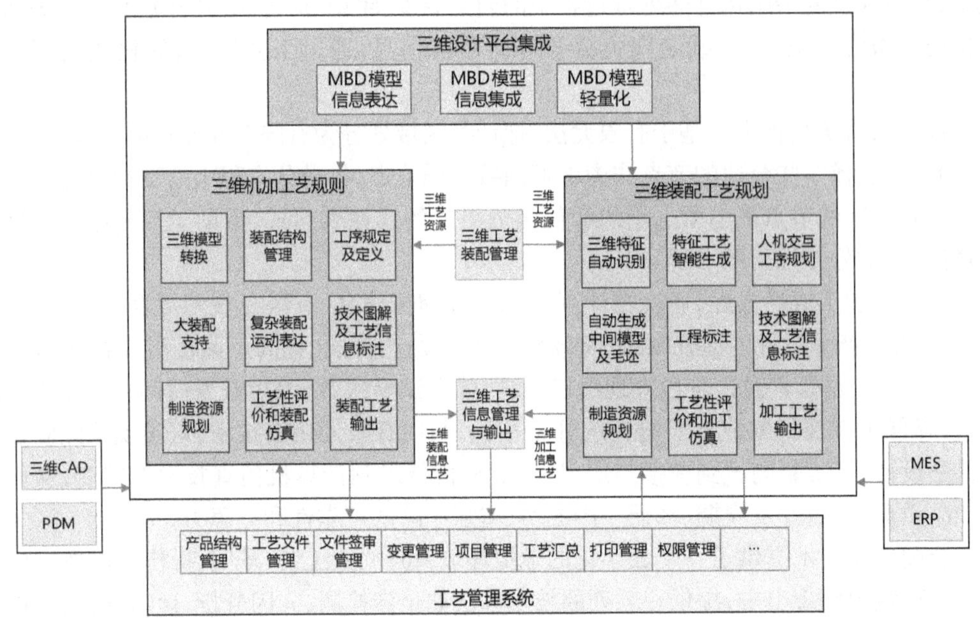

图 6.12 三维工艺规划系统功能架构

2）三维机加工艺规划

三维工艺规划系统中的三维机加工工艺规划是基于特征实现的，零件信息的存储、加工工艺的编排以及最终的加工仿真，都是以特征为单位的。特征是零件产品设计与制造者关注的对象，是零件产品某一局部信息的集合。为了适应数控加工，将特征定义为形状结构便于数控加工的加工单元，并以此为单位进行相关操作。

在系统中，首先利用特征提取和识别模块分析零件 CAD 模型，得到以特征为单位的零件几何、工艺信息。然后，通过工艺推理和决策模块获得所提取特征加工需要的设备和工艺参数信息。在此基础上，通过人机交互编排工艺过程，而后利用毛坯生成模块根据零件 CAD 模型和已知的工艺参数，形成零件的加工毛坯。将所有这些参数传递给加工仿真模型自动建立模块，得到零件的加工仿真模型，最终经 CAM 系统处理，生成零件加工代码。

3）三维装配工艺规划

基于顶层 P/MBOM 完成工艺设计，可进行工序节点创建与内容编辑，工步节点创建与内容编辑，结构化工艺数据组织，工装资源快速引用，工时/材料定额管理，基于模型工艺简图创建、计划评审技术(program evaluation and review technique，PERT)图显示以及基于模型的工艺信息提取与管理等功能。在数字化工艺设计与管理系统内，可与工艺/工装计划管理子系统具有良好的集成性，完成工艺规划任务接收与反馈及跟踪。

应用数字化制造技术对产品进行三维装配工艺设计，并在现场输出可视化工艺文件，这样就可以有效解决工艺设计手段落后、验证手段单一及工艺可理解性差的问题。基于数字化制造平台，利用上游设计部门发布的产品、工装三维模型作为数据源，构建虚拟装配环境，实现工艺部门对三维设计模型的使用。分解工艺任务，划分装配流程，建立零组件、工装、工艺之间关联关系，生成装配工艺结构，并通过记录装配路径关键点进行装配过程仿真，在实际装配前实现对装配工艺的验证，这样就能大大降低装配成本。最终，将数字化制造平台的工艺设计与仿真数据传递到现场，实现对现场作业的可视化指导，从而提高了装配工艺的可理解性。

4）工艺仿真验证子系统

与工艺规划子系统集成，在工艺规划基础上，实现设计模型与工装资源模型的轻量化导入与展示，能够与工艺规划子系统中的工序、工步结构保持同步。工艺仿真验证子系统能够基于三维模型完成加工、装配过程中的拆装活动定义、路径定义，也可以引入相应的工装，具备干涉分析能力并针对干涉区域进行报警，能够实现仿真动画与视频的输出，具备作业时间调整、装配顺序调整与优化能力。同时可通过集成，统一将仿真输出文件返回至装配工艺规划子系统的相对应的工序、工步节点上，形成工艺设计与仿真的闭环优化。

5）工艺配置管理子系统

主要包含两大项，分别为工艺数据技术状态记录和工艺数据有效性管理。前者重点完成工艺数据的创建、审批、定版、发放、更改、存档、失效等状态记录、标识、显示等管理；后者重点实现基于发动机产品的生产批次/台次的工艺有效性配置，确定或选择正确有效的工艺规程及其相关工艺技术信息，进行工艺配置，形成产品生产批次的完整工艺数据集，对工艺进行成套性检查，并生成工艺配置清单。该系统的批次/台次与设计的构型管理具有匹配关系。

6）工艺业务管理模块

主要包含工艺文件管理、工艺文件签审、工装设计签审、工艺/工装更改管理、工艺文件及工装模型模板应用等内容。

7）工艺/工装管理子系统

工艺/工装计划管理子系统主要有工艺/工装各类计划编制、任务分解、任务指派、任务跟踪、负载分析等功能。

8）工装设计子系统

具备工装模型统一编号、分类，支持属性定义以及工装节点创建。根据工装节点的工装编号，可进入设计环境开展工装设计，能够实现工装模板复用、工装标准件与典型件的快速复用，设计完成之后能够将工装设计模型入库管理，实现工装产品管理；与此同时能够将工装模型与工装节点和工装号以及工艺建立关联关系。各工装模型在整个数字化装配工艺设计与管理系统内统一编码，并编码唯一。通过二次开发，具备典型工装设计向导、工装智能标准件应用工具、典型工装模板应用工具功能。

9）作业指导书输出子系统

主要按照指定模板，输出相应的作业指导书，主要包括作业指导书、作业计划文件、制造技术要求、材料定额表、工时定额表、工装三维模型、工艺加工模型、工艺装配模型、检验检测模型、MBOM 以及作业报表等内容。

10）工艺知识与基础资源管理子系统

能够结合加工、装配工艺设计过程中需求，建立基础设备、辅料、工装、夹具、模具、工装标准件、工装产品库、工装模型模板、工艺文件模板以及其他工艺知识库等内容。

11）工艺业务支撑工具集

主要包含编码工具、查询工具、统计工具，满足业务需求。编码工具能够支撑工艺文件统一编码、基础资源统一编码、工装模型统一编码等要求；查询工具能够实现工艺信息和工装信息以及各类文件的状态和人员查询；统计工具则根据查询结果按照指定要求进行统计，给出统计报表与展示界面。

12）工艺基础平台管理模块

主要有用户角色管理、权限管理和系统备份以及流程引擎能力。

13）系统集成管理系统

系统集成目的是面向产品从设计到制造的整个过程，通过利用产品结构信息、工艺信息、资源需求信息，在虚拟环境中模拟产品的实现过程。在产品设计阶段，从PDM系统中下载产品的结构数据，利用产品的设计过程数据来模拟物理装配过程，以检验设计产品的可装配性和可拆卸性，对不合理的结构提出改进意见，并进行装配效率分析。产品设计方案最终确定后，可结合装配仿真在数字化工厂平台中进行三维工艺规划。综合考虑生产节拍和成本等因素后，确定最佳的工艺规划方案。新产品投产时，对生产线进行建模，验证生产线上的工艺布局方案是否满足产能的需求。同时可结合企业资源计划（enterprise resource planning，ERP）中获取的生产计划及物料信息，用物流仿真模拟生产线上的物流过程，以制定最优的物流路径、物流调度策略、缓冲区的位置等，使生产过程平顺无干涉。面对多个生产任务时从制造执行系统（manufacturing execution system，MES）中获取生产设备的实时数据，在数字化环境中对产品的生产过程进行规划和分析，对制造系统的生产能力以及柔性制造方案的可行性方面进行验证评估。扩建工厂或生产车间时，从CAD系统中获取厂房基建的整体布局图和工艺流程图，在虚拟环境中仿真工厂的布局方案，并在数字化仿真环境中调整模型位置，以得到最优的工厂布局方案。数字化工厂技术已在航空、造船以及电子等行业得到了较为广泛的应用，特别是在复杂产品制造企业取得了良好的效益。图6.13所示为系统集成体系结构。

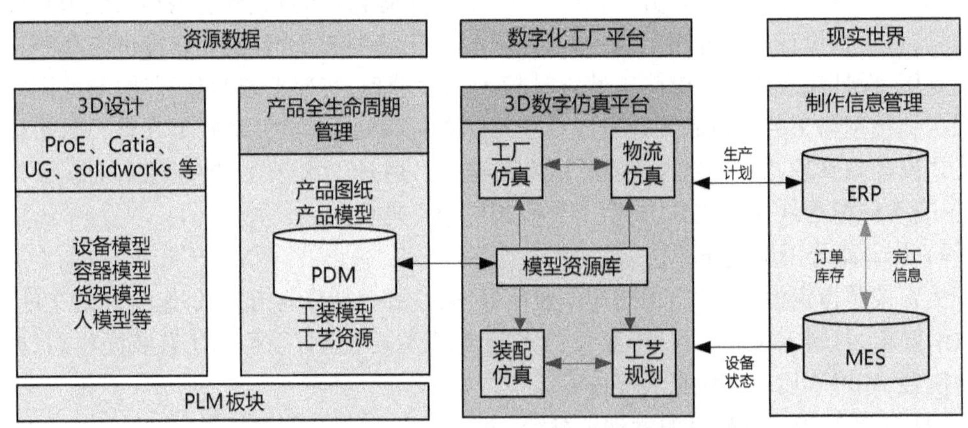

图6.13　系统集成体系结构

6.3.5　基于 MBD 的设计与工艺全流程应用

1. 基于模型的航空发动机产品设计

基于模型的产品设计环境的功能框架如图 6.14 所示，通过建设 MBD 设计环境，在 NX 环境中提供特征设计、设计标注、规范检查等 MBD 辅助工具，提高设计规范和设计效率，实现基于模型的产品设计，开发的工具包括三维标注工具、面向制造的建模工具、设计规范检查工具、设计特征管理工具和知识资源库。

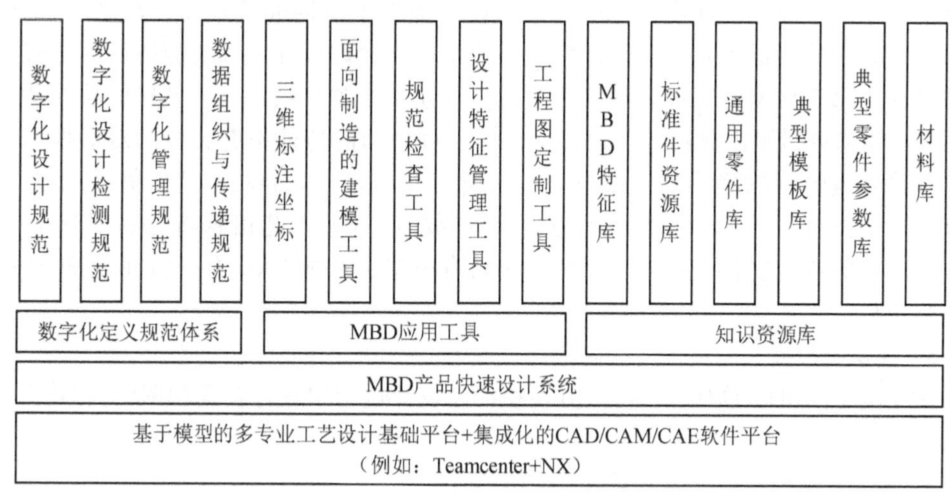

图 6.14　基于模型的产品设计功能框架

1）三维标注工具

基于 ISO 16792—2006 和 GB/T 24734 等标准，结合航空发动机项目产品开发的特点，在 NX 系统上进行三维 PMI 的快速标注工具模块的开发。

该工具将我国国标数据库加入到模块中，能自动读取公差信息并标注在三维模型上，在三维模型更新时，能自动根据公差等级重新查找后台数据库，更新公差值，三维标注工具提供对相关 PMI 信息的快速模糊复合查询功能，解决复杂零件三维 PMI 信息查询困难的问题。

2）面向制造的建模工具

该工具根据设计模型 PMI 标注生成中差模型。设计模型通常是根据名义尺寸进行建模，而实际生产加工工序完成后的工序模型则应用中差建模。按中差进行模型构建和加工程序编制、检测程序编制、工装设计引用、仿真分析引用，所以构成工序模型的几何体素在位置上应按中差尺寸进行建模。设计标注表达了设计意图，工序建模和标注则更应重视加工程序编制的具体细节参数值，即数控加工程序在生产现场的可执行性和准确性，因而需要根据 PMI 标注的定位尺寸、特征尺寸，结合基准体系对设计模型进行智能更改，在有限人工参与下，建立基于设计模型的中差模型。

3）设计规范检查工具

设计流程的规范化是保证设计质量和提高设计效率的重要步骤。建立一套完整的适合产品设计特点的流程，并通过制定相应的规章制度加以保证，对规范的执行情况通过设计规范检查工具加以实现。具体的检测内容可以根据产品特点，在 CAD 自带的规范检查基础上细化和开发。根据相关标准和企业要求做标准检查，并可以统计三维标注所使用到的相关标注生成报告。

4）设计特征管理工具

设计特征管理工具是一个面向功能的特征库管理模块，用于提高单个零件的设计效率。与几何特征相比，设计特征管理工具特征库中的特征主要是面向功能的特征，这种基于功能的特征库设计模块为产品快速设计提供了前期准备和设计数据库，是产品进行快速设计的前提和基础。设计特征管理工具将允许设计者以功能特征的方式进行三维设计。每个典型特征都有独立的对话框建立和修改参数。每个创建的功能特征将在 NX 零件浏览器里面显示与普通特征一样。每个功能特征都有相应的对话框用于特征的创建和编辑，并被赋予唯一的名称。工艺信息将被嵌入到功能特征里面，工艺信息包括：尺寸公差、形位公差，表面粗糙度，检测要求，这些工艺信息将为后期基于 MBD 的加工工艺的制定提供依据。功能特征应具有类似于三维 CAD 本身特征的特点，能够被重新定位。

5）知识资源库

建立基于 MBD 的知识资源库，方便在产品设计过程中进行查询和调用，有效提高产品设计效率。

2. 基于模型的多专业工艺设计

基于模型的多专业工艺设计功能框架如图 6.15 所示，基于模型的多专业工艺设计通过直接利用设计三维模型，并关联产品、资源、工厂数据进行零件工艺（含机加工艺、热处理工艺、铸锻焊工艺、毛坯设计等）、装配工艺、工装设计等多种类型的工艺设计和结构化管理；工作内容包括：三维零件工艺设计与仿真、三维装配工艺设计与仿真、基于模型的工装设计与管理和基于模型的工艺资源管理。

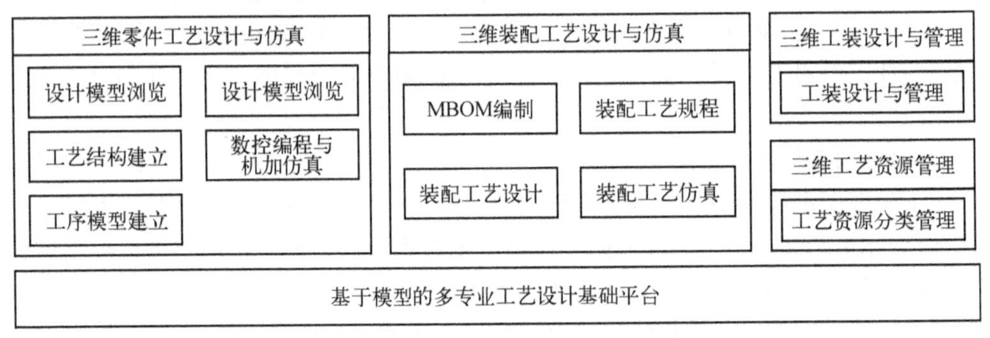

图 6.15　基于模型的多专业工艺设计功能框架

1）三维零件工艺设计与仿真

基于模型的三维零件工艺设计，包括产品设计（数据获取）、工艺设计、工装设计、工艺仿真、工艺卡片与统计报表、制造执行系统（MES）/数控系统（DNC）集成、知识管理及资源管理，实现了从产品设计到工艺、制造的业务集成。基于 MBD 的零件制造工艺的主要特点是利用3D工序模型及标注信息表达制造过程、操作要求、检验项目等。图6.16所示为基于模型的零件工艺管理内容。

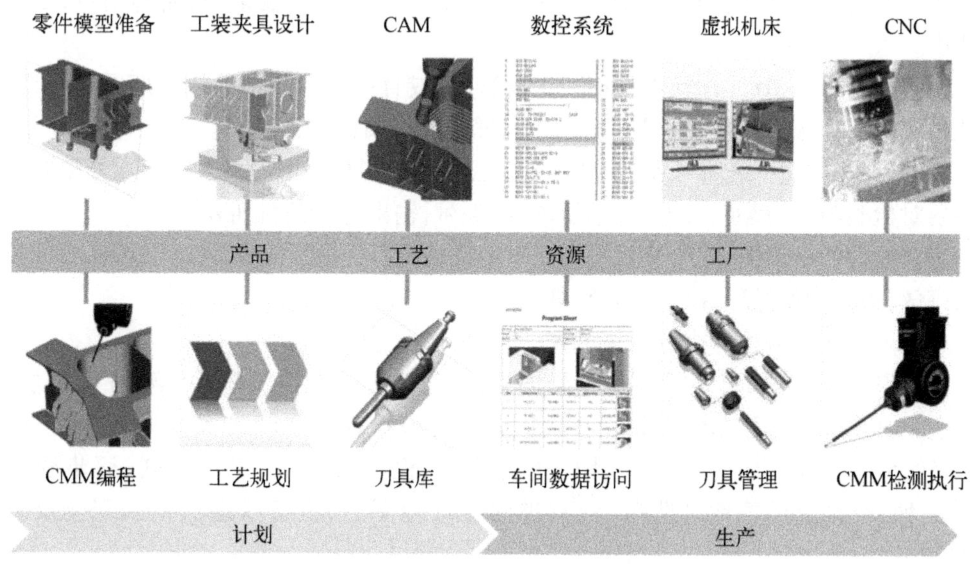

图6.16　基于模型的零件工艺管理

三维零件工艺设计与仿真主要功能包括以下几个方面。

(1) 获取设计模型,识别和继承设计意图。

工艺编制人员接收到设计任务后,在产品生命周期管理(product lifecycle management, PLM)系统中获取设计模型;利用三维CAD工具打开产品设计模型,通过旋转、缩放、剖切、测量等功能查看模型信息,自动继承和识别MBD模型中包含的PMI信息。

(2) 建立工艺结构,包括机加、热处理、铸锻焊等。

建立企业统一数据管理平台,管理结构化产品、工艺、资源和工厂数据,并建立数据之间的关联。在PLM中建立工艺BOM,每个零组件对应一个总工艺节点,在总工艺下建立零件所需要的工艺对象,如毛坯工艺、机加工艺、热工艺等,在工艺中建立工序,在工序下添加设备、工装、辅料等物料对象。工艺与工厂结构中的车间(或分厂)关联,工序与车间的工作中心(工位)关联。

(3) 创建工序模型。

在PLM的工艺、工序对象上创建NX数据集,利用NX中的WAVE Link功能关联引用设计模型或其他工序模型,通过NX同步建模功能对模型直接修改,如增加加工余量、删除加工孔、槽等,方便快捷地建立工序模型。

在NX中通过PMI功能进行3D制造信息标注,如尺寸公差要求、加工区域标识、操作说明、检验要求等。需要展示内部细节时,可通过PMI剖视图展示。复杂工序可根据表达需要增加标注视图。对于热工艺,表现形式可根据加工特点作相应调整,一般情况下形状变化不多,尺寸公差信息较少,工艺参数较多。

(4) 生成工序卡片。

为了工艺审批和打印方便,可以生成多种格式(2D/3D PDF、EWI 等)的工艺卡片。使用定制好的工序卡片模板,从 PIM 中提取产品、工艺、工序、工装、设备等信息,添加到卡片中。

在图形区插入 3D 工序模型视图、2D 投影图,或直接在卡片中绘制工序图,也可插入其他格式的 CAD 图形,可依据零件加工的需求或工艺员的习惯选择。

图形、标注或文字说明可灵活布置,复杂工序可根据需要增加页来表示。如果是检验工序要对检验项目(尺寸、公差、技术要求等)编号,输出检验条目列表。

工艺设计的结果最终以 3D 视图、3D 模型或动画等数据形式发放加工现场,方便操作人员理解,规范操作过程,稳定产品质量。

(5) 输出数控编程与执行机加仿真。

建立基于 MBD 的典型零件和特征加工模板,实现针对典型零件和特征的智能化、标准化编程方式,提高效率和质量。建立虚拟机床和装夹环境仿真验证,减少实际操作错误;实现数控程序的版本、权限、查询管理,程序与工序、工步关联;逐步建立面向多品种、小批量的柔性制造单元,实现涵盖计划下达、设备状态监控和现场反馈的精益制造。

2) 三维装配工艺设计与仿真

基于模型的三维装配工艺设计与仿真,是在基于模型的多专业工艺设计基础平台(例如: Teamcenter)之上,充分利用设计 MBD 模型、资源、工程 MBD 模型,由流水分工、MBOM 创建、结构化工艺设计、工艺仿真与优化、可视化工艺输出、工艺统计报表部分组成,并实现各环节的数据管理,与 PLM 系统共用制造资源库。系统与产品设计、工装设计、维护维修、试验测试等系统实现数据共享和协同,与 DNC、MES 实现系统集成。

同时,把装配工艺仿真放在 PLM 环境中统一考虑,提供在 PLM 环境下的装配工艺仿真能力。与数字化装配工艺规划结合起来,为改进产品装配制造过程提供了一个全新的方法和手段,研究产品的可装配性分析、装配工艺的优化,装配质量的控制,装配工装的验证,以达到保证产品质量,缩短产品生产周期的目的。

基于模型的三维装配工艺设计与仿真包括如下功能。

(1) MBOM 编制。

基于 EBOM 重构 MBOM;实现 MBOM 与 EBOM 的关联;实现 MBOM 与 EBOM 协同一致的更改和管理;MBOM 向 ERP、MES 系统传递。

(2) 装配工艺设计。

基于与 EBOM 关联的 MBOM 编制装配工艺,装配件与工序对应,实现按工序配料;基于产品模型在可视化的数字环境中编制装配工艺,检验产品、工装和装配工艺的正确性,提高装配的一次成功率,减少现场更改;通过典型工艺模板和知识重用,提高新产品、新型号的工艺编制效率和质量;建立 3D 可视化工艺表现形式,明确和规范操作过程。

(3) 装配工艺规程输出。

提供开放式、高度客户化编辑、制作客户文档模板;自动链接数据库中工艺文件信息到模板中形成文件，当数据库信息发生更新后，可以自动刷新工艺文件；输出包含产品PMI和工艺仿真信息于一身的高度可视化工艺文档。

（4）装配工艺仿真。

工艺规划人员在装配工艺设计过程中，利用装配仿真工具对装配工艺进行虚拟仿真，验证工艺内容的可装配性。在PLM系统中启动装配工艺仿真工具，在仿真软件中自动地建立装配路径，动态分析装配干涉情况，确定最优装配和拆卸操作顺序，仿真和优化产品装配的操作过程。甘特图和顺序表有助于考察装配的可行性和约束条件。运用装配工艺仿真分析工具，用户可以计算零件间的距离并可以专门研究装配路径上有问题的区域。在整个过程中，系统可以加亮干涉区，显示零件装配过程中可能实际发生的事件。用户也可以建立线框或实体的截面以便更细致地观察装配的空间情况，帮助用户分析装配过程并检测可能产生的错误。

3）基于模型的工装设计与管理

基于模型的工装设计与管理，是基于MBD的全三维数字化研发模式，将模块化设计的理念应用到工装设计中，通过对工装的模块化分类应用，实现工装设计知识和经验的积累和重用，促进工装的创新设计；实现工装上游数据的有效管理和状态控制，实现工艺工装设计的快速并行协同作业；实现工装数据的全面管理，工装设计结果在资源库中的管理，实现工装数据查询、参考和重用；达到缩短周期、改进质量、减少成本的目的。

基于模型的工装设计系统见图6.17。

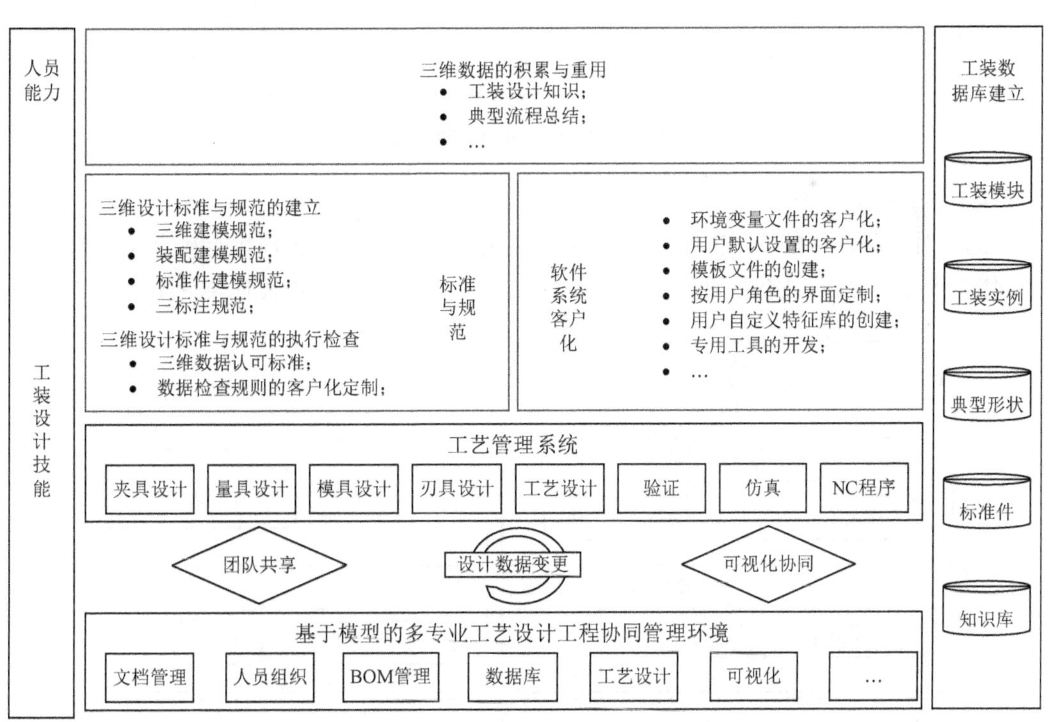

图6.17　基于模型的工装设计系统

4）基于模型的工艺资源管理

建立基于 MBD 的工艺资源库，提高工艺数据、设备、工装、工艺模板、工艺知识等数据的查询和利用。

3. 基于模型的数字化制造

通过与 MES 集成，实现生产现场三维工艺可视化；与 DNC 集成，实现 NC 代码传递与使用，并最终实现基于模型的数字化制造。数字化制造功能示意图如图 6.18 所示。

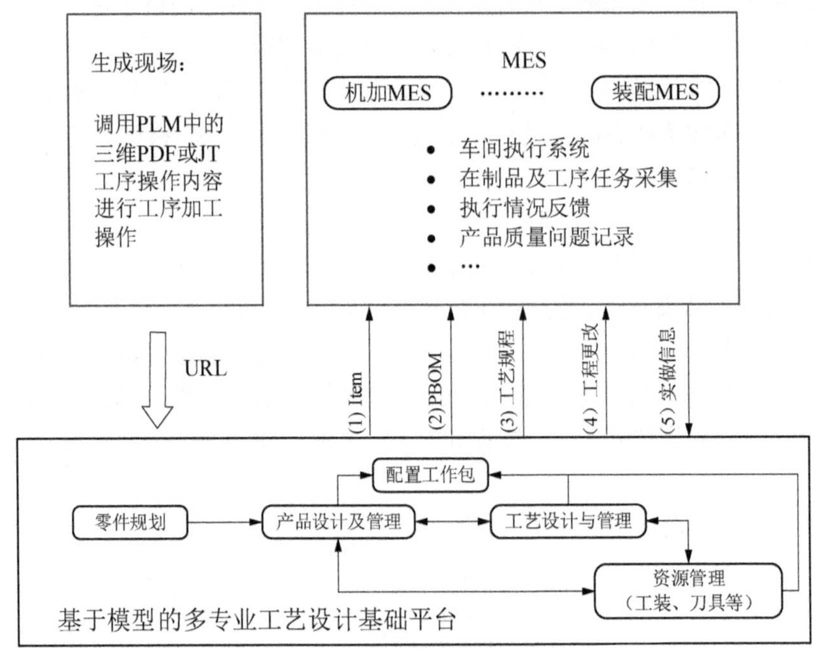

图 6.18 数字化制造功能示意图

4. 基于模型的检测

通过对产品设计模型及工序模型、工装的调用，与 DNC 集成，实现智能制造（CMM）检测 NC 代码传递与使用，最终实现基于模型的检测。基于模型的检测功能框架见图 6.19。

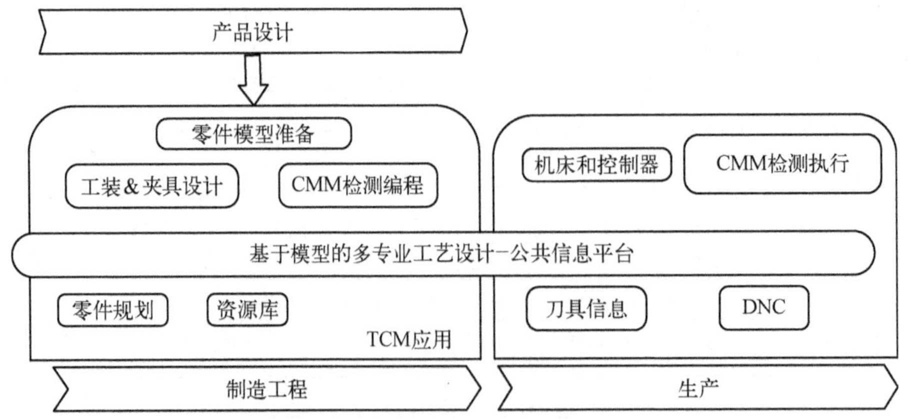

图 6.19 基于模型的检测功能框架图

系统主要功能大致为以下两个方面。

1）NX CMM 检测编程

NX CMM 检测编程将基于内置的检测知识和资源库，直接获取 MBD 模型上的检测特征，通过推断引擎，创建出适合的检测路径。

在进行 CMM 编程时，通过连接到产品制造信息（link to PMI）功能，系统将自动识别 MBD 三维模型上的特征和产品制造信息，把模型上的面、孔、凸台等特征对应到检测的特征，把三维标注信息对应到检测的公差，从而为 CMM 编程的自动化奠定了基础。

2）CMM 检测执行

通过和测量设备的连接，CMM 将检测程序推送到测量设备中，指导测量设备进行检测；并对测量设备返回的测试结果数据进行过滤、统计和分析，输出测量报告，并保持到基于模型的多专业工艺设计基础平台（例如：Teamcenter）中，与零件设计模型、工序模型建立关联关系。

6.4　航空发动机智能制造技术

面向航空发动机个性化定制，单件小批量混线生产高质量与可靠性要求、生产与技术发展不均衡等特征，研究智能制造技术在运营管理、生产管理、质量管理等方面的应用，结合新一代信息技术推动智能制造新模式在航空企业工业化、产业化进行的推动作用，将从基础工业工程技术研究，基于精益思想的生产规划与设计，基于 MBD 的产品工艺设计体系，基于工业物联网与计算机科学（computer science，CS）的精益生产执行，基于大数据云平台的企业价值链管理、数据驱动的制造系统集成技术及应用示范等方面展开技术研究和应用，推动航空企业实现“工业管理 4.0”，支持航空制造企业竞争力提升促进转型升级。

6.4.1　基于射频识别技术的物流标识及信息追踪

利用射频识别（radio frequency identification devices，RFID）技术具有精度高，适应环境能力强、抗干扰能力强、操作快捷等优点，加速信息的收集和处理，通过研究运用 RFID 为各类零部组件的跟踪、管理及监控提供了快捷、准确、自动化的技术手段。关键技术包括数控加工环节 RFID 技术功能设计、数控加工 RFID 部署及集成模式研究、RFID 读写稳定性研究、RFID 信息处理流程设计、基于 RFID 的信息追踪系统开发等。该技术解决了航空发动机生产制造过程管理粗放问题。图 6.20 所示为条码系统。

6.4.2　数控机床加工状态采集与健康状况智能维护系统技术研究

对机床加工状态信息进行采集，主要包括：机床运行转速、进给速度、功率、振动、温度等。根据采集数据信息进行分析、统计，建立数控机床的健康状况维护系统。该技术有助于保障航空发动机质量，数控加工中机床的状态往往对产品的质量好坏和稳定性有着重大影响。尤其是随着数字化、智能化的广泛应用，制造业必然向着高效、无人化、自主化方向发展。因此，在加工过程对数控机床加工状态进行采集并对其健康状况进行判断和及时维护是确保产品质量稳定性的重要手段。图 6.21 所示为符合安全保密要求的网络架构。

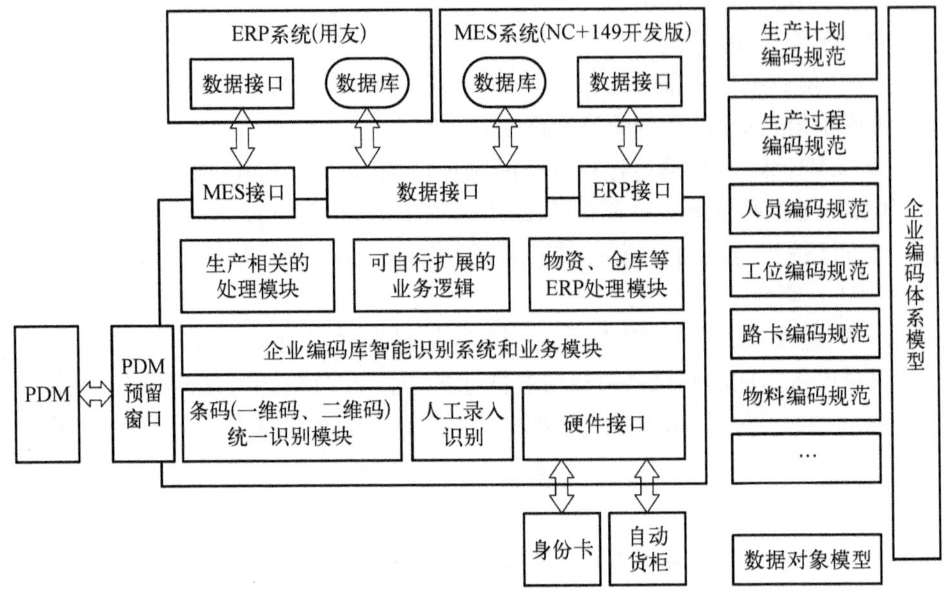

图 6.20　条码系统

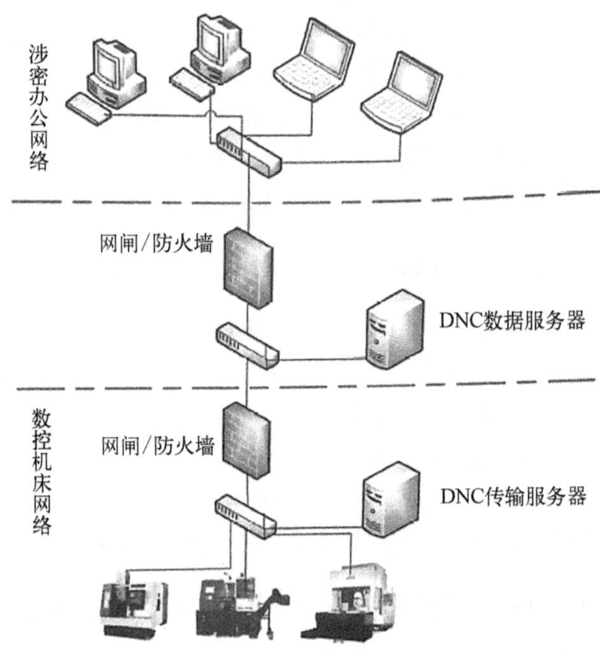

图 6.21　符合安全保密要求的网络架构

6.4.3　智能排产仿真系统技术研究

开展智能排产仿真系统与平台建设,开展基于 EM - Plant 的制造系统建模及仿真,验证计划安排正确性、合理性并提出优化方案,从源头进行修正,杜绝排产不佳将会在后期制造过程中导致的一系列问题。目前制造企业中的任务分配及排产等任务都还是采用人工接收上级计划再随机安排加工时间、设备、人员、流转流程等信息。这样的仅凭经验的人工排产不尽科学,往往会出现资源冲突、任务不均、流转不畅等情况,从而导致产能无法有效释放、制造周期长等问题,严重影响科研生产任务的按节点交付。

6.4.4 基于MBD的航空发动机精益工艺设计平台

面向航空发动机等不同型号产品设计制造一体化需求,研究基于MBD的航空发动机精益工艺设计平台建设及应用。重点研究设计工艺协同机制、装配工艺三维设计方法、装配过程数字化仿真、装配现场三维数据使用、三维制造标准规范等基础理论与关键技术。建立一个装配工艺三维协同设计平台和支持环境,开发适用于航空发动机的三维总装工艺协同设计应用系统,达到缩短产品研制周期、稳定质量、降低成本的目的。主要研究内容包括:基于MBD的设计工艺高效协同,EBOM-PBOM-MBOM构建,装配工艺三维设计与工位布局规划、装配过程数字化仿真和模拟分析、装配数据现场使用和三维展示、三维数字化标准规范体系建设。

6.4.5 基于信息物理系统的航空车间/生产线规划及在线仿真优化

基于信息物理系统(cyber physical systems, CPS)技术对工厂物流一体化建模、规划与仿真,并对其进行多情境智能优化,包括工艺布局、物料流转、任务定产、多模式混流等,分析生产线制造过程及其生产能力,辨识可能的瓶颈或不平衡,进行优化并给出改善建议。以航空发动机制造关键工艺过程为对象,基于CPS技术建立产线仿真模型,进行实时在线仿真优化,通过不同时间跨度上的数据,仿真使多个工序具有时间均衡性,最大限度地减少等待、堵塞现象,同时为生产线规划与快速重组提供决策支持。主要研究内容包括:面向柔性产能的产线/厂房模块化设计、基于系统设施布置设计(systematic layout planning, SLP)方法的物流设计与布局规划、生产策略与生产分区技术研究、基于CPS技术的生产线/车间实时仿真及快速重组技术、面向任务的定制化生产工艺仿真。

6.4.6 面向生产全周期的航空制造大数据决策分析技术

基于生产过程中关键节点要素产生的庞大的数据,这些数据在很大程度上反映了智能工厂的生产状态,通过大数据挖掘与分析,探索智能工厂生产中显性的和潜在的关联,把数据转为知识,开展航空大数据信息资源总体规划,建立规范的航空大数据采集、开发、服务管理体系,为智能工厂的生产决策提供支持。由于需求的变化、技术的进步以及设备的更新,智能工厂在产品设计、工艺设计和质量控制方面面临着不断变化的过程,通过大数据分析产品设计、工艺设计和质量控制三个方面存在的问题和趋势,构建基于大数据的智能工厂决策模型,形成新的设计和质量控制方案,为智能工厂生产的高效运营提供保证。主要研究内容包括:智能工厂生产全周期关键要素分析及数据采集、智能工厂大数据挖掘与分析方法、基于大数据的智能工厂生产全周期决策支持模型、基于多源异构信息融合的闭环质量管理、柔性化航空离散制造系统规划与快速重构仿真分析、贯穿产品价值链的制造系统横向纵向集成。图 6.22 所示为航空大数据系统的技术架构图。

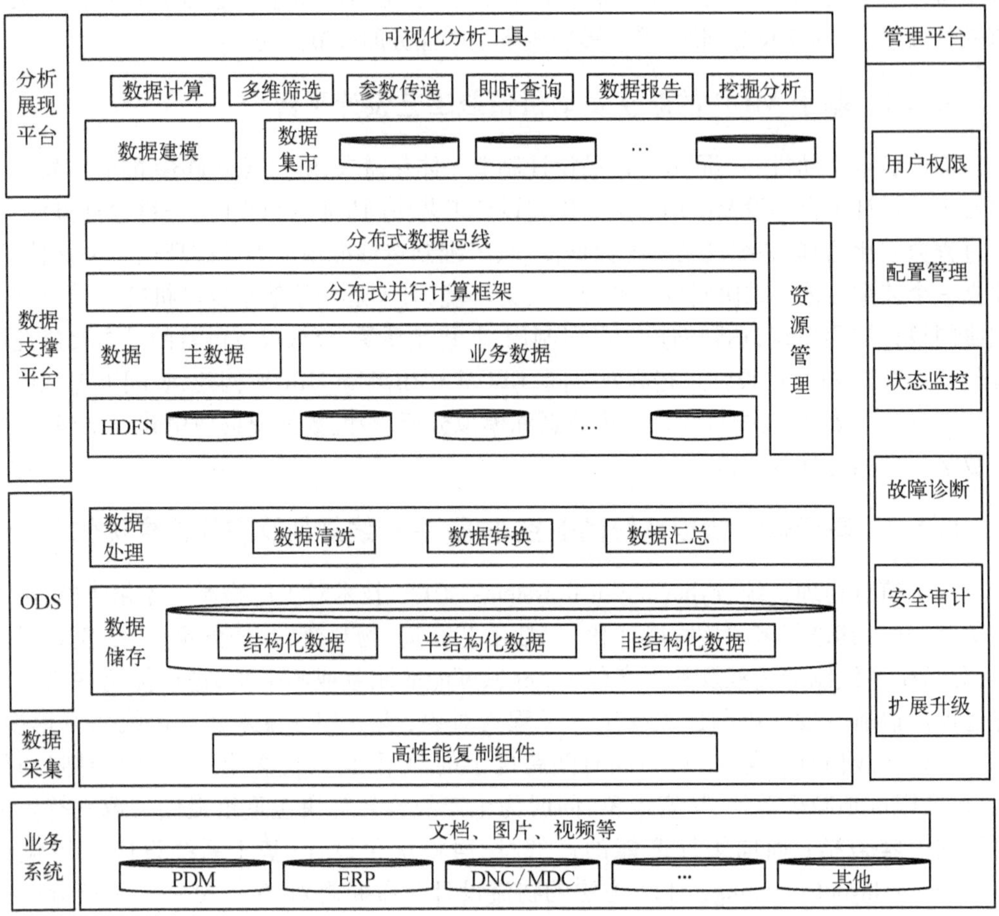

图 6.22　航天航空大数据系统的技术架构图

6.5　航空发动机智能装配技术

航空发动机结构复杂、型号较多，装配工艺复杂、差异大，使航空发动机装配制造工艺一直沿用传统的装配工艺，如图 6.23 所示。从装配设计到装配工艺的输出均是以“纸质”文件形式表现的二维图及其他技术文档；现场的装配制造全部由人工完成，如

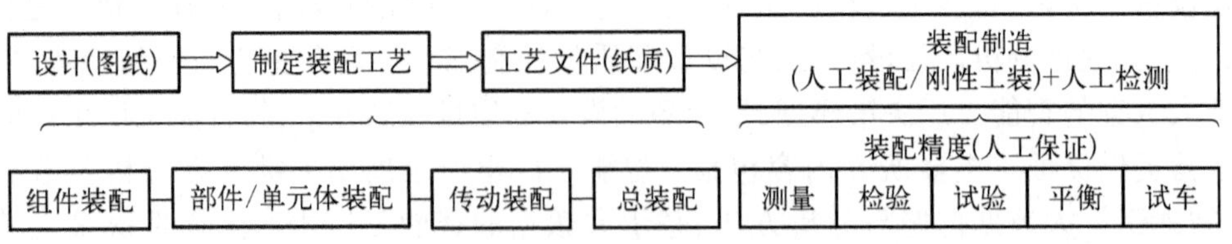

图 6.23　传统航空发动机装配过程

装配、检验等工作均由人工操作,使产品一致性差,品质不稳定;装配工装全部采用刚性结构,生产过程中工装、设备来回移动存在安全隐患,且不具备互换性;检测手段和方法原始、落后。这种传统的装配制造工艺造成了专用工装数量众多,装配质量、装配精度受人为因素的诸多影响和限制,装配效率低,使航空发动机装配成为航空发动机制造的瓶颈。

随着航空制造业的发展,航空发动机装配制造技术也得到了长足的改善发展,装配制造技术逐渐摆脱和打破传统装配制造技术的壁垒。在设计、制造、试验等工艺过程中,大规模地推进 CAD、CAE、CAM、PDM、计算机辅助工艺(computer aided process planning, CAPP)技术的应用,开展了发动机数字化设计、数字化制造技术研究,使航空发动机装配设计、装配工艺的制定逐渐由数字化设计代替了传统的手工绘图和纸质文件,使设计和工艺的更改更加方便;在装配制造现场,也配备了先进的检验仪器和设备,半自动检测、自动检测逐渐成为航空发动机装配制造的主旋律,如三坐标测量仪、全自动平衡机以及各种专用测量设备和仪器在航空发动机装配工艺装备中已占有重要的位置;无损检测技术、航空发动机叶尖间隙测量技术等各种检测技术不断充实到航空发动机装配工艺中,使装配工艺过程中的尺寸、形状、位置误差及性能检测技术发生了质的变化,检测精度和效率也在不断提高。特别是许多发动机制造厂从不同的角度和方向开展了航空发动机数字化装配技术的研究,并逐渐开始实施。

尽管航空发动机装配制造技术已逐步摆脱传统装配工艺的束缚,但与飞机及汽车发动机等数字化装配相比,差距还很大,航空发动机目前的装配制造技术已严重阻碍了发动机的发展进程,亟待重视与解决,因此,航空发动机数字化装配制造技术已成为航空发动机制造技术跨越式发展的必然选择。智能装配技术包含两个层面的意思,即智能装配设计和智能装配工艺,图 6.24 所示为智能装配过程。

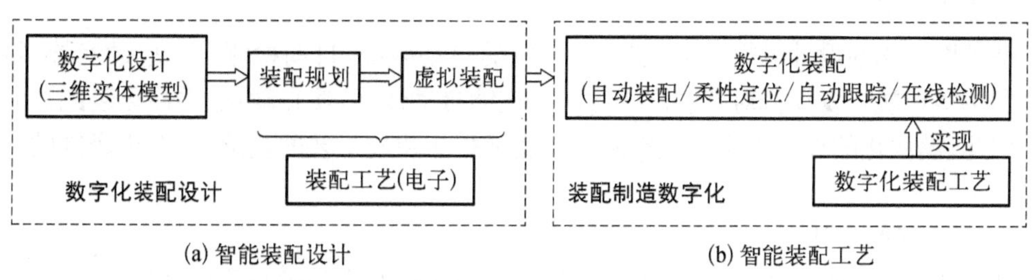

(a) 智能装配设计 (b) 智能装配工艺

图 6.24 智能装配过程

6.5.1 智能装配设计

1. 面向装配的模块化设计

现代批生产和研制的发动机结构部件是按功能和作用划分的,并不一定都是装配工艺部件,这种结构特点致使部分发动机组、部件在总装配之前还要进行局部分解才能进行总装配,这样的装配工艺不利于实现装配制造的数字化。最可靠的解决途径是在产品设计阶段充分考虑可装配性,采用基于智能装配的产品设计理念,使零件、组件、部件及产品满足自动装配的工艺性要求。而模块化设计也正是基于以上思想发展产生的,它的设计原则是从基本模块中生成多种功能、用标准化的模块满足公共的功能需求、避免使用不稳定技术、使用最少的零件构成产品、最大限度地满足互换性。

模块是指机械结构中结构独立、模块之间存在标准接口，且具有一些功能的零件、组件或部件(或单元体)，即模块是一组同时具有相同功能和相同结合要素，具有不同性能或用途甚至不同结构特征，但能互换的单元。模块分为基本模块、辅助模块和可选模块，基本模块是指产品中实现必不可少功能的模块，如航空发动机中的核心机、风扇、低涡等模块，辅助模块是在基本模块之间起连接组合等辅助功能的模块，如核心机与风扇、低涡对接装配时的重要螺帽、精定位螺栓等，可选模块是为满足一些可选功能而特别增加的模块，其中各个模块包含能够行使相同功能不同性能的若干模块。

产品设计时将产品分解成具有某些功能的若干模块化的基本结构，通过选择和组合这些模块化基本结构，组建成不同的产品。这些基本结构可以是零件、部件，甚至是一个系统。一个产品设计都具有一个明确的使用功能，机械产品的总体使用功能是通过各个结构功能模块来实现的。由于机械产品的结构与功能之间并非是一一对应的关系，一个结构实体通常可以实现若干种功能，一个功能往往又可通过若干种结构实体予以实现，如果视机械产品中的实体结构为结构模块，将机械产品的总体功能分解为若干个子功能，通过结构模块将功能模块转化成实体模块，从而实现总体功能。

模块化设计是使用完善的模块化设计过程，采用自上而下，任务驱动的设计方法(传统设计方法是自下而上的基于规则和元知识的整体设计过程)，模块化设计是实现机械产品标准化、通用化和实现产品装配数字化的基础，这种设计方法易于保证产品装配的互换性，便于产品更新换代，特别是对于提高产品质量、可靠性、装配效率和固定资产的利用率具有重要的作用。

基于模块化的设计思想，易于航空发动机的自动装配、自动检测等手段的实施，特别是有利于实现航空发动机对接装配工序时的连续自动装配，使自动化、柔性化装配顺利执行。因此，模块化的设计思想是航空发动机实现智能装配工艺的基础，是新机研制的最好选择。

2. 智能装配设计

智能装配设计即三维智能装配工艺设计，是指通过对产品进行分析，根据企业的制造能力及生产类型，利用计算机辅助工具，通过分析、经验模型、可视化和数据呈现来完成智能装配工艺的过程，在这个过程中，包含有物理装配模型设计和物理模型模拟装配验证(虚拟仿真)，如图 6.25 所示。

在从“产品物理模型”设计到物理模型装配的过程中涉及了智能装配建模、装配结构工艺性分析，公差分析、装配工艺分析、装配序列规划、装配过程的静动态干涉检验、可装配性分析及装配性能评价等技术，装配技术中，其分析方法和所采取的手段有别于传统的装配工艺设计、如智能装配建模技术是利用计算机软件作为建模工具，构建装配模型的过程；装配序列规划是指在给定设计方案的前提下，既要满足所有几何约束，又要尽可能缩短装配时间和减少装配复杂度，从而寻找出合理可行的装配序列，以此降低装配成本和优化产品性能，对装配体进行装配顺序规划时，可以依据层次树结构，采用自下而上的顺序

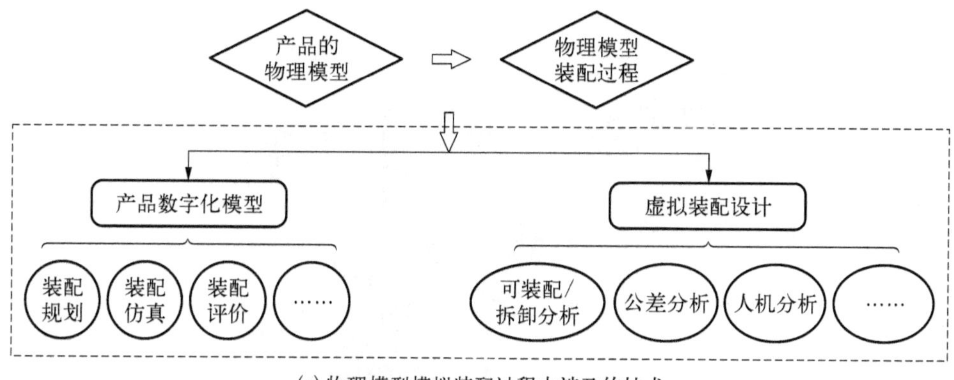

(a) 物理模型模拟装配过程中涉及的技术

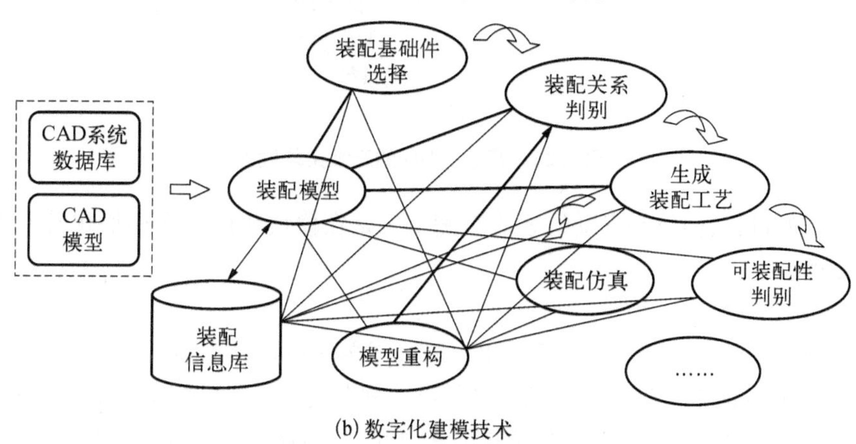

(b) 数字化建模技术

图 6.25 数字化装配设计

进行分层规划;装配过程的静动态干涉检验是确定不同的物体在空间是否占有相同区域,或在相同时间里是否有两个以上物体占有相同空间,其中静态干涉检验是指物体在空间中的位置是可移动的,但不随时间变化,位置的变化是由其他参数定义的,如空间布局和装配干涉检验;动态干涉检验与时间相关,即被检验物体在空间中的位置是随时间变化的,如碰撞检验。

智能装配设计是实现航空发动机智能装配工艺的基础,基于模块化设计理念的航空发动机智能装配设计是实现航空发动机智能装配工艺的必然选择。

随着数字化设计与制造技术在航空制造业的发展,基于 MBD 技术的设计理念正逐渐得到青睐。MBD 技术是指采用集成的三维实体模型来完整表达产品定义信息,详细规定了三维实体模型中产品定义、公差的标注规则和工艺信息的表达方法,三维实体模型成为生产制造过程中的唯一依据,改变了传统以工程图纸为主,而三维实体模型为辅的制造方法,未来基于 MBD 的模块化设计也必将成为航空发动机装配设计的主要手段,图 6.26 所示为基于 MBD 设计的零件三维实体模型。

6.5.2 智能装配工艺

智能装配工艺是指装配现场执行的数字化,也是智能装配设计的思想在装配现场的

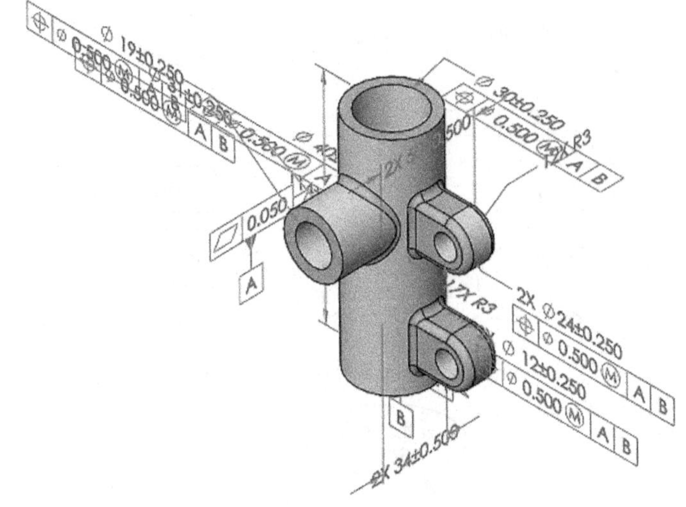

图 6.26　基于 MBD 的三维实体模型

再现和实施的过程，而航空发动机智能装配工艺是在模块化设计和模块化装配工艺的基础上实现的。

1. 智能装配工艺过程

传统航空发动机装配工艺过程是组、部件(或单元体)装配，组、部件(或单元体)连接(传动装配)和其他组、部件、元件及各系统与主机的连接(总装配)等三个阶段。本书所述智能装配工艺系统是一个在传统装配工艺基础上，将模块化设计思想融入其中，并基于独立装配单元的柔性装配系统，在此前提下，将传统航空发动机装配工艺过程的三个阶段重新定义为独立装配单元的装配(单元体装配)、单元体对接(传动装配)及附件与主机连接(总装配)，如图 6.27 所示。

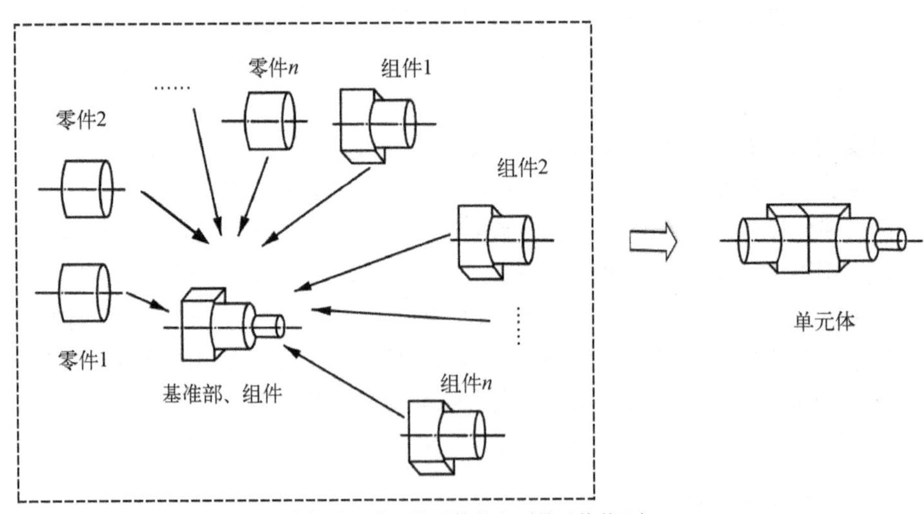

(a) 独立装配单元的装配（单元体装配）

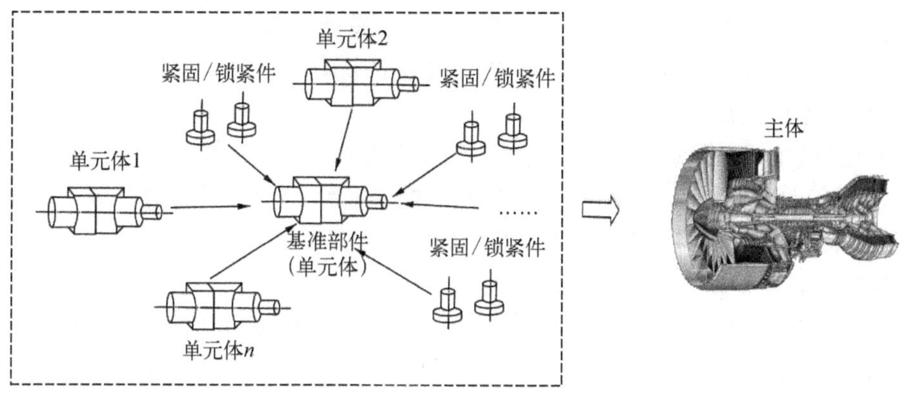

(b) 单元体对接(传动装配)

图 6.27 基于独立装配单元的航空发动机装配工艺过程

该装配系统由分散式装配和集中式装配两部分组成,其中各单元体装配属分散装配,各单元体分散在不同的固定地点(单站装配),装配所需要的零、组件都汇集在各固定地点附近,装配基准件置于柔性装配车(或架)上,装配的全部工作均在各自的固定装配地完成。分散装配的工艺特点是产品的装配周期短,装配工作专业化程度较高。如核心机、风扇、低涡及各种泵等的装配均在不同的装配地完成各自的单元体装配。传动装配与总装配属集中装配,参与装配的各单元体集中到指定装配地点,装配基准部件固定在柔性装配车、架上,通过部分单元体的间歇或连续移动完成整个装配工作,且采用直线式装配线(垂直或水平),如图 6.28 所示。

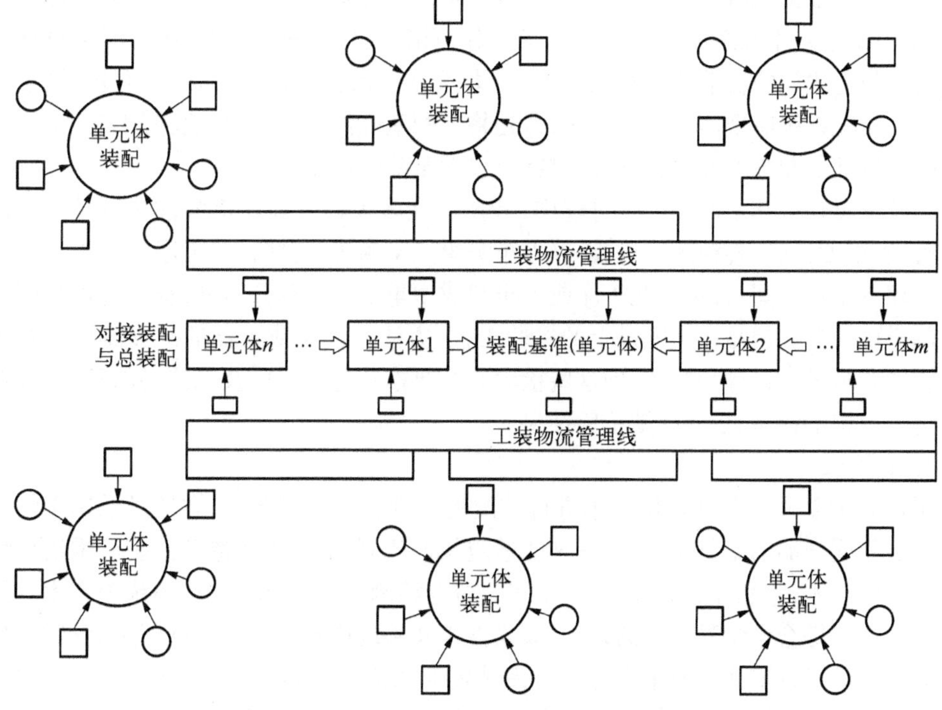

图 6.28 单元体装配,对接装配与总装配线

单元体的划分基础是模块化的设计，即按单元体设计的模块，在进行整机装配时不必局部分解就可以完成总装配，或者说单元体对接及总装配时参与装配的是各独立装配单元的单元体和连接及锁紧零件。

在单元体装配及对接装配工序中，各零、组及部件的装配采用柔性工装、自动装配、自动检验（主要检验尺寸、形状和位置精度，零件的配套检验、平衡及性能检验等不能或不必在装配线上进行的检验项目按工艺要求在装配线外检验）。

2. *装配工艺过程自动控制与自动检验*

智能装配是装配过程的机械化、自动化与装配过程管理信息化的综合体现，它囊括了数字化装配工艺技术、自动控制技术、计算机信息管理技术，包含了柔性定位、自动装配、自动跟踪及自动检测等新的装配理念。

航空发动机智能装配系统的自动装配系统应具有如下功能：控制装配基准件的准确定位；控制装配件的传送和准确对接；控制和完成零件、组件、部件及单元体的装配；能保证自动装配系统的传送与装配作业协调、同步与连锁；控制各种检测信号及安全保护、连锁与自动报警等，为了保证装配线的稳定运行，控制系统应具有自动装配、半自动装配及手工装配的转换功能，同时，控制系统的设计要考虑单元体装配、对接装配及总装配的节奏控制和装配工作循环时间的分配、装配件的传送方式、装配基准件的定位精度、装配线上检验工序的安排及检验内容和检验方法、关键装配工序与重要装配工序装配精度的控制、检验结果不满足装配工艺要求的处理方式及装配线的平衡等。

自动装配系统应由输送系统、装配机械手（或装配机器人）、检测系统和控制系统组成。装配机械手（或机器人）应充分考虑抓取装配件的质量、该质量所产生的最大力矩及抓取零件至装配工位所需要的工作空间；考虑精度（机械手最小移动距离、可重复性和准确性）；考虑速度（装配完成的周期）；考虑工作范围（工作空间与干涉）等。通常自动装配系统的件与件之间的自动装入有三种方式，即重力装入、机械装配和机动夹入，航空发动机的自动装配系统应采用后两种形式，即先将装配基准件安置在柔性装配工装上，再夹持被装配件对准装配基准件，缓慢移动或旋转移动至准确位置。

在航空发动机整个装配工艺过程中，涉及了众多项目的装配检验，如跳动检验、预紧力检验、密接度检验、各种间隙检验、静力矩测量及平衡等，这些检验工序或工步穿插在各装配工序或工步之间，且是装配工序或工步组成中重要的一部分，是航空发动机装配质量保证的重要环节。但是在装配线上的检验工艺、方法和设备或仪器的配置需要按智能装配工艺的要求进行设计和配备，即这些检验装置要按装配的工序及工艺要求备置，并在装配线上实现主动检验、自动反馈检验结果。

3. *柔性装配*

柔性装配是采用柔性定位技术进行装配的一种智能装配方法，它通过采用柔性工装夹具满足不同产品的定位需要，是一种能适应快速研制、低成本制造及工装可重组模块化的先进装配技术，它涵盖了柔性工装、精确定位与检测、数据采集/处理系统等技术。柔性装配技术是门综合多学科知识的技术，其柔性工装系统应建立在高强度的工装结构之上，其执行机构的运动方式与效果应充分考虑装配对象固有的特点，在实际工作过程中应具有高精度、可调整等特性，其控制系统应与三维 CAD 系统、测量系统集成以完成对装配定位的控制过程。柔性装配工装具有模块化、可重组、自动化的特点,可以免除设计和制造各种产品装配专用的传统装配工装,从而降低工装的制造成本,缩短工装准备周期,大幅度提高装配生产率。

柔性装配工装区别于传统工装的关键特征是具有一定的柔性,即定位和夹紧的柔性化。因此,基于柔性化的装配工装可以实现对某一特定航空发动机的改进型号的部件、单元体或具有相似结构的其他型号发动机的部件、单元体进行随机装配,也可根据需要增加或减少某些装配环节,在功能、功率和几何形状允许的范围内,最大限度地满足发动机部件、单元体的装配工艺要求。

柔性装配工装可以根据装配基础件的结构变化,自动调整工装定位点的位姿(位置和姿态)和布局,通过改变定位和夹紧位置,以适应某一特定发动机的改进型号的部件、单元体或具有相似结构的其他型号发动机的部件、单元体的定位要求;可以通过传感器、控制系统等控制柔性装配工装实现自动定位、控制工装主体位姿变化、完成柔性对接平台自动对接等。功能柔性装配工装是航空发动机智能装配的重要组成部分,通过柔性装配工装与自动化装配技术的结合,可以缩短装配周期,改善刚性装配存在的问题,提高装配质量。

根据航空发动机的结构特点与自动装配的工艺要求,航空发动机装配用柔性工装主要分为两大类,即单元体装配柔性工装和整机装配(对接与总装)柔性工装。由于各单元体结构的差异,柔性工装所实现的功能不同,使柔性工装组成也各不相同,因此,在柔性装配工装设计时必须考虑各装配基准件的结构特点、装配方式、装配件的输送方式等;其次基于柔性装配的装配夹具应能根据装配基准件的变型(或相似结构),在尺寸和位置上达到相应的变化;自动对接装配系统应采用高精度的对接控制系统,以适应发动机的不同装配方式(立式或卧式)以及不同尺寸发动机的装配。

航空发动机柔性装配工装技术的发展要充分考虑以下问题:柔性装配工装设计和制造要着眼未来的发展,即要向标准化方向发展,形成行业标准、企业标准等,降低研发成本;柔性装配工装技术应与先进技术并行,如采用机械手或机器人、光电测量技术、先进定位技术等;柔性装配工装设计应兼顾工程设计和柔性工装设计,即在发动机方案设计阶段,将柔性工装融于工程设计之中,为全面采用柔性工装奠定基础。

参考文献

卜昆,邱飞,王志红,等,2016. 镍基单晶叶片制造技术及再结晶研究进展[J]. 航空制造技术,516(21): 34-40.

曹建国,2018. 航空发动机仿真技术研究现状、挑战和展望[J]. 推进技术,39(5): 961-970.

曹建国,2023. 数字化转型下航空发动机仿真技术发展基于及应用展望[J]. 系统仿真学报,35(1): 1-10.

陈冰,2016. 面向智能制造的航空发动机协同设计与制造[J]. 航空制造技术,500(5): 16-21.

陈超越,殷宇豪,徐松哲,等,2022. 航空发动机叶片用陶瓷型芯的光固化增材制造研究现状[J]. 航空制造技术,65(1): 67-76.

陈光,2014. 航空发动机结构设计分析[M]. 北京: 北京航空航天大学出版社.

陈光,肖陵,俞裕民,等,1988. 航空燃气涡轮发动机结构设计[M]. 北京: 北京航空航天大学出版社.

陈贵林,柳万珠,2015. 航空发动机先进制造技术[M]. 西安: 西北工业大学出版社.

戴淑波,刘雄飞,张岩,2019. 罗罗公司整体叶盘表面强化新工艺[J]. 航空动力,6(1): 65-66.

董彦非,2017. 通用航空发动机原理与构造[M]. 北京: 北京航空航天大学出版社.

方昌德,2007. 航空发动机的发展历程[M]. 北京: 航空工业出版社.

黄云,李少川,肖贵坚,等,2021. 航空发动机叶片材料及抗疲劳磨削技术现状[J]. 航空材料学报,41(4): 17-35.

贾玉红,黄俊,吴永康,2013. 航空航天概论[M]. 北京: 北京航空航天大学出版社.

焦健,陈明伟,2014. 新一代发动机高温材料——陶瓷基复合材料的制备、性能及应用[J]. 航空制造技术,451(7): 62-69.

金捷,钟燕,2012. 先进航空发动机设计与制造技术综述[J]. 航空制造技术,401(5): 34-37.

孔维夷,徐焱,张璇,等,2022. 复合材料风扇包容机匣关键性能提升[J]. 航空动力,24(1): 52-54.

李灿,郎利辉,Imran S M,等,2022. 航空发动机宽弦空心风扇叶片制造研究综述[J/OL]. 航空动力学报: 1-14[2023-4-4]. DOI: 10.13224/j.cnki.jasp.20220145.

李季,张涛,权伊明,等,2022. 光学三维扫描技术在发动机零部件检测中的应用[J]. 仪器仪表用户,29(8): 37-42.

李玉龙,洪智亮,2021. 国外航空发动机火焰筒材料工艺现状与趋势[J]. 航空制造技术,64(14): 87-94.

李志强,郭和平,2010. 超塑成形/扩散连接技术的应用进展和发展趋势[J]. 航空制造技术,356(8): 32-35.

廉筱纯,吴虎,2005. 航空发动机原理[M]. 西安: 西北工业大学出版社.

刘长福,邓明,2006. 航空发动机结构分析[M]. 西安: 西北工业大学出版社.

刘大响,陈光,2015. 航空发动机飞机的心脏[M]. 北京: 航空工业出版社.

刘永泉,2016. 国外战斗机发动机的发展与研究[M]. 北京:航空工业出版社.

刘永泉,梁彩云,施磊,2021. 航空燃气轮机总体设计[M]. 北京:科学出版社.
孟光,郭立杰,林忠钦,2017. 航天航空智能制造技术与装配发展战略研究[M]. 上海: 上海科学技术出版社.
曲选辉,张国庆,章林,2014. 粉末冶金技术在航空发动机中的应用[J]. 航空材料学报,34(1): 1-10.
任军学,田卫军,姚倡锋,等,2016. 航空发动机机匣数控加工关键技术研究[J]. 航空制造技术,500(5): 73-77.
申秀丽,张辉,宋满祥,等,2016. 航空燃气涡轮发动机典型制造工艺[M]. 北京: 北京航空航天大学出版社.
史耀耀,段继豪,张军锋,等,2012. 整体叶盘制造工艺技术综述[J]. 航空制造技术,399(3): 26-31.
《透平机械现代制造技术丛书》编委会,2002. 机匣制造技术[M]. 北京: 科学出版社.
《透平机械现代制造技术丛书》编委会,2002. 盘轴制造技术[M]. 北京: 科学出版社.
《透平机械现代制造技术丛书》编委会,2002. 叶片制造技术[M]. 北京: 科学出版社.
《透平机械现代制造技术丛书》编委会,2002. 装配试车技术[M]. 北京: 科学出版社.
王帮艳,2015. 磨粒流工艺在航空发动机修理中的应用[J]. 航空维修与工程,288(6): 78-80.
王博,刘洋,王福德,等,2021. 航空发动机及燃气轮机涡轮叶片热障涂层技术研究及应用[J]. 航空发动机(S1): 25-31.
温泉,李亚忠,马薏文,等,2021. 热障涂层技术发展[J]. 航空动力,22(5): 60-64.
吴英质,2019. 聊聊流体推力矢量技术[J]. 航空知识(5): 74-77.
夏飞,黄金泉,周文祥,2007. 基于 MATLAB/SIMULINK 的航空发动机建模与仿真研究[J]. 航空动力学报,22(12): 2134-2138.
徐臻豪,2020. 变循环发动机——第六代战斗机动力? [J]. 兵器知识,484(9): 28-31.
杨谦,2018. 增材制造在航空发动机燃烧室中的应用[J]. 航空动力,4(4): 26-29.
曾元松,2014. 航空钣金成形技术[M]. 北京: 航空工业出版社.
张方,窦忠林,邹彦博,2015. 航空锻造技术的应用现状及发展趋势[J]. 航空制造技术,476(7): 60-63.
张国庆,张义文,郑亮,等,2019. 航空发动机用粉末高温合金及制备技术研究进展[J]. 金属学报,55(9): 1133-1144.
张健,王莉,王栋,等,2019. 镍基单晶高温合金的研发进展[J]. 金属学报,55(9): 1077-1094.
张津,洪杰,陈光,2006. 现代航空发动机技术与发展[M]. 北京: 北京航空航天大学出版社.
张露,李山,张思琪,等,2022. 机匣件加工全过程多工序仿真及验证[J]. 航空动力(S1): 66-69.
张书刚,郭迎清,陆军,2012. 基于 GasTurb/MATLAB 的航空发动机部件级模型研究[J]. 航空动力学报,27(12): 2850-2856.
赵强,祝文卉,邵天巍,等,2019. 惯性摩擦焊在航空发动机转子制造中的应用[J]. 航空动力,10(5): 41-44.
中国航发商发,2020. 航空发动机的故事: 飞翔的动力是怎样产生的[M]. 北京: 科学出版社.
中国航空发动机集团新闻中心,2021. 皇冠上的明珠——航空发动机[M]. 北京: 航空工业出版社.
朱海南,齐歆霞,2011. 涡轮叶片气膜孔加工技术及其发展[J]. 航空制造技术,385(13): 71-74.
Brisken T, 2006. GEnx review for Air China[M]. Boston: General Electric.
Brisken T, 2006. Technology for a new century of aviation[M]. Boston: General Electric.
Daly M, 2011. Jane's Aero-Engines[M]. UK: IHS Global Limited.
Feldmann G, Wong C C, Wang W, et al., 2014. Application of vibropeening on aero-engine component [J]. Procedia Cirp, 13: 423-428.

Guha A, 2001. Optimisation of aero gas turbine engines[J]. Aeronautical Journal, 105(1049): 345 – 358.

Guha A, 2001. Optimum fan pressure ratio for bypass engines with separate or mixed exhaust streams[J]. Journal of Propulsion & Power, 17(5): 1117 – 1122.

Hooker J A, 2000. Metal matrix composites for aeroengines[J]. Materials Science and Technology, 16(7 – 8): 725 – 731.

Leen S B, Hyde T H, et al., 2002. An investigation of the fatigue and fretting performance of a representative aeroengine splined coupling[J]. The Journal of Strain Analysis for Engineering Design, 37(6): 565 – 583.

Mantelli M, Milanez F, Pereiral E, et al., 2010. Statistical model for pressure distribution of bolted joints [J]. Journal of Thermophysics and Heat Transfer, 24(2): 432 – 437.

Muszynska A, 2005. Rotordynamics[M]. Boca Raton: CRC Press.

Rolls-Royce, 1996. The jet engine[M]. Derby: Rolls-Royce.

Rolls-Royce, 2006. Trent1000 vs. GEnx engines—An objective comparison for Air China[M]. Derby: Rolls Royce.

Rolls-Royce, 2015. The jet engine[M]. Derby: Rolls-Royce.

Singhal A, 1985. A Critical look of the progress in numerical heat transfer and some suggestions for improvement[J]. Numerical Heat Transfer, 8(5): 505 – 517.

Tetsui T, Shindo K, Kaji S, et al., 2005. Fabrication of TiAl components by means of hot forging and machining[J]. Intermetallics, 13(9): 971 – 978.

Treager I E, 1979. Aircraft gas turbine technology[M]. New York: Glencoe McGraw-Hill.

Wild T W, 2018. Aircraft powerplants[M]. New York: McGraw-Hill Education.